误差理论与测量平差

胡圣武　肖本林　编著

科学出版社

北　京

内 容 简 介

本书系统、完整和全面地介绍了误差理论与测量平差的基本原理与应用。全书共分 11 章，主要内容包括误差理论的基本知识、误差传播律及其应用、平差数学模型、参数估计方法、条件平差、间接平差、最小二乘平差、误差椭圆理论、平差系统的假设检验和现代平差理论。

本书内容翔实、结构严谨、体系完整，强调原理与方法相结合、理论与实际相结合、经典与现代相结合，具有可读性、客观性和便于自学等特点，有助于培养学生的抽象思维能力和视觉思维能力。

本书既可作为高等院校测绘工程专业的本科生教材，也可作为科研院所、生产单位的科学技术人员的参考用书。

图书在版编目(CIP)数据

误差理论与测量平差/胡圣武，肖本林编著. —北京：科学出版社，2019.11

ISBN 978-7-03-063249-4

Ⅰ.①误… Ⅱ.①胡… ②肖… Ⅲ.①误差理论－高等学校－教材②测量平差－高等学校－教材 Ⅳ.①O241.1②P207

中国版本图书馆 CIP 数据核字（2019）第 248771 号

责任编辑：纪 兴 杨 昕 / 责任校对：赵丽杰

责任印制：吕春珉 / 封面设计：东方人华平面设计部

科学出版社出版

北京东黄城根北街 16 号

邮政编码：100717

http://www.sciencep.com

新科印刷有限公司 印刷

科学出版社发行 各地新华书店经销

*

2019 年 11 月第 一 版 开本：787×1092 1/16

2019 年 11 月第一次印刷 印张：15 3/4

字数：273 000

定价：58.00 元

（如有印装质量问题，我社负责调换〈新科〉）

销售部电话 010-62136230 编辑部电话 010-62135319-2028

前　言

随着空间技术、通信技术、计算机技术和地理信息技术的发展，以“3S”（global position system，remote sensing，geographic information system）及其集成为代表的新技术成为现代测绘数据采集的主要方式，测绘数据处理理论与方法的研究与应用的重要性也得到充分的认识，这主要体现在测绘学科专业的教学计划之中。测绘数据处理理论和方法的基础——“误差理论与测量平差”已成为测绘工程本科专业和测绘学科背景的相关专业（如地理信息科学、遥感科学与技术等）的核心基础课程，在测绘本科教育中有着重要的地位。

“误差理论与测量平差”课程作为测绘工程专业的一门重要的专业基础课，可为其他后续专业课打下有关数据处理的基础，也是攻读相关专业研究生的一门必修课程。本书是依据教育部颁布的《普通高等学校本科专业目录》中测绘类专业课程设置的要求，按照新的课程实际标准和教学大纲，为适应新时期测绘人才“宽口径、厚基础、强能力、高素质”的培养目标，以加强基础理论、注重基本方法和培养动手能力为出发点，在参考了各种平差基础教程和十几年来的教学经验及科研成果的基础上，经过多次修改完成的。

本书主要讲授误差理论的基本知识和测量平差的基本理论、方法及其应用。

本书的特色如下。

1）注重基础理论。本书对测量平差所涉及的基本理论加以介绍，如期望、方差、矩阵的一些基础知识，重点讲述了如条件平差与间接平差的基本原理等。

2）实用性。误差理论与测量平差实用性很强，大多数读者学习它，主要是为了解决工作中的实际问题，因此，本书主要介绍目前应用比较多的理论和方法，如导线网平差、全球定位系统平差、坐标值的平差、误差椭圆的应用等，并引用大量实例，让学生进一步理解和消化。

3）通俗性。误差理论与测量平差的许多理论和算法，涉及学科较多，理解和掌握比较困难，本书试图用通俗的方法讲述这些理论的基本思想，以达到通俗易懂、触类旁通的目的。

4）加强现代平差基本理论与应用的讲解，如序贯平差、秩亏自由网平差、附加系统参数的平差等。

本书在理论阐述上保留经典内容，公式推导尽量化繁为简，在平差理论的应用面上也力求有所拓展。有些书籍对测量数据的处理完全采用数学思维方式，但在某些情况下这样处理会与测绘专业的生产实际不是十分切合，如附有限制条件的条件平差，相关书籍将其作为平差的一种概括模型，实际上，在数学上是可行的，但在测绘中是不符合实际的。因此，本书略去了此模型的介绍。

本书由河南理工大学胡圣武和湖北工业大学肖本林编写。

在编写本书的过程中，编者参考了国内外一些有关测量数据处理的著作，未及一一注明，请有关作者见谅。在编写过程中我们还得到了多方的支持和帮助，在此一并表示感谢！

编者在书中阐述的某些观点，可能仅为一家之言，欢迎广大读者争鸣。书中疏漏与欠妥之处，恳请广大读者和专家批评指正。

编　者

2018 年 10 月

目　　录

第1章 绪　论

教学目标

本章介绍误差理论与测量平差这门学科的主要内容。通过本章的学习，应达到以下目标。

1）了解本学科的研究内容和任务。

2）掌握系统误差、偶然误差和粗差的基本概念。

3）掌握观测误差的性质及其影响因素。

4）了解误差理论与测量平差这门学科的发展历史。

教学要求

知识要点	能力要求	相关知识
观测误差的来源	掌握误差的五大来源	1）测量仪器； 2）观测者； 3）外界条件； 4）观测对象； 5）方法误差
观测误差的分类	1）掌握偶然误差的定义； 2）掌握系统误差和粗差的定义和性质	1）系统误差； 2）偶然误差； 3）粗差
本学科的内容与任务	1）了解本学科的内容； 2）了解本学科的任务	1）误差基本理论； 2）测量平差模型； 3）测量平差方法与应用
本学科的发展历程	了解本学科的发展历史	最小二乘方法

引例

从几何上可以知道一个平面三角形的3个内角之和等于180°，但如果对这3个内角进行观测，则3个内角观测值之和通常不等于180°。在同一量的各观测值之间，或在各观测值与其理论上的应有值之间存在差异的现象，在测量工作中是普遍存在的。是什么原因引起每次结果的不一致？如何对这些不一致的观测数据进行处理？这些内容就是本学科所要解决的主要问题。

1.1 观 测 误 差

观测（测量）是指用专用仪器、工具、传感器或其他手段获取与地球空间分布有关信息的过程和实际结果，而误差主要来源于观测过程。通过实践，人们认识到，任何一种观测都不可避免地要产生误差。当对某个量进行重复观测时，常常发现观测值之间存在一些差异。例如，对同一段距离重复测量若干次，测得的长度通常是互有差异的。另外，如果已经知道某几个量之间应该满足某一理论关系，但对这几个量进行观测后，也会发现实际观测结果往往不能满足应有的理论关系。

由于观测值中存在观测误差，因此，在测量工作中，同一量的各观测值之间或各观测值与其理论上应有值之间普遍存在着差异。

1.1.1 观测误差的来源

观测误差的产生原因概括起来主要有以下 5 个方面。

1. 测量仪器

测量工作通常是利用测量仪器进行的。由于每一种仪器都具有一定限度的精密度，观测值的精密度受到了一定的限制。例如，在用只有厘米刻度的普通水准尺进行水准测量时，就难以保证在估读厘米以下的尾数时完全正确；同时，仪器本身受制造工艺的限制也有一定的误差，如水准仪的视准轴与水准轴不完全平行、水准尺的划分误差等。因此，使用这样的水准仪和水准尺进行观测，就会使水准测量的结果产生误差。同样，全站仪、全球定位系统（global positioning system，GPS）接收机等仪器的观测结果也会有误差存在。

2. 观测者

由于观测者的感觉器官的鉴别能力有一定的局限性，在仪器的安置、照准、读数方面都会产生误差。同时，观测者的工作态度和技术水平，也是对观测成果质量有直接影响的重要因素。

3. 外界条件

观测时所处的外界条件，如温度、湿度、压强、风力、大气折光、电离层等因素都会对观测结果直接产生影响，而且随着这些因素的变化，它们对观测结果的影响也不同，因此，观测结果产生误差是必然的。

4. 观测对象

观测目标本身的结构、状态和清晰程度等，也会对观测结果直接产生影响，如三角测量中的观测目标觇标和圆筒由于风吹日晒而产生偏差；GPS 导航定位中的卫星钟误差及设备延迟误差等，都会使测量结果产生误差。

5. 方法误差

方法误差是指由于测量方法（包括计算过程）不完善而引起的误差。事实上，不存在不产生测量误差的尽善尽美的方法。由测量方法引起的测量误差主要有两种情况。

1）由于测量人员的专业知识不足或研究不充分导致操作不合理，或对测量方法、测量程序进行错误的简化等引起的方法误差。

2）分析处理观测数据时引起的方法误差。例如，对同一组观测数据用不同的平差准则所得到的结果不一样。

通常，测量仪器、观测者、外界条件、观测对象和方法误差这 5 个方面的因素合起来称为观测条件。观测条件的好坏与观测成果的质量有着密切的联系。观测条件好一些，观测中产生的误差就可能相应地小一些，观测成果的质量就会高一些；反之，观测条件差一些，观测成果的质量就会相对低一些。如果观测条件相同，观测成果的质量就可以说是相同的。但是，不管观测条件如何，观测的结果都会产生这样或那样的误差，测量中产生误差是不可避免的。当然，在客观条件允许的限度内，必须确保观测成果具有较高的质量。

1.1.2　观测误差的分类

根据观测误差对观测结果的影响性质，可将观测误差分为偶然误差、系统误差和粗差。

1. 偶然误差

在相同的观测条件下做一系列的观测，如果误差在大小和符号上都表现出偶然性，即从单个误差看，该系列误差的大小和符号没有规律性，但就大量误差的总体而言，具有一定的统计规律，这种误差称为偶然误差。简言之，符合统计规律的误差称为偶然误差。

例如，全站仪测角误差是由照准误差、读数误差、外界条件变化所引起的误差和仪器本身不完善而引起的误差等综合的结果。其中每一项误差又是由许多偶然因素引起的小误差。例如，照准误差可能是由于照准部旋转不正确、脚架或觇标的晃动与扭转、风力风向的变化、目标的背影、大气折光等偶然因素影响而产生的小误差。因此，测角误差实际上是由许许多多微小误差项构成的。每项微小误差又随着偶然因素的影响不断变化，其数值的大小和符号的正负具有随机性，这样，由它们所构成的误差，就其个体而言，无论是数值的大小或符号的正负都是不能事先预知的，是随机的，也是不可避免的。因此，把这种性质的误差称为偶然误差。偶然误差就其总体而言，具有一定的统计规律，有时又把偶然误差称为随机误差，其分布规律符合或近似符合正态分布。

2. 系统误差

在相同的观测条件下做一系列的观测，如果误差在大小、符号上表现出系统性，或者在观测过程中按一定的规律变化，或者为某一常数，那么，这种误差称为系统误差。

系统误差按其表现形式主要分为 4 类：线性系差、恒定系差、周期系差和复杂性系差。例如，全站仪的乘常数误差所引起的距离误差与所测距离的长度成正比地增加，距离越长，误差也越大，这种误差属于系统误差中的线性系差，即误差是随测量时间或其他因素变化而逐渐增加或减少的；恒定系差是指误差不随时间或其他因素而变化，为恒定常数，如全站仪的加常数误差所引起的距离误差为一常数，与距离的长短无关；周期系差是指误差随测量时间或其他因素变化而呈周期性变化，如沉降监测中，在两固定点间每天重复进行水准测量，就会发现由于温度等外界因素变化而产生以年为周期的周期性误差；复杂性系差是指误差随测量时间或其他因素变化而呈十分复杂的规律，可能是前 3 种系差的叠加或服从某种较为复杂的分布。

系统误差在相同条件下不能通过多次重复观测而减少，也不像偶然误差那样服从正态分布。其对于观测结果的影响一般具有累积作用，对成果质量的影响也特别显著。在实际工作中，应该采用各种方法来消除或减弱系统误差的影响，达到实际上可以忽略不计的程度，即将残余的系统误差控制在小于或至多等于偶然误差的量级内。为达到这一目的，通常采取如下措施。

1）找出系统误差出现的规律性并设法求出它的数值，然后对观测结果进行改正，如尺长改正、经纬仪测微器行差改正、折光差改正，GPS 观测中根据电离层、大气层的折射模型对观测值进行改正等。

2）合理选择观测条件。根据经验可知，导线测量中的系统误差来源于观测条件的不同，主要是指天气（指太阳照射方向、日间或夜间、风向、风力、气温、气压等），若观测条件改变，如由日间观测改为夜间观测，则观测值服从另一母体，有另一均值，因而有另一系统误差。所以利用不同的观测条件进行观测，系统误差就近似于偶然误差，取其平均值，就可减少系统误差的影响。

3）改进仪器结构并制订有效的观测方法和操作程序，使系统误差按数值接近、符号相反的规律交替出现，从而在观测结果的综合中基本抵消，如水准测量中前后视距尽量等距的设站要求及高精度水平角测量中日夜测回数各为一半的规定等。

4）综合分析观测资料，发现系统误差，在平差计算中将其消除。例如，在 GPS 数据处理中用观测值的线性组合参加平差，以抵消电离层、大气折射的影响。

5）实验估计法。对在测量中无法消除但可以估计出大小和符号的系统误差，可在测量结果中给予改正，如距离丈量中的尺长改正。

系统误差与偶然误差在观测过程中总是同时发生的。当观测值中有显著的系统误差时，偶然误差就居于次要地位，观测误差呈现出系统的性质；反之，则呈现出偶然的性质。

若观测序列中已经排除了系统误差的影响，或者说系统误差与偶然误差相比已处于次要地位，即该观测序列中主要存在偶然误差，称这样的观测序列为带有偶然误差的观测序列。这样的观测结果和偶然误差一样都是一些随机变量，如何处理这些随机变量，是误差理论与测量平差这一学科所要研究的内容。

3. 粗差

在测量工作的整个过程中，除了系统误差和偶然误差外，还可能发生粗差。粗差一般是指超限误差，即指比最大偶然误差还要大的误差。通俗地说，粗差要比偶然误差大好几倍，如观测时大数读错、计算机输入数据错误、航测相片判读误差、控制网起始数据误差等。粗差是一种人为误差，在一定程度上可以避免。它的存在将极大地影响测量的最终成果。随着现代测绘技术的发展，特别是空间技术在对地观测中发挥越来越大的作用，可以在短时间内通过自动化采集等方法获得大量的观测值，这种情况下难免会有粗差混入信息之中。粗差问题在现今的高新测量技术［GPS、遥感系统（remote sensing，RS）、地理信息系统（geographic information system，GIS）］中尤为突出。识别粗差不是用简单的方法就可以达到目的的，需要通过数据处理技术进行识别、定位和消除。

上述3类误差中，偶然误差和系统误差属于不可避免的正常性误差，而粗差则属于能够避免的非正常性误差，是不允许的。因此，在误差数据处理中，对含有粗差的观测结果应予以剔除，使得测量结果只含有偶然误差和系统误差。

1.2 本学科的内容与任务

1.2.1 本学科的内容

测量平差是测绘学中一个有着悠久历史的专有名词。测量平差理论发展到现在，从其理论构成和计算技术来看，是集概率统计学、现代代数学、计算机软件、误差理论、测量数据处理技术为一体的一门不断发展和完善的学科，其理论和方法对其他学科（如计量学、物理学、电工学、化工学及各类工程学科等），只要是处理带有误差的观测数据有多余观测值问题，均可应用，所以测量平差的适用范围十分广泛。

通过本书的学习，学生可掌握测量误差的基本理论、处理测量数据的基本方法和基本技能，培养学生理论联系实际和解决实际问题的能力，为以后的专业学习，以及进一步学习和研究误差理论与测量平差打下坚实的基础。本书的主要内容如下。

1）误差基本理论，包括测量误差及其分类、偶然误差的概率特性、精度标准、中误差和权的定义及其确定方法、方差矩阵和权逆矩阵传播规律、方差传播和权倒数传播定律在测量中的应用、测量平差中必要的统计假设检验方法。

2）测量平差函数模型和随机模型的概念及建立，以及参数估计理论及最小二乘原理。

3）测量平差的基本方法，重点介绍间接平差和条件平差。

4）测量平差的应用，重点介绍GPS网平差和坐标值平差及误差椭圆。

5）现代测量平差理论和方法简介。

1.2.2 本学科的任务

由于观测结果不可避免地存在着偶然误差，在实际工作中，为了提高成果质量，防止错误发生，通常要使观测值的个数多于未知量的个数，也就是要进行多余观测。例如，一个平面三角形，只需要观测其中的两个内角，即可确定它的形状，但通常是观测 3 个内角。由于偶然误差的存在，通过多余观测必然会发现在观测结果之间因不一致或不符合应有关系而产生的不符值。因此，必须对这些带有偶然误差的观测值进行处理，消除不符值，得到观测量最可靠的结果。由于这些带有偶然误差的观测值是一些随机变量，可以根据概率统计的方法求出观测量的最可靠结果，这是测量数据处理的一个主要任务。测量数据处理的另一个主要任务是评定测量成果的精度。

从误差处理的角度，测量数据处理的任务还包括建立误差分析体系，研究误差来源、误差类型、度量误差的指标，研究误差的空间传播机制，削弱误差对测绘产品的质量影响，用统计分析理论进行产品的质量控制等。

1.3 本学科的发展历史

18 世纪末，在天文学、大地测量学及与观测自然现象有关的其他科学领域中，常常提出这样的问题，如何消除由观测误差引起的观测值之间的矛盾，从多于待估量的观测值中求出待估量的最优值。

1794 年，年仅 17 岁的高斯首先提出了解决这个问题的方法——最小二乘法。他的研究方法以算术平均值为待求量的最或然值，假设观测误差服从正态分布导出了最小二乘原理。1801 年，天文学家对刚发现的谷神星运行轨道的一段弧长进行了一系列观测，后来因故中止了观测。这就需要根据这些极其有限且带有误差的观测结果求出该星运行的实际轨道。高斯用自己提出的最小二乘法解决了这个当时很大的难题，对谷神星运行轨道进行了成功预报，使天文学家又及时找到了这颗彗星。但高斯并没有及时行文发表他所提出的最小二乘法。直到 1809 年，高斯在《天体运动理论》中，从概率的观点详细叙述了他所提出的最小二乘原理。而在此之前，1805 年，勒让德发表了《计算彗星轨道的新方法》一文，从代数的观点独立地提出了最小二乘法，并定名为最小二乘法。所以后人将最小二乘法称为高斯-勒让德方法。

自高斯 1794 年提出最小二乘原理到 20 世纪五六十年代，许多学者对误差理论与测量平差的理论和方法进行了大量的研究，提出了一系列解决各类测量问题的平差方法。这些平差方法都是基于观测值随机独立的高斯最小二乘原则，所以一般称其为经典最小二乘平差。这一时期，由于计算工具的限制，误差理论与测量平差的主要研究方向是如何少解线性方程组。许多学者提出了许多分组解算线性方程组的方法，如克吕格分组平差、赫尔默特分区平差等都是为了使解算方程组变得简单。

自 20 世纪六七十年代开始，测量手段逐渐精密和现代化，特别是电子计算机、矩阵代数、泛函分析、最优化理论和概率统计在测量平差中广泛应用，对测量平差的理论和实际应用产生了深刻影响，误差理论与测量平差得到了很大发展，出现了许多新的平差理论和平差方法。

田斯特拉于 1947 年提出相关观测值的平差理论，将经典平差中对观测值随机独立的要求推广到随机相关的观测值；克拉鲁普在 1969 年提出最小二乘滤波、推估和配置理论；迈塞尔于 1962 年将高斯的最小二乘平差模型中的列满秩系数矩阵推广到奇异矩阵，提出了解决非满秩平差问题的秩亏自由网平差方法，之后其他学者综合各种情况得到了广义高斯-马尔可夫平差模型，并把广义高斯-马尔可夫模型的参数估计称为最小二乘统一理论；20 世纪 80 年代以来有学者将经典的先验定权方法改进为后验定权方法并进行了研究，提出了多种方差-协方差分量的验后估计法；20 世纪中期以来，很多学者致力于系统误差和粗差的研究，提出了附加系统参数的平差方法和粗差探测理论。

总之，自 20 世纪 70 年代以来，随着 GPS、GIS 和 RS 在测绘中的应用，测量平差理论和方法得到了飞速发展，出现了许多新的测量数据处理理论和方法，也推动了测量平差理论的发展。

第2章 误差理论的基本知识

教学目标

本章是全书的理论基础，主要介绍测量误差理论的基本知识。通过本章的学习，应达到以下目标。

1）掌握随机变量的数学期望、方差、协方差、协方差矩阵及互协方差矩阵的定义和性质。

2）掌握正态分布的性质。

3）掌握偶然误差的特性。

4）重点掌握精度的概念及评价精度的几种指标。

5）了解有关矩阵的基本知识。

教学要求

知识要点	能力要求	相关知识
随机变量的数字特征	1）掌握数学期望的概念与性质； 2）掌握方差的概念和性质； 3）掌握协方差、协方差矩阵及互协方差矩阵的概念及性质	1）数学期望； 2）方差； 3）协方差、相关系数； 4）协方差矩阵、互协方差矩阵
测量常用的概率分布	1）掌握正态分布的性质和类别； 2）了解几种非正态分布	1）一维正态分布的性质； 2）标准正态分布的性质； 3）n 维正态分布的性质； 4）χ^2 分布的性质； 5）t 分布的性质、F 分布的性质
偶然误差的统计特性	掌握偶然误差的四大特性	1）误差的有界性； 2）误差的对称性； 3）误差的趋向性； 4）误差的抵偿性
精度和衡量精度的指标	1）重点掌握精度及其相关概念的含义； 2）重点掌握衡量精度几种指标的概念； 3）重点理解几种精度指标的关系； 4）了解不确定度的概念	1）精度、准确度及精确度； 2）方差和中误差； 3）平均误差、或然误差； 4）极限误差、相对误差； 5）不确定度
矩阵的基本知识	1）了解矩阵的秩、迹的概念； 2）了解矩阵的反演公式	1）矩阵秩； 2）矩阵迹

引例

在测量中，用不同的仪器对同一目标进行观测，所测得的观测数据不一样。用什么指标来衡量所测得的观测数据？从哪些方面来衡量所测得的观测数据？这是本章所要解决的问题。

2.1　随机变量的数字特征

2.1.1　数学期望

1. 定义

随机变量 X 的数学期望定义为随机变量取值的概率平均值，记作 $E(X)$ 或 ξ 。

如果 X 是离散型随机变量，其可能取值为 $x_i(i=1,2,\cdots,n)$ ，且 $X=x_i$ 的概率 $P(X=x_i)=p_i$ ，则

$$E(X)=\sum_{i=1}^{n}x_i p_i \tag{2-1}$$

如果 X 是连续型随机变量，其分布密度为 $f(x)$ ，则

$$E(X)=\int_{-\infty}^{+\infty}xf(x)\mathrm{d}x \tag{2-2}$$

上述求数学期望的方法与力学中求质量重心坐标的方法一致，所以数学期望也可以看作分布重心的横坐标。

2. 性质

1）设 k 为常数，则

$$E(k)=k$$

2）设 k 为常数，则

$$E(kX)=kE(X)$$

3）无论各变量独立与否，其和的数学期望均等于每一变量数学期望之和，即

$$E(X+Y)=E(X)+E(Y)$$

证明如下。

$$\begin{aligned}E(X+Y)&=\int_{-\infty}^{+\infty}\int_{-\infty}^{+\infty}(x+y)f(x,y)\mathrm{d}x\mathrm{d}y\\&=\int_{-\infty}^{+\infty}\int_{-\infty}^{+\infty}xf(x,y)\mathrm{d}x\mathrm{d}y+\int_{-\infty}^{+\infty}\int_{-\infty}^{+\infty}yf(x,y)\mathrm{d}x\mathrm{d}y\\&=\int_{-\infty}^{+\infty}xf_1(x)\mathrm{d}x+\int_{-\infty}^{+\infty}yf_2(y)\mathrm{d}y=E(X)+E(Y)\end{aligned}$$

式中， $f_1(x),f_2(y)$ 为边际密度函数。一般情况下，有

$$E(X_1+X_2+\cdots+X_n)=E(X_1)+E(X_2)+\cdots+E(X_n)$$

4）若各变量相互独立，则其乘积的数学期望等于各变量数学期望的乘积，即

$$E(X_1X_2\cdots X_n)=E(X_1)E(X_2)\cdots E(X_n)$$

2.1.2　方差

1. 定义

随机变量 X 的方差记作 $D(X)$，其定义为

$$D(X)=E[X-E(X)]^2=E[(X-\xi)]^2=E[(X-E(X))^2] \tag{2-3}$$

如果 X 是离散型随机变量，其可能取值为 $x_i(i=1,2,\cdots,n)$，且 $X=x_i$ 的概率 $P(X=x_i)=p_i$，则

$$D(X)=\sum_{i=1}^{n}[x_i-E(X)]^2 p_i=\sum_{i=1}^{n}[x_i-\xi]^2 p_i \tag{2-4}$$

如果 X 是连续型随机变量，其分布密度函数为 $f(x)$，则

$$D(X)=\int_{-\infty}^{+\infty}[x-E(X)]^2 f(x)\mathrm{d}x=\int_{-\infty}^{+\infty}[x-\xi]^2 f(x)\mathrm{d}x \tag{2-5}$$

2. 性质

1）若 k 为常数，则

$$D(k)=0$$

2）若 k 为常数，则

$$D(kX)=k^2D(X)$$

3）设 a,b 为常数，则

$$D(aX+b)=a^2D(X)$$

4）设 X 的数学期望为 ξ，方差 $D(X)=\sigma^2$，则

$$D\left(\frac{X-\xi}{\sigma}\right)=\frac{1}{\sigma^2}D(X-\xi)=\frac{1}{\sigma^2}D(X)=\frac{1}{\sigma^2}\sigma^2=1$$

5）$D(X)=E(X^2)-E^2(X)$。

证明如下。

$$\begin{aligned}D(X)&=E[X-E(X)]^2=E[X^2-2XE(X)+E^2(X)]\\&=E(X^2)-2E[XE(X)]+E^2(X)=E(X^2)-2E(X)E(X)+E^2(X)\\&=E(X^2)-E^2(X)\end{aligned}$$

6）如果变量 X 与 Y 互相独立，则

$$D(X+Y)=D(X)+D(Y)$$

证明如下。

$$\begin{aligned}D(X+Y)&=E[(X+Y)-E(X+Y)]^2=E[(X+Y)]^2-[E(X+Y)]^2\\&=E[X^2+Y^2+2XY]-[E(X)+E(Y)]^2\\&=E(X^2)+E(Y^2)+2E(XY)-E^2(X)-E^2(Y)-2E(X)E(Y)\end{aligned}$$

因为 X,Y 互独立，有

$$E(XY)=E(X)E(Y)$$

所以

$$D(X+Y)=E(X^2)-E^2(X)+E(Y^2)-E^2(Y)$$

由性质 5）可得

$$D(X+Y)=D(X)+D(Y)$$

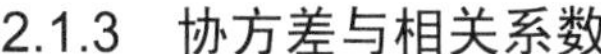

2.1.3　协方差与相关系数

1. 协方差

协方差是描述随机变量 X 和 Y 之间相关性的量度，记作 σ_{XY}，有时也记作 $D(X,Y)$。其定义为

$$\sigma_{XY} = E[(X - E(X))(Y - E(Y))] \tag{2-6}$$

当 X 和 Y 的协方差 $\sigma_{XY} = 0$ 时，表示这两个随机变量可能互不相关。在测量中，一般认为观测量属于正态分布，只要 $\sigma_{XY} = 0$，这两个随机变量就不相关。

当 X 和 Y 的协方差 $\sigma_{XY} \neq 0$ 时，这两个随机变量是相关的。

2. 相关系数

两个随机变量 X 和 Y 的相关性还可以用相关系数来描述，相关系数一般记作 ρ，其定义为

$$\rho = \frac{\sigma_{XY}}{\sqrt{D(X)}\sqrt{D(Y)}} = \frac{\sigma_{XY}}{\sigma_X \sigma_Y} \tag{2-7}$$

式中，$\sigma_X = \sqrt{D(X)}$，$\sigma_Y = \sqrt{D(Y)}$ 分别称为随机变量 X,Y 的标准差，其性质如下。

1）当 $\rho > 0$ 时，表示随机变量 X,Y 正相关。

2）当 $\rho < 0$ 时，表示随机变量 X,Y 负相关。

3）当 $\rho = 0$ 时，表示随机变量 X,Y 不相关。

4）ρ 的取值范围：$-1 \leqslant \rho \leqslant 1$。

由此可知，两个相互独立的随机变量是不相关的。不相关的随机变量不一定相互独立，但对于正态分布而言，不相关与相互独立是一致的。

2.1.4　协方差矩阵

对于随机变量 X_i 组成的随机向量 $\boldsymbol{X} = [X_1 \quad X_2 \quad \cdots \quad X_n]^{\mathrm{T}}$，它们的数学期望

$$E(\boldsymbol{X}) = \boldsymbol{\mu}_{\boldsymbol{X}} = \begin{bmatrix} E(X_1) \\ E(X_2) \\ \vdots \\ E(X_n) \end{bmatrix} \tag{2-8}$$

其方差是一个矩阵，称为方差-协方差矩阵，简称方差矩阵或协方差矩阵，即

$$\boldsymbol{D}_{\boldsymbol{XX}} = E[(\boldsymbol{X} - E(\boldsymbol{X}))(\boldsymbol{X} - E(\boldsymbol{X}))^{\mathrm{T}}] = \begin{bmatrix} \sigma_{X_1}^2 & \sigma_{X_1X_2} & \cdots & \sigma_{X_1X_n} \\ \sigma_{X_2X_1} & \sigma_{X_2}^2 & \cdots & \sigma_{X_2X_n} \\ \vdots & \vdots & & \vdots \\ \sigma_{X_nX_1} & \sigma_{X_nX_2} & \cdots & \sigma_{X_n}^2 \end{bmatrix} \tag{2-9}$$

式（2-9）是观测向量协方差矩阵的定义式。其主对角线上的元素分别是各观测值 X_i 的方差 $\sigma_{X_i}^2$，非主对角线上的元素 $\sigma_{X_iX_j}$ 则为观测值 X_i 关于 X_j 的协方差。

因此，协方差矩阵 $\boldsymbol{D}_{XX}$ 不仅给出了各观测值的方差，还给出了其中两两观测值之间的协方差来描述它们的相关程度。

根据协方差定义可知，观测值 X_i 关于 X_j 的协方差

$$\sigma_{X_iX_j}=E[(X_i-E(X_i))(X_j-E(X_j))] \tag{2-10}$$

式中，$\Delta_{X_i}=E(X_i)-X_i$，$\Delta_{X_j}=E(X_j)-X_j$，分别为 X_i 和 X_j 的真误差，于是可得

$$\sigma_{X_iX_j}=E[(X_i-E(X_i))(X_j-E(X_j))]=E(\Delta_{X_i}\Delta_{X_j})=E(\Delta_{X_j}\Delta_{X_i})=\sigma_{X_jX_i} \tag{2-11}$$

即观测值 X_i 关于 X_j 的协方差与 X_j 关于 X_i 的协方差相等。

当 X_i 和 X_j 的协方差 $\sigma_{X_iX_j}=0$ 时，表示这两个观测值的误差之间互不相关，或者说，它们的误差是不相关的，并称这些观测值为不相关的观测值；当 X_i 和 X_j 的协方差 $\sigma_{X_iX_j}\neq 0$ 时，表示它们的误差是相关的，称这些观测值为相关观测值。

本课程假设观测值和观测误差均是服从正态分布的随机变量，而对于正态分布的随机变量而言，“不相关”与“独立”是等价的，故将不相关观测值也称为独立观测值，同样将相关观测值也称为不独立观测值。

2.1.5 互协方差矩阵

如果有两组观测向量 $\underset{n\times 1}{\boldsymbol{X}}$ 和 $\underset{r\times 1}{\boldsymbol{Y}}$，它们的数学期望分别为 $E(\underset{n\times 1}{\boldsymbol{X}})$ 和 $E(\underset{r\times 1}{\boldsymbol{Y}})$。

令

$$\underset{(n+r)\times 1}{\boldsymbol{Z}}=\begin{bmatrix}\boldsymbol{X}\\ \boldsymbol{Y}\end{bmatrix}$$

则 $\boldsymbol{Z}$ 的方差矩阵 $\boldsymbol{D}_{ZZ}$ 为

$$\boldsymbol{D}_{ZZ}=\begin{bmatrix}\boldsymbol{D}_{XX} & \boldsymbol{D}_{XY}\\ \boldsymbol{D}_{YX} & \boldsymbol{D}_{YY}\end{bmatrix}$$

式中，$\boldsymbol{D}_{XX}$ 和 $\boldsymbol{D}_{YY}$ 分别为 $\boldsymbol{X}$ 和 $\boldsymbol{Y}$ 的协方差矩阵，$\boldsymbol{D}_{XY}$ 是 $\boldsymbol{X}$ 关于 $\boldsymbol{Y}$ 的互协方差矩阵，为

$$\boldsymbol{D}_{XY}=\begin{bmatrix}\sigma_{x_1y_1} & \sigma_{x_1y_2} & \cdots & \sigma_{x_1y_r}\\ \sigma_{x_2y_1} & \sigma_{x_2y_2} & \cdots & \sigma_{x_2y_r}\\ \vdots & \vdots & & \vdots\\ \sigma_{x_ny_1} & \sigma_{x_ny_2} & \cdots & \sigma_{x_ny_r}\end{bmatrix} \tag{2-12}$$

$$\boldsymbol{D}_{XY}=E[(\boldsymbol{X}-E(\boldsymbol{X}))(\boldsymbol{Y}-E(\boldsymbol{Y}))^{\mathrm{T}}]=\boldsymbol{D}_{YX}^{\mathrm{T}} \tag{2-13}$$

当 $\boldsymbol{X}$ 和 $\boldsymbol{Y}$ 的维数 $n=r=1$ 时，即 $\boldsymbol{X}$ 与 $\boldsymbol{Y}$ 都是一个观测值，互协方差矩阵就是 $\boldsymbol{X}$ 关于 $\boldsymbol{Y}$ 的协方差。当 $\boldsymbol{D}_{XY}=\boldsymbol{0}$ 时，称 $\boldsymbol{X}$ 与 $\boldsymbol{Y}$ 是相互独立的观测向量。

2.2 测量常用的概率分布

2.2.1 正态分布

正态分布也称高斯分布，无论是在理论上还是实用上，正态分布都是一种很重要的分布，主要原因如下。

1）设有相互独立的随机变量 $X_1, X_2, \cdots, X_n$，其总和 $X = \sum_{i=1}^{n} X_i$，无论这些随机变量原来服从什么分布，也无论它们是同分布或不同分布，只要它们具有有限的数学期望和方差，且其中每一个随机变量对其总和 X 的影响均较小，也就是说，没有一个变量比其他变量占有绝对优势，那么，其总和 X 将服从或近似服从正态分布。

2）有许多分布，如 t 分布、χ^2 分布等，当 $n \to \infty$ 时，它们多趋近于正态分布，也就是说正态分布是许多种分布的极限分布。

由此可见，正态分布是一种最常见的概率分布，是处理观测数据的基础，所以在本学科中占有重要的地位。

1. 一维正态分布

具有密度函数

$$f(x) = \frac{1}{\sigma\sqrt{2\pi}} \exp\left\{-\frac{1}{2}(x-\xi)^2\sigma^{-2}\right\} \tag{2-14}$$

的概率分布称为一维正态分布。在 $(-\infty, \infty)$ 范围内其积分等于 1，$\sigma > 0$。相应的分布函数

$$F(x) = \frac{1}{\sigma\sqrt{2\pi}} \int_{-\infty}^{x} \exp\left\{-\frac{1}{2}(x-\xi)^2\sigma^{-2}\right\} \mathrm{d}x \tag{2-15}$$

具有密度函数式（2-14）的随机变量称为正态变量，简记 $X \sim N(\xi, \sigma^2)$，参数 ξ, σ^2 分别称为 X 的数学期望和方差，即

$$E(X) = \frac{1}{\sigma\sqrt{2\pi}} \int_{-\infty}^{+\infty} x \exp\left\{-\frac{1}{2}(x-\xi)^2\sigma^{-2}\right\} \mathrm{d}x = \xi \tag{2-16}$$

$$D(X) = \frac{1}{\sigma\sqrt{2\pi}} \int_{-\infty}^{+\infty} (x-\xi)^2 \exp\left\{-\frac{1}{2}(x-\xi)^2\sigma^{-2}\right\} \mathrm{d}x = \sigma^2 \tag{2-17}$$

正态分布具有可加性。如果 $X_1, X_2, \cdots, X_n$ 为相互独立的正态变量，且每一个 $X_i \sim N(\xi_i, \sigma_i^2)$，则其和

$$\sum_{i=1}^{n} X_i = X_1 + X_2 + \cdots + X_n \sim N(\xi, \sigma^2) \tag{2-18}$$

式中，$\xi=\sum_{i=1}^{n}\xi_i$；$\sigma^2=\sum_{i=1}^{n}\sigma_i^2$。

正态变量的线性函数仍是正态变量。例如，$x_i \sim N(\xi,\sigma^2)(i=1,2,\cdots,n)$，则其算术平均值

$$\bar{X}=\frac{1}{n}\sum_{i=1}^{n}x_i \sim N(\xi,\sigma^2/n) \tag{2-19}$$

2. 标准正态分布

在式（2-14）中，如果$\xi=0,\sigma=1$，则所得密度函数

$$f(x)=\frac{1}{\sqrt{2\pi}}\exp\left(-\frac{1}{2}x^2\right) \quad (-\infty<x<\infty) \tag{2-20}$$

具有这种密度函数的分布称为标准正态分布，随机变量记为$X \sim N(0,1)$，分布函数

$$F(x)=\frac{1}{\sqrt{2\pi}}\int_{-\infty}^{x}\exp\left(-\frac{1}{2}x^2\right)\mathrm{d}x$$

例 2-1 已知测量偶然误差$\varDelta \sim N(0,\sigma^2)$，其标准化统计量设为$u$，即

$$u=\frac{\varDelta}{\sigma} \sim N(0,1)$$

则u为标准正态变量。

设$X \sim N(0,1)$，则X出现在给定区间$(-k,k)$内的概率$(k>0)$

$$P(-k<X<k)=P(|X|<k)=\int_{-k}^{k}\frac{1}{\sqrt{2\pi}}\exp\left(-\frac{x^2}{2}\right)\mathrm{d}x=1-\alpha=p \tag{2-21}$$

式中，p为置信度；α为显著水平。

式（2-21）称为概率表达式，由式（2-21）可得k与α的数量关系，如表 2-1 所示。

表 2-1 k与α的数量关系

α	0.317	0.10	0.05	0.046	0.01	0.003	0.001	0.0001
k	1.000	1.645	1.960	2.000	2.576	3.000	3.291	3.891

例 2-2 因$\varDelta \sim N(0,\sigma^2)$，则$\varDelta/\sigma \sim N(0,1)$，按式（2-21），并查表 2-1 可得

$$P(|\varDelta|<\sigma)=1-0.317=0.683$$

$$P(|\varDelta|<2\sigma)=1-0.046=0.954$$

$$P(|\varDelta|<3\sigma)=1-0.003=0.997$$

这也是测量中真误差与其标准差之间的关系式。

3. n维正态分布

在测量工作中，通常用纵、横坐标来确定平面点的位置，而纵、横坐标误差就是二维正态随机变量，它们服从的分布为二维正态分布。二维正态随机变量(X,Y)的联合分

布概率密度函数

$$f(x,y)=\frac{1}{2\pi\sigma_x\sigma_y\sqrt{1-\rho^2}}\exp\left\{-\frac{1}{2(1-\rho^2)}\cdot\left[\frac{(x-\mu_x)^2}{\sigma_x^2}-\frac{2\rho(x-\mu_x)(y-\mu_y)}{\sigma_x\sigma_y}+\frac{(y-\mu_y)^2}{\sigma_y^2}\right]\right\}$$

式中，μ_x 与 μ_y、σ_x^2 与 σ_y^2 和 ρ 分别为随机变量 X 与 Y 的数学期望、方差和相关系数。

设有 n 维随机向量 $\boldsymbol{X}=[X_1\ \ X_2\ \ \cdots\ \ X_n]^{\mathrm{T}}$，如果 $\boldsymbol{X}$ 服从正态分布，则 n 维正态随机向量的密度函数

$$f(x_1,x_2,\cdots,x_n)=\frac{1}{(2\pi)^{\frac{n}{2}}\left|\boldsymbol{D}_{XX}\right|^{\frac{1}{2}}}\exp\left\{-\frac{1}{2}(\boldsymbol{X}-\boldsymbol{\mu}_X)^{\mathrm{T}}\boldsymbol{D}_{XX}^{-1}(\boldsymbol{X}-\boldsymbol{\mu}_X)\right\} \tag{2-22}$$

式中，随机向量 $\boldsymbol{X}$ 的数学期望 $\boldsymbol{\mu}_X$ 和方差 $\boldsymbol{D}_{XX}$ 分别为

$$\boldsymbol{\mu}_X=\begin{bmatrix}\mu_1\\ \mu_2\\ \vdots\\ \mu_n\end{bmatrix}=\begin{bmatrix}E(X_1)\\ E(X_2)\\ \vdots\\ E(X_n)\end{bmatrix},\quad \underset{n\times n}{\boldsymbol{D}_{XX}}=\begin{bmatrix}\sigma_{X_1}^2 & \sigma_{X_1X_2} & \cdots & \sigma_{X_1X_n}\\ \sigma_{X_2X_1} & \sigma_{X_2}^2 & \cdots & \sigma_{X_2X_n}\\ \vdots & \vdots & & \vdots\\ \sigma_{X_nX_1} & \sigma_{X_nX_2} & \cdots & \sigma_{X_n}^2\end{bmatrix}$$

数学期望向量 $\boldsymbol{\mu}_X$ 和方差矩阵 $\boldsymbol{D}_{XX}$ 是 n 维正态随机向量的数字特征。$\boldsymbol{\mu}_X$ 中各元素 μ_i 为随机变量 X_i 的数学期望，$\boldsymbol{D}_{XX}$ 中各主对角线上的元素 $\sigma_{X_i}^2$ 为 X_i 的方差，非主对角线上的元素 $\sigma_{X_iX_j}$ 为 X_i 关于 X_j 的协方差，是描述随机变量 X_i 和 X_j 之间相关性的量。

例 2-3　已知 n 维误差向量 $\boldsymbol{\varDelta}\sim N(0,D(\boldsymbol{\varDelta}))$，$\boldsymbol{L}=\tilde{\boldsymbol{X}}+\boldsymbol{\varDelta}$，则

$$E(\boldsymbol{L})=\tilde{\boldsymbol{X}}+E(\boldsymbol{\varDelta})=\tilde{\boldsymbol{X}},\ D(\boldsymbol{L})=D(\boldsymbol{\varDelta})$$

式中，$\tilde{\boldsymbol{X}}$ 为真值；$\boldsymbol{L}$ 为观测向量。所以 $\boldsymbol{L}\sim N(\tilde{\boldsymbol{X}},D(\boldsymbol{\varDelta}))$。

2.2.2　非正态分布

测量的实践表明，在遇到的众多随机误差中，大多服从正态分布，但还存在非正态分布的随机误差。

1. χ^2 分布

设 $X_1,X_2,\cdots,X_n$ 为互相独立的 $N(0,1)$ 变量，则其平方和为中心化的 $\chi_{(n)}^2$ 变量，记为

$$Z=X_1^2+X_2^2+\cdots+X_n^2=\boldsymbol{X}^{\mathrm{T}}\boldsymbol{X}\sim\chi_{(n)}^2 \tag{2-23}$$

式中，n 为独立变量的个数，称为 χ^2 变量的自由度。

其密度函数为

$$f(x)=\begin{cases}\dfrac{1}{2^{n/2}\Gamma(n/2)}x^{n/2-1}\exp\left(-\dfrac{1}{2}x\right), & 0<x<\infty\\ 0, & x\leqslant 0\end{cases} \tag{2-24}$$

χ^2 分布的概率表达式为

$$P(\chi_{1-\alpha/2}^2 < \chi^2 < \chi_{\alpha/2}^2) = \int_{\chi_{1-\alpha/2}^2}^{\chi_{\alpha/2}^2} f(x)\mathrm{d}x = p = 1-\alpha$$

χ^2 分布的数学期望和方差分别为

$$E(\chi_{(n)}^2) = \int_0^{\infty} xf(x)\mathrm{d}x = n$$

$$D(\chi_{(n)}^2) = \int_0^{\infty} (x-E(x))^2 f(x)\mathrm{d}x = 2n$$

χ^2 分布具有可加性，如 χ_1^2 和 χ_2^2 为相互独立的两个 χ^2 变量，自由度分别为 n_1 和 n_2，则有

$$\chi_{(n)}^2 = \chi_1^2 + \chi_2^2 \tag{2-25}$$

式中，$n = n_1 + n_2$。也就是说，χ_1^2 与 χ_2^2 之和也是 χ^2 变量，其自由度为这两个变量自由度之和。

图 2.1 给出了 $n = 1,4,10$ 时的 χ^2 分布密度函数曲线。

事件（$\chi^2 > \chi_\alpha^2(n)$）出现的概率为

$$P(\chi^2 > \chi_\alpha^2(n)) = \int_{\chi_\alpha^2(n)}^{+\infty} f(z)\mathrm{d}z = \alpha$$

将满足上述关系的点 $\chi_\alpha^2(n)$ 称为 $\chi^2(n)$ 分布的上百分位点，如图 2.2 所示。对于不同的 α 和 n，可以通过查 χ^2 分布表或矩阵实验室软件 MATLAB 中的函数求得 $\chi_\alpha^2(n)$ 的值。从图 2.1 可以看出，当自由度 n 逐渐增大时，曲线的形态近似于正态分布曲线。

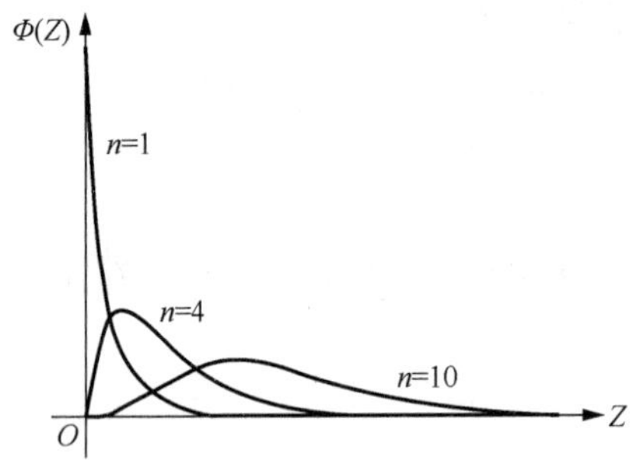

图 2.1 $n = 1,4,10$ 时的 χ^2 分布的密度函数曲线

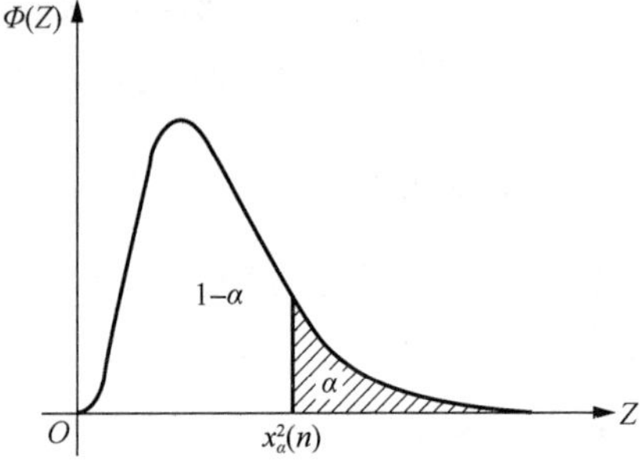

图 2.2 $\chi^2(n)$ 分布的上百分位点

当 $n \to \infty$ 时，$\chi^2(n)$ 趋近于 $N(n, 2n)$ 分布，因此，当 n 较大时可用正态分布代替 χ^2 分布。

χ^2 分布也是 t 分布和 F 分布的基础。

例 2-4 对某变量 x 进行 n 次独立观测，得到观测值 $L_1, L_2, \cdots, L_n$，有 $L_i = x + \Delta_i (i = 1,2,\cdots,n)$，其中 $\Delta_i \sim N(0, \sigma^2)$，则

$$\chi_{(1)}^2 = \left(\frac{\Delta_i}{\sigma}\right)^2$$

是自由度为 1 的 χ^2 变量。因各 Δ_i 间相互独立，由 χ^2 变量的性质可得

$$\chi^2_{(n)} = \left(\frac{\Delta_1}{\sigma}\right)^2 + \left(\frac{\Delta_2}{\sigma}\right)^2 + \cdots + \left(\frac{\Delta_n}{\sigma}\right)^2 = \frac{1}{\sigma^2}\sum_{i=1}^{n}\Delta_i^2$$

其数学期望为

$$E\left(\sum_{i=1}^{n}\Delta_i^2/\sigma^2\right) = n \Rightarrow E\left(\sum_{i=1}^{n}\Delta_i^2/n\right) = \sigma^2$$

所以

$$\sigma^2 = \lim_{n\to\infty}\frac{\sum_{i=1}^{n}\Delta_i^2}{n}$$

2. 非中心化的 χ^2 变量

设随机向量 $\boldsymbol{X} = [X_1 \;\; X_2 \;\; \cdots \;\; X_n]^{\mathrm{T}}$，$X_i$ 为相互独立的 $N(\boldsymbol{\xi},1)$ 变量，则其平方和 $\boldsymbol{X}^{\mathrm{T}}\boldsymbol{X}$ 是自由度为 n 的非中心化 χ^2 变量，即

$$\boldsymbol{X}^{\mathrm{T}}\boldsymbol{X} \sim \chi'^2_{(n,\lambda)}$$

式中，λ 为非中心参数，且 $\lambda = \boldsymbol{\xi}^{\mathrm{T}}\boldsymbol{\xi}$。其数学期望和方差为

$$E(\chi'^2_{(n,\lambda)}) = n + \lambda, \quad D(\chi'^2_{(n,\lambda)}) = 2n + 4\lambda$$

3. t 分布

设随机变量 X 与 Y 相互独立，$X \sim N(0,1)$，$Y \sim \chi^2_{(n)}$，则 t 变量定义为

$$t_{(n)} = X/\sqrt{Y/n} \tag{2-26}$$

式中，n 为 t 变量的自由度，也是 χ^2 变量的自由度。

其密度函数

$$f(x) = \frac{\Gamma\left(\frac{n+1}{2}\right)}{\sqrt{n\pi}\,\Gamma(n/2)}\left(1+\frac{x^2}{n}\right)^{-(n+1)/2} \quad (-\infty < x < \infty)$$

t 分布的概率表达式为

$$P(|t| < t_{\alpha/2}) = 2\int_0^{t_{\alpha/2}} f(x)\mathrm{d}x = p = 1-\alpha$$

t 分布的数学期望和方差分别为

$$E(t) = 0,\; D(t_{(n)}) = \frac{n}{n-2} \quad (n > 2)$$

图 2.3 给出了 $n = 1,4,10$ 时的 t 分布密度函数曲线。从图 2.3 中可以看出，$\Phi(t)$ 的图形以 $t = 0$ 为对称轴，并且类似于正态分布曲线。当 $n \to \infty$ 时，t 分布曲线趋近于 $N(0,1)$ 分布。因此，当 $n = f > 30$ 时（f 表示独立

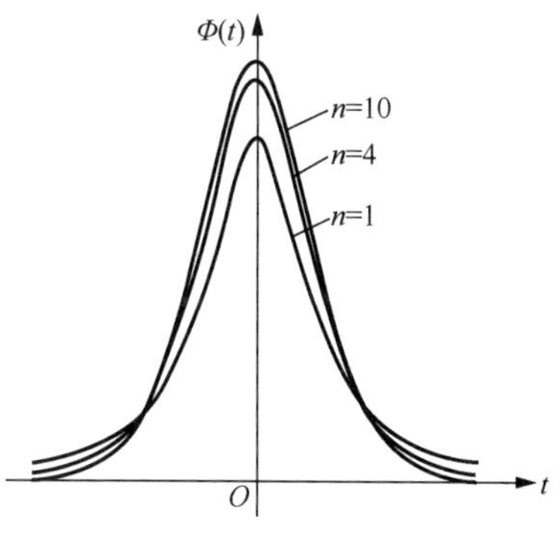

图 2.3　t 分布密度函数曲线

变量的个数），就可以用标准正态分布近似代替 t 分布。

事件 $t > t_\alpha(n)$ 出现的概率为

$$P(t > t_\alpha(n)) = \int_{t_\alpha(n)}^{+\infty} f(t)\mathrm{d}t = \alpha \quad (0 < \alpha < 1)$$

将满足上述关系的点 $t_\alpha(n)$ 称为 $t(n)$ 的上百分位点，如图 2.4 所示。对于不同的 α 和 n，可以通过查 t 分布表或 MATLAB 中的函数求得 $t_\alpha(n)$ 的值。

由于 t 分布的对称性（图 2.5），故有

$$P(|t| > t_{\alpha/2}(n)) = \alpha$$

称 $t_{\alpha/2}(n)$ 为 $t(n)$ 分布的双侧百分位点。

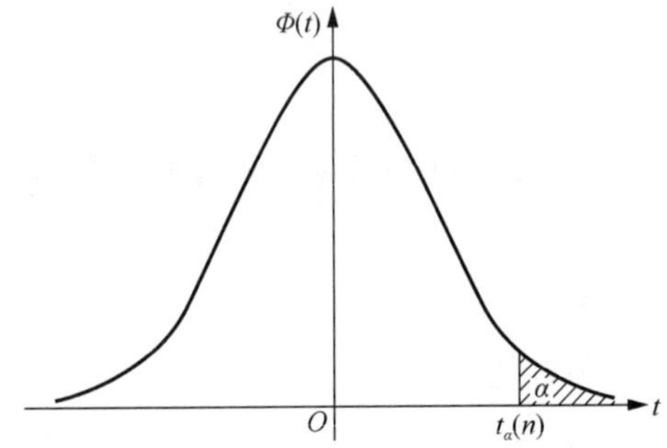

图 2.4　$t(n)$ 的上百分位点

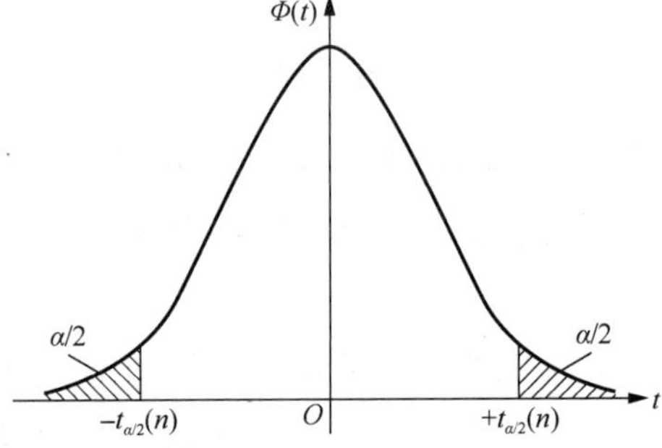

图 2.5　$t(n)$ 的双侧百分位点

t 分布是一种重要分布，当测量次数较少时，其误差分布通常认为服从 t 分布。

4. F 分布

设有两个相互独立的 χ^2 变量 $\chi^2_{(m)}$ 和 $\chi^2_{(n)}$，则定义

$$F = \frac{\chi^2_{(m)}/m}{\chi^2_{(n)}/n} \tag{2-27}$$

是分子自由度为 m 和分母自由度为 n 的 F 变量，记为 $F \sim F(m,n)$。

F 分布的密度函数为

$$f(x) = \begin{cases} \dfrac{\Gamma\left(\dfrac{m+n}{2}\right) m^{\frac{m}{2}} n^{\frac{n}{2}} x^{\frac{m}{2}-1}}{\Gamma\left(\dfrac{m}{2}\right)\Gamma\left(\dfrac{n}{2}\right)(mx+n)^{\frac{m+n}{2}}}, & x > 0 \\ 0, & x \leqslant 0 \end{cases} \tag{2-28}$$

F 分布的数学期望和方差分别为

$$E(F_{(m,n)}) = \frac{n}{n-2} \quad (n > 2)$$

$$D(F_{(m,n)}) = \frac{2n^2(m+n-2)}{m(n-2)^2(n-4)} \quad (n > 4)$$

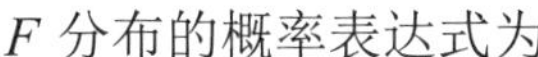

F 分布的概率表达式为

$$P(F_{1-\alpha/2} < F < F_{\alpha/2}) = p = 1-\alpha$$

图 2.6 给出了自由度为(20,10)、(20,25)和(20,100)的 F 分布的密度函数曲线。

事件 $F > F_\alpha(m,n)$ 出现的概率为

$$P(F > F_\alpha(m,n)) = \int_{F_\alpha(m,n)}^{+\infty} f(z)\mathrm{d}z = \alpha \quad (0<\alpha<1)$$

将满足上述关系的点 $F_\alpha(m,n)$ 称为 F 分布的上百分位点，如图 2.7 所示。对于不同的 α 和 m、n 及其相应的 $F_\alpha(m,n)$ 的值，可以通过查 F 分布表或 MATLAB 中的函数求得。

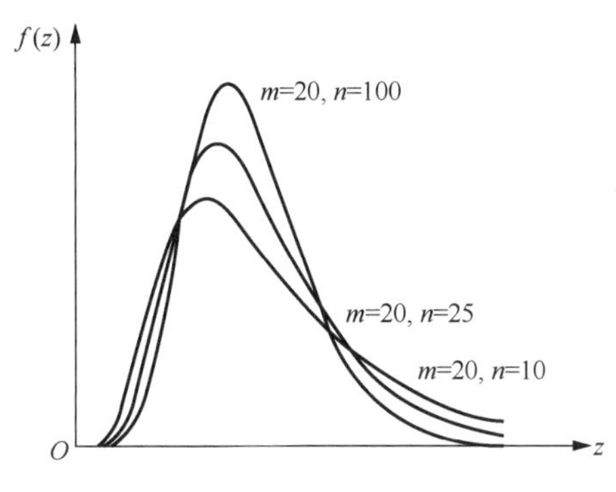

图 2.6　F 分布的密度函数曲线

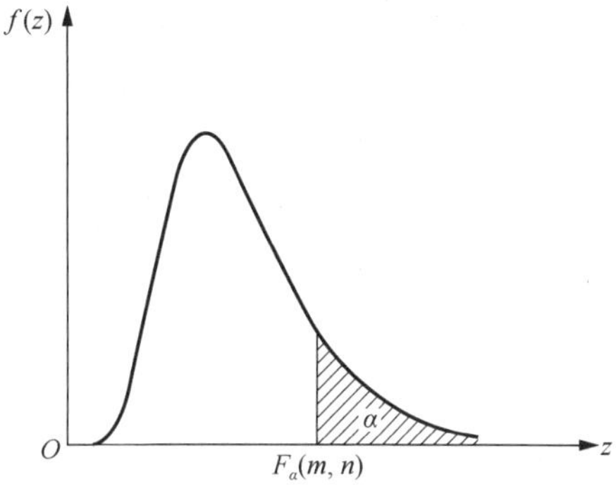

图 2.7　F 分布的上百分位点

F 分布也是一种很重要的分布，它在统计检验中经常使用，在回归方程的显著性检验中也应用了 F 分布的原理。

5. 二次型分布

在测量数据处理中，常遇到形如 $\boldsymbol{X}^{\mathrm{T}}\boldsymbol{M}\boldsymbol{X}$ 的二次型函数，在理论推导时常常要用到这种二次型函数的分布及其数学期望和方差等特征数。

（1）定义

设 $\boldsymbol{X}$ 服从 $N(\boldsymbol{\xi}, D(\boldsymbol{X}))$，$\boldsymbol{M}$ 为对称正方矩阵，$\boldsymbol{M}D(\boldsymbol{X})$ 是幂等矩阵，则二次型 $\boldsymbol{X}^{\mathrm{T}}\boldsymbol{M}\boldsymbol{X}$ 服从非中心化的 χ^2 分布，即

$$\boldsymbol{X}^{\mathrm{T}}\boldsymbol{M}\boldsymbol{X} \sim \chi'^2_{(R(\boldsymbol{M}),\lambda)} \tag{2-29}$$

式中，$R(\boldsymbol{M})$ 为二次型母矩阵 $\boldsymbol{M}$ 的秩；$\lambda = \boldsymbol{\xi}^{\mathrm{T}}\boldsymbol{M}\boldsymbol{\xi}$ 为非中心参数。母矩阵 $\boldsymbol{M}$ 与 $\boldsymbol{X}$ 的方差 $D(\boldsymbol{X})$ 的乘积为幂等矩阵，即

$$\boldsymbol{M}D(\boldsymbol{X})\boldsymbol{M}D(\boldsymbol{X}) = \boldsymbol{M}D(\boldsymbol{X})$$

式（2-29）称为二次型分布定理。

（2）二次型分布的数学期望

设有随机向量 $\boldsymbol{X}$ 和 $\boldsymbol{Y}$，其数学期望分别为 $E(\boldsymbol{X}) = \boldsymbol{\mu}_X$，$E(\boldsymbol{Y}) = \boldsymbol{\mu}_Y$，其方差矩阵和协方差矩阵分别为 $\boldsymbol{D}_{XX}$、$\boldsymbol{D}_{YY}$、$\boldsymbol{D}_{XY}$，则二次型分布的数学期望公式为

$$\begin{cases} E(\boldsymbol{X}^{\mathrm{T}}\boldsymbol{A}\boldsymbol{X}) = \mathrm{tr}(\boldsymbol{A}\boldsymbol{D}_{XX}) + \boldsymbol{\mu}_X^{\mathrm{T}}\boldsymbol{A}\boldsymbol{\mu}_X \\ E(\boldsymbol{X}^{\mathrm{T}}\boldsymbol{B}\boldsymbol{Y}) = \mathrm{tr}(\boldsymbol{B}\boldsymbol{D}_{XY}) + \boldsymbol{\mu}_X^{\mathrm{T}}\boldsymbol{B}\boldsymbol{\mu}_Y \end{cases} \tag{2-30}$$

式中，$\boldsymbol{A}$、$\boldsymbol{B}$ 为任意的对称可逆矩阵。

下面证明式（2-30）的第一式。由 $\boldsymbol{X}$ 的方差定义可知

$$\boldsymbol{D}_{XX} = E\{(\boldsymbol{X}-\boldsymbol{\mu}_X)(\boldsymbol{X}-\boldsymbol{\mu}_X)^{\mathrm{T}}\} = E(\boldsymbol{X}\boldsymbol{X}^{\mathrm{T}}) - \boldsymbol{\mu}_X\boldsymbol{\mu}_X^{\mathrm{T}}$$

所以有

$$E(\boldsymbol{X}\boldsymbol{X}^{\mathrm{T}}) = \boldsymbol{D}_{XX} + \boldsymbol{\mu}_X\boldsymbol{\mu}_X^{\mathrm{T}}$$

$$\begin{aligned} E(\boldsymbol{X}^{\mathrm{T}}\boldsymbol{A}\boldsymbol{X}) &= E\{\mathrm{tr}(\boldsymbol{X}^{\mathrm{T}}\boldsymbol{A}\boldsymbol{X})\} = \mathrm{tr}\{E(\boldsymbol{X}\boldsymbol{X}^{\mathrm{T}})\boldsymbol{A}\} = \mathrm{tr}\{(\boldsymbol{D}_{XX} + \boldsymbol{\mu}_X\boldsymbol{\mu}_X^{\mathrm{T}})\boldsymbol{A}\} \\ &= \mathrm{tr}(\boldsymbol{A}\boldsymbol{D}_{XX}) + \boldsymbol{\mu}_X^{\mathrm{T}}\boldsymbol{A}\boldsymbol{\mu}_X \end{aligned}$$

例 2-5　已知观测向量 $\boldsymbol{\Delta} \sim N(0, \sigma_0^2\boldsymbol{P}^{-1})$，则按式（2-30）有

$$E(\boldsymbol{\Delta}^{\mathrm{T}}\boldsymbol{P}\boldsymbol{\Delta}) = \mathrm{tr}(\boldsymbol{P}D(\boldsymbol{\Delta})) + 0 = \mathrm{tr}(\boldsymbol{P}\sigma_0^2\boldsymbol{P}^{-1}) = \mathrm{tr}(\sigma_0^2\boldsymbol{I}) = n\sigma_0^2$$

$\boldsymbol{I}$ 表示单位矩阵，所以可得

$$E\left(\frac{\boldsymbol{\Delta}^{\mathrm{T}}\boldsymbol{P}\boldsymbol{\Delta}}{n}\right) = \sigma_0^2$$

（3）二次型分布的方差和协方差

设有随机向量 $\boldsymbol{X}$，其数学期望 $E(\boldsymbol{X}) = \boldsymbol{\mu}_X$，方差矩阵为 $\boldsymbol{D}_{XX}$，则二次型分布的方差和协方差公式分别为

$$D(\boldsymbol{X}^{\mathrm{T}}\boldsymbol{A}\boldsymbol{X}) = 2\mathrm{tr}(\boldsymbol{A}\boldsymbol{D}_{XX}\boldsymbol{A}\boldsymbol{D}_{XX}) + 4\boldsymbol{\mu}_X^{\mathrm{T}}\boldsymbol{A}\boldsymbol{D}_{XX}\boldsymbol{A}\boldsymbol{\mu}_X \tag{2-31}$$

$$D(\boldsymbol{X}^{\mathrm{T}}\boldsymbol{A}\boldsymbol{X}, \boldsymbol{X}^{\mathrm{T}}\boldsymbol{B}\boldsymbol{X}) = 2\mathrm{tr}(\boldsymbol{A}\boldsymbol{D}_{XX}\boldsymbol{B}\boldsymbol{D}_{XX}) + 4\boldsymbol{\mu}_X^{\mathrm{T}}\boldsymbol{A}\boldsymbol{D}_{XX}\boldsymbol{B}\boldsymbol{\mu}_X \tag{2-32}$$

式中，$\boldsymbol{A}$、$\boldsymbol{B}$ 为任意的对称可逆矩阵。

若 $E(\boldsymbol{X}) = \boldsymbol{\mu}_X = \boldsymbol{0}$，则有

$$D(\boldsymbol{X}^{\mathrm{T}}\boldsymbol{A}\boldsymbol{X}) = 2\mathrm{tr}(\boldsymbol{A}\boldsymbol{D}_{XX}\boldsymbol{A}\boldsymbol{D}_{XX}) \tag{2-33}$$

$$D(\boldsymbol{X}^{\mathrm{T}}\boldsymbol{A}\boldsymbol{X}, \boldsymbol{X}^{\mathrm{T}}\boldsymbol{B}\boldsymbol{X}) = 2\mathrm{tr}(\boldsymbol{A}\boldsymbol{D}_{XX}\boldsymbol{B}\boldsymbol{D}_{XX}) \tag{2-34}$$

设有随机向量 $\boldsymbol{X}$ 和 $\boldsymbol{Y}$，其数学期望分别为 $E(\boldsymbol{X}) = \boldsymbol{\mu}_X = \boldsymbol{0}$，$E(\boldsymbol{Y}) = \boldsymbol{\mu}_Y = \boldsymbol{0}$，其方差矩阵和协方差矩阵分别为 $\boldsymbol{D}_{XX}$、$\boldsymbol{D}_{YY}$、$\boldsymbol{D}_{XY}$，则二次型分布的协方差公式为

$$D(\boldsymbol{X}^{\mathrm{T}}\boldsymbol{A}\boldsymbol{X}, \boldsymbol{Y}^{\mathrm{T}}\boldsymbol{B}\boldsymbol{Y}) = 2\mathrm{tr}(\boldsymbol{A}\boldsymbol{D}_{XY}\boldsymbol{B}\boldsymbol{D}_{YX}) \tag{2-35}$$

式中，$\boldsymbol{A}$、$\boldsymbol{B}$ 为任意的对称可逆矩阵。

例 2-6　已知 $\boldsymbol{\Delta} \sim N(0, \sigma_0^2\boldsymbol{P}^{-1})$，求 $\boldsymbol{\Delta}^{\mathrm{T}}\boldsymbol{P}\boldsymbol{\Delta}$ 的方差。

解：$D(\boldsymbol{\Delta}^{\mathrm{T}}\boldsymbol{P}\boldsymbol{\Delta}) = 2\mathrm{tr}(\boldsymbol{P}\sigma_0^2\boldsymbol{P}^{-1}\boldsymbol{P}\sigma_0^2\boldsymbol{P}^{-1}) = 2n\sigma_0^4$

2.3　偶然误差的统计特性

2.3.1　真值与估值

任何一个被观测量，客观上总是存在着一个能代表其真正大小的数值，这一数值称

为该被观测量的真值。通常在表示观测值的字母上方加波浪线表示其真值。有些观测值的真值是已知的，如三角形内角之和等于180°；有些观测值的真值为约定真值，即相对于观测值而言，约定真值是一个高精度的已知值。

设对真值$\tilde{L}$的观测值为$L_1, L_2, \cdots, L_n$，相应的真误差为$\Delta_1, \Delta_2, \cdots, \Delta_n$，则有

$$\Delta = \tilde{L} - L \tag{2-36}$$

因此，可得到各真误差的计算公式为

$$\begin{aligned} \Delta_1 &= \tilde{L} - L_1 \\ \Delta_2 &= \tilde{L} - L_2 \\ &\vdots \\ \Delta_n &= \tilde{L} - L_n \end{aligned}$$

等号两边各自取和，根据真误差（偶然误差）的数学期望等于零的性质，有

$$\tilde{L} = E(L) = \lim_{n\to\infty}\frac{1}{n}[L]$$

所以，观测值的真值$\tilde{L}$等于观测值的数学期望$E(L)$的前提条件是，观测值仅包含偶然误差且观测值个数n趋近于无穷大。

以上过程说明：从统计观点来看，观测值的真值理论上可用仅含偶然误差的观测值的数学期望来定义。

当n的个数有限而非无穷多次时，观测值真值的估值为

$$\hat{L} = \frac{1}{n}[L] \tag{2-37}$$

估值也称为平差值、最或然值，用$\hat{L}$表示。$\hat{L}$与真值$\tilde{L}$的关系为

$$\tilde{L} = \lim_{n\to\infty}\hat{L} \tag{2-38}$$

应该注意的是，观测值的真值是唯一存在的，所以真值在理论上是一个常数，其方差为零，即$D(\tilde{L}) = 0$，而估值由于有限个观测值带有随机性而随机波动，所以估值是一个随机变量，其方差不为零，即$D(\hat{L}) \neq 0$。

2.3.2　偶然误差的特性

本书用观测值的真值与观测值之差定义真误差，有些文献上用观测值与观测值的真值之差定义真误差。这两种定义方式仅仅是使真误差符号相反，对于后续各种计算公式的推导没有影响。

第 1 章已经指出，就单个偶然误差而言，其大小或符号没有规律性，即呈现出一种偶然性（或随机性）；但就其总体而言，却呈现出一定的统计规律性，并且是服从正态分布的随机变量。人们从无数的测量实践中发现，在相同的观测条件下，大量偶然误差的分布也确实表现出一定的统计规律性。

1）在一定的观测条件下，误差的绝对值有一定的限值，或者说，超出一定限值的

误差，其出现的概率为零。

2）绝对值较小的误差比绝对值较大的误差出现的概率大。

3）绝对值相等的正负误差出现的概率相同。

4）偶然误差的数学期望为零。

对于一系列的观测而言，不论其观测条件是好是差，也不论是对同一个量还是对不同的量进行观测，只要这些观测是在相同的条件下独立进行的，则所产生的一组偶然误差必然都具有上述 4 个特性。

为便于记忆，也可把偶然误差特性简单描述如下。

1）误差的有界性。设 B 为误差限制，即误差在 $[-B,B]$ 区间出现是一必然事件，其概率为

$$P(-B \leqslant \Delta \leqslant B)=\int_{-B}^{B} f(\Delta)\mathrm{d}\Delta=1$$

2）误差的趋向性。若 $\Delta_1<\Delta_2$，则概率 $P(\Delta_1)>P(\Delta_2)$，或密度函数 $f(\Delta_1)>f(\Delta_2)$。

3）误差的对称性。正负误差出现的概率相等，即

$$P(+\Delta)=P(-\Delta)$$

4）误差的抵偿性

$$E(\Delta)=\lim_{n\to\infty}\frac{1}{n}[\tilde{L}-L]=0$$

2.4 精度和衡量精度的指标

评定测量成果的精度是误差理论与测量平差的主要任务之一。精度是指误差分布的密集或离散的程度。例如，两组观测成果的误差分布相同，则两组观测成果的精度相同；反之，若误差分布不同，则精度也就不同。

在一定的观测条件下进行的一组观测，对应着一种确定的误差分布。如果分布较为密集，即离散度较小，则表示该组观测质量较好，也就是说，这一组观测值的精度较高；反之，如果分布较为离散，即离散度较大，则表示该组观测质量较差，也就是说，这一组观测值的精度较低。在相同的观测条件下所进行的一组观测，由于它们对应着同一种误差分布，对于这一组观测中的每一个观测值，都称为同精度观测值。

为了衡量观测值的精度高低，把在一组相同条件下得到的误差，用组成误差分布表、绘制直方图或画出误差分布曲线的方法来比较。在实用中，用一些数字特征来说明误差分布的密集或离散的程度，称它们为衡量精度的指标。衡量精度的指标有很多种。

在图 2.8 所示的 3 张靶图中，弹孔的分布状况可看作观测值取值的分布状况。在图 2.8（a）中，观测值基本不存在系统误差，即观测值的数学期望值点与真值点（靶中心）很接近，但由于偶然误差很大，观测值分布得很离散，所以可认为观测精度不高；在图 2.8（b）中，观测值的重复性很强，观测值围绕其数学期望值的点很密集，但离真

值点较远，系统误差较大，说明观测值分布状态不理想；在图 2.8（c）中，观测值点很密集，离真值点又很近，说明观测值分布状态是最好的。

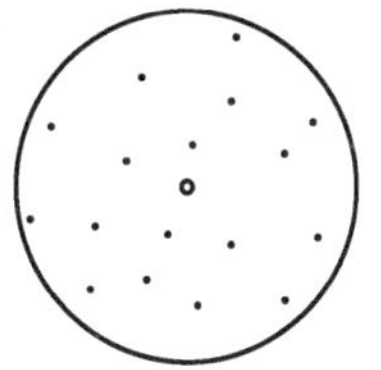
（a）观测值分布离散

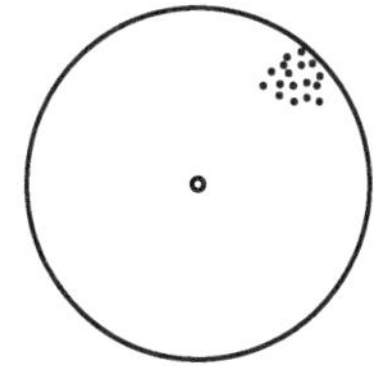
（b）观测值分布密集但离真值较远

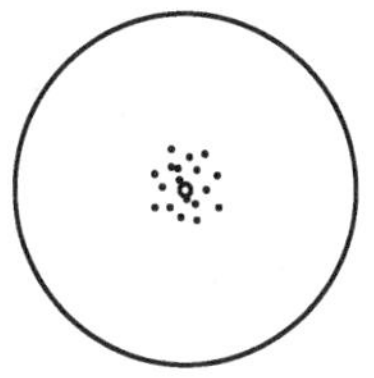
（c）观测值分布密集且离真值很近

图 2.8　3 张靶图

为了将图 2.8 的 3 种状态用误差理论的术语进行描述，下面介绍几种常用的精度指标。

2.4.1　精度

精度（precision）显示了观测结果中偶然误差的大小程度，是衡量偶然误差影响程度的指标。

精度是指误差分布的密集和离散的程度。精度和观测值的方差有直接关系：方差小则精度高，方差大则精度低。

从前述方差的定义可知，当观测值 X 与其数学期望很接近时，方差就小，精度很高，所以，精度表示了观测值与其数学期望的接近程度，当观测值中仅含有偶然误差且观测值个数 $n \to \infty$ 时，其数学期望近似真值。在这种情况下，精度描述了观测值与真值接近的程度。可见图 2.8（a）显示的观测结果含偶然误差的情况比较显著，其观测精度很低。

2.4.2　准确度

在观测值存在系统误差时，仅用观测值与其数学期望的离散度来描述观测质量显然是有问题的，应该用准确度（correctness）来描述，即

$$\varepsilon = \tilde{L} - E(L) \tag{2-39}$$

即准确度 ε 定义为观测值的真值 $\tilde{L}$ 与数学期望 $E(L)$ 之差。准确度反映了系统误差的大小，当不存在系统误差时，$E(L) = \tilde{L}$，故 $\varepsilon = 0$。可见图 2.8（b）显示的观测结果准确度很低。

2.4.3　精确度

精确度（accuracy）是精度和准确度的合成，是指观测结果与其真值的接近程度，包括观测结果与其数学期望的接近程度和数学期望与其真值的偏差。精确度反映了偶然误差和系统误差联合影响的大小程度。当不存在系统误差时，精确度就是精度。因此，精确度是一个全面衡量观测质量的指标。

精确度的衡量指标为均方误差（mean square error），由高斯提出。设观测值为 X，均方误差的定义式为

$$\mathrm{MSE}(X)=E(X-\tilde{X})^2 \tag{2-40}$$

当 $\tilde{X}=E(X)$ 时，均方误差即为方差。

由式（2-40）可得

$$\begin{aligned}\mathrm{MSE}(X)&=E[(X-E(X))+(E(X)-\tilde{X})]^2\\&=E(X-E(X))^2+E(E(X)-\tilde{X})^2+2E[(X-E(X))(E(X)-\tilde{X})]\end{aligned}$$

由于

$$\begin{aligned}E[(X-E(X))(E(X)-\tilde{X})]&=(E(X)-\tilde{X})E(X-E(X))\\&=(E(X)-\tilde{X})(E(X)-E(X))=0\end{aligned}$$

令 $\beta=E(X)-\tilde{X}$ 为偏差，则有

$$\mathrm{MSE}(X)=E(X-E(X))^2+(E(X)-\tilde{X})=D_{XX}+\beta^2 \tag{2-41}$$

所以 X 的均方误差等于 X 的方差加上偏差的平方。

由式（2-41）可知，当 $\beta=0$ 时，$\mathrm{MSE}(X)=D_{XX}$，即观测值中不含有系统误差和粗差时，精确度和精度是一致的。同时不难看出，精度高不一定意味着精确度高，如果 D_{XX} 小而 β^2 大，则观测值精度高而精确度低。所以，当观测值中存在系统误差时，若只考虑方差，则会过小估计了误差，是不符合实际情况的。可见图 2.8（c）显示的观测结果精确度很高，即其无论精度还是准确度都是很好的。

对于随机向量 $\underset{n\times 1}{\boldsymbol{X}}$，则其均方误差的定义为

$$\mathrm{MSE}(\boldsymbol{X})=E[(\boldsymbol{X}-\tilde{\boldsymbol{X}})(\boldsymbol{X}-\tilde{\boldsymbol{X}})^{\mathrm{T}}] \tag{2-42}$$

2.4.4 衡量精度的指标

下面介绍几种常用的衡量精度的指标。

1. *方差和中误差*

精度和观测值的方差有直接关系：方差小则精度高，方差大则精度低。用 σ^2 表示误差分布的方差，由方差的定义，有

$$\sigma^2=D(\varDelta)=E(\varDelta-E(\varDelta))^2$$

由于此处 $\varDelta$ 主要包括偶然误差部分，$E(\varDelta)=0$，所以有

$$\sigma^2=D(\varDelta)=E(\varDelta)^2=\int_{-\infty}^{+\infty}\varDelta^2 f(\varDelta)\mathrm{d}\varDelta \tag{2-43}$$

σ 就是中误差（也称标准差），即

$$\sigma=\sqrt{E(\varDelta^2)}=\lim_{n\to\infty}\sqrt{\frac{1}{n}[\varDelta\varDelta]} \tag{2-44}$$

式中，$[\varDelta\varDelta]$ 表示真误差。当观测个数 n 有限而非趋于无穷时，得到计算中误差估值的实

用公式，即

$$\hat{\sigma}=\sqrt{\frac{1}{n}[\Delta\Delta]} \tag{2-45}$$

或计算方差估值的实用公式，即

$$\hat{\sigma}^2=\frac{1}{n}[\Delta\Delta]$$

与前述真值及其估值一样，中误差的理论值 σ 是一个常数，其估值 $\hat{\sigma}$ 是一个随机量，它随着 n 个误差值 Δ_i 的随机选取而变化。在后续内容的描述中，当不强调“估值”的意义时，也将中误差的估值简称为中误差。

2. 平均误差

在一定的观测条件下，一组独立的偶然误差绝对值的数学期望称为平均误差。设以 θ 表示平均误差，则有

$$\theta=E(|\Delta|)=\lim_{n\to\infty}\frac{1}{n}\sum_{i=1}^{n}|\Delta_i| \tag{2-46}$$

也可以写为

$$\begin{aligned}\theta=E(|\Delta|)&=\int_{-\infty}^{\infty}|\Delta|f(\Delta)\mathrm{d}\Delta=2\int_{0}^{\infty}\Delta\frac{1}{\sqrt{2\pi}\sigma}\exp\left(-\frac{\Delta^2}{2\sigma^2}\right)\mathrm{d}\Delta\\&=\frac{2}{\sqrt{2\pi}}\int_{0}^{\infty}\left[-\sigma\mathrm{d}\exp\left(-\frac{\Delta^2}{2\sigma^2}\right)\right]=\frac{2\sigma}{\sqrt{2\pi}}\left[-\exp\left(\frac{\Delta^2}{2\sigma^2}\right)\right]_{0}^{\infty}\end{aligned}$$

所以有

$$\begin{cases}\theta=\sqrt{\dfrac{2}{\pi}}\sigma\approx0.7979\sigma\approx\dfrac{4}{5}\sigma\\[2ex]\sigma=\sqrt{\dfrac{\pi}{2}}\theta\approx1.253\theta\approx\dfrac{5}{4}\theta\end{cases} \tag{2-47}$$

式（2-47）是平均误差 θ 与中误差 σ 的理论关系式。

当观测值个数 n 为有限时，可得 θ 的估值

$$\hat{\theta}=\frac{1}{n}\sum_{i=1}^{n}|\Delta_i|$$

由此可见，不同大小的 θ，对应着不同的 σ，也就对应着不同的误差分布曲线。因此，可以用平均误差 θ 作为衡量精度的指标。

3. 或然误差

或然误差 ρ 的定义：观测误差 Δ 出现在 $(-\rho,\rho)$ 之间的概率等于 1/2，即

$$\int_{-\rho}^{+\rho}f(\Delta)\mathrm{d}\Delta=\frac{1}{2} \tag{2-48}$$

由于 $\Delta \sim N(0,\sigma^2)$，将其标准化为

$$\eta = \frac{\Delta}{\sigma} \sim N(0,1)$$

当 $\Delta = \pm\rho$ 时，有 $\eta = \pm\frac{\rho}{\sigma}$，则

$$P(-\rho < \Delta < \rho) = P\left(-\frac{\rho}{\sigma} < \eta < \frac{\rho}{\sigma}\right) = \Phi\left(\frac{\rho}{\sigma}\right) - \Phi\left(-\frac{\rho}{\sigma}\right) = 0.5$$

得 $\Phi\left(\frac{\rho}{\sigma}\right) = 0.75$，查正态分布表，得 $\frac{\rho}{\sigma} = 0.6745$，所以 σ 和 ρ 的关系为

$$\begin{cases} \rho = 0.6745\sigma \approx \dfrac{2}{3}\sigma \\ \sigma = 1.4826\rho \approx \dfrac{3}{2}\rho \end{cases} \tag{2-49}$$

式（2-49）是或然误差 ρ 与中误差 σ 的理论关系。不同的 ρ 对应着不同的误差分布曲线，因此，或然误差 ρ 也可以作为衡量精度的指标。

在实际观测中，因为观测值个数 n 是有限值，所以只能得到 ρ 的估值 $\hat{\rho}$，但仍将其简称为或然误差。通常都是先求出中误差的估值，然后按式（2-49）求出或然误差 ρ。

中误差 σ、平均误差 θ 及或然误差 ρ 这 3 个精度指标的特性如下。

1）通常当 n 越大时，σ,θ,ρ 的估值越接近其理论值。

2）当 n 很小时，求出的 σ,θ,ρ 均不可靠。

3）当 n 不大时，σ 比 θ,ρ 更能灵敏地反映大的真误差的影响。

因此，世界各国通常采用中误差作为精度指标，我国也统一采用中误差作为衡量精度的指标。

4. 极限误差

中误差不是代表个别误差的大小，而是代表误差分布的离散度的大小。由中误差的定义可知，它代表一组同精度观测误差平方的平均值的平方根极限值，中误差越小，即表示在该组观测中，绝对值较小的误差越多。查正态分布表得，在大量同精度观测的一组误差中，误差落在 $(-\sigma,+\sigma)$、$(-2\sigma,+2\sigma)$ 和 $(-3\sigma,+3\sigma)$ 的概率分别为

$$\begin{cases} P(-\sigma < \Delta < +\sigma) \approx 68.3\% \\ P(-2\sigma < \Delta < +2\sigma) \approx 95.5\% \\ P(-3\sigma < \Delta < +3\sigma) \approx 99.7\% \end{cases}$$

上式反映了中误差与真误差之间的概率关系。绝对值大于中误差的偶然误差，其出现的概率为 31.7%；而绝对值大于 2 倍中误差的偶然误差出现的概率为 4.5%；特别是绝对值大于 3 倍中误差的偶然误差出现的概率仅有 0.3%，这已经是概率接近于零的小概率事件，或者说这是实际上的不可能事件。一般以 3 倍中误差作为偶然误差的极限值 $\Delta_{限}$，并称为极限误差，即

$$\Delta_{限} = 3\sigma \tag{2-50}$$

在实践中，也常采用 2σ 作为极限误差。例如，测量规范中的限差通常以 2σ 作为极限误差。实际应用中以中误差的估值 $\hat{\sigma}$ 代替 σ。在测量工作中，如果某误差超过了极限误差，那就可以认为它是错误的，相应的观测值应进行重测、补测或舍去不用。

5. 相对误差

对于某些长度元素的观测结果，有时单靠中误差还不能完全表达观测结果的好坏。例如，分别测量了 1000m 及 500m 的两段距离，它们的中误差均为 2cm，虽然两者的中误差相等，但就单位长度而言，两者精度并不相同。显然前者的相对精度比后者要高。此时，须采用另一种方法来衡量精度，通常采用相对中误差，它是中误差与观测值之比。如上述两段距离，前者的相对中误差为 1/50000，而后者则为 1/25000。

相对中误差是个无量纲数，在测量中一般将分子化为 1，即用 $\dfrac{1}{N}$ 表示。

常用的相对误差有：相对中误差 $=\dfrac{中误差}{观测值}$；相对真误差 $=\dfrac{闭合差}{观测值}$；导线全长闭合差限差 $=\dfrac{导线全长闭合差}{导线总长}$。

与相对误差相对应的真误差、中误差、平均误差和极限误差等又称为绝对误差。

需要指出的是，以上所述的这些精度指标，即方差、中误差、平均误差、或然误差、极限误差和相对误差，虽然都用了“误差”二字，但实际上都是用来表达精度大小的，切勿将它们与观测误差混淆。

相对精度是对长度元素而言的。如果不特别说明，相对精度是指相对中误差。角度元素没有相对精度。

2.4.5 不确定度

在计量、电工、物理、化学和测量技术等领域及 GIS 空间数据处理中，测量数据的质量评定还采用不确定度这个指标。

测量结果由于存在不可避免的误差而具有不确定性。测量数据的不确定性是指一种广义的误差，它既包含偶然误差，又包含系统误差和粗差，也包含数值上和概念上的误差及可量度和不可量度的误差。不确定性的概念很广，数据误差的随机性和数据概念上的不完整性、模糊性，都可视为不确定性问题。

不确定度是用来衡量不确定性的一种指标体系。不论测量数据服从何种分布，衡量不确定性的基本尺度仍是中误差 σ，并称为标准不确定度。

设观测值 X 的真值是 $\tilde{X}$，其真误差是 $\Delta_X = \tilde{X} - X$，则观测值 X 的不确定度定义为 Δ_X 绝对值的一个上界，即

$$U = \sup|\Delta_X| \tag{2-51}$$

当 Δ_X 主要受系统误差影响，表现为单向误差时，不确定度定义为 Δ_X 的上、下界，即

$$U_1 \leqslant \Delta_X \leqslant U_2 \tag{2-52}$$

由于U值一般难以准确给出，要借助概率统计。当Δ_X的概率分布已知时，与式（2-51）和式（2-52）相对应，不确定度在给定置信概率p下的计算公式为

$$P(|\Delta_X| \leqslant U) = p = 1-\alpha \tag{2-53}$$

$$P(U_1 \leqslant \Delta_X \leqslant U_2) = p = 1-\alpha \tag{2-54}$$

当Δ_X服从对称分布且$E(\Delta_X)=0$时，用式（2-53）计算；当Δ_X服从不对称分布时，用式（2-54）计算。

例如，观测值服从正态分布，其算术平均值$\bar{x}$在真值μ的附近以$1-\alpha$的概率出现，设已知$\bar{x}$的方差估值为$\sigma_{\bar{x}}^2$，则有

$$P(|\bar{x}-\mu| \leqslant t_{\alpha/2}\sigma_{\bar{x}}) = 1-\alpha$$

式中，$\bar{x}$的不确定度为

$$U = t_{\alpha/2}\sigma_{\bar{x}} \tag{2-55}$$

所以，不论Δ_X服从何种分布，只要其方差σ_x^2存在，置信概率p已知且$E(\Delta_X)=0$，则有概率表达式

$$P(|\Delta_X| \leqslant k_x\sigma_x) = p$$

式中，k_x为与观测次数、置信概率及分布有关的置信分位值，也称为置信系数；σ_x为欲求其不确定度的观测值的中误差。由此可见，衡量不确定性的基本尺度仍是中误差σ_x。

当已知Δ_X的分布时，k_x的值很容易确定，如式（2-55）的t分布中，$k_x = t_{\alpha/2}$；当Δ_X服从标准正态分布且概率$p=95.5\%$时，$U=k_x\sigma=2\sigma$；概率$p=99.7\%$时，$U=k_x\sigma=3\sigma$。σ为Δ_X的中误差。可见此时不确定度U就是在一定置信概率p下可能出现的偶然误差的最大值。

例 2-7　在 1∶1000 地形图中，已知绘图控制误差$\sigma_1=0.6\text{mm}$，碎部绘图误差$\sigma_2=0.6\text{mm}$，制图综合误差$\sigma_3=1.0\text{mm}$，制印误差$\sigma_4=0.2\text{mm}$，其他如控制误差、碎部测量误差、清绘误差等较小，可不顾及，则图上点位的综合误差可认为是

$$\sigma_Z = \sqrt{\sigma_1^2+\sigma_2^2+\sigma_3^2+\sigma_4^2} = 1.3(\text{mm})$$

可近似地将综合误差视为正态分布随机变量，即$Z \sim N(0,1.3^2)$，现取置信概率$p=0.95$，由正态分布表可查得$k_Z=1.96$，所以Z的不确定度$U_Z=1.96\times1.3\approx2.6(\text{mm})$。

由上述可知，不确定度评定的关键是要已知Δ_X的概率分布和中误差σ_x。当不知道概率分布时，也可以根据经验或其他信息估计测量值的不确定度。纳入不确定度考虑的误差均视为随机误差，其合成要注意误差的相关性。

2.5　有关矩阵的基本知识

2.5.1　矩阵的秩

定义：矩阵$\boldsymbol{A}$的最大线性无关的行（列）向量的个数r，称为矩阵$\boldsymbol{A}$的行（列）秩。

由于矩阵的行秩等于列秩，故统称为矩阵的秩，记为$r(\boldsymbol{A})$。

满秩矩阵：若n阶正方矩阵的秩$r(\boldsymbol{A})=n$，则称$\boldsymbol{A}$为满秩正方矩阵。

若$m\times n$阶矩阵$\boldsymbol{A}$的秩$r(\boldsymbol{A})=m$，则称$\boldsymbol{A}$为行满秩；若$m\times n$阶矩阵$\boldsymbol{A}$的秩$r(\boldsymbol{A})=n$，则称$\boldsymbol{A}$为列满秩。

对于矩阵的秩有以下性质。

1）
$$r(\boldsymbol{AB})\leqslant \min\{r(\boldsymbol{A}),r(\boldsymbol{B})\} \tag{2-56}$$

2）对于任意$m\times n$阶矩阵$\boldsymbol{A}$和两个任意的正则矩阵：$m\times m$阶矩阵$\boldsymbol{B}$和$n\times n$阶矩阵$\boldsymbol{C}$，有

$$r(\boldsymbol{BAC})=r(\boldsymbol{A}) \tag{2-57}$$

2.5.2　矩阵的迹

定义：一个$n\times n$正方方阵$\boldsymbol{A}$的主对角线元素之和称为该正方矩阵的迹，记为

$$\mathrm{tr}(\boldsymbol{A})=\sum_{i=1}^{n}a_{ii} \tag{2-58}$$

1. 矩阵迹的基本性质

1）
$$\mathrm{tr}(\boldsymbol{A}^{\mathrm{T}})=\mathrm{tr}(\boldsymbol{A}) \tag{2-59}$$

2）
$$\mathrm{tr}(\boldsymbol{A}+\boldsymbol{B})=\mathrm{tr}(\boldsymbol{A})+\mathrm{tr}(\boldsymbol{B}) \tag{2-60}$$

3）
$$\mathrm{tr}(k\boldsymbol{A})=k\mathrm{tr}(\boldsymbol{A}) \tag{2-61}$$

4）
$$\mathrm{tr}(\boldsymbol{AB})=\mathrm{tr}(\boldsymbol{BA})\quad（\boldsymbol{AB}\text{ 和 }\boldsymbol{BA}\text{ 都是正方矩阵}） \tag{2-62}$$

5）
$$\mathrm{tr}(\boldsymbol{A}^{\mathrm{T}}\boldsymbol{B})=\mathrm{tr}(\boldsymbol{AB}^{\mathrm{T}})\quad（\boldsymbol{A}^{\mathrm{T}}\boldsymbol{B}\text{ 和 }\boldsymbol{AB}^{\mathrm{T}}\text{ 都是正方矩阵}） \tag{2-63}$$

6）常数λ的迹等于该数本身，即

$$\mathrm{tr}\lambda=\lambda$$

若$\underset{n\times 1}{\boldsymbol{V}}$为列向量，$\boldsymbol{P}$为$n$阶正方矩阵，则有

$$\mathrm{tr}(\boldsymbol{V}^{\mathrm{T}}\boldsymbol{PV})=\boldsymbol{V}^{\mathrm{T}}\boldsymbol{PV}$$

7）设$\underset{n\times 1}{\boldsymbol{X}}$和$\underset{n\times 1}{\boldsymbol{Y}}$为随机向量，且设$\varDelta_x=\boldsymbol{X}-E(\boldsymbol{X})$，$\varDelta_y=\boldsymbol{Y}-E(\boldsymbol{Y})$，则有

$$E\{\mathrm{tr}(\varDelta_x\varDelta_y^{\mathrm{T}})\}=\mathrm{tr}\{E(\varDelta_x\varDelta_y^{\mathrm{T}})\} \tag{2-64}$$

$$E\{\mathrm{tr}(\boldsymbol{A}\varDelta_x\varDelta_y^{\mathrm{T}}\boldsymbol{B}^{\mathrm{T}})\}=\mathrm{tr}\{\boldsymbol{A}E(\varDelta_x\varDelta_y^{\mathrm{T}})\boldsymbol{B}^{\mathrm{T}}\} \tag{2-65}$$

2. 迹的导数

设$\boldsymbol{X}$为变量矩阵，$\boldsymbol{Y}$为$\boldsymbol{X}$的函数矩阵，$\boldsymbol{A},\boldsymbol{B}$均为常量矩阵，则有

1）
$$\frac{\partial \mathrm{tr}\boldsymbol{Y}}{\partial \boldsymbol{X}^{\mathrm{T}}}=\left(\frac{\partial \mathrm{tr}\boldsymbol{Y}}{\partial \boldsymbol{X}}\right)^{\mathrm{T}} \tag{2-66}$$

2）
$$\frac{\partial \mathrm{tr}(\boldsymbol{AX})}{\partial \boldsymbol{X}}=\frac{\partial \mathrm{tr}(\boldsymbol{XA})}{\partial \boldsymbol{X}}=\boldsymbol{A}^{\mathrm{T}} \tag{2-67}$$

3）
$$\frac{\partial \mathrm{tr}(\boldsymbol{XBX}^{\mathrm{T}})}{\partial \boldsymbol{X}}=\boldsymbol{X}(\boldsymbol{B}^{\mathrm{T}}+\boldsymbol{B}) \tag{2-68}$$

2.5.3 矩阵对变量的微分

设 $m\times n$ 阶矩阵 $\boldsymbol{A}$ 的每一个元素 a_{ij} 均是变量 x 的函数，若它们在某点处或某区间是可微的，则矩阵 $\boldsymbol{A}$ 在该点或该区间也是可微的，且定义矩阵的导数为

$$\frac{\mathrm{d}\boldsymbol{A}}{\mathrm{d}x}=\boldsymbol{A}'=\begin{bmatrix}\frac{\mathrm{d}a_{11}}{\mathrm{d}x} & \frac{\mathrm{d}a_{12}}{\mathrm{d}x} & \cdots & \frac{\mathrm{d}a_{1n}}{\mathrm{d}x}\\ \vdots & \vdots & & \vdots\\ \frac{\mathrm{d}a_{m1}}{\mathrm{d}x} & \frac{\mathrm{d}a_{m2}}{\mathrm{d}x} & \cdots & \frac{\mathrm{d}a_{mn}}{\mathrm{d}x}\end{bmatrix}$$

同函数的微分一样，矩阵的微分具有以下性质。

1）
$$\frac{\mathrm{d}(\boldsymbol{A}+\boldsymbol{B})}{\mathrm{d}x}=\frac{\mathrm{d}\boldsymbol{A}}{\mathrm{d}x}+\frac{\mathrm{d}\boldsymbol{B}}{\mathrm{d}x} \tag{2-69}$$

2）
$$\frac{\mathrm{d}(k\boldsymbol{A})}{\mathrm{d}x}=k\frac{\mathrm{d}\boldsymbol{A}}{\mathrm{d}x} \tag{2-70}$$

3）
$$\frac{\mathrm{d}(\boldsymbol{AB})}{\mathrm{d}x}=\boldsymbol{A}\frac{\mathrm{d}\boldsymbol{B}}{\mathrm{d}x}+\frac{\mathrm{d}\boldsymbol{A}}{\mathrm{d}x}\boldsymbol{B} \tag{2-71}$$

4）
$$\frac{\mathrm{d}(\boldsymbol{RA})}{\mathrm{d}x}=\boldsymbol{R}\frac{\mathrm{d}\boldsymbol{A}}{\mathrm{d}x}\quad（\boldsymbol{R}\text{为常数矩阵}） \tag{2-72}$$

5）
$$\frac{\mathrm{d}(\boldsymbol{AR})}{\mathrm{d}x}=\frac{\mathrm{d}\boldsymbol{A}}{\mathrm{d}x}\boldsymbol{R}\quad（\boldsymbol{R}\text{为常数矩阵}） \tag{2-73}$$

6）设 $u=f_1(x)$， $\boldsymbol{A}=f_2(u)$，则
$$\frac{\mathrm{d}\boldsymbol{A}}{\mathrm{d}x}=\frac{\mathrm{d}\boldsymbol{A}}{\mathrm{d}u}\cdot\frac{\mathrm{d}u}{\mathrm{d}x} \tag{2-74}$$

2.5.4 函数对向量的微分

若函数 f 是以 n 维向量 $\boldsymbol{x}=[x_1\quad x_2\quad\cdots\quad x_n]^{\mathrm{T}}$ 的 n 个元素 x_i 为自变量的函数 $f(\boldsymbol{x})=f(x_1,x_2,\cdots,x_n)$，且函数 $f(\boldsymbol{x})$ 对其所有自变量 x_i 是可微的，则 $f(\boldsymbol{x})$ 对于向量 $\boldsymbol{x}$ 的偏导数定义为

$$\frac{\partial f}{\partial \boldsymbol{x}}=\begin{bmatrix}\frac{\partial f}{\partial x_1} & \frac{\partial f}{\partial x_2} & \cdots & \frac{\partial f}{\partial x_n}\end{bmatrix}^{\mathrm{T}}$$

构成函数向量 $\boldsymbol{F}=[f_1(\boldsymbol{x})\quad f_2(\boldsymbol{x})\quad\cdots\quad f_m(\boldsymbol{x})]^{\mathrm{T}}$ 时，$\boldsymbol{F}$ 对 $\boldsymbol{x}$ 的微分为一个 $m\times n$ 阶矩阵，即

$$\frac{\mathrm{d}\boldsymbol{F}}{\mathrm{d}\boldsymbol{x}}=\begin{bmatrix}\frac{\partial f_1}{\partial x_1} & \frac{\partial f_1}{\partial x_2} & \cdots & \frac{\partial f_1}{\partial x_n}\\ \frac{\partial f_2}{\partial x_1} & \frac{\partial f_2}{\partial x_2} & \cdots & \frac{\partial f_2}{\partial x_n}\\ \vdots & \vdots & & \vdots\\ \frac{\partial f_m}{\partial x_1} & \frac{\partial f_m}{\partial x_2} & \cdots & \frac{\partial f_m}{\partial x_n}\end{bmatrix}$$

m 元函数向量对于 n 维向量 $\boldsymbol{x}$ 的微分有如下性质。

1）
$$\frac{\mathrm{d}\boldsymbol{C}}{\mathrm{d}\boldsymbol{x}}=0 \quad （\boldsymbol{C}\text{ 为常数向量}） \tag{2-75}$$

2）
$$\frac{\mathrm{d}}{\mathrm{d}\boldsymbol{x}}(\boldsymbol{F}+\boldsymbol{G})=\frac{\mathrm{d}\boldsymbol{F}}{\mathrm{d}\boldsymbol{x}}+\frac{\mathrm{d}\boldsymbol{G}}{\mathrm{d}\boldsymbol{x}} \tag{2-76}$$

3）
$$\frac{\mathrm{d}}{\mathrm{d}\boldsymbol{x}}(\boldsymbol{F}^{\mathrm{T}}\boldsymbol{G})=\frac{\mathrm{d}}{\mathrm{d}\boldsymbol{x}}(\boldsymbol{G}^{\mathrm{T}}\boldsymbol{F})=\boldsymbol{F}^{\mathrm{T}}\frac{\mathrm{d}\boldsymbol{G}}{\mathrm{d}\boldsymbol{x}}+\boldsymbol{G}^{\mathrm{T}}\frac{\mathrm{d}\boldsymbol{F}}{\mathrm{d}\boldsymbol{x}} \tag{2-77}$$

4）当 $\boldsymbol{A}$ 为常数矩阵时，有

$$\frac{\mathrm{d}(\boldsymbol{AF})}{\mathrm{d}\boldsymbol{x}}=\boldsymbol{A}\frac{\mathrm{d}\boldsymbol{F}}{\mathrm{d}\boldsymbol{x}} \tag{2-78}$$

2.5.5 特殊函数的微分

1）若 $C=\boldsymbol{X}^{\mathrm{T}}\boldsymbol{Y}=\boldsymbol{Y}^{\mathrm{T}}\boldsymbol{X}$，则

$$\frac{\partial C}{\partial \boldsymbol{X}}=\boldsymbol{Y} \quad （C\text{ 为标量}） \tag{2-79}$$

2）若 $\boldsymbol{x}$ 为 $n\times 1$ 维向量，$\boldsymbol{A}$ 为 $n\times n$ 阶对称矩阵，则

$$\frac{\partial(\boldsymbol{x}^{\mathrm{T}}\boldsymbol{A}\boldsymbol{x})}{\partial \boldsymbol{x}}=2\boldsymbol{A}\boldsymbol{x} \tag{2-80}$$

2.5.6 矩阵分块求逆

设 n 阶正方矩阵 $\boldsymbol{A}$ 与 $\boldsymbol{B}$ 互为逆矩阵，即

$$\boldsymbol{AB}=\boldsymbol{I}$$

当已知 $\boldsymbol{A}$ 求其逆矩阵 $\boldsymbol{B}$ 时，可将 $\boldsymbol{A}$、$\boldsymbol{B}$ 按同样方式各分为 4 块，并使处于主对角线位置的子块为正方矩阵，即有

$$\boldsymbol{A}=\begin{bmatrix}\underset{k\times k}{\boldsymbol{A}_{11}} & \cdots & \underset{(n-k)\times k}{\boldsymbol{A}_{12}}\\ \vdots & & \vdots\\ \underset{k\times(n-k)}{\boldsymbol{A}_{21}} & \cdots & \underset{(n-k)\times(n-k)}{\boldsymbol{A}_{22}}\end{bmatrix} \quad \boldsymbol{B}=\begin{bmatrix}\underset{k\times k}{\boldsymbol{B}_{11}} & \cdots & \underset{(n-k)\times k}{\boldsymbol{B}_{12}}\\ \vdots & & \vdots\\ \underset{k\times(n-k)}{\boldsymbol{B}_{21}} & \cdots & \underset{(n-k)\times(n-k)}{\boldsymbol{B}_{22}}\end{bmatrix}$$

于是有

$$\begin{bmatrix} \boldsymbol{A}_{11} & \boldsymbol{A}_{12} \\ \boldsymbol{A}_{21} & \boldsymbol{A}_{22} \end{bmatrix} \begin{bmatrix} \boldsymbol{B}_{11} & \boldsymbol{B}_{12} \\ \boldsymbol{B}_{21} & \boldsymbol{B}_{22} \end{bmatrix} = \begin{bmatrix} \boldsymbol{I}_k & \boldsymbol{0} \\ \boldsymbol{0} & \boldsymbol{I}_{(n-k)} \end{bmatrix}$$

即

$$\begin{cases} \boldsymbol{A}_{11}\boldsymbol{B}_{11} + \boldsymbol{A}_{12}\boldsymbol{B}_{21} = \boldsymbol{I}_k \\ \boldsymbol{A}_{11}\boldsymbol{B}_{12} + \boldsymbol{A}_{12}\boldsymbol{B}_{22} = \boldsymbol{0} \\ \boldsymbol{A}_{21}\boldsymbol{B}_{11} + \boldsymbol{A}_{22}\boldsymbol{B}_{21} = \boldsymbol{0} \\ \boldsymbol{A}_{21}\boldsymbol{B}_{12} + \boldsymbol{A}_{22}\boldsymbol{B}_{22} = \boldsymbol{I}_{(n-k)} \end{cases}$$

由此解出 $\boldsymbol{B}_{11}$、$\boldsymbol{B}_{12}$、$\boldsymbol{B}_{21}$、$\boldsymbol{B}_{22}$，可得到 $\boldsymbol{A}$ 的逆矩阵 $\boldsymbol{B}$。经过推导可计算其逆矩阵为

$$\begin{aligned} \boldsymbol{A}^{-1} = \boldsymbol{B} &= \begin{bmatrix} \boldsymbol{A}_{11}^{-1} + \boldsymbol{A}_{11}^{-1}\boldsymbol{A}_{12}\boldsymbol{Z}_1^{-1}\boldsymbol{A}_{21}\boldsymbol{A}_{11}^{-1} & -\boldsymbol{A}_{11}^{-1}\boldsymbol{A}_{12}\boldsymbol{Z}_1^{-1} \\ -\boldsymbol{Z}_1^{-1}\boldsymbol{A}_{21}\boldsymbol{A}_{11}^{-1} & \boldsymbol{Z}_1^{-1} \end{bmatrix} \\ &= \begin{bmatrix} \boldsymbol{Z}_2^{-1} & -\boldsymbol{Z}_2^{-1}\boldsymbol{A}_{12}\boldsymbol{A}_{22}^{-1} \\ -\boldsymbol{A}_{22}^{-1}\boldsymbol{A}_{21}\boldsymbol{Z}_2^{-1} & \boldsymbol{A}_{22}^{-1} + \boldsymbol{A}_{22}^{-1}\boldsymbol{A}_{21}\boldsymbol{Z}_2^{-1}\boldsymbol{A}_{12}\boldsymbol{A}_{22}^{-1} \end{bmatrix} \end{aligned} \tag{2-81}$$

式中，$\boldsymbol{Z}_1 = \boldsymbol{A}_{22} - \boldsymbol{A}_{21}\boldsymbol{A}_{11}^{-1}\boldsymbol{A}_{12}$；$\boldsymbol{Z}_2 = \boldsymbol{A}_{11} - \boldsymbol{A}_{12}\boldsymbol{A}_{22}^{-1}\boldsymbol{A}_{21}$。

第 3 章　误差传播律及其应用

教学目标

本章是本书的重点，也是测量数据处理的理论基石。本章主要介绍了误差传播律及其应用。通过本章的学习，应达到以下目标。

1）重点掌握协方差传播律的公式。

2）能运用协方差传播律解决测量问题。

3）理解权的定义和性质。

4）重点掌握协因数传播律的公式及其应用。

5）掌握单位权中误差的计算方法。

6）了解系统误差的传播与综合。

教学要求

知识要点	能力要求	相关知识
协方差传播律	1）掌握协方差传播律的公式； 2）掌握协方差传播律的运用步骤； 3）掌握非线性函数的协方差传播律	1）协方差传播律； 2）非线性函数线性化； 3）实例分析
协方差传播律的应用	1）能运用协方差传播律解决测量问题； 2）认真理解和掌握本节所举的实例	1）菲列罗公式； 2）同精度独立观测值的算术平均值； 3）水准测量精度的求法； 4）三角高程测量的精度； 5）若干独立误差联合影响的误差计算； 6）时间观测序列平滑平均值的方差
权及权的确定	1）掌握权的定义及其性质； 2）掌握权的确定方法； 3）掌握单位权的定义及意义	1）权的概念； 2）距离观测值的权； 3）水准测量的权； 4）边角网中方向观测值和边长观测值的权； 5）同精度与不同精度独立观测值的算术平均值的权； 6）实例分析
协因数传播律	1）重点掌握协因数与协方差的关系； 2）重点掌握权矩阵的定义和作用； 3）重点掌握权矩阵和协因数矩阵的关系； 4）重点掌握协因数传播律的公式； 5）能运用协因数传播律解决测量问题	1）协因数的概念； 2）权矩阵的概念； 3）协因数传播律公式； 4）协因数传播律的运用； 5）实例分析
单位权中误差的计算	1）掌握单位权中误差的计算方法； 2）能运用单位权中误差解决测量问题	1）由不同精度的真误差计算单位权方差； 2）由双观测之差求单位权中误差； 3）由改正数求单位权中误差； 4）实例分析
系统误差的传播与综合	1）了解系统误差的传播； 2）了解系统误差与偶然误差的联合传播	1）系统误差的传播公式； 2）系统误差与偶然误差的联合传播公式

引例

在实际测量工作中，往往会遇到某些量的大小并不是直接测定的，而是由观测值通过一定的函数关系间接计算出来的情况，即遇到的某些量常常是观测值的函数。

例如，在 1∶2000 地形图上量得两点间的距离为 d，则两点间的实际水平距离为 $D=2000\times d$；在一个三角形中，观测了一个平面三角形的两个内角 α,β，则其第三个内角 γ 可表示为直接观测角 α,β 的函数 $\gamma=180^\circ-(\alpha+\beta)$。

上面两例的直接观测量 d,α,β 的观测精度可以根据精度计算公式计算，而其函数值 D 和 γ 的精度，就完全由直接观测量 d,α,β 的精度及函数式的结构来决定，如何求其精度？这就是本章所要解决的问题。

3.1　协方差传播律

3.1.1　观测值线性函数的方差

设有观测向量 $\boldsymbol{X}$，其数学期望为 $\boldsymbol{\mu}_X$，协方差矩阵为 $\boldsymbol{D}_{XX}$，即

$$\boldsymbol{X}=\begin{bmatrix}X_1\\X_2\\\vdots\\X_n\end{bmatrix},\boldsymbol{\mu}_X=\begin{bmatrix}\mu_1\\\mu_2\\\vdots\\\mu_n\end{bmatrix}=\begin{bmatrix}E(X_1)\\E(X_2)\\\vdots\\E(X_n)\end{bmatrix}=E(\boldsymbol{X}),\boldsymbol{D}_{XX}=\begin{bmatrix}\sigma_1^2&\sigma_{12}&\cdots&\sigma_{1n}\\\sigma_{21}&\sigma_2^2&\cdots&\sigma_{2n}\\\vdots&\vdots&&\vdots\\\sigma_{n1}&\sigma_{n2}&\cdots&\sigma_n^2\end{bmatrix}\tag{3-1}$$

式中，σ_i^2 为 X_i 的方差；σ_{ij} 为 X_i 和 X_j 的协方差。又设 $\boldsymbol{X}$ 的线性函数为

$$Z=k_1X_1+k_2X_2+\cdots+k_nX_n+k_0$$

令 $\boldsymbol{K}=[k_1\ \ k_2\ \ \cdots\ \ k_n]$，则

$$\underset{1\times1}{Z}=\underset{1\times n}{\boldsymbol{K}}\underset{n\times1}{\boldsymbol{X}}+\underset{1\times1}{k_0}\tag{3-2}$$

对式（3-2）两边取数学期望

$$E(Z)=E(\boldsymbol{KX}+k_0)=\boldsymbol{K}E(\boldsymbol{X})+k_0=\boldsymbol{K}\boldsymbol{\mu}_X+k_0\tag{3-3}$$

Z 的方差为

$$\begin{aligned}D_{ZZ}&=E[(Z-E(Z))(Z-E(Z))^{\mathrm{T}}]\\&=E[(\boldsymbol{KX}+k_0-\boldsymbol{K}\boldsymbol{\mu}_X-k_0)(\boldsymbol{KX}+k_0-\boldsymbol{K}\boldsymbol{\mu}_X-k_0)^{\mathrm{T}}]\\&=E[\boldsymbol{K}(\boldsymbol{X}-\boldsymbol{\mu}_X)(\boldsymbol{X}-\boldsymbol{\mu}_X)^{\mathrm{T}}\boldsymbol{K}^{\mathrm{T}}]\\&=\boldsymbol{K}E[(\boldsymbol{X}-\boldsymbol{\mu}_X)(\boldsymbol{X}-\boldsymbol{\mu}_X)^{\mathrm{T}}]\boldsymbol{K}^{\mathrm{T}}\end{aligned}$$

即

$$D_{ZZ}=\sigma_Z^2=\boldsymbol{K}\boldsymbol{D}_{XX}\boldsymbol{K}^{\mathrm{T}}\tag{3-4}$$

D_{ZZ} 的纯量形式为

$$\begin{aligned}D_{ZZ}=\sigma_Z^2&=k_1^2\sigma_1^2+k_2^2\sigma_2^2+\cdots+k_n^2\sigma_n^2+2k_1k_2\sigma_{12}\\&\quad+2k_1k_3\sigma_{13}+\cdots+2k_1k_n\sigma_{1n}+\cdots+2k_{n-1}k_n\sigma_{n-1,n}\end{aligned}\tag{3-5}$$

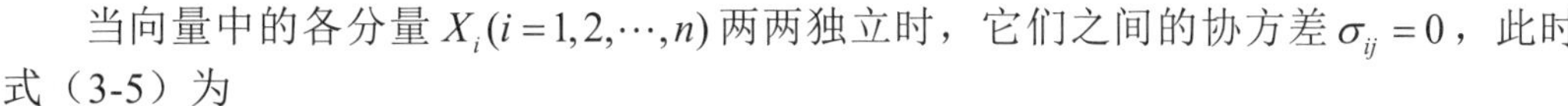

当向量中的各分量 $X_i(i=1,2,\cdots,n)$ 两两独立时，它们之间的协方差 $\sigma_{ij}=0$，此时式（3-5）为

$$D_{ZZ}=\sigma_Z^2=k_1^2\sigma_1^2+k_2^2\sigma_2^2+\cdots+k_n^2\sigma_n^2 \tag{3-6}$$

线性函数的协方差传播律叙述为：设有函数 $Z=\boldsymbol{KX}+K_0$，则 $D_{ZZ}=\boldsymbol{KD_{XX}K}^{\mathrm{T}}$。

例 3-1　在 1∶500 的图上，量得某两点间的距离 $d=23.4\text{mm}$，d 的量测中误差 $\sigma_d=0.2\text{mm}$，求该两点实地距离 S 及中误差 σ_S。

解：

$$S=500d=500\times 23.4=11700(\text{mm})=11.7(\text{m})$$

$$\sigma_S^2=500^2\sigma_d^2$$

$$\sigma_S=500\sigma_d=500\times 0.2=100\,(\text{mm})=0.1\,(\text{m})$$

3.1.2　多个观测值线性函数的协方差矩阵

设有观测向量 $\underset{n\times 1}{\boldsymbol{X}}$ 和 $\underset{r\times 1}{\boldsymbol{Y}}$，$\boldsymbol{X}$ 的数学期望和协方差矩阵分别为 $\boldsymbol{\mu_X}$ 和 $\boldsymbol{D_{XX}}$，$\boldsymbol{Y}$ 的数学期望和协方差矩阵分别为 $\boldsymbol{\mu_Y}$ 和 $\boldsymbol{D_{YY}}$，$\boldsymbol{X}$ 关于 $\boldsymbol{Y}$ 的互协方差矩阵为 $\boldsymbol{D_{XY}}$。

$$\boldsymbol{X}=\begin{bmatrix}X_1\\X_2\\\vdots\\X_n\end{bmatrix},\quad \boldsymbol{\mu_X}=\begin{bmatrix}\mu_{X_1}\\\mu_{X_2}\\\vdots\\\mu_{X_n}\end{bmatrix}=\begin{bmatrix}E(X_1)\\E(X_2)\\\vdots\\E(X_n)\end{bmatrix},\quad \boldsymbol{D_{XX}}=\begin{bmatrix}\sigma_{X_1}^2&\sigma_{X_1X_2}&\cdots&\sigma_{X_1X_n}\\\sigma_{X_2X_1}&\sigma_{X_2}^2&\cdots&\sigma_{X_2X_n}\\\vdots&\vdots&&\vdots\\\sigma_{X_nX_1}&\sigma_{X_nX_2}&\cdots&\sigma_{X_n}^2\end{bmatrix}$$

$$\boldsymbol{Y}=\begin{bmatrix}Y_1\\Y_2\\\vdots\\Y_r\end{bmatrix},\quad \boldsymbol{\mu_Y}=\begin{bmatrix}\mu_{Y_1}\\\mu_{Y_2}\\\vdots\\\mu_{Y_r}\end{bmatrix}=\begin{bmatrix}E(Y_1)\\E(Y_2)\\\vdots\\E(Y_r)\end{bmatrix},\quad \boldsymbol{D_{YY}}=\begin{bmatrix}\sigma_{Y_1}^2&\sigma_{Y_1Y_2}&\cdots&\sigma_{Y_1Y_r}\\\sigma_{Y_2Y_1}&\sigma_{Y_2}^2&\cdots&\sigma_{Y_2Y_r}\\\vdots&\vdots&&\vdots\\\sigma_{Y_rY_1}&\sigma_{Y_rY_2}&\cdots&\sigma_{Y_r}^2\end{bmatrix}$$

$$\boldsymbol{D_{XY}}=\begin{bmatrix}\sigma_{X_1Y_1}&\sigma_{X_1Y_2}&\cdots&\sigma_{X_1Y_r}\\\sigma_{X_2Y_1}&\sigma_{X_2Y_2}&\cdots&\sigma_{X_2Y_r}\\\vdots&\vdots&&\vdots\\\sigma_{X_nY_1}&\sigma_{X_nY_2}&\cdots&\sigma_{X_nY_r}\end{bmatrix},\quad \boldsymbol{D_{YX}}=\boldsymbol{D}_{\boldsymbol{XY}}^{\mathrm{T}}$$

若有 $\boldsymbol{X}$ 的 t 个线性函数为

$$\begin{cases}Z_1=k_{11}X_1+k_{12}X_2+\cdots+k_{1n}X_n+k_{10}\\Z_2=k_{21}X_1+k_{22}X_2+\cdots+k_{2n}X_n+k_{20}\\\qquad\vdots\\Z_t=k_{t1}X_1+k_{t2}X_2+\cdots+k_{tn}X_n+k_{t0}\end{cases} \tag{3-7}$$

若令

$$\underset{t\times 1}{\boldsymbol{Z}}=\begin{bmatrix}Z_1\\Z_2\\\vdots\\Z_t\end{bmatrix},\quad \boldsymbol{K}=\begin{bmatrix}k_{11}&k_{12}&\cdots&k_{1n}\\k_{21}&k_{22}&\cdots&k_{2n}\\\vdots&\vdots&&\vdots\\k_{t1}&k_{t2}&\cdots&k_{tn}\end{bmatrix},\quad \underset{t\times 1}{\boldsymbol{K}_0}=\begin{bmatrix}k_{10}\\k_{20}\\\vdots\\k_{t0}\end{bmatrix}$$

则

$$\boldsymbol{Z}=\boldsymbol{K}\boldsymbol{X}+\boldsymbol{K}_0 \tag{3-8}$$

$$E(\boldsymbol{Z})=E(\boldsymbol{K}\boldsymbol{X}+\boldsymbol{K}_0)=\boldsymbol{K}\boldsymbol{\mu}_X+\boldsymbol{K}_0 \tag{3-9}$$

$$\begin{aligned}\boldsymbol{D}_{ZZ}&=E[(\boldsymbol{Z}-E(\boldsymbol{Z}))(\boldsymbol{Z}-E(\boldsymbol{Z}))^{\mathrm{T}}]=E[(\boldsymbol{K}\boldsymbol{X}-\boldsymbol{K}\boldsymbol{\mu}_X)(\boldsymbol{K}\boldsymbol{X}-\boldsymbol{K}\boldsymbol{\mu}_X)^{\mathrm{T}}]\\&=\boldsymbol{K}E[(\boldsymbol{X}-\boldsymbol{\mu}_X)(\boldsymbol{X}-\boldsymbol{\mu}_X)^{\mathrm{T}}]\boldsymbol{K}^{\mathrm{T}}=\boldsymbol{K}\boldsymbol{D}_{XX}\boldsymbol{K}^{\mathrm{T}}\end{aligned}$$

即

$$\underset{t\times t}{\boldsymbol{D}_{ZZ}}=\underset{t\times n}{\boldsymbol{K}}\underset{n\times n}{\boldsymbol{D}_{XX}}\underset{n\times t}{\boldsymbol{K}^{\mathrm{T}}} \tag{3-10}$$

设另有 Y 的 s 个线性函数为

$$\begin{cases}W_1=f_{11}Y_1+f_{12}Y_2+\cdots+f_{1r}Y_r+f_{10}\\W_2=f_{21}Y_1+f_{22}Y_2+\cdots+f_{2r}Y_r+f_{20}\\\qquad\vdots\\W_s=f_{s1}Y_1+f_{s2}Y_2+\cdots+f_{sr}Y_r+f_{s0}\end{cases} \tag{3-11}$$

令

$$\boldsymbol{W}=\begin{bmatrix}W_1\\W_2\\\vdots\\W_s\end{bmatrix},\quad \boldsymbol{F}=\begin{bmatrix}f_{11}&f_{12}&\cdots&f_{1r}\\f_{21}&f_{22}&\cdots&f_{2r}\\\vdots&\vdots&&\vdots\\f_{s1}&f_{s2}&\cdots&f_{sr}\end{bmatrix},\quad \boldsymbol{F}_0=\begin{bmatrix}f_{10}\\f_{20}\\\vdots\\f_{s0}\end{bmatrix}$$

即

$$\boldsymbol{W}=\boldsymbol{F}\boldsymbol{Y}+\boldsymbol{F}_0 \tag{3-12}$$

$$E(\boldsymbol{W})=\boldsymbol{F}\boldsymbol{\mu}_Y+\boldsymbol{F}_0 \tag{3-13}$$

$$\underset{s\times s}{\boldsymbol{D}_{WW}}=\underset{s\times r}{\boldsymbol{F}}\underset{r\times r}{\boldsymbol{D}_{YY}}\underset{r\times s}{\boldsymbol{F}^{\mathrm{T}}} \tag{3-14}$$

根据互协方差矩阵的定义，有

$$\begin{aligned}\boldsymbol{D}_{ZW}&=E[(\boldsymbol{Z}-E(\boldsymbol{Z}))(\boldsymbol{W}-E(\boldsymbol{W}))^{\mathrm{T}}]\\&=E[(\boldsymbol{K}\boldsymbol{X}+\boldsymbol{K}_0-\boldsymbol{K}\boldsymbol{\mu}_X-\boldsymbol{K}_0)(\boldsymbol{F}\boldsymbol{Y}+\boldsymbol{F}_0-\boldsymbol{F}\boldsymbol{\mu}_Y-\boldsymbol{F}_0)^{\mathrm{T}}]\\&=\boldsymbol{K}E[(\boldsymbol{X}-\boldsymbol{\mu}_X)(\boldsymbol{Y}-\boldsymbol{\mu}_Y)^{\mathrm{T}}]\boldsymbol{F}^{\mathrm{T}}=\boldsymbol{K}\boldsymbol{D}_{XY}\boldsymbol{F}^{\mathrm{T}}\\\boldsymbol{D}_{WZ}&=E[(\boldsymbol{W}-E(\boldsymbol{W}))(\boldsymbol{Z}-E(\boldsymbol{Z}))^{\mathrm{T}}]\\&=E[(\boldsymbol{F}\boldsymbol{Y}+\boldsymbol{F}_0-\boldsymbol{F}\boldsymbol{\mu}_Y-\boldsymbol{F}_0)(\boldsymbol{K}\boldsymbol{X}+\boldsymbol{K}_0-\boldsymbol{K}\boldsymbol{\mu}_X-\boldsymbol{K}_0)^{\mathrm{T}}]\\&=\boldsymbol{F}E[(\boldsymbol{Y}-\boldsymbol{\mu}_Y)(\boldsymbol{X}-\boldsymbol{\mu}_X)^{\mathrm{T}}]\boldsymbol{K}^{\mathrm{T}}=\boldsymbol{F}\boldsymbol{D}_{YX}\boldsymbol{K}^{\mathrm{T}}\end{aligned}$$

3.1.3 协方差传播律的定义

设有观测向量 $\boldsymbol{X}$ 和 $\boldsymbol{Y}$ 的线性函数为

$$\begin{cases}\boldsymbol{F}=\boldsymbol{A}\boldsymbol{X}+\boldsymbol{A}_0\\\boldsymbol{G}=\boldsymbol{B}\boldsymbol{X}+\boldsymbol{B}_0\\\boldsymbol{W}=\boldsymbol{C}\boldsymbol{Y}+\boldsymbol{C}_0\end{cases} \tag{3-15}$$

式中，$\boldsymbol{A},\boldsymbol{B},\boldsymbol{C},\boldsymbol{A}_0,\boldsymbol{B}_0,\boldsymbol{C}_0$ 均为常数矩阵，观测向量的方差矩阵 $\boldsymbol{D}_{XX},\boldsymbol{D}_{YY}$ 已知，它们之间的互协方差矩阵为 $\boldsymbol{D}_{XY}(\boldsymbol{D}_{YX}=\boldsymbol{D}_{XY}^{\mathrm{T}})$，则有协方差传播律

$$\begin{cases}\boldsymbol{D}_{FF}=\boldsymbol{A}\boldsymbol{D}_{XX}\boldsymbol{A}^{\mathrm{T}}\\ \boldsymbol{D}_{GG}=\boldsymbol{B}\boldsymbol{D}_{XX}\boldsymbol{B}^{\mathrm{T}}\\ \boldsymbol{D}_{WW}=\boldsymbol{C}\boldsymbol{D}_{YY}\boldsymbol{C}^{\mathrm{T}}\\ \boldsymbol{D}_{FG}=\boldsymbol{A}\boldsymbol{D}_{XX}\boldsymbol{B}^{\mathrm{T}}\\ \boldsymbol{D}_{GF}=\boldsymbol{B}\boldsymbol{D}_{XX}\boldsymbol{A}^{\mathrm{T}}\\ \boldsymbol{D}_{FW}=\boldsymbol{A}\boldsymbol{D}_{XY}\boldsymbol{C}^{\mathrm{T}}\\ \boldsymbol{D}_{WF}=\boldsymbol{C}\boldsymbol{D}_{YX}\boldsymbol{A}^{\mathrm{T}}\end{cases} \tag{3-16}$$

式中，前三式为自协方差传播，后四式为互协方差传播。即函数 $\boldsymbol{F}$、$\boldsymbol{G}$ 和 $\boldsymbol{W}$ 的自协方差矩阵和其间的互协方差矩阵可用上面的协方差传播律求得。所以，协方差传播律研究的是自变量向量 $\boldsymbol{X}$ 和 $\boldsymbol{Y}$ 的自协方差矩阵及其之间的互协方差矩阵对其函数的自协方差矩阵和互协方差矩阵的影响。现证明其中第四式，其余类推。

$$\begin{aligned}\boldsymbol{D}_{FG}&=E[(\boldsymbol{F}-E(\boldsymbol{F}))(\boldsymbol{G}-E(\boldsymbol{G}))^{\mathrm{T}}]\\&=E[(\boldsymbol{AX}+\boldsymbol{A}_0-E(\boldsymbol{AX}+\boldsymbol{A}_0))(\boldsymbol{BX}+\boldsymbol{B}_0)-E(\boldsymbol{BX}+\boldsymbol{B}_0))^{\mathrm{T}}]\\&=E[\boldsymbol{A}(\boldsymbol{X}-E(\boldsymbol{X}))(\boldsymbol{X}-E(\boldsymbol{X}))^{\mathrm{T}}\boldsymbol{B}^{\mathrm{T}}]=\boldsymbol{A}\boldsymbol{D}_{XX}\boldsymbol{B}^{\mathrm{T}}\end{aligned}$$

例 3-2　设有函数 $\boldsymbol{Z}=\boldsymbol{KX}+\boldsymbol{K}_0$，$\boldsymbol{W}=\boldsymbol{FY}+\boldsymbol{F}_0$，$\boldsymbol{S}=\begin{bmatrix}\boldsymbol{Z}\\ \boldsymbol{W}\end{bmatrix}$，$\boldsymbol{R}=\boldsymbol{KX}+\boldsymbol{FY}$。$\boldsymbol{X}$ 的方差矩阵为 $\boldsymbol{D}_{XX}$，$\boldsymbol{Y}$ 的方差矩阵为 $\boldsymbol{D}_{YY}$，$\boldsymbol{X}$ 关于 $\boldsymbol{Y}$ 的互协方差矩阵为 $\boldsymbol{D}_{XY}(\boldsymbol{D}_{XY}=\boldsymbol{D}_{YX}^{\mathrm{T}})$，$\boldsymbol{K}$、$\boldsymbol{K}_0$、$\boldsymbol{F}$、$\boldsymbol{F}_0$ 为常系数矩阵。求：$\boldsymbol{D}_{ZZ}$、$\boldsymbol{D}_{WW}$、$\boldsymbol{D}_{WZ}$、$\boldsymbol{D}_{SS}$、$\boldsymbol{D}_{RR}$、$\boldsymbol{D}_{ZX}$、$\boldsymbol{D}_{ZY}$。

1）计算 $\boldsymbol{D}_{ZZ}$、$\boldsymbol{D}_{WW}$、$\boldsymbol{D}_{WZ}$：

$$\boldsymbol{D}_{ZZ}=\boldsymbol{K}\boldsymbol{D}_{XX}\boldsymbol{K}^{\mathrm{T}},\quad \boldsymbol{D}_{WW}=\boldsymbol{F}\boldsymbol{D}_{YY}\boldsymbol{F}^{\mathrm{T}},\quad \boldsymbol{D}_{ZW}=\boldsymbol{K}\boldsymbol{D}_{XY}\boldsymbol{F}^{\mathrm{T}},\quad \boldsymbol{D}_{WZ}=\boldsymbol{D}_{ZW}^{\mathrm{T}}=\boldsymbol{F}\boldsymbol{D}_{YX}\boldsymbol{K}^{\mathrm{T}}$$

2）计算 $\boldsymbol{D}_{SS}$：

$$\boldsymbol{D}_{SS}=\begin{bmatrix}\boldsymbol{D}_{ZZ}&\boldsymbol{D}_{ZW}\\ \boldsymbol{D}_{WZ}&\boldsymbol{D}_{WW}\end{bmatrix}=\begin{bmatrix}\boldsymbol{K}\boldsymbol{D}_{XX}\boldsymbol{K}^{\mathrm{T}}&\boldsymbol{K}\boldsymbol{D}_{XY}\boldsymbol{F}^{\mathrm{T}}\\ \boldsymbol{F}\boldsymbol{D}_{YX}\boldsymbol{K}^{\mathrm{T}}&\boldsymbol{F}\boldsymbol{D}_{YY}\boldsymbol{F}^{\mathrm{T}}\end{bmatrix}$$

3）计算 $\boldsymbol{D}_{RR}$：

$$\boldsymbol{D}_{RR}=[\boldsymbol{K}\quad \boldsymbol{F}]\begin{bmatrix}\boldsymbol{D}_{XX}&\boldsymbol{D}_{XY}\\ \boldsymbol{D}_{YX}&\boldsymbol{D}_{YY}\end{bmatrix}\begin{bmatrix}\boldsymbol{K}^{\mathrm{T}}\\ \boldsymbol{F}^{\mathrm{T}}\end{bmatrix}=\boldsymbol{K}\boldsymbol{D}_{XX}\boldsymbol{K}^{\mathrm{T}}+\boldsymbol{K}\boldsymbol{D}_{XY}\boldsymbol{F}^{\mathrm{T}}+\boldsymbol{F}\boldsymbol{D}_{YX}\boldsymbol{K}^{\mathrm{T}}+\boldsymbol{F}\boldsymbol{D}_{YY}\boldsymbol{F}^{\mathrm{T}}$$

4）计算 $\boldsymbol{D}_{ZX}$：

$$\boldsymbol{Z}=\boldsymbol{KX}+\boldsymbol{K}_0,\quad \boldsymbol{X}=\boldsymbol{IX}$$

$$\boldsymbol{D}_{ZX}=\boldsymbol{K}\boldsymbol{D}_{XX}\boldsymbol{I}^{\mathrm{T}}=\boldsymbol{K}\boldsymbol{D}_{XX}$$

5）计算 $\boldsymbol{D}_{ZY}$：

$$\boldsymbol{Z}=\boldsymbol{KX}+\boldsymbol{K}_0,\quad \boldsymbol{Y}=\boldsymbol{IY}$$

$$D_{ZY}=KD_{XY}I^{\mathrm{T}}=KD_{XY}$$

或

$$Z=KX+K_0=[K,0]\begin{bmatrix}X\\Y\end{bmatrix}+\begin{bmatrix}K_0\\0\end{bmatrix},\quad Y=[0,I]\begin{bmatrix}X\\Y\end{bmatrix}$$

$$D_{ZY}=[K,0]\begin{bmatrix}D_{XX},D_{XY}\\D_{YX},D_{YY}\end{bmatrix}\begin{bmatrix}0\\I\end{bmatrix}=[KD_{XX},KD_{XY}]\begin{bmatrix}0\\I\end{bmatrix}=KD_{XY}$$

例 3-3 已知 $x=2L_1-L_2+4, y=L_1+2L_2+1, L_1$ 和 L_2 的中误差及其协方差分别为 $D_{L_1L_1}=1, D_{L_2L_2}=4, D_{L_1L_2}=0$，设 $z=2x+y$，求 z 的方差。

解：令 $X=\begin{bmatrix}x\\y\end{bmatrix}$，则

$$X=\begin{bmatrix}2 & -1\\1 & 2\end{bmatrix}\begin{bmatrix}L_1\\L_2\end{bmatrix}+\begin{bmatrix}4\\1\end{bmatrix}$$

根据式（3-16）可得

$$D_{XX}=\begin{bmatrix}2 & -1\\1 & 2\end{bmatrix}\begin{bmatrix}D_{L_1L_1} & D_{L_1L_2}\\D_{L_1L_2} & D_{L_2L_2}\end{bmatrix}\begin{bmatrix}2 & 1\\-1 & 2\end{bmatrix}=\begin{bmatrix}8 & -6\\-6 & 17\end{bmatrix}$$

因为

$$z=[2\quad 1]\begin{bmatrix}x\\y\end{bmatrix}=[2\quad 1]X$$

根据式（3-16）可得

$$D_{zz}=[2\quad 1]D_{XX}\begin{bmatrix}2\\1\end{bmatrix}=[2\quad 1]\begin{bmatrix}8 & -6\\-6 & 17\end{bmatrix}\begin{bmatrix}2\\1\end{bmatrix}=[10\quad 5]\begin{bmatrix}2\\1\end{bmatrix}=25$$

例 3-4 设有函数 $m=a_1x_1+a_2x_2+\cdots+a_nx_n+a_0$，$n=b_1x_1+b_2x_2+\cdots+b_nx_n+b_0$，已知 $x_i(i=1,2,\cdots,n)$ 随机独立，其中误差为 σ_i，求 m,n 的方差及其协方差。

解：m,n 可以写成如下方式：

$$m=[a_1\quad a_2\quad \cdots\quad a_n]\begin{bmatrix}x_1\\x_2\\\vdots\\x_n\end{bmatrix}+a_0,\quad n=[b_1\quad b_2\quad \cdots\quad b_n]\begin{bmatrix}x_1\\x_2\\\vdots\\x_n\end{bmatrix}+b_0$$

根据式（3-16）可得

$$D_{mm}=[a_1\quad a_2\quad \cdots\quad a_n]\begin{bmatrix}\sigma_1^2 & & & \\ & \sigma_2^2 & & \\ & & \ddots & \\ & & & \sigma_n^2\end{bmatrix}\begin{bmatrix}a_1\\a_2\\\vdots\\a_n\end{bmatrix}=\sum_{i=1}^{n}a_i^2\sigma_i^2$$

$$D_{nn}=[b_1\quad b_2\quad\cdots\quad b_n]\begin{bmatrix}\sigma_1^2&&&\\&\sigma_2^2&&\\&&\ddots&\\&&&\sigma_n^2\end{bmatrix}\begin{bmatrix}b_1\\b_2\\\vdots\\b_n\end{bmatrix}=\sum_{i=1}^{n}b_i^2\sigma_i^2$$

$$D_{mn}=[a_1\quad a_2\quad\cdots\quad a_n]\begin{bmatrix}\sigma_1^2&&&\\&\sigma_2^2&&\\&&\ddots&\\&&&\sigma_n^2\end{bmatrix}\begin{bmatrix}b_1\\b_2\\\vdots\\b_n\end{bmatrix}=\sum_{i=1}^{n}a_ib_i\sigma_i^2$$

例 3-5　如图 3.1 所示，在测站 A 上测得方向值 L_1,L_2,L_3，观测值互相独立且中误差均为 σ，$\alpha=\alpha_2+\alpha_1$。求：1）角度 α_1 和 α_2 的方差及其协方差 $\sigma_1^2,\sigma_2^2,\sigma_{12}$；2）算出 α 的中误差。

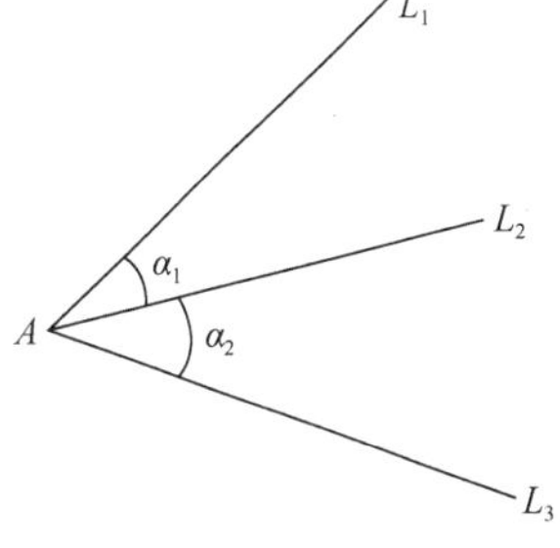

图 3.1　测站 A 观测示意

解：1）先建立函数与观测值的关系式：

$$\begin{bmatrix}\alpha_1\\\alpha_2\end{bmatrix}=\begin{bmatrix}L_2-L_1\\L_3-L_2\end{bmatrix}=\begin{bmatrix}-1&1&0\\0&-1&1\end{bmatrix}\begin{bmatrix}L_1\\L_2\\L_3\end{bmatrix}$$

根据式（3-16），有

$$\begin{bmatrix}\sigma_1^2&\sigma_{12}\\\sigma_{12}&\sigma_2^2\end{bmatrix}=\begin{bmatrix}-1&1&0\\0&-1&1\end{bmatrix}\begin{bmatrix}\sigma^2&0&0\\0&\sigma^2&0\\0&0&\sigma^2\end{bmatrix}\begin{bmatrix}-1&0\\1&-1\\0&1\end{bmatrix}=\begin{bmatrix}2&-1\\-1&2\end{bmatrix}\sigma^2$$

可得 $\sigma_1^2=2\sigma^2$，$\sigma_2^2=2\sigma^2$，$\sigma_{12}=-\sigma^2$。

2）把 α 写成如下形式：

$$\alpha=[1\quad 1]\begin{bmatrix}\alpha_1\\\alpha_2\end{bmatrix}$$

根据式（3-16），有

$$D_{\alpha\alpha}=[1\quad 1]\begin{bmatrix}2&-1\\-1&2\end{bmatrix}\sigma^2\begin{bmatrix}1\\1\end{bmatrix}=[1\quad 1]\sigma^2\begin{bmatrix}1\\1\end{bmatrix}=2\sigma^2$$

所以

$$\sigma_\alpha=\sqrt{2}\sigma$$

3.1.4　用协方差传播律求非线性函数的方差

1．单个非线性函数

设有观测值 $\underset{n\times1}{\boldsymbol{X}}$ 的非线性函数 $Z=f(\boldsymbol{X})$ 或表示为

$$Z=f(X_1,X_2,\cdots,X_n)\tag{3-17}$$

已知 $\underset{n\times1}{\boldsymbol{X}}$ 的协方差矩阵 $\boldsymbol{D}_{XX}$，求 Z 的方差 D_{ZZ}。

假定观测值 $\boldsymbol{X}$ 有近似值：$\underset{n\times1}{\boldsymbol{X}^0}=[X_1^0,X_2^0,\cdots,X_n^0]^{\mathrm{T}}$，将函数式 $Z=f(X_1,X_2,\cdots,X_n)$ 按泰勒级数在点 $X_1^0,X_2^0,\cdots,X_n^0$ 处展开为

$$Z=f(X_1^0,X_2^0,\cdots,X_n^0)+\left(\frac{\partial f}{\partial X_1}\right)_0(X_1-X_1^0)+\left(\frac{\partial f}{\partial X_2}\right)_0(X_2-X_2^0)+\cdots+\left(\frac{\partial f}{\partial X_n}\right)(X_n-X_n^0)+\cdots \tag{3-18}$$

式中，$\left(\frac{\partial f}{\partial X_i}\right)_0(i=1,2,\cdots,n)$ 是函数对各个变量所取的偏导数，并以近似值 X^0 代入所算得的数值，它们都是常数，当 X^0 与 X 非常接近时，上式中二次以上各项很微小，可以略去，将式（3-18）写为

$$Z=\left(\frac{\partial f}{\partial X_1}\right)_0X_1+\left(\frac{\partial f}{\partial X_2}\right)_0X_2+\cdots+\left(\frac{\partial f}{\partial X_n}\right)_0X_n+f(X_1^0,X_2^0,\cdots,X_n^0)-\sum_{i=1}^{n}\left(\frac{\partial f}{\partial X_i}\right)_0X_i^0$$

令

$$\boldsymbol{K}=[k_1\ \ k_2\ \ \cdots\ \ k_n]=\left[\left(\frac{\partial f}{\partial X_1}\right)_0\ \left(\frac{\partial f}{\partial X_2}\right)_0\ \cdots\ \left(\frac{\partial f}{\partial X_n}\right)_0\right]$$

$$k_0=f(X_1^0,X_2^0,\cdots,X_n^0)-\sum_{i=1}^{n}k_iX_i^0$$

得

$$Z=k_1X_1+k_2X_2+\cdots+k_nX_n+k_0=\boldsymbol{KX}+k_0 \tag{3-19}$$

这样，就将非线性函数式化成了线性函数式，然后用线性函数的协方差传播律计算协方差，有

$$D_{ZZ}=\boldsymbol{KD}_{XX}\boldsymbol{K}^{\mathrm{T}}$$

如果令

$$\begin{cases}\mathrm{d}X_i=X_i-X_i^0\ \ (i=1,2,\cdots,n)\\ \mathrm{d}\boldsymbol{X}=[\mathrm{d}X_1\ \ \ \mathrm{d}X_2\ \ \ \cdots\ \ \ \mathrm{d}X_n]^{\mathrm{T}}\\ \mathrm{d}Z=Z-Z^0=Z-f(X_1^0,X_2^0,\cdots,X_n^0)\end{cases} \tag{3-20}$$

则式（3-18）可写为

$$\mathrm{d}Z=\left(\frac{\partial f}{\partial X_1}\right)_0\mathrm{d}X_1+\left(\frac{\partial f}{\partial X_2}\right)_0\mathrm{d}X_2+\cdots+\left(\frac{\partial f}{\partial X_n}\right)_0\mathrm{d}X_0=\boldsymbol{K}\mathrm{d}\boldsymbol{X} \tag{3-21}$$

式（3-21）是非线性函数式（3-17）的全微分。根据协方差传播律，可得

$$\boldsymbol{D}_{\mathrm{d}X\mathrm{d}X}=\boldsymbol{D}_{XX}，D_{\mathrm{d}Z\mathrm{d}Z}=D_{ZZ}$$

为了求非线性函数的方差，只要对它求全微分即可。

2. 多个非线性函数

如果有 $\boldsymbol{X}$ 的 t 个非线性函数为

$$\begin{cases} Z_1 = f_1(X_1, X_2, \cdots, X_n) \\ Z_2 = f_2(X_1, X_2, \cdots, X_n) \\ \qquad \vdots \\ Z_t = f_t(X_1, X_2, \cdots, X_n) \end{cases} \tag{3-22}$$

将 t 个函数求全微分得

$$\begin{cases} \mathrm{d}Z_1 = \left(\dfrac{\partial f_1}{\partial X_1}\right)_0 \mathrm{d}X_1 + \left(\dfrac{\partial f_1}{\partial X_2}\right)_0 \mathrm{d}X_2 + \cdots + \left(\dfrac{\partial f_1}{\partial X_n}\right)_0 \mathrm{d}X_n \\ \mathrm{d}Z_2 = \left(\dfrac{\partial f_2}{\partial X_1}\right)_0 \mathrm{d}X_1 + \left(\dfrac{\partial f_2}{\partial X_2}\right)_0 \mathrm{d}X_2 + \cdots + \left(\dfrac{\partial f_2}{\partial X_n}\right)_0 \mathrm{d}X_n \\ \qquad \vdots \\ \mathrm{d}Z_t = \left(\dfrac{\partial f_t}{\partial X_1}\right)_0 \mathrm{d}X_1 + \left(\dfrac{\partial f_t}{\partial X_2}\right)_0 \mathrm{d}X_2 + \cdots + \left(\dfrac{\partial f_t}{\partial X_n}\right)_0 \mathrm{d}X_n \end{cases} \tag{3-23}$$

若记

$$\boldsymbol{Z} = \begin{bmatrix} Z_1 \\ Z_2 \\ \vdots \\ Z_t \end{bmatrix}, \quad \mathrm{d}\boldsymbol{Z} = \begin{bmatrix} \mathrm{d}Z_1 \\ \mathrm{d}Z_2 \\ \vdots \\ \mathrm{d}Z_t \end{bmatrix}, \quad \boldsymbol{K} = \begin{bmatrix} \left(\dfrac{\partial f_1}{\partial X_1}\right)_0 & \left(\dfrac{\partial f_1}{\partial X_2}\right)_0 & \cdots & \left(\dfrac{\partial f_1}{\partial X_n}\right)_0 \\ \left(\dfrac{\partial f_2}{\partial X_1}\right)_0 & \left(\dfrac{\partial f_2}{\partial X_2}\right)_0 & \cdots & \left(\dfrac{\partial f_2}{\partial X_n}\right)_0 \\ \vdots & \vdots & & \vdots \\ \left(\dfrac{\partial f_t}{\partial X_1}\right)_0 & \left(\dfrac{\partial f_t}{\partial X_2}\right)_0 & \cdots & \left(\dfrac{\partial f_t}{\partial X_n}\right)_0 \end{bmatrix} \tag{3-24}$$

则有

$$\mathrm{d}\boldsymbol{Z} = \boldsymbol{K}\mathrm{d}\boldsymbol{X} \tag{3-25}$$

根据协方差传播律得 $\underset{t\times 1}{\boldsymbol{Z}}$ 的协方差矩阵为

$$\boldsymbol{D}_{ZZ} = \boldsymbol{K}\boldsymbol{D}_{XX}\boldsymbol{K}^{\mathrm{T}} \tag{3-26}$$

因此，对于非线性函数，首先将其线性化，然后用线性函数的协方差传播律计算方差。线性化方法可用泰勒级数展开或求全微分。

例 3-6　量得某矩形的长和宽分别为 $a \pm \sigma_a$ 和 $b \pm \sigma_b$，且 $\sigma_{ab} = 0$，计算该矩形面积的方差。

解：矩形面积 $s = ab$，则

$$\mathrm{d}s = b\mathrm{d}a + a\mathrm{d}b = [b \quad a]\begin{bmatrix} \mathrm{d}a \\ \mathrm{d}b \end{bmatrix}$$

用协方差传播律得

$$\sigma_s^2=[b\ \ a]\begin{bmatrix}\sigma_a^2 & \sigma_{ab}\\ \sigma_{ba} & \sigma_b^2\end{bmatrix}\begin{bmatrix}b\\ a\end{bmatrix}=b^2\sigma_a^2+a^2\sigma_b^2$$

在某些情况下，先取对数然后求全微分能简化计算。

对函数式取自然对数，有

$$\ln s=\ln a+\ln b$$

对上式全微分，有

$$\frac{\mathrm{d}s}{s}=\frac{\mathrm{d}a}{a}+\frac{\mathrm{d}b}{b}$$

化简，得

$$\mathrm{d}s=b\mathrm{d}a+a\mathrm{d}b=[b,a]\begin{bmatrix}\mathrm{d}a\\ \mathrm{d}b\end{bmatrix}$$

用协方差传播律得

$$\sigma_s^2=[b\ \ a]\begin{bmatrix}\sigma_a^2 & \sigma_{ab}\\ \sigma_{ba} & \sigma_b^2\end{bmatrix}\begin{bmatrix}b\\ a\end{bmatrix}=b^2\sigma_a^2+a^2\sigma_b^2$$

例 3-7 设 $x_P=x_B+s\cos(\alpha_{BA}+\beta)$， $y_P=y_B+s\sin(\alpha_{BA}+\beta)$， x_B、y_B 和 α_{BA} 的方差为零，s 的方差为 σ_s^2，β 的方差为 σ_β^2，且 $\sigma_{s\beta}=0$。计算 $\sigma_{x_P}^2,\sigma_{y_P}^2,\sigma_{x_Py_P}$。

解：根据题意，有

$$\begin{bmatrix}\mathrm{d}x_P\\ \mathrm{d}y_P\end{bmatrix}=\begin{bmatrix}\cos(\alpha_{BA}+\beta) & -s\sin(\alpha_{BA}+\beta)/\rho\\ \sin(\alpha_{BA}+\beta) & s\cos(\alpha_{BA}+\beta)/\rho\end{bmatrix}\begin{bmatrix}\mathrm{d}s\\ \mathrm{d}\beta\end{bmatrix}$$

用协方差传播律得

$$\begin{bmatrix}\sigma_{X_P}^2 & \sigma_{X_PY_P}\\ \sigma_{X_PY_P} & \sigma_{Y_P}^2\end{bmatrix}=\begin{bmatrix}\cos(\alpha_{BA}+\beta) & -\dfrac{s\sin(\alpha_{BA}+\beta)}{\rho}\\ \sin(\alpha_{BA}+\beta) & \dfrac{s\cos(\alpha_{BA}+\beta)}{\rho}\end{bmatrix}\begin{bmatrix}\sigma_s^2 & 0\\ 0 & \sigma_\beta^2\end{bmatrix}\begin{bmatrix}\cos(\alpha_{BA}+\beta) & \sin(\alpha_{BA}+\beta)\\ -\dfrac{s\sin(\alpha_{BA}+\beta)}{\rho} & \dfrac{s\cos(\alpha_{BA}+\beta)}{\rho}\end{bmatrix}$$

$$\sigma_{X_P}^2=(\cos(\alpha_{BA}+\beta))^2\sigma_s^2+\left(\frac{s\sin(\alpha_{BA}+\beta)}{\rho}\right)^2\sigma_\beta^2$$

$$\sigma_{Y_P}^2=(\sin(\alpha_{BA}+\beta))^2\sigma_s^2+\left(\frac{s\cos(\alpha_{BA}+\beta)}{\rho}\right)^2\sigma_\beta^2$$

$$\sigma_{X_PY_P}=\cos(\alpha_{BA}+\beta)\sin(\alpha_{BA}+\beta)\sigma_s^2-\frac{s^2\sin(\alpha_{BA}+\beta)\cos(\alpha_{BA}+\beta)}{\rho^2}\sigma_\beta^2$$

式中，ρ 为角度与弧度的换算常数。

$$\rho=\frac{180^\circ}{\pi}\approx 57.29578^\circ\approx 3438'\approx 2062645''$$

如果 $\mathrm{d}\beta$ 以弧度为单位，则不需要该项。通常 $\mathrm{d}\beta$ 以秒为单位，则 $\rho\approx 206265$。

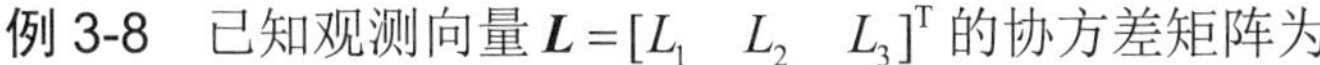

例 3-8　已知观测向量 $\boldsymbol{L}=[L_1 \quad L_2 \quad L_3]^{\mathrm{T}}$ 的协方差矩阵为

$$\boldsymbol{D}_{LL}=\begin{bmatrix} 6 & 0 & -2 \\ 0 & 4 & 0 \\ -2 & 0 & 2 \end{bmatrix}$$

求 $\boldsymbol{L}$ 的函数 $F=L_1^2+\sqrt{L_3}$ 在 $L_1=2$，$L_3=4$ 时的协方差 D_{FF}。

解：先全微分 F，将其化为线性形式

$$\mathrm{d}F=2L_1\mathrm{d}L_1+\frac{1}{2}L_3^{-\frac{1}{2}}\mathrm{d}L_3=\begin{bmatrix} 4 & 0 & \dfrac{1}{4} \end{bmatrix}\begin{bmatrix} \mathrm{d}L_1 \\ \mathrm{d}L_2 \\ \mathrm{d}L_3 \end{bmatrix}$$

按协方差传播率，得

$$D_{FF}=[4 \quad 0 \quad 0.25]\begin{bmatrix} 6 & 0 & -2 \\ 0 & 4 & 0 \\ -2 & 0 & 2 \end{bmatrix}\begin{bmatrix} 4 \\ 0 \\ 0.25 \end{bmatrix}=92.125$$

例 3-9　视距测量中，水平距离计算式为 $D=kn\cos^2\alpha$，k 为视距常数，$k=100$，n 为尺间隔数，$n=l_1-l_2$，α 为竖直角，l_1 为上丝读数，l_2 为下丝读数。在仪器和水准尺相隔距离为 100m 时，水准尺读数的中误差为 $\sigma_l=3\mathrm{mm}$，求：

1）测量距离为 100m 且视线水平时 D 的中误差（仅考虑读数误差的影响）；

2）证明 k 和 α 的误差影响要比水准尺读数误差影响小得多。

解：1）由读数误差引起的尺间隔数中误差的计算。

由于

$$n=l_1-l_2$$

则有

$$\sigma_n^2=\sigma_{l_1}^2+\sigma_{l_2}^2=\sigma_l^2+\sigma_l^2=2\sigma_l^2$$

故

$$\sigma_n=\sqrt{2}\sigma_l=3\sqrt{2}(\mathrm{mm})$$

由于仅考虑读数误差的影响，测量距离为 100m 且视线水平时测距中误差为

$$\sigma_D=k\cos^2\alpha\sigma_n=100\times 3\sqrt{2}(\mathrm{mm})\approx 0.424(\mathrm{m})$$

2）假设 k,α 与 n 的中误差影响相等，将计算式求全微分可得

$$\mathrm{d}D=n\cos^2\alpha\mathrm{d}k+k\cos^2\alpha\mathrm{d}n-kn\sin 2\alpha\frac{\mathrm{d}\alpha}{\rho''}$$

则

$$\sigma_D^2=(n\cos^2\alpha)^2\sigma_k^2+2(k\cos^2\alpha)^2\sigma_l^2+\left(\frac{kn\sin 2\alpha}{\rho''}\right)^2\sigma_\alpha^2$$

分析上式，读数误差 σ_l^2 前的系数要明显比其他两项大得多，所以读数误差的影响

要大于视距常数误差及竖直角测量误差的影响。

例 3-10 图 3.2 为一块土地面积按比例尺的放样，图中全部内角为直角，给定数据为 $FH = y_1 = 7\text{cm}$，$BC = y_2 = 2\text{cm}$，$HE = x_1 = 1\text{cm}$，$CE = x_2 = 3\text{cm}$；$\boldsymbol{Y} = [y_1 \quad y_2]^{\mathrm{T}}$，$\boldsymbol{D}_{YY} = \begin{bmatrix} 2 & 1 \\ 1 & 2 \end{bmatrix}(\text{mm}^2)$；$\boldsymbol{X} = [x_1 \quad x_2]^{\mathrm{T}}$，$\boldsymbol{D}_{XX} = \begin{bmatrix} 2 & 1 \\ 1 & 2 \end{bmatrix}(\text{mm}^2)$；$D_{XY} = 0$。试计算矩形 $ABFG$ 的面积 Z 及其方差。

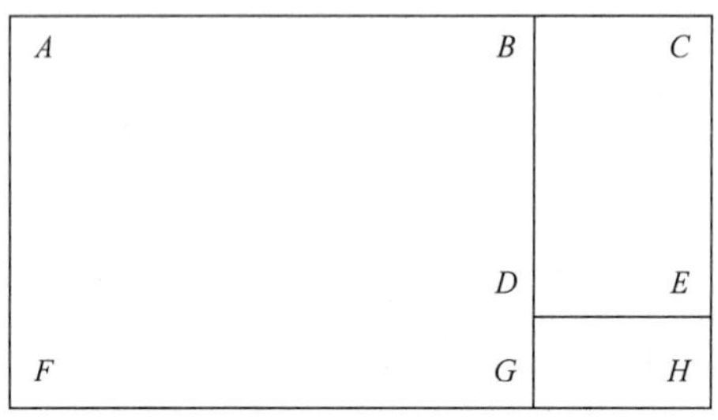

图 3.2 土地面积示意

解：
$$Z = (y_1 - y_2)(x_1 + x_2) = 20(\text{cm}^2)$$

对 Z 全微分可得
$$\mathrm{d}Z = (y_1 - y_2)(\mathrm{d}x_1 + \mathrm{d}x_2) + (x_1 + x_2)(\mathrm{d}y_1 - \mathrm{d}y_2)$$

令 $\mathrm{d}x = \mathrm{d}x_1 + \mathrm{d}x_2, \mathrm{d}y = \mathrm{d}y_1 + \mathrm{d}y_2$，则上式变为
$$\mathrm{d}Z = (y_1 - y_2)\mathrm{d}x + (x_1 + x_2)\mathrm{d}y$$

按式（3-16），并考虑 $D_{XY} = 0$，得 Z 的方差
$$\sigma_Z^2 = (y_1 - y_2)^2 \sigma_x^2 + (x_1 + x_2)^2 \sigma_y^2$$

式中，$\sigma_x^2 = \sigma_{x_1}^2 + \sigma_{x_2}^2 + 2\sigma_{x_1x_2}$；$\sigma_y^2 = \sigma_{y_1}^2 + \sigma_{y_2}^2 + 2\sigma_{y_1y_2}$。

最后可得
$$\begin{aligned}\sigma_Z^2 &= (y_1 - y_2)^2(\sigma_{x_1}^2 + \sigma_{x_2}^2 + 2\sigma_{x_1x_2}) + (x_1 + x_2)^2(\sigma_{y_1}^2 + \sigma_{y_2}^2 - 2\sigma_{y_1y_2}) \\ &= 25 \times (0.02 + 0.02 + 0.02) + 16 \times (0.02 + 0.02 - 0.02) \\ &= 1.82(\text{cm}^4)\end{aligned}$$
$$\sigma_Z = 1.3\text{cm}^2$$

3.1.5 应用协方差传播律的注意事项和具体步骤

1. 应用协方差传播律的注意事项

1）有些函数先取对数再求全微分比较方便。

2）一个全微分式中每一项的单位应相同，如果函数式中既有边又有角，就更要注意单位统一。

2. 应用协方差传播律的具体步骤

1）按要求写出函数式，如 $Z_i = f_i(X_1, X_2, \cdots, X_n)(i=1,2,\cdots,t)$ 。

2）如果为非线性函数，则对函数式求全微分，得

$$\mathrm{d}Z_i = \left(\frac{\partial f_i}{\partial X_1}\right)_0 \mathrm{d}X_1 + \left(\frac{\partial f_i}{\partial X_2}\right)_0 \mathrm{d}X_2 + \cdots + \left(\frac{\partial f_i}{\partial X_n}\right)_0 \mathrm{d}X_n \quad (i=1,2,\cdots,t)$$

3）写成矩阵形式 $\boldsymbol{Z} = \boldsymbol{KX}$ 或 $\mathrm{d}\boldsymbol{Z} = \boldsymbol{K}\mathrm{d}\boldsymbol{X}$ 。

4）应用协方差传播律求方差或协方差矩阵。

按最小二乘法进行平差，其主要内容之一是评定精度，即评定观测值及观测值函数的精度。协方差传播律正是用来求观测值函数的中误差和协方差的基本公式。在以后有关平差计算的几章中，都以协方差传播律为基础，分别推导适用于不同平差方法的精度计算公式。

3.2　协方差传播律的应用

在 3.1 节中推导了协方差传播律公式，本节将应用这些基本公式导出一些在测量实践中常用的公式，以便读者能更好地理解协方差传播律的应用及其重要性。

3.2.1　由三角形闭合差计算测角中误差（菲列罗公式）

设在三角网中，独立且等精度观测了各三角形内角，中误差均为 m ，并设各三角形闭合差 $w_i(i=1,2,\cdots,n)$ ，即

$$w_i = 180^\circ - A_i - B_i - C_i \quad (i=1,2,\cdots,n)$$

式中，n 为三角网中三角形的个数；A_i, B_i, C_i 为第 i 个三角形的 3 个内角观测值，其中误差均 m 。

设 w_i 的中误差均为 m_w，根据协方差传播律，得

$$m_w = \sqrt{m^2 + m^2 + m^2} = \sqrt{3}m \tag{3-27}$$

又因为闭合差是真误差，由中误差定义可得闭合差的中误差

$$m_w = \lim_{n\to\infty}\sqrt{\frac{[\Delta\Delta]}{n}} = \lim_{n\to\infty}\sqrt{\frac{[ww]}{n}} \tag{3-28}$$

由式（3-27）和式（3-28）可得

$$m = \lim_{n\to\infty}\sqrt{\frac{[ww]}{3n}} \tag{3-29}$$

当三角形个数 n 有限的情况下，根据式（3-29）可求得测角中误差 m 的估值

$$\hat{m} = \sqrt{\frac{[ww]}{3n}} \tag{3-30}$$

式（3-30）即为测量中常用的由三角形闭合差计算测角中误差的菲列罗公式。

3.2.2 同精度独立观测值的算术平均值

设对某量以同精度观测了 N 次，得观测值 $L_1, L_2, \cdots, L_N$，它们的中误差均为 σ。由此可得其算术平均值

$$x = \frac{1}{N}\sum_{i=1}^{N} L_i = \frac{1}{N}(L_1 + L_2 + \cdots + L_N)$$

由协方差传播律可得

$$\sigma_x^2 = \frac{1}{N^2}(\sigma^2 + \sigma^2 + \cdots + \sigma^2) = \frac{1}{N^2}N\sigma^2 = \frac{1}{N}\sigma^2 \tag{3-31}$$

其中误差

$$\sigma_x = \frac{1}{\sqrt{N}}\sigma$$

即 N 个同精度独立观测值的算术平均值的中误差等于各观测值的中误差除以 $\sqrt{N}$。

3.2.3 水准测量精度

若在 A, B 两点间进行水准测量，设有测站 n 个，则 A, B 两水准点间的高差等于各测站的高差之和，即

$$h = H_B - H_A = h_1 + h_2 + \cdots + h_n$$

式中，h_i 为各测站所测高差。当各测站距离大致相等时，这些观测高差可视为等精度。若设它们的中误差均为 σ，根据协方差传播律可得两点间高差的中误差

$$\sigma_h = \sqrt{\sigma^2 + \sigma^2 + \cdots + \sigma^2} = \sqrt{n}\sigma \tag{3-32}$$

即水准测量观测高差的中误差与测站数的平方根成正比。

又设水准路线敷设在平坦的地区，前后测站间的距离 s 大致相等，设 A, B 间的距离（水准路线全长）为 S，则测站数 $N = S/s$，代入式（3-32），可得

$$\sigma_h = \sqrt{\frac{S}{s}}\sigma = \frac{\sigma}{\sqrt{s}}\sqrt{S} \tag{3-33}$$

式中，σ 为每测站所得高差的中误差，在一定条件下可视 $\frac{\sigma}{\sqrt{s}}$ 为定值。

令 $K = \frac{\sigma}{\sqrt{s}}$，则有

$$\sigma_h = K\sqrt{S} \tag{3-34}$$

式（3-34）中若取距离为一个单位长度，即 $S = 1$，则 $\sigma_h = K$，因此，K 是单位距离观测高差的中误差。通常距离以 km 为单位，K 就是距离为 1km 时观测高差的中误差，式（3-34）表明，水准测量观测高差的中误差等于单位距离观测高差的中误差与水准路线全长的平方根之积。

3.2.4　三角高程测量精度

设 A,B 为地面上两点，在 A 点观测 B 点的垂直角为 α ，两点间的水平距离为 S ，在不考虑仪器高度和目标高度的情况下，计算 A,B 两点间高差的基本公式为

$$h = S \cdot \tan\alpha$$

设 S 及 α 的中误差分别为 σ_S 和 σ_α ，可得

$$\mathrm{d}h = \tan\alpha \mathrm{d}S + \frac{S \cdot \sec^2\alpha \mathrm{d}\alpha}{\rho''}$$

则有

$$\sigma_h^2 = \tan^2\alpha \cdot \sigma_S^2 + \frac{S^2 \cdot \sec^4\alpha \cdot \sigma_\alpha''^2}{\rho''^2} \tag{3-35}$$

式（3-35）在实际应用时，由于距离 S 的误差远小于垂直角 α 的误差，第一项可以忽略不计；一般而言，垂直角 α 小于 5° ，可认为 $\sec\alpha \approx 1$，得

$$\sigma_h^2 = \left(\frac{\sigma_\alpha''}{\rho''}\right)^2 S^2$$

则有

$$\sigma_h = \frac{\sigma_\alpha''}{\rho''} S \tag{3-36}$$

这就是单向观测高差的中误差公式。即三角高程测量中单向高差的中误差，等于弧度表示的垂直角的中误差乘以两三角点间的距离。或者说，当垂直角的观测精度一定时，三角高程测量所得高差的中误差与两三角点间的距离成正比。

若以双向观测高差取中数作为最后高差，则中数的中误差应为式（3-36）结果的 $1/\sqrt{2}$ ，即

$$\sigma_{h中} = \frac{\sigma_h}{\sqrt{2}} = \frac{\sigma_\alpha''}{\sqrt{2}\rho''} S \tag{3-37}$$

3.2.5　若干独立误差的联合影响

在探讨偶然误差的性质时曾指出，观测中的偶然误差常常是若干个主要误差的来源，而每一个误差来源又受其他许多偶然因素影响，如照准误差、读数误差、目标偏心误差和仪器偏心误差对测角的影响。在这种情况下，观测结果的真误差是各个独立误差的代数和，即

$$\Delta_Z = \Delta_1 + \Delta_2 + \cdots + \Delta_n$$

由于这里的真误差是相互独立的，各种误差的出现都是随机的，也可由协方差传播律及 $\sigma_{ij} = 0$，得出它们之间的方差关系式为

$$\sigma_Z^2 = \sigma_1^2 + \sigma_2^2 + \cdots + \sigma_n^2 \tag{3-38}$$

即观测结果的方差 σ_Z^2 等于各独立误差所对应的方差之和。

例如，GB/T 15661—2008《1∶5000　1∶10000　1∶25000　1∶50000　1∶100000 地形图航空摄影规范》规定，对一个方向观测所产生的误差，是由几项独立误差影响的，即仪器结构误差$\Delta_{仪}$、照准误差$\Delta_{照}$、读数误差$\Delta_{读}$、外界条件变化影响产生的误差$\Delta_{外}$。已知各误差所对应的中误差$\sigma_{仪}=3.0''$，$\sigma_{照}=2.4''$，$\sigma_{读}=6.0''$，$\sigma_{外}=3.0''$，则对任一方向观测一次结果的误差为

$$\Delta_{方}=\Delta_{仪}+\Delta_{照}+\Delta_{读}+\Delta_{外}$$

应用式（3-38）得

$$\sigma_{方}=\sqrt{\sigma_{仪}^2+\sigma_{照}^2+\sigma_{读}^2+\sigma_{外}^2}=\sqrt{(3.0)^2+(2.4)^2+(6.0)^2+(3.0)^2}\approx 7.7''$$

例如，在空间数据库中，GIS 坐标数据如果是由地图数字化获得的，则其点位误差由许多不同数据源的误差组成。一是野外测量误差，设为Δ_{Δ}，这一项又取决于测量仪器、测量环境和测量目标等因素；二是图上的点位误差，称为制图误差，设为Δ_{m}，它受描图、印刷及纸张变形等因素的影响；三是数字化点的误差，设为Δ_{d}，它与数字化仪器和数字化方法有关。设野外测量精度为σ_{Δ}，制图精度为σ_{m}，数字化精度为σ_{d}。如果地形图的比例尺为 1∶M，则空间数据点的点位精度可用下式表示：

$$\sigma_{\mathrm{P}}=\sqrt{\sigma_{\Delta}^2+M^2\sigma_{\mathrm{m}}^2+M^2\sigma_{\mathrm{d}}^2}$$

式中，$\sigma_{\Delta}=20\sim30\mathrm{mm}$，$\sigma_{\mathrm{m}}=0.1\sim0.3\mathrm{mm}$，$\sigma_{\mathrm{d}}=0.1\sim0.3\mathrm{mm}$。

3.2.6　时间观测序列平滑平均值的方差

设有等时间间隔观测序列$X_1,X_2,\cdots,X_{i-1},X_i,X_{i+1},\cdots,X_{n-1},X_n$，对序列进行平滑，取三点滑动，其平均值为

$$\bar{X}_{i-1}=\frac{1}{3}(X_{i-2}+X_{i-1}+X_i)$$

$$\bar{X}_{i}=\frac{1}{3}(X_{i-1}+X_{i}+X_{i+1})$$

$$\bar{X}_{i+1}=\frac{1}{3}(X_{i}+X_{i+1}+X_{i+2})$$

已知观测序列为等精度独立观测序列，各观测值的中误差为σ，协方差$\sigma_{ij}=0(i\neq j)$，讨论各滑动平均值的方差及它们之间的协方差。

其函数式为

$$\bar{\boldsymbol{X}}=\begin{bmatrix}\bar{X}_{i-1}\\ \bar{X}_{i}\\ \bar{X}_{i+1}\end{bmatrix}=\begin{bmatrix}\frac{1}{3}&\frac{1}{3}&\frac{1}{3}&0&0\\ 0&\frac{1}{3}&\frac{1}{3}&\frac{1}{3}&0\\ 0&0&\frac{1}{3}&\frac{1}{3}&\frac{1}{3}\end{bmatrix}\begin{bmatrix}X_{i-2}\\ X_{i-1}\\ X_{i}\\ X_{i+1}\\ X_{i+2}\end{bmatrix}$$

由协方差传播律得

$$\boldsymbol{D}_{\bar{X}}=\frac{1}{3}\begin{bmatrix}1&1&1&0&0\\0&1&1&1&0\\0&0&1&1&0\end{bmatrix}0\sigma^2\begin{bmatrix}1&&&&&\\&1&&&&\\&&1&&&\\&&&1&&\\&&&&1&\\&&&&&1\end{bmatrix}\frac{1}{3}\begin{bmatrix}1&0&0\\1&1&0\\1&1&1\\0&1&1\\0&0&1\end{bmatrix}=\frac{1}{9}\begin{bmatrix}3&2&1\\2&3&2\\1&2&3\end{bmatrix}\sigma^2$$

即

$$\sigma_{\bar{X}_{i-i}}=\sigma_{\bar{X}_i}=\sigma_{\bar{X}_{i+1}}=\frac{\sqrt{3}}{3}\sigma$$

$$\sigma_{\bar{X}_{i-1}\bar{X}_i}=\sigma_{\bar{X}_i\bar{X}_{i+1}}=\frac{2}{9}\sigma^2,\sigma_{\bar{X}_{i-1}\bar{X}_{i+1}}=\frac{1}{9}\sigma^2$$

3.3　权及权的确定

方差是表示精度的一个绝对数字特征，一定的观测条件对应着一定的误差分布，而一定的误差分布就对应着一个确定的方差（或中误差）。为了比较各观测值之间的精度，除了可以应用方差之外，还可以通过方差之间的比例关系来衡量观测值之间精度的高低。这种表示各观测值方差之间比例关系的数字特征称为权。权是表示精度的相对数字特征，在平差计算中起着很重要的作用。

在实际测量工作中，计算平差之前，精度的绝对数字特征（方差）往往是不知道的，而精度的相对数字特征（权）却可以根据事先给定的条件予以确定，然后根据平差的结果估算出表示精度的绝对数字特征（方差）。

3.3.1　权的定义

设有观测值 $L_i(i=1,2,\cdots,n)$，它们的方差为 $\sigma_i^2(i=1,2,\cdots,n)$，选定任一常数 $\sigma_0(\sigma_0>0)$，定义观测值 L_i 的权为

$$p_i=\frac{\sigma_0^2}{\sigma_i^2} \tag{3-39}$$

由权的定义可知，观测值的权与其方差成反比。即方差越小，其权越大，或者说，精度越高，其权越大。方差 σ_i^2 可以是同一个量的观测值的方差，也可以是不同量的观测值的方差。也就是说，用权来比较各观测值之间的精度高低，不限于对同一量的观测值，同样也适用于对不同量的观测值。

由权的定义式可以写出各观测值的权之间的比例关系为

$$p_1:p_2:\cdots:p_n=\frac{\sigma_0^2}{\sigma_1^2}:\frac{\sigma_0^2}{\sigma_2^2}:\cdots:\frac{\sigma_0^2}{\sigma_n^2}=\frac{1}{\sigma_1^2}:\frac{1}{\sigma_2^2}:\cdots:\frac{1}{\sigma_n^2}$$

可见，对于一组观测值，其权之比等于相应方差的倒数之比。

在图3.3所示的水准网中，h_1,h_2,h_3,h_4 是各路线的观测高差，$S_1=1.0\text{km}$，$S_2=2.0\text{km}$，$S_3=4.0\text{km}$，$S_4=8.0\text{km}$ 是水准路线的长度，在认为每千米观测高差的精度相同的前提下，就可确定各条路线的权，而且不需要知道每千米观测值的中误差的具体数值。

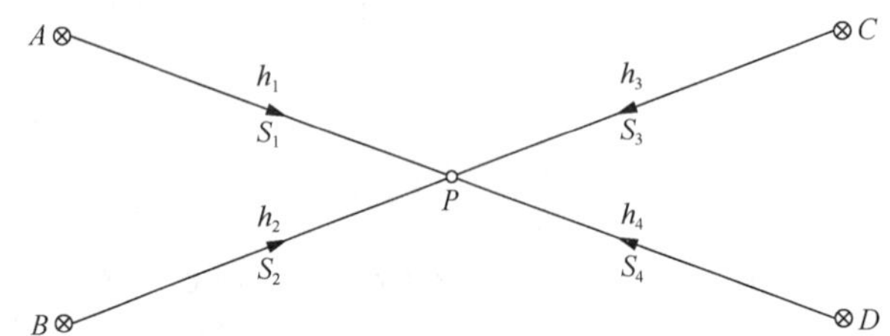

图3.3　水准网

设每千米观测高差的方差为 $\sigma_{千米}^2$，按协方差传播律，各水准路线的方差为

$$\sigma_1^2=S_1\sigma_{千米}^2,\ \sigma_2^2=S_2\sigma_{千米}^2,\ \sigma_3^2=S_3\sigma_{千米}^2,\ \sigma_4^2=S_4\sigma_{千米}^2$$

令 $\sigma_0^2=\sigma_1^2$，按权的定义可得各路线观测值的权为

$$p_1=1.00,\ p_2=0.50,\ p_3=0.25,\ p_4=0.125$$

又令 $\sigma_0^2=\sigma_4^2$，按权的定义可得各路线观测值的权为

$$p_1=8.00,\ p_2=4.00,\ p_3=2.00,\ p_4=1.00$$

水准网中的所有水准路线都是按同一等级的水准测量规范的技术要求进行观测的，一般可以认为每千米观测高差的精度相同。对于不同的 σ_0^2 得到的观测值的权是不相同的，权的大小可以反映各观测高差的精度高低。对于一组已知方差的观测值，有以下几个结论。

1）选定了一个 σ_0^2 值，即有一组对应的权。或者说，有一组权，必有一个对应的 σ_0^2 值。

2）一组观测值的权，其大小随 σ_0^2 的不同而异，但不论 σ_0^2 选用何值，权之间的比例关系始终不变。

3）为了使权能用来比较精度高低，在同一问题中只能选定一个 σ_0^2 值，否则就破坏了权之间的比例关系。

4）事先给出一定的条件，就可以确定观测值的权的数值。

5）权是用来比较各观测值相互之间精度高低的，权的意义不在于它们本身数值的大小，重要的是它们之间存在的比例关系。

3.3.2　单位权的确定

权等于1的观测值称为单位权观测值。

权等于 1 的观测值的方差称为单位权方差，即 σ_0^2 是单位权方差，也称方差因子。

权等于 1 的观测值的中误差称为单位权中误差，即 σ_0 是单位权中误差。

在图 3.3 所示的水准网中，如果令 $\sigma_0^2 = \sigma_1^2$，则 $p_1 = 1.00, p_2 = 0.50, p_3 = 0.25, p_4 = 0.125$；$h_1$ 为单位权观测值；σ_1^2 是单位权方差；σ_1 是单位权中误差。也就是说，水准路线长度为 1km 的观测高差为单位权观测值；水准路线长度为 1km 的观测高差的方差为单位权方差；水准路线长度为 1km 的观测高差的中误差为单位权中误差。

在图 3.3 所示的水准网中，如果令 $\sigma_0^2 = \sigma_4^2$，则 $p_1 = 8.00, p_2 = 4.00, p_3 = 2.00, p_4 = 1.00$；$h_4$ 为单位权观测值；σ_4^2 是单位权方差；σ_4 是单位权中误差。也就是说，水准路线长度为 8km 的观测高差为单位权观测值；水准路线长度为 8km 的观测高差的方差为单位权方差；水准路线长度为 8km 的观测高差的中误差为单位权中误差。

在确定一组同量纲的观测值的权时，所选取的单位权方差 σ_0^2 的单位与观测值方差的单位相同，在这种情况下权是一组无量纲的数值。在确定不同量纲的观测值的权时，所选取的单位权方差 σ_0^2 的单位一般与其中一类观测值方差的单位相同，在这种情况下，权就不完全是一组无量纲的数值。例如，对包含角度元素和长度元素的两类观测值定权时，它们的方差单位分别为 $('')^2$ 和 mm^2，可选单位权方差 σ_0^2 与角度元素的方差 $('')^2$ 单位相同，在这种情况下，各个角度观测值的权是无单位的，而长度元素的权是有单位的。

3.3.3　权的确定方法

在实际测量工作中，往往要根据事先给定的条件，首先确定各观测值的权，即先确定其精度的相对数字特征，然后通过平差计算，一方面求出各观测值的最可靠值，另一方面求出其精度的绝对数字特征。下面将从权的定义式出发，介绍几种常用的确定权的公式。

1. 距离观测值的权

1）设单位长度（如 1km）的距离观测值的方差为 σ^2，则全长为 S (km)的距离观测值的方差为 $\sigma_S^2 = \sigma^2 S$。

取长度为 C (km)的距离观测值方差为单位权方差，即 $\sigma_0^2 = \sigma^2 C$，则距离观测值的权

$$p_S = \frac{\sigma_0^2}{\sigma_S^2} = \frac{C}{S} \tag{3-40}$$

2）设长度为 S 的距离观测值的方差为 $(a + bS)^2$，a 和 b 分别为测距固定误差和比例误差。

取单位权方差 $\sigma_0^2 = C$，则距离观测值的权

$$p_S = \frac{C}{(a + bS)^2} \tag{3-41}$$

2. 水准测量的权

设在图 3.3 所示的水准网中，有$n(n=4)$条水准路线，现沿每一条路线测定两点间的高差，得各路线的观测高差为$h_1,h_2,\cdots,h_n$，各路线的测站数分别为$N_1,N_2,\cdots,N_n$。

1）设每一个测站观测高差的精度相同，其方差均为$\sigma_{站}^2$，第i条水准路线的观测高差为h_i，测站数为N_i，则第i条水准路线（观测高差为h_i）的方差$\sigma_i^2=\sigma_{站}^2 N_i$。

取线路长度为C的观测高差为单位权方差$\sigma_0^2=\sigma_{站}^2 C$，则第$i$条水准路线（观测高差为$h_i$）的权

$$p_i=\frac{\sigma_{站}^2 C}{\sigma_{站}^2 N_i}=\frac{C}{N_i} \tag{3-42}$$

2）设每千米的观测高差的方差均相等，均为$\sigma_{千米}^2$，第i条水准路线的观测高差为h_i，长度为S_i，则第i条水准路线（观测高差为h_i）的方差$\sigma_i^2=\sigma_{千米}^2 S_i$。

取线路长度为C的观测高差的方差为单位权方差$\sigma_0^2=\sigma_{千米}^2 C$，则线路长度为$S_i$的观测高差的权

$$p_{S_i}=\frac{\sigma_{千米}^2 C}{\sigma_{千米}^2 S_i}=\frac{C}{S_i} \tag{3-43}$$

3. 同精度独立观测值的算术平均值的权

由式（3-31）得到同精度N个独立观测值算术平均值x的方差

$$\sigma_x^2=\left(\frac{1}{N}\right)^2\sigma^2+\left(\frac{1}{N}\right)^2\sigma^2+\cdots+\left(\frac{1}{N}\right)^2\sigma^2=\frac{1}{N}\sigma^2 \tag{3-44}$$

如果取σ^2作为单位权方差，则每一个观测值均为权等于 1 的单位权观测值，由权的定义，有

$$\sigma_x^2=\frac{\sigma^2}{p_x} \tag{3-45}$$

将式（3-45）代入式（3-44），得算术平均值的权

$$p_x=N \tag{3-46}$$

说明算术平均值的权与观测次数成正比。

4. 不同精度独立观测值加权平均值的权

设有一组独立观测值$L_1,L_2,\cdots,L_n$，将每一个观测值的权设为p_i，方差设为σ_i^2，观测值的加权平均值

$$x=\frac{p_1L_1+p_2L_2+\cdots+p_nL_n}{p_1+p_2+\cdots+p_n}=\frac{p_1}{[p]}L_1+\frac{p_2}{[p]}L_2+\cdots+\frac{p_n}{[p]}L_n$$

由误差传播律，有

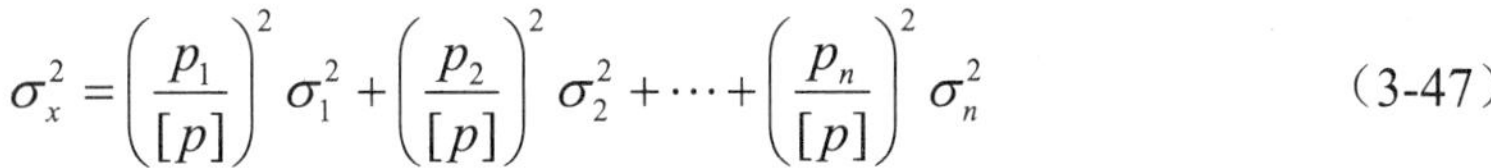

$$\sigma_x^2=\left(\frac{p_1}{[p]}\right)^2\sigma_1^2+\left(\frac{p_2}{[p]}\right)^2\sigma_2^2+\cdots+\left(\frac{p_n}{[p]}\right)^2\sigma_n^2 \tag{3-47}$$

考虑到

$$\sigma_i^2=\frac{\sigma_0^2}{p_i}$$

代入式（3-47），并约去σ_0^2，有

$$\frac{1}{p_x}=\left(\frac{p_1}{[p]}\right)^2\frac{1}{p_1}+\left(\frac{p_2}{[p]}\right)^2\frac{1}{p_2}+\cdots+\left(\frac{p_n}{[p]}\right)^2\frac{1}{p_n}=\frac{p_1}{[p]^2}+\frac{p_2}{[p]^2}+\cdots+\frac{p_n}{[p]^2}=\frac{1}{[p]}$$

即有

$$p_x=[p]=\sum_{i=1}^{n}p_i \tag{3-48}$$

即不等精度独立观测值的加权平均值的权等于观测值的权之和。

5. 边角网中方向观测值和边长观测值的权

边角网中有两类不同量纲的观测值方向（或角度）和边长。设方向观测值$L_i(i=1,2,\cdots,n)$的方差为$\sigma^2[('')]^2$，边长观测值$S_j(j=1,2,\cdots)$的方差$\sigma_{S_j}^2=(a+bS_j)^2$。

取$\sigma_0^2=\sigma^2$，则方向观测值L_i的权$p_i=1$（无单位），边长观测值S_j的权

$$p_j=\frac{\sigma^2}{(a+bS_j)^2}\left(\frac{('')^2}{\text{mm}^2}\right) \tag{3-49}$$

以上几种常用的定权方法的共同特点是，虽然它们都是以权的定义式为依据的，但是在实际定权时，并不需要知道各观测值方差的具体数字，而只要应用测站数、千米数等就可以定权了。在用这些方法定权时，必须注意它们的前提条件。

还要指出的是，式（3-39）不仅适用于计算观测值的权，而且对计算观测值函数的权也同样适用，这在前面推导定权公式时已经多次应用过了。式（3-39）还可写成以下形式：

$$\sigma_i=\sigma_0\sqrt{\frac{1}{p_i}} \tag{3-50}$$

当p_i为函数的权时，σ_i^2就是该函数的方差，两者是一一对应的。

3.4　协因数传播律

权是衡量观测值之间精度高低的一个数字特征，同样可以用权来比较各个观测值函数之间的精度，因此，同协方差传播一样，也存在根据观测值的权来求函数权的问题。

本节从式（3-50）出发，并推广其含义，给出协因数、协因数矩阵和权逆矩阵的定义，在此基础上再导出观测值函数的权传播的一般公式，即权逆矩阵传播律。

3.4.1　协因数与协因数矩阵

设有观测值 L_i 和 L_j，它们的权分别为 p_i 和 p_j，它们的方差分别为 σ_i^2 和 σ_j^2，它们之间的协方差为 σ_{ij}，单位权方差为 σ_0^2。

令

$$\begin{cases} Q_{ii} = \dfrac{1}{p_i} = \dfrac{\sigma_i^2}{\sigma_0^2} \\ Q_{jj} = \dfrac{1}{p_j} = \dfrac{\sigma_j^2}{\sigma_0^2} \\ Q_{ij} = \dfrac{\sigma_{ij}}{\sigma_0^2} \end{cases} \tag{3-51}$$

或写为

$$\begin{cases} \sigma_i^2 = \sigma_0^2 Q_{ii} \\ \sigma_j^2 = \sigma_0^2 Q_{jj} \\ \sigma_{ij} = \sigma_0^2 Q_{ij} \end{cases} \tag{3-52}$$

式中，Q_{ii}, Q_{jj} 分别称为观测值 L_i, L_j 的协因数或权倒数；Q_{ij} 称为 L_i 关于 L_j 的协因数或相关权倒数。

由式（3-52）可知，观测值的协因数 Q_{ii}, Q_{jj} 与观测值的方差成正比，而协因数 Q_{ij} 与协方差成正比。容易理解，协因数 Q_{ii}, Q_{jj} 与权 p_i, p_j 有类似的作用，它们也是比较观测值精度高低的一项指标，而协因数 Q_{ij} 是比较观测值之间相关程度的一项指标。将式（3-52）代入式（3-1），有方差矩阵为

$$\boldsymbol{D}_{XX} = \begin{bmatrix} \sigma_1^2 & \sigma_{12} & \cdots & \sigma_{1n} \\ \sigma_{21} & \sigma_2^2 & \cdots & \sigma_{2n} \\ \vdots & \vdots & & \vdots \\ \sigma_{n1} & \sigma_{n2} & \cdots & \sigma_n^2 \end{bmatrix} = \sigma_0^2 \begin{bmatrix} Q_{11} & Q_{12} & \cdots & Q_{1n} \\ Q_{21} & Q_{22} & \cdots & Q_{2n} \\ \vdots & \vdots & & \vdots \\ Q_{n1} & Q_{n2} & \cdots & Q_{nn} \end{bmatrix} \tag{3-53}$$

令

$$\underset{n\times n}{\boldsymbol{Q}_{XX}} = \begin{bmatrix} Q_{11} & Q_{12} & \cdots & Q_{1n} \\ Q_{21} & Q_{22} & \cdots & Q_{2n} \\ \vdots & \vdots & & \vdots \\ Q_{n1} & Q_{n2} & \cdots & Q_{nn} \end{bmatrix} \tag{3-54}$$

则式（3-53）可写成

$$\boldsymbol{D}_{XX} = \sigma_0^2 \boldsymbol{Q}_{XX} \tag{3-55}$$

$\boldsymbol{Q}_{XX}$ 称为观测向量 $\boldsymbol{X}$ 的协因数矩阵，也称权逆矩阵，其对角线上的元素为各观测值 X_i 的协因数（权倒数），非对角线元素为各两两观测量之间的协因数（相关权倒数）。

由于两个观测量之间的协方差有关系 $\sigma_{ij}=\sigma_{ji}(i\neq j)$ 存在，协因数也存在 $Q_{ij}=Q_{ji}(i\neq j)$ 的关系。

若另有观测向量 $\underset{t\times 1}{\boldsymbol{Y}}$，参照式（3-55），则有

$$\boldsymbol{D}_{YY}=\sigma_0^2\boldsymbol{Q}_{YY} \tag{3-56}$$

将式（3-52）的第三个式子代入式（2-12）的互协方差矩阵，可得到观测向量 $\boldsymbol{X}$ 关于观测向量 $\boldsymbol{Y}$ 的互协因数矩阵 $\boldsymbol{Q}_{XY}$，则有

$$\boldsymbol{D}_{XY}=\begin{bmatrix}\sigma_{x_1y_1} & \sigma_{x_1y_2} & \cdots & \sigma_{x_1y_t}\\ \sigma_{x_2y_1} & \sigma_{x_2y_2} & \cdots & \sigma_{x_2y_t}\\ \vdots & \vdots & & \vdots\\ \sigma_{x_ny_1} & \sigma_{x_ny_2} & \cdots & \sigma_{x_ny_t}\end{bmatrix}=\sigma_0^2\begin{bmatrix}Q_{x_1y_1} & Q_{x_1y_2} & \cdots & Q_{x_1y_t}\\ Q_{x_2y_1} & Q_{x_2y_2} & \cdots & Q_{x_2y_t}\\ \vdots & \vdots & & \vdots\\ Q_{x_ny_1} & Q_{x_ny_2} & \cdots & Q_{x_ny_t}\end{bmatrix}=\sigma_0^2\boldsymbol{Q}_{XY}$$

即

$$\boldsymbol{D}_{XY}=\sigma_0^2\boldsymbol{Q}_{XY} \tag{3-57}$$

可见互协因数矩阵 $\boldsymbol{Q}_{XY}$ 中的各元素就是 x_i 关于 y_j 的协因数，其中 $i=1,2,\cdots,n$，$j=1,2,\cdots,t$。

由式（3-55）和式（3-57）可知，协方差矩阵等于单位权方差与协因数矩阵的乘积。

与协方差矩阵类似，互协因数矩阵 $\boldsymbol{Q}_{XY}$ 也有以下性质：

$$\boldsymbol{Q}_{XY}=\boldsymbol{Q}_{YX}^{\mathrm{T}}\qquad \boldsymbol{Q}_{YX}=\boldsymbol{Q}_{XY}^{\mathrm{T}} \tag{3-58}$$

当 $\boldsymbol{Q}_{XY}=\boldsymbol{0}$ 或 $\boldsymbol{Q}_{YX}=\boldsymbol{0}$ 时，表示 $\boldsymbol{X}$ 与 $\boldsymbol{Y}$ 相互独立。

此外，衡量两个随机变量 X,Y 之间的相关系数 ρ，也可用协因数的值来进行计算。参照相关系数的定义，有

$$\rho=\frac{\sigma_{X_iY_j}}{\sigma_{X_i}\sigma_{Y_j}}=\frac{\sigma_0^2\boldsymbol{Q}_{X_iY_j}}{\sigma_0\sqrt{\boldsymbol{Q}_{X_iX_i}}\sigma_0\sqrt{\boldsymbol{Q}_{Y_jY_j}}}=\frac{\boldsymbol{Q}_{X_iY_j}}{\sqrt{\boldsymbol{Q}_{X_iX_i}\boldsymbol{Q}_{Y_jY_j}}} \tag{3-59}$$

3.4.2　权矩阵

设用 $\boldsymbol{P}_{XX}$ 表示观测向量 $\boldsymbol{X}$ 的权矩阵，则定义

$$\boldsymbol{P}_{XX}=\boldsymbol{Q}_{XX}^{-1}$$

$$\boldsymbol{P}_{XX}\boldsymbol{Q}_{XX}=\boldsymbol{Q}_{XX}\boldsymbol{P}_{XX}=\boldsymbol{I}$$

即权矩阵与协因数矩阵（权逆矩阵）互为逆矩阵。

例 3-11　设有独立观测值 $X_i(i=1,2,\cdots,n)$，其方差为 σ_i^2，权为 p_i，单位权方差为 σ_0^2。

$$\boldsymbol{X}=\begin{bmatrix}X_1\\ X_2\\ \vdots\\ X_n\end{bmatrix},\quad \boldsymbol{D}_{XX}=\begin{bmatrix}\sigma_1^2 & 0 & \cdots & 0\\ 0 & \sigma_2^2 & \cdots & 0\\ \vdots & \vdots & & \vdots\\ 0 & 0 & \cdots & \sigma_n^2\end{bmatrix},\quad \boldsymbol{P}_{XX}=\begin{bmatrix}p_1 & 0 & \cdots & 0\\ 0 & p_2 & \cdots & 0\\ \vdots & \vdots & & \vdots\\ 0 & 0 & \cdots & p_n\end{bmatrix}$$

则 $\boldsymbol{X}$ 的协因数矩阵为

$$\boldsymbol{Q}_{XX}=\frac{1}{\sigma_0^2}\boldsymbol{D}_{XX}=\frac{1}{\sigma_0^2}\begin{bmatrix}\sigma_1^2 & 0 & \cdots & 0\\ 0 & \sigma_2^2 & \cdots & 0\\ \vdots & \vdots & & \vdots\\ 0 & 0 & \cdots & \sigma_n^2\end{bmatrix}=\begin{bmatrix}Q_{11} & 0 & \cdots & 0\\ 0 & Q_{22} & \cdots & 0\\ \vdots & \vdots & & \vdots\\ 0 & 0 & \cdots & Q_{nn}\end{bmatrix}=\begin{bmatrix}\frac{1}{p_1} & 0 & \cdots & 0\\ 0 & \frac{1}{p_2} & \cdots & 0\\ \vdots & \vdots & & \vdots\\ 0 & 0 & \cdots & \frac{1}{p_n}\end{bmatrix}$$

由该例可看出，对于各元素独立的观测向量而言，其协方差矩阵、权矩阵和协因数矩阵均为对角矩阵，且各主对角元素分别为相应观测值的方差、权及协因数。而对于元素相关的观测向量来说，其协方差矩阵、权矩阵和协因数矩阵就不再是对角矩阵，其协方差矩阵 $\boldsymbol{D}_{XX}$ 和协因数矩阵 $\boldsymbol{Q}_{XX}$ 对角线上的各元素仍然代表各观测值 X_i 的方差和协因数，但权矩阵 $\boldsymbol{P}_{XX}$ 的对角线上的元素将不再是各观测值 X_i 的权，权矩阵的各个元素也不再有权的意义了，这时 X_i 的权倒数应为 $Q_{X_iX_i}$。但是，相关观测向量的权矩阵在平差计算中也同样能起到同独立观测向量的权矩阵一样的作用。

3.4.3 协因数传播律的定义

由协因数矩阵的定义可知，协因数矩阵可以由协方差矩阵乘以常数 $1/\sigma_0^2$ 得到。根据协方差传播律，可以方便地得到由观测向量的协因数矩阵求其函数的协因数矩阵的计算公式，这个公式称为协因数传播律，从而得到函数的权。

设有观测向量 $\boldsymbol{X}$ 和 $\boldsymbol{Y}$ 的线性函数为

$$\begin{cases}\boldsymbol{F}=\boldsymbol{A}\boldsymbol{X}+\boldsymbol{A}_0\\ \boldsymbol{G}=\boldsymbol{B}\boldsymbol{X}+\boldsymbol{B}_0\\ \boldsymbol{W}=\boldsymbol{C}\boldsymbol{Y}+\boldsymbol{C}_0\end{cases}\tag{3-60}$$

式中，$\boldsymbol{A},\boldsymbol{B},\boldsymbol{C},\boldsymbol{A}_0,\boldsymbol{B}_0,\boldsymbol{C}_0$ 均为常数矩阵，观测向量的协因数矩阵 $\boldsymbol{Q}_{XX},\boldsymbol{Q}_{YY},\boldsymbol{Q}_{XY}$ 为已知，且 $\boldsymbol{Q}_{YX}=\boldsymbol{Q}_{XY}^{\mathrm{T}}$，则有

$$\begin{cases}\boldsymbol{Q}_{FF}=\boldsymbol{A}\boldsymbol{Q}_{XX}\boldsymbol{A}^{\mathrm{T}}\\ \boldsymbol{Q}_{GG}=\boldsymbol{B}\boldsymbol{Q}_{XX}\boldsymbol{B}^{\mathrm{T}}\\ \boldsymbol{Q}_{WW}=\boldsymbol{C}\boldsymbol{Q}_{YY}\boldsymbol{C}^{\mathrm{T}}\\ \boldsymbol{Q}_{FG}=\boldsymbol{A}\boldsymbol{Q}_{XX}\boldsymbol{B}^{\mathrm{T}}\\ \boldsymbol{Q}_{GF}=\boldsymbol{B}\boldsymbol{Q}_{XX}\boldsymbol{A}^{\mathrm{T}}\\ \boldsymbol{Q}_{FW}=\boldsymbol{A}\boldsymbol{Q}_{XY}\boldsymbol{C}^{\mathrm{T}}\\ \boldsymbol{Q}_{WF}=\boldsymbol{C}\boldsymbol{Q}_{YX}\boldsymbol{A}^{\mathrm{T}}\end{cases}\tag{3-61}$$

这就是协因数传播律的实用计算公式，也称权逆矩阵传播律。因其在传播形式上与协方差传播律相同，所以通常将协方差传播律式（3-16）与协因数传播律式（3-61）合称为广义传播律。

如果 $\boldsymbol{Z}$ 和 $\boldsymbol{W}$ 的各个分量是 $\boldsymbol{X}$ 和 $\boldsymbol{Y}$ 的非线性函数，即

$$\boldsymbol{Z}=\begin{bmatrix}Z_1\\Z_2\\\vdots\\Z_t\end{bmatrix}=\begin{bmatrix}f_{Z_1}(X_1,X_2,\cdots,X_n)\\f_{Z_2}(X_1,X_2,\cdots,X_n)\\\vdots\\f_{Z_t}(X_1,X_2,\cdots,X_n)\end{bmatrix},\quad \boldsymbol{W}=\begin{bmatrix}W_1\\W_2\\\vdots\\W_r\end{bmatrix}=\begin{bmatrix}f_{W_1}(Y_1,Y_2,\cdots,Y_n)\\f_{W_2}(Y_1,Y_2,\cdots,Y_n)\\\vdots\\f_{W_r}(Y_1,Y_2,\cdots,Y_n)\end{bmatrix}$$

求 $\boldsymbol{Z}$ 和 $\boldsymbol{W}$ 的全微分，得

$$\mathrm{d}\boldsymbol{Z}=\boldsymbol{K}\mathrm{d}\boldsymbol{X},\qquad \mathrm{d}\boldsymbol{W}=\boldsymbol{F}\mathrm{d}\boldsymbol{Y}$$

式中，

$$\boldsymbol{K}=\begin{bmatrix}\dfrac{\partial f_{Z_1}}{\partial X_1} & \dfrac{\partial f_{Z_1}}{\partial X_2} & \cdots & \dfrac{\partial f_{Z_1}}{\partial X_n}\\ \dfrac{\partial f_{Z_2}}{\partial X_1} & \dfrac{\partial f_{Z_2}}{\partial X_2} & \cdots & \dfrac{\partial f_{Z_2}}{\partial X_n}\\ \vdots & \vdots & & \vdots\\ \dfrac{\partial f_{Z_t}}{\partial X_1} & \dfrac{\partial f_{Z_t}}{\partial X_2} & \cdots & \dfrac{\partial f_{Z_t}}{\partial X_n}\end{bmatrix};\quad \boldsymbol{F}=\begin{bmatrix}\dfrac{\partial f_{W_1}}{\partial Y_1} & \dfrac{\partial f_{W_1}}{\partial Y_2} & \cdots & \dfrac{\partial f_{W_1}}{\partial Y_n}\\ \dfrac{\partial f_{W_2}}{\partial Y_1} & \dfrac{\partial f_{W_2}}{\partial Y_2} & \cdots & \dfrac{\partial f_{W_2}}{\partial Y_n}\\ \vdots & \vdots & & \vdots\\ \dfrac{\partial f_{W_r}}{\partial Y_1} & \dfrac{\partial f_{W_r}}{\partial Y_2} & \cdots & \dfrac{\partial f_{W_r}}{\partial Y_n}\end{bmatrix}$$

则 $\boldsymbol{Z}$、$\boldsymbol{W}$ 的协因数矩阵 $\boldsymbol{Q}_{ZZ}$、$\boldsymbol{Q}_{WW}$、$\boldsymbol{Q}_{ZW}$ 等按协因数传播律计算，可得

$$\boldsymbol{Q}_{ZZ}=\boldsymbol{K}\boldsymbol{Q}_{XX}\boldsymbol{K}^{\mathrm{T}},\boldsymbol{Q}_{WW}=\boldsymbol{F}\boldsymbol{Q}_{YY}\boldsymbol{F}^{\mathrm{T}},\boldsymbol{Q}_{ZW}=\boldsymbol{K}\boldsymbol{Q}_{XY}\boldsymbol{F}^{\mathrm{T}}$$

对于独立观测值 $\underset{n\times1}{\boldsymbol{L}}$，假定各 L_i 的权为 p_i，则 $\boldsymbol{L}$ 的权矩阵、协因数矩阵（权逆矩阵）均为对角矩阵，即

$$\boldsymbol{P}_{LL}=\begin{bmatrix}p_1 & 0 & \cdots & 0\\0 & p_2 & \cdots & 0\\\vdots & \vdots & & \vdots\\0 & 0 & \cdots & p_n\end{bmatrix},\quad \boldsymbol{Q}_{LL}=\begin{bmatrix}Q_{11} & 0 & \cdots & 0\\0 & Q_{22} & \cdots & 0\\\vdots & \vdots & & \vdots\\0 & 0 & \cdots & Q_{nn}\end{bmatrix}=\begin{bmatrix}\dfrac{1}{p_1} & 0 & \cdots & 0\\0 & \dfrac{1}{p_2} & \cdots & 0\\\vdots & \vdots & & \vdots\\0 & 0 & \cdots & \dfrac{1}{p_n}\end{bmatrix}$$

设有函数

$$Z=f(L_1,L_2,\cdots,L_n)$$

对等式两边求全微分，得

$$\mathrm{d}Z=\frac{\partial f}{\partial L_1}\mathrm{d}L_1+\frac{\partial f}{\partial L_2}\mathrm{d}L_2+\cdots+\frac{\partial f}{\partial L_n}\mathrm{d}L_n=\boldsymbol{K}\mathrm{d}\boldsymbol{L} \tag{3-62}$$

运用协因数传播律，得

$$Q_{ZZ}=\boldsymbol{K}\boldsymbol{Q}_{LL}\boldsymbol{K}^{\mathrm{T}}=\begin{bmatrix}\dfrac{\partial f}{\partial L_1} & \dfrac{\partial f}{\partial L_2} & \cdots & \dfrac{\partial f}{\partial L_n}\end{bmatrix}\begin{bmatrix}\dfrac{1}{p_1} & 0 & \cdots & 0\\0 & \dfrac{1}{p_2} & \cdots & 0\\\vdots & \vdots & & \vdots\\0 & 0 & \cdots & \dfrac{1}{p_n}\end{bmatrix}\begin{bmatrix}\dfrac{\partial f}{\partial L_1}\\\dfrac{\partial f}{\partial L_2}\\\vdots\\\dfrac{\partial f}{\partial L_n}\end{bmatrix}$$

$$Q_{ZZ}=\frac{1}{P_Z}=\left(\frac{\partial f}{\partial L_1}\right)^2\frac{1}{p_1}+\left(\frac{\partial f}{\partial L_2}\right)^2\frac{1}{p_2}+\cdots+\left(\frac{\partial f}{\partial L_n}\right)^2\frac{1}{p_n} \tag{3-63}$$

式（3-63）就是独立观测值的权倒数与其函数的权倒数之间的关系式，通常称为权倒数传播律，它是协因数传播律的一种特殊情况。协因数传播律与协方差传播律在形式上完全相同，因此，应用协因数传播律的实际步骤与应用协方差传播律的步骤相同。

例 3-12 设有观测向量 $\underset{3\times1}{\boldsymbol{L}}=[L_1\ \ L_2\ \ L_3]^{\mathrm{T}}$，其权矩阵

$$\boldsymbol{P_{LL}}=\frac{1}{8}\begin{bmatrix}5&-2&1\\-2&4&-2\\1&-2&5\end{bmatrix}$$

试问：1）$\underset{3\times1}{\boldsymbol{L}}$ 中各观测值是否相互独立？2）设 $\boldsymbol{L}'=[L_1\ \ L_2]^{\mathrm{T}}$，求权矩阵 $\boldsymbol{P_{L'L'}}$。3）设单位权方差 σ_0^2 已知，试求观测值 L_1,L_2,L_3 的精度。

解：1）判断观测值是否相互独立要看观测值之间的协方差或协因数是否为零，所以，需求出观测向量 $\underset{3\times1}{\boldsymbol{L}}$ 的协因数矩阵：

$$\boldsymbol{Q_{LL}}=\boldsymbol{P_{LL}^{-1}}=8\times\begin{bmatrix}5&-2&1\\-2&4&-2\\1&-2&5\end{bmatrix}^{-1}=\begin{bmatrix}2&1&0\\1&3&1\\0&1&2\end{bmatrix}$$

从矩阵中可看出，协因数 $Q_{L_1L_3}=0$，所以观测值 L_1 与 L_3 相互独立。

2）由协因数传播律可知，权矩阵是以权逆矩阵（协因数矩阵）的形式进行传播的，所以在求取部分观测值的权矩阵时，只能先在总的权逆矩阵中分割出这部分观测值的权逆矩阵，再由这个权逆矩阵求其权矩阵，而不能直接在总的权矩阵中分割出该部分观测值的权矩阵，所以有

$$\boldsymbol{Q_{L'L'}}=\begin{bmatrix}2&1\\1&3\end{bmatrix}$$

L_1,L_2 的相关权矩阵为

$$\boldsymbol{P_{L'L'}}=\boldsymbol{Q_{L'L'}^{-1}}=\begin{bmatrix}2&1\\1&3\end{bmatrix}^{-1}=\frac{1}{5}\begin{bmatrix}3&-1\\-1&2\end{bmatrix}$$

不能由权矩阵直接分割得到 L_1,L_2 的权矩阵

$$\boldsymbol{P_{L'L'}}\neq\frac{1}{8}\begin{bmatrix}5&-2\\-2&4\end{bmatrix}$$

3）观测值 L_1,L_2,L_3 的中误差

$$\sigma_{L_1}=\sigma_0\sqrt{Q_{11}}=\sqrt{2}\sigma_0,\sigma_{L_2}=\sigma_0\sqrt{Q_{22}}=\sqrt{3}\sigma_0,\sigma_{L_3}=\sigma_0\sqrt{Q_{33}}=\sqrt{2}\sigma_0$$

例 3-13 已知 $\boldsymbol{X}$ 的权矩阵 $\boldsymbol{P_{XX}}=\begin{bmatrix}2&1\\1&2\end{bmatrix}$，求 x_1 和 x_2 的权倒数，以及 x_1 和 x_2 的相关

权倒数。

解：
$$\boldsymbol{Q}_{XX}=\boldsymbol{P}_{XX}^{-1}=\frac{1}{3}\begin{bmatrix}2 & -1\\ -1 & 2\end{bmatrix}$$

则有
$$Q_{X_1X_1}=\frac{1}{p_{x_1}}=\frac{2}{3},\quad Q_{X_2X_2}=\frac{1}{p_{x_2}}=\frac{2}{3},\quad Q_{x_1x_2}=-\frac{1}{3}$$

例 3-14　已知观测向量 $\underset{2\times1}{\boldsymbol{L}}$ 的协方差矩阵 $\boldsymbol{D}_{LL}=\begin{bmatrix}4 & -1\\ -1 & 2\end{bmatrix}$，观测值 L_i 的权 $p_{L_1}=1$，现有函数 $F_1=L_1+3L_2-4$，$F_2=5L_1-L_2+1$。试求：1）F_1 与 F_2 是否统计相关；2）F_1 与 F_2 的权 p_{F_1} 和 p_{F_2}。

解：1）如果 $Q_{F_1F_2}$ 不为零，则 F_1 与 F_2 相关，否则就不相关，关键是求出 $Q_{F_1F_2}$。
$$F_1=[1\quad 3]\begin{bmatrix}L_1\\ L_2\end{bmatrix},\qquad F_2=[5\quad -1]\begin{bmatrix}L_1\\ L_2\end{bmatrix}$$

因为 $p_{L_1}=1$，所以
$$\boldsymbol{Q}_{LL}=\begin{bmatrix}1 & -\frac{1}{4}\\ -\frac{1}{4} & \frac{1}{2}\end{bmatrix}$$

根据协因数传播律，有
$$Q_{F_1F_2}=[1\quad 3]\boldsymbol{Q}_{LL}\begin{bmatrix}5\\ -1\end{bmatrix}=[1\quad 3]\begin{bmatrix}1 & -\frac{1}{4}\\ -\frac{1}{4} & \frac{1}{2}\end{bmatrix}\begin{bmatrix}5\\ -1\end{bmatrix}=\begin{bmatrix}\frac{1}{4} & \frac{5}{4}\end{bmatrix}\begin{bmatrix}5\\ -1\end{bmatrix}=0$$

因此，F_1 与 F_2 不相关。

2）
$$Q_{F_1F_1}=[1\quad 3]\boldsymbol{Q}_{LL}\begin{bmatrix}1\\ 3\end{bmatrix}=[1\quad 3]\begin{bmatrix}1 & -\frac{1}{4}\\ -\frac{1}{4} & \frac{1}{2}\end{bmatrix}\begin{bmatrix}1\\ 3\end{bmatrix}=\begin{bmatrix}\frac{1}{4} & \frac{5}{4}\end{bmatrix}\begin{bmatrix}1\\ 3\end{bmatrix}=4$$

$$Q_{F_2F_2}=[5\quad -1]\boldsymbol{Q}_{LL}\begin{bmatrix}5\\ -1\end{bmatrix}=[5\quad -1]\begin{bmatrix}1 & -\frac{1}{4}\\ -\frac{1}{4} & \frac{1}{2}\end{bmatrix}\begin{bmatrix}5\\ -1\end{bmatrix}=\begin{bmatrix}5\frac{1}{4} & -\frac{7}{4}\end{bmatrix}\begin{bmatrix}5\\ -1\end{bmatrix}=28$$

所以
$$p_{F_1}=\frac{1}{4},\qquad p_{F_2}=\frac{1}{28}$$

3.5 单位权中误差的计算

3.5.1 用不同精度的真误差计算单位权方差的公式

设有一组同精度独立观测值 $L_1, L_2, \cdots, L_n$，它们的数学期望为 $\mu_1, \mu_2, \cdots, \mu_n$，真误差为 $\Delta_1, \Delta_2, \cdots, \Delta_n$，$L_i \sim N(\mu_i, \sigma^2)$，$\Delta_i \sim N(0, \sigma^2)$，有

$$\Delta_i = \mu_i - L_i \quad (i = 1, 2, \cdots, n)$$

观测值 L_i 的方差

$$\sigma^2 = E(\Delta^2) = \lim_{n\to\infty} \frac{[\Delta\Delta]}{n} \tag{3-64}$$

当 n 为有限值时得到方差的估值

$$\hat{\sigma}^2 = \frac{[\Delta\Delta]}{n} \tag{3-65}$$

式（3-65）是根据一组同精度独立的真误差计算方差的基本公式。

现在设 $L_1, L_2, \cdots, L_n$ 是一组不同精度的独立观测值，L_i 的数学期望、方差和权分别为 μ_i、σ_i^2 和 p_i，$L_i \sim N(\mu_i, \sigma_i^2)$，$\Delta_i \sim N(0, \sigma_i^2)$，$\Delta_i = \mu_i - L_i$。

为了求得单位权方差 σ_0^2，需要得到一组精度相同且其权均为 1 的独立的真误差，然后按式（3-64）计算。设 Δ_i' 是一组同精度独立的真误差，做变换，即

$$\Delta_i' = \sqrt{p_i}\,\Delta_i \tag{3-66}$$

根据协因数传播律得

$$\frac{1}{p_i'} = p_i \frac{1}{p_i} = 1$$

对于一组不同精度独立的真误差，经式（3-66）变换后，得到一组权 $p_i' = 1$ 的同精度独立的真误差 $\Delta_1', \Delta_2', \cdots, \Delta_n'$。按照式（3-64）计算单位权方差 σ_0^2，即

$$\sigma_0^2 = E((\Delta')^2) = \lim_{n\to\infty} \frac{[\Delta'\Delta']}{n} = \lim_{n\to\infty} \frac{[p\Delta\Delta]}{n} \tag{3-67}$$

式（3-67）就是根据一组不同精度的真误差定义的单位权方差的理论值。由于 n 总是有限的，故只能求得单位权方差 σ_0^2 的估值 $\hat{\sigma}_0^2$，即

$$\hat{\sigma}_0^2 = \frac{[\Delta'\Delta']}{n} = \frac{[p\Delta\Delta]}{n} \tag{3-68}$$

3.5.2 由双观测值之差求单位权中误差

设对量 $X_1, X_2, \cdots, X_n$ 分别观测两次，可得独立观测值和权分别为

$$L_1', L_2', \cdots, L_n', \quad L_1'', L_2'', \cdots, L_n'', \quad p_1, p_2, \cdots, p_n$$

其中观测值 L_i' 和 L_i'' 是对同一量 X_i 两次观测的结果，称为一个观测对。在测量工作中，常常对一系列被观测量分别进行成对的观测。例如，在水准测量中对每段路线进行往

返观测，在导线测量中每条边测量两次，等等。这种成对的观测称为双观测。假定不同的观测对的精度不同，而同一观测对的两个观测值的精度相同，即 L_i' 和 L_i'' 的权都为 p_i。

由于观测值带有误差，对同一个量的两个观测值的差一般是不等于零的。设第 i 个量的两次观测值的差

$$d_i = L_i' - L_i'' \quad (i=1,2,\cdots,n) \tag{3-69}$$

则 d_i 是真误差。设 X_i 的真值是 $\tilde{X}_i$，则

$$\Delta_{d_i} = (\tilde{X}_i - \tilde{X}_i) - (L_i' - L_i'') = -d_i$$

对式（3-69）运用协因数传播律可得 d_i 的权为

$$\frac{1}{p_{d_i}} = \frac{1}{p_i} + \frac{1}{p_i} = \frac{2}{p_i}$$

即

$$p_{d_i} = \frac{p_i}{2}$$

这样，就得到了 n 个真误差 Δ_{d_i} 和它们的权 p_{d_i}。得到由双观测值之差求单位权方差的公式为

$$\sigma_0^2 = \lim_{n\to\infty} \frac{[p_{d_i}\Delta_{d_i}\Delta_{d_i}]}{n} = \lim_{n\to\infty} \frac{[p_i d_i d_i]}{2n} = \lim_{n\to\infty} \frac{[pdd]}{2n} \tag{3-70}$$

当 n 有限时，其估值

$$\hat{\sigma}_0^2 = \frac{[p_i\Delta_{d_i}\Delta_{d_i}]}{2n} = \frac{[pdd]}{2n} \tag{3-71}$$

各观测值 L_i' 和 L_i'' 的方差

$$\sigma_{L_i'}^2 = \sigma_{L_i''}^2 = \sigma_0^2 \frac{1}{p_i} \tag{3-72}$$

第 i 对观测值的平均值 $X_i = \dfrac{L_i' + L_i''}{2}$ 的方差

$$\sigma_{X_i}^2 = \frac{\sigma_{L_i'}^2}{2} = \sigma_0^2 \frac{1}{2p_i} \tag{3-73}$$

例 3-15 设在 A,B 两水准点间进行水准测量，每段往返的观测高差及距离列于表 3-1。试求：1）单位权的中误差；2）第三段观测高差的中误差；3）全长观测高差的中误差；4）全长高差平均值的中误差。

表 3-1 观测高差及距离

段号	s/km	往测高差/m	返测高差/m	d/mm
A—1	2.5	0.184	0.180	4
1—2	3.0	1.636	1.640	−4
2—3	1.5	1.434	1.424	10
3—4	5.0	0.584	0.593	−9
4—5	3.5	0.053	0.063	−10

解：令 $c = 1\text{km}$，则 $p_i = \dfrac{c}{s_i} = \dfrac{1}{s_i}$，由表 3-2 数据计算得

$$\sum_{i=1}^{5} p_i d_i^2 = \sum_{i=1}^{5} \frac{d_i^2}{s_i} = 123.17(\text{mm}^2)$$

1）单位权的中误差

$$\hat{\sigma}_0 = \sqrt{\frac{123.17}{2 \times 5}} \approx 3.51(\text{mm})$$

2）第三段观测高差的中误差

$$\hat{\sigma}_3 = \hat{\sigma}_0 \sqrt{\frac{1}{p_3}} = 3.51 \times \sqrt{1.5} \approx 4.30(\text{mm})$$

3）全长观测高差的中误差

$$\hat{\sigma}_{全长} = \hat{\sigma}_0 \sqrt{\frac{1}{p_{全长}}} = 3.51 \times \sqrt{\sum s_i} = 3.51 \times \sqrt{15.5} \approx 13.82(\text{mm})$$

4）全长高差平均值的中误差

$$\hat{\sigma}_{平均} = \frac{\hat{\sigma}_{全长}}{\sqrt{2}} = \frac{13.82}{\sqrt{2}} \approx 9.77(\text{mm})$$

3.5.3 由改正数计算单位权的中误差

前面所介绍的中误差计算必须知道真误差，即必须知道观测值或观测值函数的真值，但在实践中真值一般是无法知道的，只能在有限次观测的情况下，求得观测值真值的估值 $\hat{L}$，从而计算得到真误差 $\boldsymbol{\Delta}$ 的估值——改正数 $\boldsymbol{V}$。本节介绍用改正数计算中误差的公式。

设对真值为 $\tilde{L}$ 的某边长进行 n 次等精度观测，得一组观测值 $\underset{n\times1}{\boldsymbol{L}}$，设 $\tilde{L}$ 的估值为 $\hat{L}$，即 $\hat{L} = \dfrac{[\boldsymbol{L}]}{n}$，可得一组改正数 $\underset{n\times1}{\boldsymbol{V}} = [v_1 \ \ v_2 \ \ \cdots \ \ v_n]^{\mathrm{T}}$，其中

$$v_i = \hat{L} - L_i$$

当 n 有限时，用改正数计算单位权的中误差公式为

$$\hat{\sigma}_0 = \sqrt{\frac{[vv]}{n-1}} \tag{3-74}$$

该公式称为白塞尔公式。它适用于等精度观测真值未知时，利用改正数计算观测精度的情况。

当是不等精度观测，且观测对象不止一个而是 t 个 $(t < n)$ 时，用改正数求单位权方差的计算公式为

$$\hat{\sigma}_0^2 = \frac{[pvv]}{n-t} \tag{3-75}$$

3.6　系统误差的传播与综合

由于种种原因，在观测成果中总是或多或少地存在残余的系统误差。由于系统误差产生的原因多种多样，它们的性质各不相同，因而只能对不同的具体情况采用不同的处理方法，不可能得到某些通用的处理方法。对于残余的系统误差对成果的影响没有严密的计算方法。

3.6.1　观测值的系统误差与综合误差的方差

设有观测值 $\underset{n\times 1}{\boldsymbol{L}}$ 的真值为 $\underset{n\times 1}{\tilde{\boldsymbol{L}}}$，则 $\boldsymbol{L}$ 的综合误差 $\boldsymbol{\Omega}$ 可定义为

$$\boldsymbol{\Omega}=\tilde{\boldsymbol{L}}-\boldsymbol{L}$$

如果综合误差 $\boldsymbol{\Omega}$ 中只含有偶然误差 $\boldsymbol{\Delta}$，则 $E(\boldsymbol{\Omega})=E(\boldsymbol{\Delta})=\boldsymbol{0}$。

如果 $\boldsymbol{\Omega}$ 中除包含偶然误差 $\boldsymbol{\Delta}$ 外，还包含系统误差 $\boldsymbol{\varepsilon}$，则

$$\boldsymbol{\Omega}=\boldsymbol{\Delta}+\boldsymbol{\varepsilon}=\tilde{\boldsymbol{L}}-\boldsymbol{L} \tag{3-76}$$

由于系统误差 $\boldsymbol{\varepsilon}$ 不是随机变量，$\boldsymbol{\Omega}$ 的数学期望为

$$E(\boldsymbol{\Omega})=E(\boldsymbol{\Delta})+\boldsymbol{\varepsilon}=\boldsymbol{\varepsilon}\neq\boldsymbol{0}$$

$$\boldsymbol{\varepsilon}=E(\boldsymbol{\Omega})=E(\tilde{\boldsymbol{L}}-\boldsymbol{L})=\tilde{\boldsymbol{L}}-E(\boldsymbol{L}) \tag{3-77}$$

可见，$\boldsymbol{\varepsilon}$ 也是观测值 $\boldsymbol{L}$ 的数学期望对于观测值的真值的偏差值。观测值 $\boldsymbol{L}$ 含的系统误差越小，$\boldsymbol{\varepsilon}$ 越小，$\boldsymbol{L}$ 越准确，有时也称 $\boldsymbol{\varepsilon}=E(\boldsymbol{\Omega})$ 为 $\boldsymbol{L}$ 的准确度。

当观测值 $\boldsymbol{L}$ 中既存在偶然误差 $\boldsymbol{\Delta}$，又存在残余的系统误差 $\boldsymbol{\varepsilon}$ 时，常常用观测值的综合误差方差 $E(\boldsymbol{\Omega}^2)$ 来表征观测值的可靠性。

$$\boldsymbol{\Omega}^2=\boldsymbol{\Delta}^2+2\boldsymbol{\varepsilon}\boldsymbol{\Delta}+\boldsymbol{\varepsilon}^2$$

由于系统误差 $\boldsymbol{\varepsilon}$ 是非随机量，所以综合误差的方差

$$\boldsymbol{D}_{LL}=E(\boldsymbol{\Omega}^2)=E(\boldsymbol{\Delta}^2)+2\boldsymbol{\varepsilon}E(\boldsymbol{\Delta})+\boldsymbol{\varepsilon}^2=\boldsymbol{\sigma}^2+\boldsymbol{\varepsilon}^2 \tag{3-78}$$

即观测值的综合误差的方差 $\boldsymbol{D}_{LL}$ 等于它的方差 $\boldsymbol{\sigma}^2$ 与系统误差的平方 $\boldsymbol{\varepsilon}^2$ 之和。

当系统误差 $\boldsymbol{\varepsilon}$ 小于等于中误差 $\boldsymbol{\sigma}$ 的 1/3 时，即当 $\boldsymbol{\varepsilon}\leqslant\boldsymbol{\sigma}/3$ 时，得

$$\boldsymbol{\sigma}_L=\sqrt{\boldsymbol{D}_{LL}}=\sqrt{\boldsymbol{\sigma}^2+\boldsymbol{\varepsilon}^2}\leqslant\sqrt{\boldsymbol{\sigma}^2+\frac{\boldsymbol{\sigma}^2}{9}}\leqslant 1.05\boldsymbol{\sigma}$$

在这种情况下，如果不考虑系统误差的影响，所求得的 $\boldsymbol{\sigma}_L$ 的减少量不会大于 5%。在实际应用中，当系统误差部分不大于偶然误差部分的 1/3 时，可将系统误差的影响忽略不计。

3.6.2　系统误差的传播

设有观测值 L_i 的真值 $\tilde{L}_i$、综合误差 Ω_i 和系统误差 ε_i，则

$$\varepsilon_i=E(\Omega_i)=\tilde{L}_i-E(L_i)\quad(i=1,2,\cdots,n)$$

又设有观测值 L_i 的线性函数 $Z=k_1L_1+k_2L_2+\cdots+k_nL_n+k_0$，则线性函数的综合误差 Ω_Z 与各个 L_i 的综合误差 Ω_i 之间的关系式为

$$\Omega_Z=k_1\Omega_1+k_2\Omega_2+\cdots+k_n\Omega_n$$

对上式求数学期望，得

$$E(\Omega_Z)=E(k_1\Omega_1)+E(k_2\Omega_2)+\cdots+E(k_n\Omega_n)=k_1E(\Omega_1)+k_2E(\Omega_2)+\cdots+k_nE(\Omega_n)$$

则有

$$\varepsilon_Z=E(\Omega_Z)=[k\varepsilon] \tag{3-79}$$

式（3-79）就是线性函数的系统误差的传播公式。

对于非线性函数 $Z=f(L_1,L_2,\cdots,L_n)$，可以用它们的微分关系代替它们的误差之间的关系，然后按照线性函数的系统误差的传播公式计算，则有

$$\Omega_Z=\frac{\partial Z}{\partial L_1}\Omega_1+\frac{\partial Z}{\partial L_2}\Omega_2+\cdots+\frac{\partial Z}{\partial L_n}\Omega_n$$

令 $k_i=\dfrac{\partial Z}{\partial L_i}(i=1,2,\cdots,n)$，则有线性函数

$$\Omega_Z=k_1\Omega_1+k_2\Omega_2+\cdots+k_n\Omega_n$$

同理，有 $\varepsilon_Z=E(\Omega_Z)=[k\varepsilon]$。

3.6.3 系统误差与偶然误差的联合传播

当观测值中同时含有偶然误差和残余的系统误差时，还有必要考虑它们对观测值的函数的联合影响问题。这里只讨论独立观测值的情况。

设有函数

$$Z=k_1L_1+k_2L_2+\cdots+k_iL_i\ \ (i=1,2,\cdots,n) \tag{3-80}$$

观测值 L_i 的综合误差

$$\Omega_i=\Delta_i+\varepsilon_i\ \ (i=1,2,\cdots,n)$$

函数 Z 的综合误差

$$\Omega_Z=k_1\Omega_1+k_2\Omega_2+\cdots+k_n\Omega_n$$

根据式（3-78），函数 Z 的综合误差的方差

$$D_{ZZ}=E(\Omega_Z^2)=[k^2\sigma^2]+[k\varepsilon]^2 \tag{3-81}$$

当 Z 为非线性函数时，也可用它们的微分关系代替误差关系。此时，式（3-80）中的系数 k_i 即为偏导数 $\dfrac{\partial Z}{\partial L_i}$。

例 3-16 在用钢尺量距离时，共量了 n 个尺段，设已知每一尺段的读数和照准的中误差为 σ，而检定误差为 ε，求全长的综合中误差。

解：距离的总长

$$S=L_1+L_2+\cdots+L_n$$

式中，$L_1=L_2=\cdots=L_n=L,\sigma_1=\sigma_2=\cdots=\sigma_n=\sigma,\varepsilon_1=\varepsilon_2=\cdots=\varepsilon_n=\varepsilon$。

由式（3-81）计算全长的综合误差

$$\sigma_S^2 = n\sigma^2 + (n\varepsilon)^2$$

又因为

$$n = \frac{S}{L}$$

所以

$$\sigma_S^2 = \frac{S}{L}\sigma^2 + \frac{S^2}{L^2}\varepsilon^2$$

$$\sigma_S = \sqrt{\frac{S}{L}\sigma^2 + \frac{S^2}{L^2}\varepsilon^2}$$

例 3-16 说明，在观测值函数为 n 个观测值之和的情况下，偶然误差的中误差传播按 $\sqrt{n}$ 增大，而系统误差 ε 则按 n 倍积累。因此，测量中应充分注意系统误差的处理。

第 4 章　平差数学模型

教学目标

本章主要介绍测量平差的数学模型，包括函数模型和随机模型。通过本章的学习，应达到以下目标。

1）了解模型的基本理论。

2）了解测量基准的理论。

3）重点掌握经典测量平差的 4 种函数模型。

4）了解非线性函数模型线性化的方法。

5）掌握经典测量平差的 4 种数学模型。

教学要求

知识要点	能力要求	相关知识
模型的基本原理	1）了解模型的基本概念； 2）掌握几何模型的概念； 3）理解条件方程的含义和类型； 4）了解必要元素与多余观测数之间的关系	1）几何模型； 2）条件方程的类型； 3）必要元素的确定； 4）多余观测数； 5）闭合差
测量基准	1）了解测量基准的概念和作用； 2）了解测量基准的确定	1）尺度基准； 2）水准网基准的个数； 3）二维平面控制网基准的个数； 4）三维控制网基准的个数
测量平差的函数模型	1）掌握函数模型的概念； 2）掌握 4 种经典平差的函数模型	1）函数模型的概念； 2）条件平差的函数模型； 3）间接平差的函数模型； 4）附有参数的条件平差的函数模型； 5）附有限制条件的间接平差的函数模型
函数模型的线性化	1）了解非线性函数模型线性化的方法； 2）掌握 4 种平差函数模型线性化的形式	4 种平差函数模型线性化后的函数模型
测量平差的数学模型	1）掌握随机模型的概念； 2）掌握 4 种平差模型的数学模型； 3）重点掌握 4 种平差模型的数学模型公式中每个字母的含义	1）随机模型的确定； 2）条件平差的数学模型； 3）间接平差的数学模型； 4）附有参数的条件平差的数学模型； 5）附有限制条件的间接平差的数学模型

引例

在测量工作中，要观测不同的数据，那么如何对这些数据进行处理呢？首要的任务是找出这些数据之间满足的各种关系，根据这些关系列出各种关系式，如观测一个三角形的 3 个内角 L_1,L_2,L_3，其 3 个内角的真值分别为 $\tilde{L}_1,\tilde{L}_2,\tilde{L}_3$，则根据三角形内角之和为 180°，有

$$\tilde{L}_1+\tilde{L}_2+\tilde{L}_3=180^\circ$$

本章就是研究在实际测量工作中观测量之间应满足的关系，并用数学模型来表达。

4.1　模型概述

数学模型是测量数据处理的基础，深刻理解数学模型的概念，将有助于推进测量数据处理工作。但是长期以来，数学模型在测量数据处理中的重要性并没有被认识。这是因为测量数据处理的数学模型都是清晰定义的，即未知参数和观测量之间有严格的函数关系，称为结构关系模型。随着测量理论和观测技术的发展，描述测量中各种现象的数学模型越来越复杂，传统的测量数据处理模型已经不能满足现代测量数据处理的要求，测量数据处理模型必须扩展。因此，系统地了解一些模型的有关知识是十分必要的。

4.1.1　模型的基本概念

1. 模型

模型是对现实客观事物的一个表示和体现，它具有以下几个特点。

1）它是客观世界一部分事物的模拟或抽象。

2）它是由那些与分析问题有关的因素构成的。

3）它体现了有关因素之间的内在联系。

总之，模型是客观现实的一种描述，必须反映实际，但它又是现实世界的一种抽象，所以又要高于实际。这样才便于研究其共性，从而有助于解决实际问题。

模型的种类很多，有形象模型（如建筑模型、飞机模型），抽象模型（用符号、图表等来描述客观事物的内在联系和特性，如地图）。在抽象模型中又包括模拟模型、概念模型和数学模型。在测量平差中，大部分内容属于数量问题，因此，所考虑的总是数学模型。

用字母、数字和其他数学符号所建立的等式或不等式称为数学模型，它是现实世界的一个抽象。测量平差中各种类型的初始方程都是数学模型。

2. 建立数学模型的要求与方法

建立数学模型通常有如下要求。

1）有足够的准确度。就是把本质的东西和关系反映进去，把不影响反映现实真实程度的非本质的东西去掉。

2）简单。模型既要求有足够的准确度，又要求简单。如果一个复杂的模型能用一

个简单的模型代替，而且对准确度影响不大，就没有必要搞一个复杂的模型。复杂模型难以求解，而且要付出较高的代价。

3）依据要充分。就是依据科学规律建立数学表达式。

4）尽量借鉴标准形式。在模拟实际对象时，如果有一些标准形式可供借鉴，不妨先试用一下，因为它们已经有一些现成的数学方法可用。

5）模型中所表示的系统要能操纵和控制，否则建立的模型毫无意义。

客观事物是复杂的，对一个具体问题要建立一个比较适合的模型，一般来说不是一件容易的事情。建立模型是一种创造性的劳动，还有人认为它是一种艺术。测量平差的许多问题及实际困难，事实上属于建立模型的问题。

建立模型的方法很多，下面简要介绍 3 种常用的方法。

1）直接分析法。当实际问题比较简单或比较明显时，按照问题的性质和范围直接构造模型，如建立误差方程式和条件方程式。本书所建立的数学模型都是采用此种方法。

2）模拟法。有些模型的结构性质虽然已经很清楚，但对这个模型的数量描述及求解却很困难。如果有另一种系统的结构性质与之相同，构造出的模型也类似，但处理时却简单得多，这时用后一种模型来模拟前一种模型，对后一种模型进行试验和求解，就称为模拟法。

3）回归分析法。有些系统结构性质不很清楚，但是可以通过描述系统功能的数据分析，来搞清楚系统的结构模型。这些数据是已知的，或者可以按照需要收集。例如，在研究局部区域重力变化趋势面时，需要根据该区域中某些点上的重力变化找出该区域重力变化在空间上的总趋势，就可以考虑用回归分析法。

一般来说，建立模型要经过下列步骤。

1）明确目标。

2）对系统进行周密调查，去粗取精，去伪存真，找出主要因素，确定主要变量。

3）找出各种关系。

4）明确系统的约束条件。

5）规定符号、代号。

6）根据有关学科的知识，用数学符号、数学公式表达所有的关系。

实际中，构造出的模型可能比较复杂，求解困难，这时可以对模型进行简化和修改，常用的方法如下。

1）去掉模型中的一些变量。可以采用试探法，看哪些是主要变量，哪些是次要变量。

2）合并和分细一些变量。有些性质相同的变量可以合并成少数有代表性的变量，有时也可以把某些变量再分细。

3）改变变量的性质。例如，把有的变量看作常量，把连续变量看作离散变量，把函数变量看作随机变量。

4）改变变量之间的函数关系。最常用的方法是把非线性函数化为线性函数，或化为二次函数。在随机性问题中，用常用的正态分布代替其他不好处理的分布，用随机独立的随机变量代替随机相关的随机变量。

4.1.2 几何模型

在测量工作中，最常见的是要确定某些几何量的大小。例如，为了确定某些点的高程而建立水准网，为了确定某些点的平面位置而建立平面控制网。前者包含点间的高差、点的高程元素，后者包含角度、边长、边的方位角及点的二维坐标等元素，这些元素都是几何量。将包含这些几何量的网统称为几何模型。

为了确定一个几何模型，通常并不需要知道该模型中所有元素的大小，只需要知道其中部分元素的大小就行了。例如，根据两点已知的坐标，通过观测的边长和水平角就能算出另一些点的坐标；根据一点已知的高程，通过观测的高差就能算出另一些点的高程，即某些元素的大小可以通过观测值的函数关系推算出来。这种描述观测值与待求元素间关系的关系式称为函数模型。

4.1.3 必要元素和必要观测数

解决不同的问题，需要选择不同的几何模型，而几何模型一经选定，问题也就被指定了，从而也确定了能够唯一确定几何模型的元素的最少个数。例如，一个平面三角形的形状（几何模型），需由两个不同的观测量（最少个数）唯一确定，这两个观测量可以选择三个角中的任意两个角，或三边之比（具体观测量是可以选择的）；确定一个平面三角形的形状和大小（另一个几何模型），最少要求观测 3 个不同的量（确定三角形大小需要一条边长，所以不能全观测角度），仍然有几种选择，如两角一边、两边一角或三边；要确定一个平面三角形在一个指定坐标系中的位置和方向（又是一个几何模型），必须知道 6 个不同的元素，首先，确定三角形的形状和大小需要 3 个不同的观测量，其次，由于确定形状和大小时都是观测点与点间的相对量（如边长、角度），而要确定三角形在某指定坐标系中的位置和方向的绝对值，还必须至少知道三角形中的一点在该坐标系中的坐标值及三角形的一条边在该坐标系中的坐标方位角，其中一点坐标和方位角称为必要起算数据或测量基准。

必要元素是能够唯一确定一个几何模型的最少元素。必要元素由必要观测值和必要起算数据（测量基准）组成。由于必要起算数据（测量基准）是已知的，必要元素也就由必要观测值决定。其中能够唯一确定一个几何模型的最少观测元素称为必要观测值。对于一个确定的几何模型，必要观测值个数 t 是确定的。t 只与几何模型有关，与实际观测值无关。例如，三角形前方交会确定一个待定点坐标，必要观测数为 2，测量两个角、一边一角或两边，都可唯一确定这个几何模型。但要注意，t 个元素之间必须不存在函数关系，即是相互独立的，否则实际个数少于 t 。

4.1.4 条件方程

一个几何模型若有多余观测值，则观测值的正确值与几何模型中的已知值之间必然产生相应的函数关系，这样的约束函数关系式在测量平差中称为条件方程。

一般有如下几种类型的条件方程。

1）$F(\tilde{L})=0$，线性形式为

$$A\tilde{L}+A_0=0 \tag{4-1}$$

2）$\tilde{L}=F(\tilde{X})$，线性形式为

$$\tilde{L}=B\tilde{X}+d \tag{4-2}$$

3）$F(\tilde{L},\tilde{X})=0$，线性形式为

$$A\tilde{L}+B\tilde{X}+A_0=0 \tag{4-3}$$

4）$\Phi(\tilde{X})=0$，线性形式为

$$C\tilde{X}+C_0=0 \tag{4-4}$$

前三类方程中都含有观测量或同时含有观测量和未知参数，最后一类方程只含有未知参数而无观测量。为了便于区别起见，特将前三类方程统称为一般条件方程，将最后一类方程称为限制条件方程。

4.1.5 多余观测数

设对一个几何模型观测了n个几何元素，该模型的必要观测数为t，则$n<t$时,几何模型不能确定，即某些几何元素不能求出。$n=t$时，虽然几何模型可唯一确定，但没有检核条件，即使有错也不能发现，可靠性为零。测量工作中一般要求$n>t$，此时称$r=n-t$为多余观测数，又称自由度。

4.1.6 闭合差

以观测值代入条件方程，由于存在观测误差，条件式将不能满足。测量平差中将观测值代入后所得值称为闭合差。测量平差任务之一就是消除不符值。所谓消除不符值，就是合理调整观测值，对观测值加改正数，达到消除闭合差的目的。可见消除不符值就是消除闭合差。闭合差一般用w表示。

4.2 测 量 基 准

在平差问题中，如果没有足够的起算数据，只根据观测数据是无法确定的。这种起算数据称为平差问题的基准。

例如，水准网的未知参数一般是水准点高程，而被观测量是水准点之间的高差，只根据高差是不可能求得各水准点高程的。如果还考虑水准尺的尺度比，将尺度比也作为未知参数，则由高差也不可能确定尺度比。因此，水准网中为了求得各点高程，需要一个高程基准，为了求得尺度比，则还需要一个尺度基准。

一般来说，对一个纯粹的n维几何空间大地网，当选取点位坐标和尺度比为未知参数，被观测量是边长（或高差）和方向（或角度）时，基准的类型和个数如下。

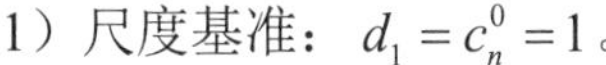

1）尺度基准：$d_1 = c_n^0 = 1$。

2）位置基准（平移自由度）：$d_2 = c_n^1 = n$。

3）方位基准（旋转自由度）：$d_3 = c_n^2 = \dfrac{1}{2}n(n-1)\quad (n \geqslant 2)$。

水准网可以说是一维空间的控制网，它的高程基准也就是它的位置基准，所以水准网的基准个数为

$$d_{\mathrm{I}} = d_1 + d_2 = c_1^0 + c_1^1 = 1 + 1 = 2$$

当不考虑尺度基准时，$d_1 = 0$，$d_{\mathrm{I}} = 1$。

三角网、测边网和导线网都是二维平面控制网，故它们的基准个数为

$$d_{\mathrm{II}} = d_1 + d_2 + d_3 = c_2^0 + c_2^1 + c_2^2 = 4$$

以上 3 种二维平面控制网常不考虑尺度基准，此时 $d_{\mathrm{II}} = 3$。

而对各种三维控制网，则有

$$d_{\mathrm{III}} = d_1 + d_2 + d_3 = c_3^0 + c_3^1 + c_3^2 = 1 + 3 + 3 = 7$$

4.3　函 数 模 型

函数模型是描述观测值与待求量之间确定性关系的一种理论上的数学关系式，即观测值和待求量之间的真值（或平差值）应该满足的数学关系式。同一个平差问题可根据情况采用不同的函数模型，于是也就对应了不同的平差方法，如间接平差法、条件平差法等。函数模型也存在线性形式和非线性形式，测量平差通常是基于线性形式的函数模型。对于非线性的函数模型，应当用泰勒级数展开并取至一次项，将其线性化再进行平差计算。

现将经典平差中最常用的几种函数模型加以介绍。

4.3.1　条件平差函数模型

以条件方程为函数模型的平差方法，称为条件平差方法。

如图 4.1 所示的水准网，D 为已知高程水准点，A、B、C 均为待定点，观测向量的真值为

$$\underset{6\times1}{\tilde{\boldsymbol{L}}} = [\tilde{h}_1\ \ \tilde{h}_2\ \ \tilde{h}_3\ \ \tilde{h}_4\ \ \tilde{h}_5\ \ \tilde{h}_6]^{\mathrm{T}}$$

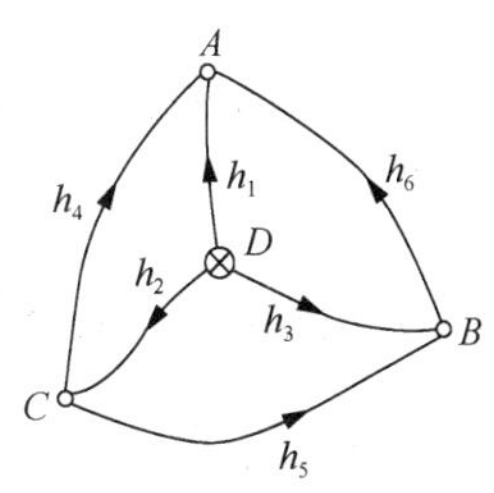

图 4.1　水准网

为了确定 A、B、C 三点的高程，令其必要观测个数（即必要元素）$t = 3$，观测个数 $n = 6$，故多余观测个数 $r = n - t = 6 - 3 = 3$，应列出 3 个线性无关的条件方程，即

$$\boldsymbol{F}_1(\tilde{\boldsymbol{L}}) = \tilde{h}_1 - \tilde{h}_2 - \tilde{h}_4 = 0$$

$$\boldsymbol{F}_2(\tilde{\boldsymbol{L}}) = \tilde{h}_2 - \tilde{h}_3 + \tilde{h}_5 = 0$$

$$\boldsymbol{F}_3(\tilde{\boldsymbol{L}}) = \tilde{h}_1 - \tilde{h}_3 - \tilde{h}_6 = 0$$

令

$$\underset{3\times6}{\boldsymbol{A}}=\begin{bmatrix}1&-1&0&-1&0&0\\0&1&-1&0&1&0\\1&0&-1&0&0&-1\end{bmatrix}$$

则上面条件方程组可写为

$$\boldsymbol{A}\tilde{\boldsymbol{L}}=\boldsymbol{0} \tag{4-5}$$

在图 4.2 所示的 $\triangle ABC$ 中，观测了 3 个内角，$n=3$，必要观测个数 $t=2$，多余观测个数 $r=n-t=3-2=1$，存在条件方程为

$$\tilde{L}_1+\tilde{L}_2+\tilde{L}_3-180^\circ=0$$

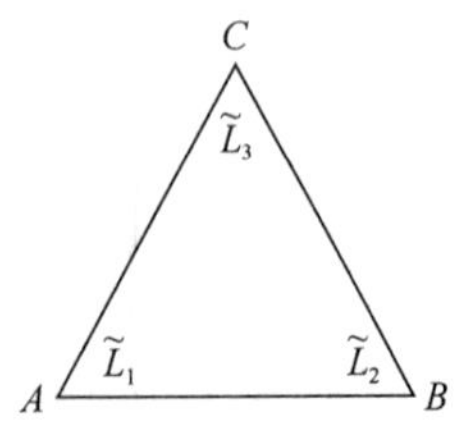

图 4.2　三角形几何模型

令

$$\underset{1\times3}{\boldsymbol{A}}=[1\quad 1\quad 1]$$

$$\underset{3\times1}{\tilde{\boldsymbol{L}}}=[\tilde{L}_1\quad \tilde{L}_2\quad \tilde{L}_3]^{\mathrm{T}}$$

$$A_0=-180^\circ$$

则上式可写为

$$\boldsymbol{A}\tilde{\boldsymbol{L}}+A_0=0 \tag{4-6}$$

一般而言，如果有 n 个观测值 $\underset{n\times1}{\boldsymbol{L}}$，必要观测个数为 t，则应列出 $r=n-t$ 个条件方程，即

$$\boldsymbol{F}(\tilde{\boldsymbol{L}})=\boldsymbol{0} \tag{4-7}$$

如果条件方程为线性形式，则可以直接写为

$$\boldsymbol{A}\tilde{\boldsymbol{L}}+A_0=0 \tag{4-8}$$

将 $\tilde{\boldsymbol{L}}=\boldsymbol{L}+\boldsymbol{\Delta}$ 代入式（4-8），并令

$$W=\boldsymbol{A}\boldsymbol{L}+A_0$$

则式（4-8）可写为

$$\boldsymbol{A}\boldsymbol{\Delta}+W=0 \tag{4-9}$$

式（4-8）或式（4-9）即为条件平差的函数模型。以此模型为基础的平差计算称为条件平差法。

4.3.2　间接平差函数模型

由前所述，一个几何模型可以由 t 个独立的必要观测量唯一地确定下来，因此，平差时若把这 t 个量都选作参数，即 $u=t$（这是独立参数的上限），那么通过这 t 个独立参数就能唯一地确定该几何模型。换句话说，模型中的所有量都一定是这 t 个独立参数的函数，每个观测量也都可以表达为所选 t 个独立参数的函数。

选择几何模型中 t 个独立量为平差参数，将每一个观测量表达成所选参数的函数，

共列出 n 个这种函数关系式，称为观测方程，以此作为平差的函数模型的平差方法称为间接平差法，又称为参数平差法。

如图 4.3 所示的 $\triangle ABC$ 中，3 个内角的观测值为 L_1, L_2, L_3，$n=3$，$t=2$，$r=n-t=1$，平差时选 $\angle A$、$\angle B$ 为平差参数 $\tilde{X}_1, \tilde{X}_2$，即 $\tilde{\boldsymbol{X}}=[\tilde{X}_1 \quad \tilde{X}_2]^{\mathrm{T}}$，$u=2$，共需列出 $r+u=3$ 个函数关系式，列立方法是将每一个观测量表达成所选参数的函数，由图 4.3 知，

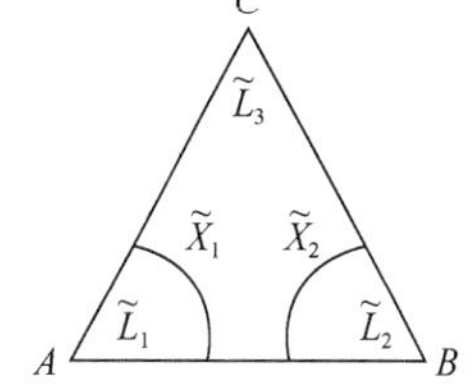

图 4.3　确定三角形形状的参数

$$\begin{cases} \tilde{L}_1 = \tilde{X}_1 \\ \tilde{L}_2 = \tilde{X}_2 \\ \tilde{L}_3 = -\tilde{X}_1 - \tilde{X}_2 + 180^\circ \end{cases} \tag{4-10}$$

观测方程的个数恰好等于观测值的个数。

令

$$\tilde{\boldsymbol{X}}=[\tilde{X}_1 \quad \tilde{X}_2]^{\mathrm{T}}, \qquad \tilde{\boldsymbol{L}}=[\tilde{L}_1 \quad \tilde{L}_2 \quad \tilde{L}_3]^{\mathrm{T}}$$

$$\boldsymbol{B}=\begin{bmatrix} 1 & 0 \\ 0 & 1 \\ -1 & -1 \end{bmatrix}, \qquad \boldsymbol{d}=\begin{bmatrix} 0 \\ 0 \\ 180^\circ \end{bmatrix}$$

则式（4-10）可写为

$$\underset{3\times1}{\tilde{\boldsymbol{L}}} = \underset{3\times2}{\boldsymbol{B}}\,\underset{2\times1}{\tilde{\boldsymbol{X}}} + \underset{3\times1}{\boldsymbol{d}} \tag{4-11}$$

一般而言，如果在某一平差问题中，观测值个数为 n，必要观测个数为 t，多余观测个数 $r=n-t$，再增选 u 个独立参数 $\underset{u\times1}{\tilde{\boldsymbol{X}}}$，$u=t$，则总共应列出 $c=u+r=u+n-t=t+n-t=n$ 个函数关系式，其一般形式为

$$\underset{n\times1}{\tilde{\boldsymbol{L}}} = \boldsymbol{F}(\tilde{\boldsymbol{X}})$$

如果这种表达式为线性的，一般为

$$\underset{n\times1}{\tilde{\boldsymbol{L}}} = \underset{n\times t}{\boldsymbol{B}}\,\underset{t\times1}{\tilde{\boldsymbol{X}}} + \underset{n\times1}{\boldsymbol{d}} \tag{4-12}$$

将 $\tilde{\boldsymbol{L}}=\boldsymbol{L}+\boldsymbol{\Delta}$ 代入式（4-12），并令

$$\boldsymbol{l}=\boldsymbol{L}-\boldsymbol{d} \tag{4-13}$$

则式（4-12）可写为

$$\boldsymbol{\Delta}=\boldsymbol{B}\tilde{\boldsymbol{X}}-\boldsymbol{l} \tag{4-14}$$

式（4-12）或式（4-14）就是间接平差的函数模型。其中，式（4-12）称为观测方程。

4.3.3　附有参数的条件平差的函数模型

在平差问题中，设观测值个数为 n，必要观测个数为 t，则可以列出 $r=n-t$ 个条件方程，现又增设了 u 个独立量作为未知参数，且 $0<u<t$，每增加一个参数应增加一个条件方程，因此，共需列出 $c(c=r+u)$ 个条件方程，以含有参数的条件方程为平差函数

模型的平差方法，称为附有参数的条件平差法。

如图 4.3 所示的△ABC 中，3 个内角的观测值为 L_1、L_2、L_3，$n=3$，$t=2$，$r=n-t=1$，平差时选 $\angle A$ 为平差参数 $\tilde{X}$，即 $u=1$，此时条件方程个数 $c=u+r=1+1=2$，它们可以写成

$$\tilde{L}_1+\tilde{L}_2+\tilde{L}_3-180^\circ=0$$
$$\tilde{L}_1-\tilde{X}=0$$

令

$$\boldsymbol{A}=\begin{bmatrix}1 & 1 & 1\\ 1 & 0 & 0\end{bmatrix},\quad \boldsymbol{B}=\begin{bmatrix}0\\ -1\end{bmatrix},\quad \boldsymbol{A}_0=\begin{bmatrix}-180^\circ\\ 0\end{bmatrix}$$

则上式可写成

$$\boldsymbol{A}\tilde{\boldsymbol{L}}+\boldsymbol{B}\tilde{X}+\boldsymbol{A}_0=\boldsymbol{0}$$

一般而言，在某一平差问题中，观测值个数为 n，必要观测个数为 t，多余观测个数 $r=n-t$，再增选 u 个独立参数，$0<u<t$，则总共应列出 $c=r+u$ 个条件方程，其一般形式为

$$\underset{c\times1}{\boldsymbol{F}}(\tilde{\boldsymbol{L}},\tilde{\boldsymbol{X}})=\boldsymbol{0} \tag{4-15}$$

如果条件方程是线性的，其形式为

$$\underset{c\times n}{\boldsymbol{A}}\underset{n\times1}{\tilde{\boldsymbol{L}}}+\underset{c\times u}{\boldsymbol{B}}\underset{u\times1}{\tilde{\boldsymbol{X}}}+\underset{c\times1}{\boldsymbol{A}_0}=\boldsymbol{0} \tag{4-16}$$

将 $\tilde{\boldsymbol{L}}=\boldsymbol{L}+\boldsymbol{\Delta}$ 代入式（4-16），并令

$$\boldsymbol{W}=\boldsymbol{A}\boldsymbol{L}+\boldsymbol{A}_0$$

则得

$$\boldsymbol{A}\boldsymbol{\Delta}+\boldsymbol{B}\tilde{\boldsymbol{X}}+\boldsymbol{W}=\boldsymbol{0} \tag{4-17}$$

式（4-16）或式（4-17）为附有参数的条件平差的函数模型，其特点是观测量 $\tilde{\boldsymbol{L}}$ 和参数 $\tilde{\boldsymbol{X}}$ 同时作为模型中的未知量参与平差，是一种间接平差与条件平差的混合模型。此平差问题中，由于增选了 u 个参数，条件方程总数由 r 个增加到 $c=r+u$ 个，平差自由度即多余观测个数不变，仍为 $r(r=c-u)$。

4.3.4 附有限制条件的间接平差的函数模型

如果在某平差问题中，选取 $u>t$ 个参数，其中包含 t 个独立参数，则多选的 $s=u-t$ 个参数必定是 t 个独立参数的函数，即在 u 个参数之间存在着 s 个函数关系式。方程的总数为 $r+u=r+t+s=n+s$ 个，建立模型时，除了列立 n 个观测方程外，还要增加参数之间满足的 s 个约束参数的条件方程，以此作为平差函数模型的平差方法称为附有条件的间接平差。

一般而言，附有限制条件的间接平差可组成下列方程，即

$$\begin{cases}\underset{n\times1}{\tilde{\boldsymbol{L}}}=\boldsymbol{F}(\underset{u\times1}{\tilde{\boldsymbol{X}}})\\ \underset{s\times1}{\boldsymbol{\Phi}}(\tilde{\boldsymbol{X}})=\boldsymbol{0}\end{cases}$$

线性形式的函数模型为

$$\underset{n\times 1}{\tilde{\boldsymbol{L}}}=\underset{n\times u}{\boldsymbol{B}}\underset{u\times 1}{\tilde{\boldsymbol{X}}}+\underset{n\times 1}{\boldsymbol{d}} \tag{4-18}$$

$$\underset{s\times u}{\boldsymbol{C}}\underset{u\times 1}{\tilde{\boldsymbol{X}}}+\underset{s\times 1}{\boldsymbol{C}_0}=\boldsymbol{0} \tag{4-19}$$

将 $\tilde{\boldsymbol{L}}=\boldsymbol{L}+\boldsymbol{\Delta}$ 代入式（4-18），并令

$$\boldsymbol{l}=\boldsymbol{L}-\boldsymbol{d}$$

则式（4-18）和式（4-19）可写为

$$\boldsymbol{\Delta}=\boldsymbol{B}\tilde{\boldsymbol{X}}-\boldsymbol{l} \tag{4-20}$$

$$\boldsymbol{C}\tilde{\boldsymbol{X}}+\boldsymbol{C}_0=\boldsymbol{0} \tag{4-21}$$

这就是附有条件的间接平差的函数模型。其中，式（4-21）称为限制条件方程。该平差问题的自由度仍是 $r=n-t=n-(u-s)$。

例 4-1　如图 4.4 所示的水准网中，A,B 点为已知水准点，P_1,P_2 点为待定水准点，观测高差为 h_1,h_2,h_3,h_4。

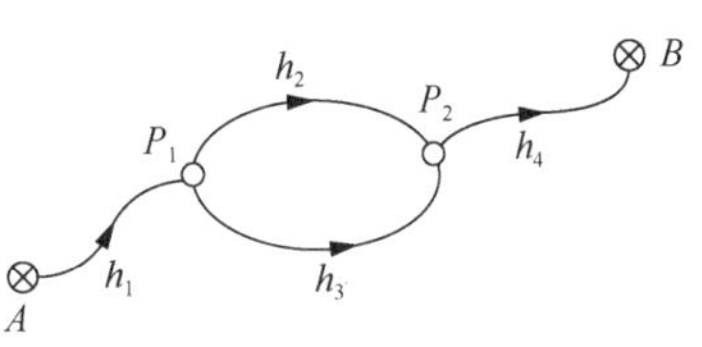

图 4.4　水准网

试按下面不同情况，分别列出相应的平差函数模型。

1）按条件平差法；

2）当选 P_1,P_2 点高程平差值为未知参数 $\tilde{X}_1,\tilde{X}_2$ 时；

3）当仅选 P_1 点高程平差值为未知参数 $\tilde{X}$ 时；

4）当选 h_1,h_2,h_3 的平差值为未知参数 $\tilde{X}_1,\tilde{X}_2,\tilde{X}_3$ 时。

解：本题 $n=4,t=2$，则 $r=n-t=4-2=2$。

1）按条件平差法应列出两个条件方程，它们可以是

$$\tilde{h}_2-\tilde{h}_3=0$$

$$\tilde{h}_1+\tilde{h}_2+\tilde{h}_4+H_A-H_B=0$$

2）此时参数个数 $u=t=2$，且不相关，属于间接平差，函数模型为

$$\tilde{h}_1=\tilde{X}_1-H_A$$

$$\tilde{h}_2=-\tilde{X}_1+\tilde{X}_2$$

$$\tilde{h}_3=-\tilde{X}_1+\tilde{X}_2$$

$$\tilde{h}_4=-\tilde{X}_2+H_B$$

3）$u=1<t$，属于附有参数的条件平差，方程个数 $r+u=3$，则函数模型为

$$\tilde{h}_2-\tilde{h}_3=0$$

$$\tilde{h}_1+\tilde{h}_2+\tilde{h}_4+H_A-H_B=0$$

$$\tilde{h}_1-\tilde{X}+H_A=0$$

4）$u=3>t$ 且包含两个独立参数，属于附有条件的间接平差，限制条件方程个数 $s=u-t=1$，观测方程个数为 4 个。函数模型为

$$\tilde{h}_1 = \tilde{X}_1$$
$$\tilde{h}_2 = \tilde{X}_2$$
$$\tilde{h}_3 = \tilde{X}_3$$
$$\tilde{h}_4 = -\tilde{X}_1 - \tilde{X}_2 - H_A + H_B$$

限制条件方程为

$$\tilde{X}_2 - \tilde{X}_3 = 0$$

4.4 函数模型的线性化

4.3 节介绍了线性情况下 4 种经典平差方法的函数模型。如果是非线性形式，在进行平差计算时，必须首先将非线性方程按泰勒公式展开，取至一次项，转换成线性方程。

设有函数

$$\underset{c\times1}{\boldsymbol{F}} = \boldsymbol{F}(\underset{n\times1}{\tilde{\boldsymbol{L}}}, \underset{u\times1}{\tilde{\boldsymbol{X}}}) \tag{4-22}$$

为了线性化，取 $\tilde{\boldsymbol{X}}$ 的充分近似值 $\boldsymbol{X}^0$，使

$$\tilde{\boldsymbol{X}} = \boldsymbol{X}^0 + \tilde{\boldsymbol{x}} \tag{4-23}$$

同时考虑到

$$\tilde{\boldsymbol{L}} = \boldsymbol{L} + \boldsymbol{\Delta}$$

$\tilde{\boldsymbol{x}}$ 和 $\boldsymbol{\Delta}$ 均要求是微小量，按泰勒级数在近似值处展开，略去二次和二次以上各项，于是有

$$\boldsymbol{F} = \boldsymbol{F}(\boldsymbol{L} + \boldsymbol{\Delta}, \boldsymbol{X}^0 + \tilde{\boldsymbol{x}}) = \boldsymbol{F}(\boldsymbol{L}, \boldsymbol{X}^0) + \left.\frac{\partial \boldsymbol{F}}{\partial \tilde{\boldsymbol{L}}}\right|_{\boldsymbol{L},\boldsymbol{X}^0} \boldsymbol{\Delta} + \left.\frac{\partial \boldsymbol{F}}{\partial \tilde{\boldsymbol{X}}}\right|_{\boldsymbol{L},\boldsymbol{X}^0} \tilde{\boldsymbol{x}}$$

若令

$$\boldsymbol{A} = \left.\frac{\partial \boldsymbol{F}}{\partial \tilde{\boldsymbol{L}}}\right|_{\boldsymbol{L},\boldsymbol{X}^0} = \begin{bmatrix} \frac{\partial F_1}{\partial \tilde{L}_1} & \frac{\partial F_1}{\partial \tilde{L}_2} & \cdots & \frac{\partial F_1}{\partial \tilde{L}_n} \\ \frac{\partial F_2}{\partial \tilde{L}_1} & \frac{\partial F_2}{\partial \tilde{L}_2} & \cdots & \frac{\partial F_2}{\partial \tilde{L}_n} \\ \vdots & \vdots & & \vdots \\ \frac{\partial F_c}{\partial \tilde{L}_1} & \frac{\partial F_c}{\partial \tilde{L}_2} & \cdots & \frac{\partial F_c}{\partial \tilde{L}_n} \end{bmatrix}_{\boldsymbol{L},\boldsymbol{X}^0}$$

$$\boldsymbol{B} = \left.\frac{\partial \boldsymbol{F}}{\partial \tilde{\boldsymbol{X}}}\right|_{\boldsymbol{L},\boldsymbol{X}^0} = \begin{bmatrix} \frac{\partial F_1}{\partial \tilde{X}_1} & \frac{\partial F_1}{\partial \tilde{X}_2} & \cdots & \frac{\partial F_1}{\partial \tilde{X}_u} \\ \frac{\partial F_2}{\partial \tilde{X}_1} & \frac{\partial F_2}{\partial \tilde{X}_2} & \cdots & \frac{\partial F_2}{\partial \tilde{X}_u} \\ \vdots & \vdots & & \vdots \\ \frac{\partial F_c}{\partial \tilde{X}_1} & \frac{\partial F_c}{\partial \tilde{X}_2} & \cdots & \frac{\partial F_c}{\partial \tilde{X}_u} \end{bmatrix}_{\boldsymbol{L},\boldsymbol{X}^0}$$

则函数 $\underset{c\times1}{\boldsymbol{F}}$ 的线性形式为

$$\boldsymbol{F}=\boldsymbol{F}(\boldsymbol{L},\boldsymbol{X}^0)+\boldsymbol{A\varDelta}+\boldsymbol{B}\tilde{\boldsymbol{x}} \tag{4-24}$$

1. 条件平差法

$$\underset{r\times1}{\boldsymbol{F}}(\tilde{\boldsymbol{L}})=\underset{r\times1}{\boldsymbol{F}}(\boldsymbol{L})+\underset{r\times n}{\boldsymbol{A}}\,\underset{n\times1}{\boldsymbol{\varDelta}}=\underset{r\times1}{\boldsymbol{0}} \tag{4-25}$$

式中，$\boldsymbol{A}=\left.\dfrac{\partial\boldsymbol{F}}{\partial\tilde{\boldsymbol{L}}}\right|_{\boldsymbol{L}}$。令　$\boldsymbol{W}=\boldsymbol{F}(\boldsymbol{L})$ 则式（4-25）变为

$$\boldsymbol{A\varDelta}+\boldsymbol{W}=\boldsymbol{0} \tag{4-26}$$

式（4-26）即为条件平差的线性函数模型。

2. 附有参数的条件平差

$$\underset{c\times1}{\boldsymbol{F}}(\tilde{\boldsymbol{L}},\tilde{\boldsymbol{X}})=\boldsymbol{F}(\boldsymbol{L},\boldsymbol{X}^0)+\underset{c\times n}{\boldsymbol{A}}\,\underset{n\times1}{\boldsymbol{\varDelta}}+\underset{c\times u}{\boldsymbol{B}}\,\underset{u\times1}{\tilde{\boldsymbol{x}}}=\underset{c\times1}{\boldsymbol{0}}$$

令

$$\boldsymbol{W}=\boldsymbol{F}(\boldsymbol{L},\boldsymbol{X}^0)$$

则有

$$\boldsymbol{A\varDelta}+\boldsymbol{B}\tilde{\boldsymbol{x}}+\boldsymbol{W}=\boldsymbol{0} \tag{4-27}$$

式（4-27）即为附有参数条件平差的线性函数模型。

3. 间接平差法

$$\underset{n\times1}{\tilde{\boldsymbol{L}}}=\boldsymbol{F}(\tilde{\boldsymbol{X}})=\boldsymbol{L}+\boldsymbol{\varDelta}=\underset{n\times1}{\boldsymbol{F}}(\boldsymbol{X}^0)+\underset{n\times t}{\boldsymbol{B}}\,\underset{t\times1}{\tilde{\boldsymbol{x}}}$$

式中，$\boldsymbol{B}=\left.\dfrac{\partial\boldsymbol{F}}{\partial\tilde{\boldsymbol{X}}}\right|_{\boldsymbol{X}^0}$。

令

$$\boldsymbol{l}=\boldsymbol{L}-F(\boldsymbol{X}^0)$$

则有

$$\boldsymbol{\varDelta}=\boldsymbol{B}\tilde{\boldsymbol{x}}-\boldsymbol{l} \tag{4-28}$$

式（4-28）即为间接平差线性化后的函数模型。

4. 附有限制条件的间接平差

$$\underset{n\times1}{\tilde{\boldsymbol{L}}}=\boldsymbol{F}(\tilde{\boldsymbol{X}})$$
$$\underset{s\times1}{\boldsymbol{\varPhi}}(\tilde{\boldsymbol{X}})=\boldsymbol{0}$$

因为

$$\boldsymbol{\varPhi}(\tilde{\boldsymbol{X}})=\boldsymbol{\varPhi}(\boldsymbol{X}^0)+\left.\frac{\partial\boldsymbol{\varPhi}}{\partial\tilde{\boldsymbol{X}}}\right|_{\boldsymbol{X}^0}\tilde{\boldsymbol{x}} \tag{4-29}$$

令

$$\boldsymbol{W}_x=\boldsymbol{\varPhi}(\boldsymbol{X}^0)$$

则线性化后的模型为

$$\begin{cases} \boldsymbol{l}+\boldsymbol{\Delta}=\boldsymbol{B}\tilde{\boldsymbol{x}} \\ \boldsymbol{C}\tilde{\boldsymbol{x}}+\boldsymbol{W}_x=\boldsymbol{0} \end{cases} \tag{4-30}$$

式中，

$$\boldsymbol{C}=\left.\frac{\partial \boldsymbol{\Phi}}{\partial \tilde{\boldsymbol{X}}}\right|_{X^0}=\begin{bmatrix} \dfrac{\partial \Phi_1}{\partial \tilde{X}_1} & \dfrac{\partial \Phi_1}{\partial \tilde{X}_2} & \cdots & \dfrac{\partial \Phi_1}{\partial \tilde{X}_u} \\ \dfrac{\partial \Phi_2}{\partial \tilde{X}_1} & \dfrac{\partial \Phi_2}{\partial \tilde{X}_2} & \cdots & \dfrac{\partial \Phi_2}{\partial \tilde{X}_u} \\ \vdots & \vdots & & \vdots \\ \dfrac{\partial \Phi_s}{\partial \tilde{X}_1} & \dfrac{\partial \Phi_s}{\partial \tilde{X}_2} & \cdots & \dfrac{\partial \Phi_s}{\partial \tilde{X}_u} \end{bmatrix}_{X^0}$$

式（4-30）即为附有限制条件的间接平差线性化后的函数模型。

4.5 测量平差的数学模型

平差的数学模型与一般代数学中解方程只考虑函数模型不同，还要考虑随机模型，因为带有误差的观测量是一种随机变量，所以平差的数学模型同时包含函数模型和随机模型两部分，在研究任何平差方法时必须同时考虑，这是测量平差的主要特点。

函数模型在 4.3 节和 4.4 节中已做了介绍，下面介绍随机模型。

4.5.1 随机模型

随机模型是描述平差问题中的随机量（如观测量）及其相互间统计相关性质的模型。

观测不可避免地带有偶然误差，使观测结果具有随机性，从概率统计学的观点来看，观测量是一个随机量，描述随机变量的精度指标是方差，描述两个随机变量之间相关性的是协方差，方差、协方差是随机变量的主要统计性质。

对于观测向量 $\boldsymbol{L}=[L_1\ \ L_2\ \ \cdots\ \ L_n]^{\mathrm{T}}$，随机模型是指 $\boldsymbol{L}$ 的方差-协方差矩阵，简称方差矩阵或协方差矩阵。观测向量 $\boldsymbol{L}$ 的方差矩阵为

$$\underset{n\times n}{\boldsymbol{D}}=\sigma_0^2\underset{n\times n}{\boldsymbol{Q}}=\sigma_0^2\underset{n\times n}{\boldsymbol{P}^{-1}} \tag{4-31}$$

式中，$\boldsymbol{D}$ 为 $\boldsymbol{L}$ 的协方差矩阵；$\boldsymbol{Q}$ 为 $\boldsymbol{L}$ 的协因数矩阵；$\boldsymbol{P}$ 为 $\boldsymbol{L}$ 的权矩阵；σ_0^2 为单位权方差。$\boldsymbol{L}$ 的随机性是由其误差 $\boldsymbol{\Delta}$ 的随机性决定的，$\boldsymbol{\Delta}$ 是随机量。$\boldsymbol{\Delta}$ 的方差就是 $\boldsymbol{L}$ 的方差，即 $\boldsymbol{D}_L=\boldsymbol{D}_\Delta=\boldsymbol{D}$。式（4-31）称为平差的随机模型。

以上讨论的是基于平差函数模型中只有 $\boldsymbol{L}$（即 $\boldsymbol{\Delta}$）是随机量，而模型中的参数是非随机量的情况，这是本书研究平差中最普遍的情形。

4.5.2 数学模型

以上讨论的平差函数模型都是用真误差 $\boldsymbol{\Delta}$（观测量真值 $\tilde{\boldsymbol{L}}=\boldsymbol{L}+\boldsymbol{\Delta}$）和未知量真值

$\tilde{X}(\tilde{X}=X^0+\tilde{x})$ 表达的。真值是未知的，通过平差，可求出 Δ 和 $\tilde{x}$ 的最佳估值，称为平差值。$\tilde{L}$ 的平差值记为 $\hat{L}$，$\tilde{X}$ 的平差值记为 $\hat{X}$，定义为

$$\hat{L}=L+V$$

$$\hat{X}=X^0+\hat{x}$$

V 是 Δ 的平差值，称为 L 的改正数，简称改正数。在讨论 V 的统计性质时，又称 V 为残差。$\hat{x}$ 为 $\tilde{x}$ 的平差值，它是 X^0 的改正数。

在以下各章节阐述基本平差方法的原理时，平差的函数模型一般用平差值代以真值列出。在这种情况下，各种平差方法的数学模型如下。

1）条件平差：

$$\begin{cases}AV+W=0\\ D=\sigma_0^2Q=\sigma_0^2P^{-1}\end{cases} \tag{4-32}$$

2）间接平差：

$$\begin{cases}V=B\hat{x}-l\\ D=\sigma_0^2Q=\sigma_0^2P^{-1}\end{cases} \tag{4-33}$$

3）附有参数的条件平差：

$$\begin{cases}AV+B\hat{x}+W=0\\ D=\sigma_0^2Q=\sigma_0^2P^{-1}\end{cases} \tag{4-34}$$

4）附有限制条件的间接平差：

$$\begin{cases}V=B\hat{x}-l\\ C\hat{x}+W_x=0\\ D=\sigma_0^2Q=\sigma_0^2P^{-1}\end{cases} \tag{4-35}$$

4.5.3　高斯-马尔可夫模型

高斯-马尔可夫模型（简记为 G-M 模型）是测量平差中最基本、最典型、应用最广的一种线性模型。其数学模型为

$$\begin{cases}\tilde{L}=L+\Delta=B\tilde{X},E(\Delta)=0\\ D(L)=D(\Delta)=\sigma_0^2Q=\sigma_0^2P^{-1}\end{cases} \tag{4-36}$$

式中，B 矩阵为已知的 $n\times t$ 阶系数矩阵（B 矩阵由控制网的网形决定，也称为设计矩阵），且设 B 矩阵为列满秩阵，即 $r(B)=t$；$\tilde{X}$ 为 $t\times 1$ 维未知参数向量；L 为 $n\times 1$ 维随机观测向量。此外，还要求观测值权矩阵 P 为正定矩阵。

G-M 模型还有一层含意：观测误差 Δ 中仅含有偶然误差，即 $E(\Delta)=0$。由该 G-M 模型的函数可直接得到间接平差的数学模型。

高斯利用似然函数由该模型导出最小二乘法，并随后指出该模型可以得到参数的最佳估值；马尔可夫利用最佳线性无偏估计求该模型的参数。这就是该模型称为 G-M 模

型的原因。式（4-36）的 G-M 模型也称为 G-M 基本模型，后来人们对该基本模型进行了各种推广和扩展，以满足不同条件下的平差需求。

4.5.4 n,r,t,c,u,s 的含义和关系

有关 n,r,t,c,u,s 的含义在前几节已做了介绍，在这里对其含义和关系进行系统总结。

1. 含义

n：观测值的个数，如对图 4.3 进行了角度测量，分别为 L_1,L_2,L_3，则 $n=3$。

r：多余观测个数，由观测值的个数和必要观测数唯一确定，也称为自由度。

t：必要观测个数，由几何模型唯一确定，与实际观测量无关。必要元素之间为函数独立量，简称独立量。平差的前提就是要求 $n>t$。

c：条件方程的个数，不包括约束方程。

u：所选参数的个数。

s：所选不独立参数的个数。

2. 关系

1）r 与 n,t 的关系为

$$r=n-t$$

2）c 与 r,u,n,s 的关系。

c 由多余观测个数 r 和独立参数的个数唯一确定，当参数独立时，

$$c=r+u=n-t+u \tag{4-37}$$

如果 u 所选参数中独立参数为 t，相关参数为 s，则式（4-37）可变为

$$c=r+(u-s)=n-t+t+s-s=n \tag{4-38}$$

$$u=t+s \tag{4-39}$$

4.6 测量平差中必要观测数的确定

测量平差中必要观测数是一个非常重要的量，它决定了平差结果的正确性，决定着条件方程的个数。本节对水准网、平面控制网、坐标值平差和 GPS 网的必要观测数的确定进行介绍。

4.6.1 水准网必要观测数的确定

水准网必要观测数的确定比较简单，从以下 3 种情况给予研究。

1. 有已知水准点

如果有已知水准点，则必要观测数等于未知点的个数。

2. 没有已知水准点

如果没有已知水准点，则必要观测数等于点数减 1。

3. 特殊情况

对于水准网而言，有些特殊情况，如两点之间的高差是已知的，在这种情况下，必要观测个数要减去已知值的个数。

如图 4.5 所示的水准网，A 为已知点，B,C,D,E 为未知点，已知 B,E 两点之间的高差 $\Delta h_{BE}=1.000\text{m}$，求必要观测数 t。

由于 $n=5$，有已知点，如果没有已知 B,E 两点之间的高差，则 $t=4$，则由这个条件可求必要观测数 $t=4-1=3$。

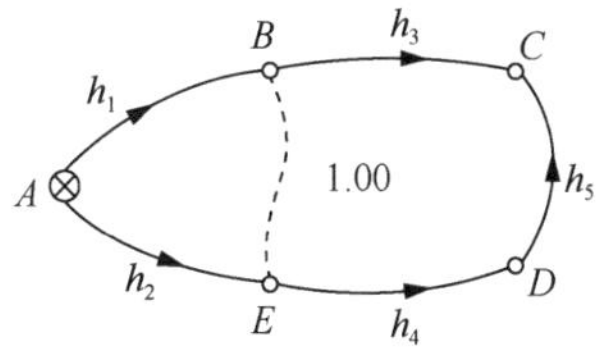

图 4.5　水准网示意

4.6.2　平面控制网的必要观测数的确定

平面控制网是在假设有两个已知点的情况下进行平差，平面控制网确定一个点需要两个条件。这两个条件是两个角还是一个角与一条边，是等同的条件。下面对测角网、边角网和测边网进行探讨以确定其必要观测数。

1. 测角网

对于测角网分 3 种情况进行讨论。

（1）有两个已知点的测角网

对于这种情况，必要观测数 $t=2p$，p 为未知点的个数。

（2）没有已知点或一个已知点的测角网

对于测角网而言，如果要进行平差则必须要有两个已知点。若不够两个，则需要把未知点假设成已知点。因此，对于一个已知点的情况，$t=2(p-1)$，若没有已知点，则 $t=2(p-2)$。

（3）特殊情况

对于测角网有时会出现这些情况，如两点之间的距离是已知的，或两点之间的方位角是已知的，或两线垂直等，这时要判断必要观测数，其步骤如下。

1）统计已知值的个数，设为 m。

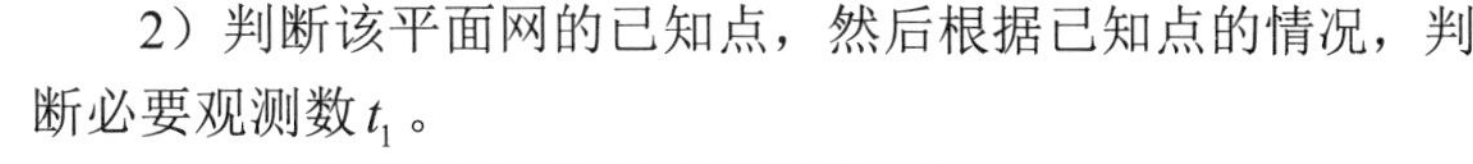

2）判断该平面网的已知点，然后根据已知点的情况，判断必要观测数 t_1。

3）该平面控制网的必要观测数 t 为

$$t=t_1-m \tag{4-40}$$

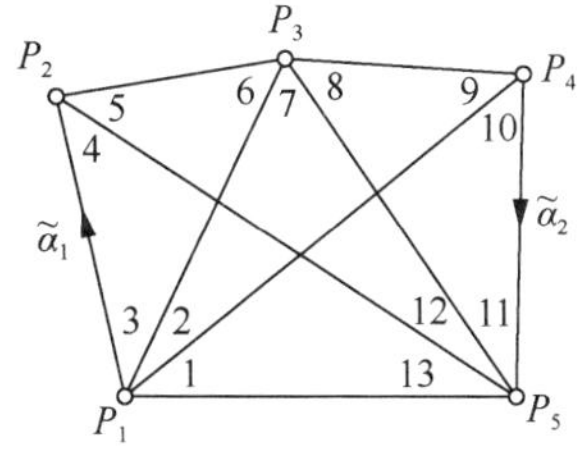

图 4.6　测角网示意

例 4-2　如图 4.6 所示的测角网中，观测了 12 个角，已知 P_1,P_2 两点之间的方位角为 $\tilde{\alpha}_1$，P_4,P_5 两点之间的方位角为 $\tilde{\alpha}_2$，求其必要观测数。

解：1）已知值的个数 $m=2$。

2）由于没有已知点，则 $t_1=(5-2)\times2=6$。

3）必要观测数 $t=t_1-2=4$。

2. 边角网和测边网

边角网和测边网与测角网不同的是边都要进行测量。有两个已知点的测边网和边角网的必要观测数与测角网一样。没有已知点或只有一个已知点的情况与测角网不一样。

（1）有两个已知点的边角网与测边网

这种情况下其必要观测数等于 2 倍未知点个数。

（2）没有已知点或只有一个已知点的边角网和测边网

没有已知点或只有一个已知点与测角网一样，也要假设一个已知点或两个已知点，只不过是假设点所测的边要作为必要观测值，则已知一个点的必要观测数 $t=2(p-1)+1$，没有已知点的必要观测数 $t=2(p-2)+1$，其中 p 为未知点的个数。

（3）特殊情况

对于测边网或边角网有时会出现一些已知值，如两条线之间成直角，或某条边的方位角为已知值等，这时判断其必要观测数，其步骤如下。

1）统计已知值的个数，设为 m。

2）根据其已知点的个数，确定其必要观测数 t_2。

3）必要观测数 $t=t_2-m$。

如图 4.7 所示的测边网中，由于没有已知条件，也没有已知点，则必要观测数 $t=2(5-2)+1=6+1=7$。

如图 4.8 所示的直角三角形 ABC，测了两条边和一个角，是一个简单的三角网，有一个已知条件，即 $\angle ABC=90^\circ$，没有已知点，则 $t_2=2(3-2)+1=3$，由于有一个已知值，所以该三角形测角网的必要观测数 $t=t_2-1=3-1=2$。

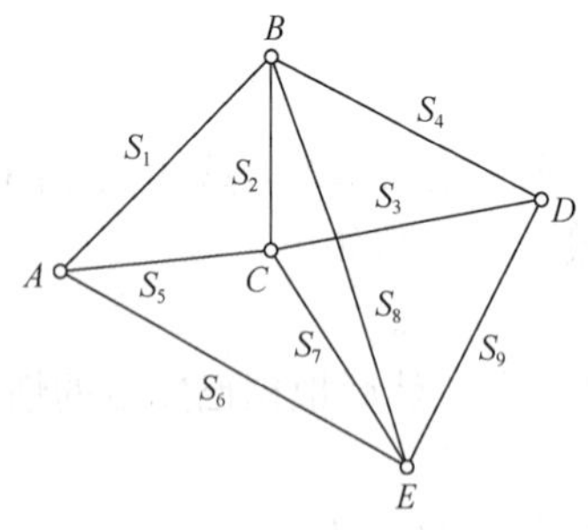

图 4.7 测边网示意

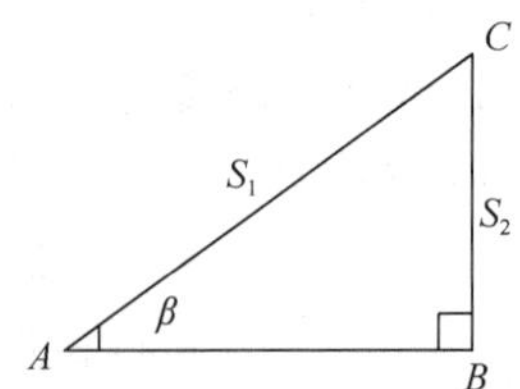

图 4.8 直角三角形 ABC

4.6.3 坐标值平差的必要观测数的确定

随着数字化技术的发展，目前坐标值作为观测值进行平差的应用越来越广泛，如何判断坐标值平差的必要观测数也显得越来越重要。

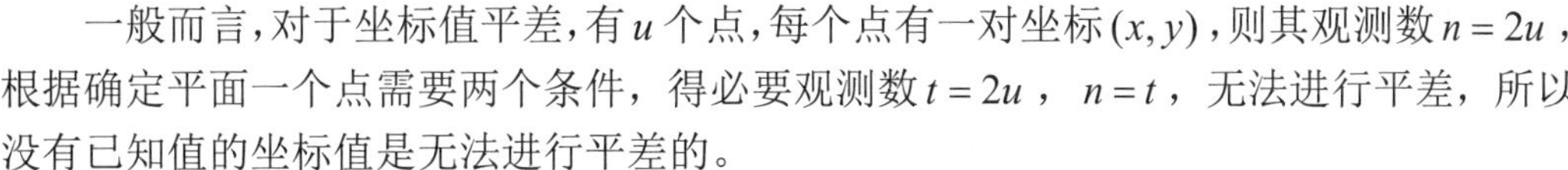

一般而言，对于坐标值平差，有 u 个点，每个点有一对坐标 (x, y)，则其观测数 $n = 2u$，根据确定平面一个点需要两个条件，得必要观测数 $t = 2u$， $n = t$，无法进行平差，所以没有已知值的坐标值是无法进行平差的。

坐标值平差中的已知值一般有两条直线所成的角度、两线平行、图形的已知面积、两点之间的已知距离等。要确定其必要观测数，步骤如下。

1）统计已知值的个数，设为 m。

2）计算点数设为 u，计算 $t_3 = 2u$。

3）必要观测数 $t = t_3 - m$。

例 4-3　图 4.9 是对一栋直角房屋进行了数字化，有 12 个坐标值、6 个点，求其必要观测数。

解：1）由于是直角房屋，在图 4.9 中有 5 个直角和一个 270° 角，应该说是有 6 个已知值，但因为是多边形，确定了 5 个角的值，则第六角的值也就确定了，所以，在图 4.9 中只能算 5 个已知值， $m = 5$。

2）由于有 6 个点， $t_3 = 2 \times 6 = 12$。

3）必要观测数 $t = t_3 - m = 12 - 5 = 7$。

例 4-4　如图 4.10 中数字化了 3 个点 P_1, P_2, P_3，已知 P_1P_3 和 P_1P_2 的长度，且 P_1P_3 与 P_1P_2 保持垂直，求其必要观测数。

解：1）由于有 3 个已知值，则 $m = 3$。

2）由于有 3 个点，则 $t_3 = 2 \times 3 = 6$。

3）必要观测数 $t = t_3 - m = 6 - 3 = 3$。

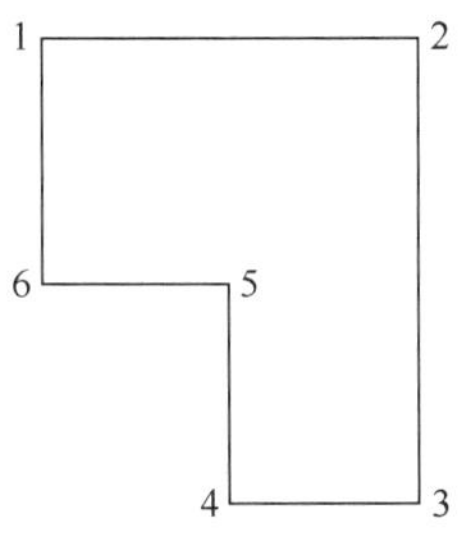

图 4.9　直角房屋示意

图 4.10　矩形房屋线画图

4.6.4　GPS 网必要观测数的确定

GPS 网是一个三维坐标，因而确定一个点需要 3 个条件。在 GPS 网中一条基线向量就是一个观测量。GPS 网可以分为有已知点和没有已知点的情况。下面对这两种情况讨论必要观测数的确定。

1. 有已知点

在有已知点的情况下，其必要观测数为未知点数的 3 倍。

如图 4.11 所示的 GPS 网，G01、G02 为已知点，有 5 条基线向量，有 G03、G04 两个待求点。求其必要观测数。

由于有 2 个待求点，则必要观测数 $t=3\times2=6$。

2. 无已知点

如果没有已知点，则假设一个已知点，设待求点的个数为 u，则其必要观测数

$$t=3\times(u-1) \tag{4-41}$$

如图 4.12 所示的 GPS 网中，有 4 个待求点，没有已知点，观测了 6 条基线向量，求其必要观测数。

由于没有已知点，则其必要观测数

$$t=3\times(u-1)=3\times3=9$$

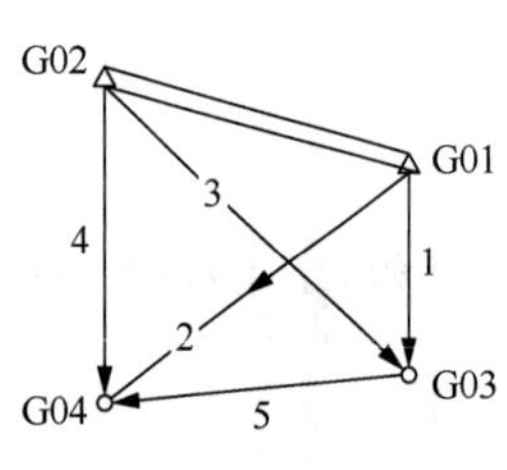

图 4.11　GPS 网示意 1

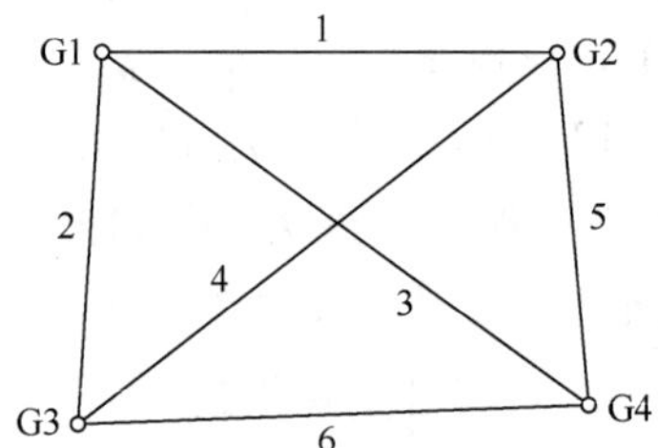

图 4.12　GPS 网示意 2

必要观测数的确定要注意以下几点。

1）坐标值平差的必要观测数的确定与测角网、测边网和边角网的必要观测数的确定不一样，虽然它们都是平面控制网。

2）对于边角网和测边网，如果没有已知点或只有一个已知点，一定要理解其必要观测数与测角网不一样，要在测角网的基础上加 1。

3）GPS 网是三维坐标，确定一个点要 3 个条件。

4）对于确定已知值的个数，不能重复，特别是坐标值平差中要特别注意。

第 5 章　参数估计方法

教学目标

本章主要介绍了测量参数估计的方法，即对第 4 章的平差模型附加一定的约束条件。通过本章的学习，应达到以下目标。

1）掌握参数最优估计的性质。

2）了解最大似然估计的原理。

3）重点掌握最小二乘估计的原理。

教学要求

知识要点	能力要求	相关知识
参数最优估计满足的条件	1）了解参数估计的概念； 2）掌握参数估计最优的条件； 3）能运用参数最优估计的性质判断参数估计的性质	1）一致性； 2）无偏性； 3）有效性
最大似然估计	1）了解最大似然估计的原理； 2）了解最大似然估计的统计性质； 3）了解最大似然估计的运用	1）最大似然估计； 2）最大似然估计似然函数的构建
最小二乘估计	1）重点掌握最小二乘估计的原理； 2）了解最小二乘估计与最大似然估计的关系	1）最小二乘估计； 2）最小二乘估计的运用

引例

在测量工作中，由于有测量误差的存在，所得观测值与实际值不符，即存在闭合差。如何对闭合差进行分配？是平均分配大小，还是按照一定的规则把误差分到各个观测值，从而达到消除误差的目的？采用不同的准则或约束条件所得到的结果是不一样的。本章就是介绍测量数据采用何种准则或约束条件来消除误差的。

5.1　参数最优估计的性质

设有密度为 $f(x)$ 的母体分布，不限定是何种分布，$f(x)$ 中含有参数 θ，可记为 $f(x,\theta)$。现从母体 $f(x,\theta)$ 中抽取子样，由这组子样的某个函数 t 来估计 $\hat{\theta}$，t 称为 θ 的估计量。子样的函数可有多种选择，在不同的估计量中，当然应选择具有良好统计性质的估计量。

子样函数 t 是一个统计量，故有其概率分布。如果在每次抽样中 t 的观测值皆接近 θ，也就是说 t 的概率分布集中在 θ 的附近，每次估计的误差可以很小，则这个估计量显然是良好的。这是对良好估计量的基本要求，这个要求可以用下述良好估计量的几个性质来表达。

1. 一致性

如果能找到一个估计量，不管子样容量 n 如何，它的概率分布集中在一点 θ 上，称为一点分布，则每次观测（抽样）皆可求出参数的真值，这自然是最好的。但实际上在随机试验中，对于有限的 n 不会有这种情况，只能要求当 $n\to\infty$ 时产生这种情况。因此，要求 t 概率性趋近于 θ，亦即

$$P(|t-\theta|>\varepsilon)\underset{n\to\infty}{\rightarrow}0 \tag{5-1}$$

式中，ε 为任意小的正数。当 n 大时，$|t-\theta|>\varepsilon$ 的概率很小，根据小概率原理可知，当 n 很大时，可认为 t 等于 θ。

根据概率论中切比雪夫大数定律可知

$$E(t)\underset{n\to\infty}{\rightarrow}\theta,\quad D(t)=E(t-\theta)^2\underset{n\to\infty}{\rightarrow}0 \tag{5-2}$$

则 t 概率性趋近于 θ。这就是一致性估计量的条件。

2. 无偏性

无论 n 是大还是小，如果

$$E(t)=\theta \tag{5-3}$$

则称 t 为 θ 的无偏估计量。如果

$$E(t)\underset{n\to\infty}{\rightarrow}\theta \tag{5-4}$$

则称 t 为渐近无偏的。有偏的一致估计量是渐近无偏的。

对于一个参数 θ 可以有无穷多个一致估计量，但其中只有一个是无偏的。

3. 有效性

如果有两个无偏估计量 t_1,t_2，且 $D(t_1)<D(t_2)$，则 t_1 显然比 t_2 好，因为 t_1 的概率分布更集中在 θ 的附近。在所有的对同一参数的无偏估计量中具有最小方差的估计量仅有一个，即满足

$$E(t)=\theta, D(t)=\min \tag{5-5}$$

的 t 称为 θ 的有效估计量。从一致性、无偏条件可知，有效估计量也是一致性、无偏估计量。

对于线性模型的参数估计量，如果是有效估计量，就称其是最优线性无偏估计量。

设有效估计量记为 t_0，其他无偏估计量为 t，则有

$$D(t_0)/D(t)=e(t)\leqslant 1 \tag{5-6}$$

仅当 $t=t_0$ 时，式（5-6）右端才取等号，$e(t)$ 称为无偏估计量的效率。当将两个无偏估计量 t_1 和 t_2 相比较时，则称

$$D(t_1)/D(t_2)=E(t_1-\theta)^2/E(t_2-\theta)^2 \tag{5-7}$$

为 t_2 相对于 t_1 的相对效率。若该比值大于 1，则 t_2 比 t_1 有效。

若无偏或渐近无偏估计量 t 的效率 $e(t)$ 当 $n\to\infty$ 时趋近于 1，则称 t 为渐近有效估计量。

例 5-1　子样均值 $\bar{x}$ 是否是母体期望 μ 的无偏估计量？

解：子样均值

$$\bar{x}=\frac{1}{n}(x_1+x_2+\cdots+x_n)$$

则

$$\begin{aligned}E(\bar{x})&=\frac{1}{n}[E(x_1)+E(x_2)+\cdots+E(x_n)]\\&=\frac{1}{n}(\mu+\mu+\cdots+\mu)=\mu\end{aligned}$$

所以，子样均值 $\bar{x}$ 是母体期望 μ 的无偏估计量。

例 5-2　子样方差 s^2 是否是母体方差 σ^2 的无偏估计量？

解：子样方差为

$$s^2=\frac{1}{n}\sum_{i=1}^{n}(x_i-\bar{x})^2$$

式中，

$$\bar{x}=\frac{1}{n}(x_1+x_2+\cdots+x_n)$$

$$\begin{aligned}E(s^2)&=\frac{1}{n}E\left[\sum_{i=1}^{n}(x_i-\bar{x})^2\right]\\&=\frac{1}{n}E\sum_{i=1}^{n}[(x_i-\mu)-(\bar{x}-\mu)]^2\\&=\frac{1}{n}E\sum_{i=1}^{n}[(x_i-\mu)^2-2(x_i-\mu)(\bar{x}-\mu)+(\bar{x}-\mu)^2]\\&=\frac{1}{n}\sum_{i=1}^{n}[E(x_i-\mu)^2-2E(x_i-\mu)(\bar{x}-\mu)+E(\bar{x}-\mu)^2]\\&=\frac{1}{n}\sum_{i=1}^{n}[E(x_i-\mu)^2-2E(\bar{x}-\mu)(\bar{x}-\mu)+E(\bar{x}-\mu)^2]\\&=\frac{1}{n}\sum_{i=1}^{n}[\sigma^2-E(\bar{x}-\mu)^2]=\frac{1}{n}\sum_{i=1}^{n}\left[\sigma^2-\frac{1}{n^2}E(n\bar{x}-n\mu)^2\right]\end{aligned}$$

$$\begin{aligned}E(n\bar{x}-n\mu)^2&=E[(x_1-\mu)+(x_2-\mu)+\cdots+(x_n-\mu)]^2\\&=E[(x_1-\mu)^2+E(x_2-\mu)^2+\cdots+(x_n-\mu)^2+2(x_1-\mu)(x_2-\mu)+\cdots\\&\quad+2(x_{n-1}-\mu)(x_n-\mu)]\\&=n\sigma^2\end{aligned}$$

所以有

$$E(s^2)=\frac{1}{n}\sum_{i=1}^{n}\left(\sigma^2-\frac{1}{n^2}n\sigma^2\right)=\frac{1}{n}\sum_{i=1}^{n}\left(\sigma^2-\frac{1}{n}\sigma^2\right)$$
$$=\frac{1}{n}(n\sigma^2-\sigma^2)=\frac{n-1}{n}\sigma^2$$

由于 $E(s^2)=\frac{n-1}{n}\sigma^2\neq\sigma^2$，所以子样方差 s^2 不是母体方差 σ^2 的无偏估计量。

测量中常用的子样无偏方差（简称方差）的计算式为

$$\hat{\sigma}^2=\frac{n}{n-1}s^2=\frac{1}{n-1}\sum_{i=1}^{n}(x_i-\overline{x})^2=\frac{[vv]}{n-1}$$

则 $E(\hat{\sigma}^2)=\frac{n}{n-1}E(s^2)=\frac{n}{n-1}\cdot\frac{n-1}{n}\sigma^2=\sigma^2$，所以 $\hat{\sigma}^2$ 为母体方差 σ^2 的无偏估计量，称为子样无偏方差。

例 5-3 设对期望为 μ、方差为 σ^2 的母体 X 进行了 $n(n>2)$ 次抽样观测，得 n 个子样 $x_1,x_2,\cdots,x_n$，现分别用任意一个子样 x_i、子样均值 $\overline{x}$、子样中位数 $x_{中}$ 这 3 种方法对母体期望 μ 进行估计。问哪一种方法能得到最优估计量？

解：从无偏性考虑，$E(x_i)=\mu$，$E(\overline{x})=\mu$，$E(x_{中})=\mu$，故这 3 种方法都是无偏的，所以估计量仅有无偏性要求是不够的。

从 3 种估计方法的方差考虑，$D(x_i)=\sigma^2$，$D(\overline{x})=\frac{\sigma^2}{n}$，$D(x_{中})=\sigma^2$ 或 $D(x_{中})=\frac{\sigma^2}{2}$，可见在 3 种估计方法中子样均值估计法的方差最小，即该法具有最优性。

5.2 最大似然估计

一种较好地估计母体分布中参数的方法是最大似然估计方法，简称最或然法，也称为最大似然法。按此法所估计的参数称为最或然值。

最大似然法不仅可以估计母体数学期望，也可估计母体密度函数中的其他参数。无论母体分布是连续型的还是离散型的，是正态分布还是其他分布，最大似然法全都适用。在测量数据处理中，最大似然法是最常用的估计方法。测量误差服从正态分布时，便可导出测量平差所熟知的最小二乘法。

1. 最大或然估计量的原理

设从密度函数为 $f(x,\theta)$ 的母体中抽取子样 $x_1,x_2,\cdots,x_n$，欲由此估计未知参数 θ，因各子样独立，故它们同时出现的概率为

$$f(x_1,\theta)f(x_2,\theta)\cdots f(x_n,\theta)\mathrm{d}x_1\mathrm{d}x_2\cdots\mathrm{d}x_n$$

定义：$L=L(x_1,x_2,\cdots,x_n,\theta)=f(x_1,\theta)f(x_2,\theta)\cdots f(x_n,\theta)$ 为或然函数，它是 $x_1,x_2,\cdots,x_n,\theta$ 的函数。需要强调的是，θ 是变量，或然函数是 θ 的函数。如果 L 很小，则概率

$L\mathrm{d}x_1\mathrm{d}x_2\cdots\mathrm{d}x_n$ 很小。按照小概率事件原理，在一次抽样中 $x_1,x_2,\cdots,x_n$ 不应出现，因而由 L 小值求出的 θ 应认为是不可能事件。最大或然法是以使或然函数成为最大值的参数值作为该参数的估计量，称为最或然估计量。

因 $\ln L$ 与 L 同时达到最大值，为了便于计算，使用

$$\frac{\partial}{\partial\theta}\ln L=0 \tag{5-8}$$

来求最或然估计量。式（5-8）称为或然方程。

2. 最或然估计量的统计性质

用极大或然法得到的最或然估计量有若干良好统计性质，其中最主要的是：它是渐近有效估计量，是渐近正态的。

3. 直接观测的参数估计

（1）先讨论同精度直接观测

设变量 X 为 $N(\xi,\sigma)$，其中 ξ 和 σ 为未知参数。现由一组子样 $x_1,x_2,\cdots,x_n$ 来求 ξ 和 σ 的最或然估计量。

或然函数为

$$L=\prod_{i=1}^{n}\frac{1}{\sigma\sqrt{2\pi}}\exp\left[-\frac{1}{2}(x_i-\xi)^2\sigma^{-2}\right] \tag{5-9}$$

由此得

$$\ln L=-\sum_{1}^{n}\ln\sqrt{2\pi}-\prod_{1}^{n}\ln\sigma-\prod_{i=1}^{n}\frac{1}{2}(x_i-\xi)^2\sigma^{-2} \tag{5-10}$$

或然方程为

$$\frac{\partial}{\partial\xi}\ln L=\sum_{i=1}^{n}(x_i-\xi)\sigma^{-2}=0 \tag{5-11}$$

$$\frac{\partial}{\partial\sigma}\ln L=\sum_{i=1}^{n}\left[-\frac{1}{\sigma}+\frac{1}{\sigma^3}(x_i-\xi)^2\right]=0 \tag{5-12}$$

解方程（5-11），得

$$\sum_{i=1}^{n}x_i-n\xi=0\Rightarrow\xi=\frac{1}{n}\sum_{i=1}^{n}x_i=\overline{x}$$

所以 $\overline{x}$ 是期望 ξ 的估计量。

解方程（5-12），得

$$-n+\frac{1}{\sigma^2}\sum_{i=1}^{n}(x_i-\xi)^2=0\Rightarrow\sum_{i=1}^{n}(x_i-\xi)^2-n\sigma^2=0 \tag{5-13}$$

ξ 以估计量 $\overline{x}$ 代入式（5-13），可得

$$\sigma^2=\frac{1}{n}\sum_{i=1}^{n}(x_i-\overline{x})^2=s^2$$

以$[vv]$代换$\sum_{i=1}^{n}(x_i-\bar{x})^2$，两端开方可得

$$\sigma=s=\sqrt{\frac{[vv]}{n}}$$

由5.1节可知，当母体为正态时，$\bar{x}$为ξ的有效估计量；s^2为渐近有效估计量，但有偏。

（2）讨论不同精度直接观测的参数估计

设对真值为ξ的某量进行n次观测，得$x_1,x_2,\cdots,x_n$，但由于每次观测所用方法不同或其他原因，各子样值x_i的中误差σ_i不同，$i=1,2,\cdots,n$。各中误差σ_i是未知的，但是每次观测的权p_i是已知的，权与σ_i的关系定义为

$$D^2(x_i)=\sigma_i^2=\frac{\sigma^2}{p_i}$$

式中，σ为单位权（$p=1$时）中误差，$p_i>0$。今欲对ξ和σ进行估计，从而也可对各σ_i进行估计。

此时，抽取各x_i的母体不尽相同，均值相同，但方差不同。

1）估计ξ。x_i的母体密度为

$$f_i(x_i)=\frac{\sqrt{p_i}}{\sigma\sqrt{2\pi}}\exp\left\{-\frac{1}{2}(x-\xi)^2\sigma_i^{-2}\right\}$$

由此得

$$L=\frac{\sqrt{p_1\cdots p_n}}{\sigma^n(2\pi)^{\frac{n}{2}}}\exp\left\{-\frac{1}{2}\sigma^{-2}\sum_{i=1}^{n}p_i(x_i-\xi)^2\right\}$$

所以有

$$\ln L=\ln(p_1\cdots p_n)^{\frac{1}{2}}-\frac{n}{2}\ln\sigma^2-\frac{n}{2}\ln 2\pi-\frac{1}{2\sigma^2}\sum_{i=1}^{n}p_i(x_i-\xi)^2 \tag{5-14}$$

$$\frac{\partial}{\partial\xi}\ln L=\frac{1}{\sigma^2}\sum_{i=1}^{n}p_i(x_i-\xi)=0$$

求解可得

$$\sum_{i=1}^{n}p_ix_i-\xi\sum_{i=1}^{n}p_i=0\Rightarrow\xi=\frac{p_1x_1+p_2x_2+\cdots+p_nx_n}{p_1+p_2+\cdots+p_n}=\frac{[px]}{[p]}=\tilde{x}$$

式中，$\tilde{x}$是带权平均值的记号。由正态分布可加性定理可知，$\tilde{x}$是正态的。

因为子样值（随机变量）x_i的均值为ξ，各x_i互相独立，所以

$$\begin{aligned}D^2(\tilde{x})&=\frac{1}{[p]^2}D^2[px]=\frac{1}{[p]^2}\sum_{i=1}^{n}[p_i^2D^2(x_i)]\\&=\frac{1}{[p]^2}\sum_{i=1}^{n}p_i^2\frac{\sigma^2}{p_i}=\sigma^2\frac{[p]}{[p]^2}=\frac{\sigma^2}{[p]}\end{aligned}$$

因$p_i>0$，当$n\to\infty$时，$D^2(\tilde{x})\to 0$，故$\tilde{x}$为一致估计量。

2）估计 σ^2。由式（5-14）可得

$$\frac{\partial}{\partial(\sigma^2)}\ln L = -\frac{n}{2\sigma^2} + \frac{1}{2\sigma^4}\sum_{i=1}^{n} p_i(x_i - \xi)^2 = 0$$

求解可得

$$-n\sigma^2 + \sum_{i=1}^{n} p_i(x_i - \xi)^2 = 0$$

以估计量 $\tilde{x}$ 代替 ξ，可得

$$\sigma^2 = \frac{1}{n}\sum_{i=1}^{n} p_i(x_i - \tilde{x})^2 = \frac{1}{n}[pvv] = s^2$$

5.3　最小二乘估计

自 1794 年高斯提出按最小二乘准则估计未知参数以来，测量平差中一直采用最小二乘准则或最小二乘原理估计未知参数。它是测量中求未知参数估值最普遍、最主要的方法，在其他科学领域中也有广泛的应用。

1. 最小二乘估计准则

一个平差问题一旦选定了数学模型，进行平差时，就要以这个模型为基础。由于测量值含有误差，在有了多余观测值的情况下，即观测值的个数 n 总是大于待估参数的个数 t 的情况下，待估参数的解不定，也就是观测值与选定的数学模型不相适应。平差的任务就是想办法使观测值适应模型。为了使观测值适应数学模型，必须对观测值进行处理，处理后的观测值称为估值，设原观测向量为 $\boldsymbol{L}$，处理后的观测向量为 $\hat{\boldsymbol{L}}$，两者之差

$$\boldsymbol{V} = \hat{\boldsymbol{L}} - \boldsymbol{L} \tag{5-15}$$

称为改正数或残差。

估值 $\hat{\boldsymbol{L}}$ 满足数学模型，但要知道 $\hat{\boldsymbol{L}}$，首先要求出 $\boldsymbol{V}$，使 $\hat{\boldsymbol{L}}$ 满足数学模型的残差向量 $\boldsymbol{V}$ 可能有很多。为了得到唯一的残差向量 $\boldsymbol{V}$，就必须有一个准则，可用的准则很多，在测量中通常用最小二乘准则，即

$$\boldsymbol{V}^{\mathrm{T}}\boldsymbol{P}\boldsymbol{V} = \min \tag{5-16}$$

式中，$\boldsymbol{P}$ 为权矩阵，它是适当选定的对称正定矩阵。

根据最小二乘准则，求观测向量的估值 $\hat{\boldsymbol{L}}$，称为最小二乘平差。

式（5-16）表明，在考虑权矩阵 $\boldsymbol{P}$ 的情况下，尽量使 $\hat{\boldsymbol{L}}$ 接近 $\boldsymbol{L}$ 或使残差向量 $\boldsymbol{V}$ 尽可能地小。由此可见数学模型和观测向量 $\boldsymbol{L}$ 在平差中的重要性。数学模型是平差的基础，对于给定的观测向量 $\boldsymbol{L}$，按最小二乘准则进行平差，使平差值 $\hat{\boldsymbol{L}}$ 尽量接近 $\boldsymbol{L}$，这就是平差问题的实质。

应当指出，上面给出的最小二乘准则并不需要观测向量 $\boldsymbol{L}$ 具有任何统计信息，而且 $\boldsymbol{P}$ 可以任意选定。但是，测量平差中要求的估值是最优估值，为了获得最优估值，要求

$$E(\boldsymbol{\Delta}) = \mathbf{0} \tag{5-17}$$

$$\boldsymbol{P} = \boldsymbol{D}_{LL}^{-1} = \boldsymbol{D}_{\Delta\Delta}^{-1} \tag{5-18}$$

式（5-17）表示 $\boldsymbol{L}$ 中不含系统误差和粗差，即观测向量 $\boldsymbol{L}$ 是无偏的，式（5-18）表明权矩阵 $\boldsymbol{P}$ 应由 $\boldsymbol{L}$ 或 $\boldsymbol{\Delta}$ 的协方差矩阵确定。

当观测值等权时，其权矩阵 $\boldsymbol{P}=\boldsymbol{I}$，按

$$\boldsymbol{V}^{\mathrm{T}}\boldsymbol{P}\boldsymbol{V} = \boldsymbol{V}^{\mathrm{T}}\boldsymbol{V} = \sum_{i=1}^{n} v_i^2 = v_1^2 + v_2^2 + \cdots + v_n^2 = \min$$

平差。

当观测值不等权但相互之间独立时，其权矩阵 $\boldsymbol{P}$ 为对角矩阵，按

$$\boldsymbol{V}^{\mathrm{T}}\boldsymbol{P}\boldsymbol{V} = \sum_{i=1}^{n} p_i v_i^2 = p_1 v_1^2 + p_2 v_2^2 + \cdots + p_n v_n^2 = \min$$

平差。

当观测值之间相关时，其权矩阵 $\boldsymbol{P}$ 为非对角矩阵，仍按 $\boldsymbol{V}^{\mathrm{T}}\boldsymbol{P}\boldsymbol{V}=\min$ 原则平差，此时进行的平差称为相关平差。

2. 最小二乘估计与极大似然估计

极大似然估计和最小二乘估计都是点估计的方法，下面研究两者之间的关系。

设有观测向量及其期望和方差矩阵为

$$\boldsymbol{L} = \begin{bmatrix} L_1 \\ L_2 \\ \vdots \\ L_n \end{bmatrix}, E(\boldsymbol{L}) = \begin{bmatrix} E(L_1) \\ E(L_2) \\ \vdots \\ E(L_n) \end{bmatrix}, \boldsymbol{D}_{LL} = \begin{bmatrix} \sigma_1^2 & \sigma_{12} \cdots \sigma_{1n} \\ \sigma_{21} & \sigma_2^2 \cdots \sigma_{2n} \\ \vdots & \vdots \quad \vdots \\ \sigma_{n1} & \sigma_{n2} \cdots \sigma_n^2 \end{bmatrix}$$

式中，观测向量 $\boldsymbol{L}$ 服从正态分布，即 $L_i \sim N(E(L_i), \sigma_i^2)$。

由极大似然准则可知，其似然函数为

$$G = \frac{1}{(2\pi)^{\frac{n}{2}} \left|\boldsymbol{D}_{LL}\right|^{\frac{1}{2}}} \exp\left\{-\frac{1}{2}[L - E(\boldsymbol{L})]^{\mathrm{T}} \boldsymbol{D}_{LL}^{-1} [L - E(\boldsymbol{L})]\right\} \tag{5-19}$$

极大似然准则的应用方法是在似然函数达到最大（$G=\max$）时对参数进行估计。参数可以是分布中的期望 $E(\boldsymbol{L})$ 和方差 $\boldsymbol{D}_{LL}$，此法得到的是渐近有效的参数估计量。

当要求 $G=\max$ 时，有

$$(\boldsymbol{L} - E(\boldsymbol{L}))^{\mathrm{T}} \boldsymbol{D}_{LL}^{-1} (\boldsymbol{L} - E(\boldsymbol{L})) = \min$$

式中，$\boldsymbol{L} - E(\boldsymbol{L}) = \boldsymbol{\Delta}$，$\boldsymbol{\Delta}$ 是真误差，其估值是改正数 $\boldsymbol{V}$。上式等价于

$$\sigma_0^{-2} \boldsymbol{V}^{\mathrm{T}}\boldsymbol{P}\boldsymbol{V} = \min$$

由于 σ_0^{-2} 是常数，$G=\max$ 可与下式等价：

$$\boldsymbol{V}^{\mathrm{T}}\boldsymbol{P}\boldsymbol{V} = \min$$

当观测值为正态随机变量时，可以从极大似然准则推导出最小二乘准则，从以上两

个准则出发的平差结果将完全一致。由于平差中最小二乘法与极大似然法得到的估值相同，所以参数的最小二乘估值通常也称为最或然值，平差值也就是最或然值。

3. 实例分析

例 5-4　设对某量 X 进行 n 次观测，得独立观测值为 $\underset{n\times 1}{\boldsymbol{L}}$，其权矩阵为 $\underset{n\times n}{\boldsymbol{P}}$，试按最小二乘准则求该量的估值。

解：设该量的估值为 $\hat{X}$，则改正数

$$v_i = \hat{X} - L_i$$

设 $\boldsymbol{V} = [v_1 \ \ v_2 \ \ \cdots \ \ v_n]^{\mathrm{T}}$，为了在 $\boldsymbol{V}^{\mathrm{T}}\boldsymbol{PV} = \min$ 原则下求 $\hat{X}$，可用 $\boldsymbol{V}^{\mathrm{T}}\boldsymbol{PV}$ 对 $\hat{X}$ 求一阶偏导数，并令其为零，即

$$\frac{\partial(\boldsymbol{V}^{\mathrm{T}}\boldsymbol{PV})}{\partial\hat{X}} = \frac{\partial\left(\sum_{i=1}^{n} p_i v_i^2\right)}{\partial\hat{X}} = 2\sum_{i=1}^{n} p_i v_i \frac{\partial v_i}{\partial\hat{X}} = 2\sum_{i=1}^{n} p_i v_i = 0$$

将 $v_i = \hat{X} - L_i$ 代入上式，可得

$$\sum_{i=1}^{n} p_i v_i = \sum_{i=1}^{n} p_i(\hat{X} - L_i) = \left(\sum_{i=1}^{n} p_i\right)\hat{X} - \sum_{i=1}^{n}(p_i L_i) = 0$$

即有

$$\hat{X} = \frac{\sum_{i=1}^{n} p_i L_i}{\sum_{i=1}^{n} p_i} = \frac{[p\boldsymbol{L}]}{[p]} \tag{5-20}$$

当 $\boldsymbol{P} = \boldsymbol{I}$ 时，由式（5-20）可得

$$\hat{X} = \frac{[\boldsymbol{L}]}{n} \tag{5-21}$$

式（5-20）和式（5-21）是测量平差中已非常熟悉的观测值的加权平均值和算术平均值，可见它们也是最小二乘估值。

第6章 条件平差

教学目标

本章是全书的重点，主要介绍条件平差和附有参数的条件平差的原理及其应用。通过本章的学习，应达到以下目标。

1）重点掌握条件平差的基本原理。

2）重点掌握条件平差精度评定的公式和运用。

3）重点掌握条件平差在测量中的应用。

4）掌握附有参数的条件平差的原理与应用。

5）会推导条件平差估值的统计性质。

教学要求

知识要点	能力要求	相关知识
条件平差的基本原理	1）掌握条件平差的基础方程及求解； 2）熟悉条件平差的计算步骤； 3）熟悉推导条件平差的公式	1）法方程； 2）改正数方程； 3）联系系数； 4）实例分析
条件平差的精度评定	1）掌握并理解 $\boldsymbol{V}^{\mathrm{T}}\boldsymbol{PV}$ 的几种计算方法； 2）掌握单位权方差的估值公式； 3）掌握协因数矩阵的推导及计算； 4）掌握平差值函数中误差的计算	1）$\boldsymbol{V}^{\mathrm{T}}\boldsymbol{PV}$ 的几种计算方法； 2）单位权方差估值的推导； 3）协因数矩阵的推导； 4）平差值函数中误差的计算； 5）实例分析
条件平差的应用	掌握条件平差在测量中的应用	1）条件平差的计算； 2）实例分析
附有参数的条件平差	1）掌握附有参数条件平差的基本原理； 2）能推导附有参数条件平差的公式	1）附有参数的基础方程与求解； 2）精度评定的公式推导
条件平差估值的统计性质	1）掌握条件平差的统计性质； 2）能证明条件平差的统计性质	1）$\hat{\boldsymbol{L}},\hat{\boldsymbol{X}}$ 无偏估计的证明； 2）$\hat{\boldsymbol{L}},\hat{\boldsymbol{X}}$ 具有最小方差的证明； 3）单位权估值 $\hat{\sigma}^2$ 是 σ^2 的无偏估计的证明

引例

在测量工作中，为了能及时发现错误和提高测量精度，常做多余观测，这就产生了平差问题。平差模型可只选择观测值和部分参数，以条件方程为其函数模型，在最小二乘原理准则下求解，并用来评价其精度及观测值函数的精度，这就是本章所要研究的内容。

6.1 条件平差的基本原理

第4章给出了条件平差的数学模型为

$$\begin{cases} \boldsymbol{AV}+\boldsymbol{W}=\boldsymbol{0} \\ \boldsymbol{D}=\sigma_0^2\boldsymbol{Q}=\sigma_0^2\boldsymbol{P}^{-1} \end{cases} \tag{6-1}$$

条件平差是在满足 r 个条件方程的条件下，求解满足最小二乘法（$\boldsymbol{V}^{\mathrm{T}}\boldsymbol{PV}=\min$）的 $\boldsymbol{V}$ 值，在数学中就是求函数的条件极值问题。

6.1.1 基础方程及其解

设在某个测量作业中，有 n 个观测值 $\underset{n\times 1}{\boldsymbol{L}}$ 均含有相互独立的偶然误差，相应的权矩阵为 $\underset{n\times n}{\boldsymbol{P}}$，改正数为 $\underset{n\times 1}{\boldsymbol{V}}$，平差值为 $\underset{n\times 1}{\hat{\boldsymbol{L}}}$，表示为

$$\boldsymbol{L}=\begin{bmatrix} L_1 \\ L_2 \\ \vdots \\ L_n \end{bmatrix},\quad \boldsymbol{V}=\begin{bmatrix} v_1 \\ v_2 \\ \vdots \\ v_n \end{bmatrix},\quad \boldsymbol{P}=\begin{bmatrix} p_1 & & & \\ & p_2 & & \\ & & \ddots & \\ & & & p_n \end{bmatrix},\quad \hat{\boldsymbol{L}}=\begin{bmatrix} \hat{L}_1 \\ \hat{L}_2 \\ \vdots \\ \hat{L}_n \end{bmatrix}$$

则有

$$\hat{\boldsymbol{L}}=\boldsymbol{L}+\boldsymbol{V} \tag{6-2}$$

在这 n 个观测值中，有 t 个必要观测数，多余观测数为 r。

可以列出 r 个平差值线性条件方程式如下：

$$\begin{cases} a_1\hat{L}_1+a_2\hat{L}_2+\cdots+a_n\hat{L}_n+a_0=0 \\ b_1\hat{L}_1+b_2\hat{L}_2+\cdots+b_n\hat{L}_n+b_0=0 \\ \qquad\vdots \\ r_1\hat{L}_1+r_2\hat{L}_2+\cdots+r_n\hat{L}_n+r_0=0 \end{cases} \tag{6-3}$$

式中，$a_i,b_i,\cdots,r_i\ (i=1,2,\cdots,n)$ 为各平差值条件方程式中的系数；$a_0,b_0,\cdots,r_0$ 为各平差值条件方程式中的常数项。

将式（6-2）代入式（6-3），得到相应的改正数条件方程式如下：

$$\begin{cases} a_1v_1+a_2v_2+\cdots+a_nv_n+w_a=0 \\ b_1v_1+b_2v_2+\cdots+b_nv_n+w_b=0 \\ \qquad\vdots \\ r_1v_1+r_2v_2+\cdots+r_nv_n+w_r=0 \end{cases} \tag{6-4}$$

式中，$w_a,w_b,\cdots,w_r$ 称为改正数条件方程的闭合差（或不符值），即

$$\begin{cases} w_a=a_1L_1+a_2L_2+\cdots+a_nL_n+a_0 \\ w_b=b_1L_1+b_2L_2+\cdots+b_nL_n+b_0 \\ \qquad\vdots \\ w_r=r_1L_1+r_2L_2+\cdots+r_nL_n+r_0 \end{cases} \tag{6-5}$$

令

$$\underset{r\times n}{\boldsymbol{A}}=\begin{bmatrix} a_1 & a_2 & \cdots & a_n \\ b_1 & b_2 & \cdots & b_n \\ \vdots & \vdots & & \vdots \\ r_1 & r_2 & \cdots & r_n \end{bmatrix},\quad \underset{r\times 1}{\boldsymbol{A}_0}=\begin{bmatrix} a_0 \\ b_0 \\ \vdots \\ r_0 \end{bmatrix},\quad \underset{r\times 1}{\boldsymbol{W}}=\begin{bmatrix} w_a \\ w_b \\ \vdots \\ w_r \end{bmatrix}$$

则式（6-3）～式（6-5）可用矩阵形式表示为

$$\boldsymbol{A}\hat{\boldsymbol{L}}+\boldsymbol{A}_0=\boldsymbol{0} \tag{6-6}$$

$$\boldsymbol{AV}+\boldsymbol{W}=\boldsymbol{0} \tag{6-7}$$

$$\boldsymbol{W}=\boldsymbol{AL}+\boldsymbol{A}_0 \tag{6-8}$$

按照求函数极值的拉格朗日乘数法，引入乘系数 $\underset{r\times 1}{\boldsymbol{K}}=[k_a \quad k_b \quad \cdots \quad k_r]^{\mathrm{T}}$（又称为联系数向量）构成函数，即

$$\boldsymbol{\Phi}=\boldsymbol{V}^{\mathrm{T}}\boldsymbol{PV}-2\boldsymbol{K}^{\mathrm{T}}(\boldsymbol{AV}+\boldsymbol{W}) \tag{6-9}$$

为引入最小二乘法，将 $\boldsymbol{\Phi}$ 对 $\boldsymbol{V}$ 求一阶导数，并令其为零，有

$$\frac{\mathrm{d}\boldsymbol{\Phi}}{\mathrm{d}\boldsymbol{V}}=\frac{\mathrm{d}(\boldsymbol{V}^{\mathrm{T}}\boldsymbol{PV})}{\mathrm{d}\boldsymbol{V}}-2\frac{\mathrm{d}(\boldsymbol{K}^{\mathrm{T}}\boldsymbol{AV})}{\mathrm{d}\boldsymbol{V}}=2\boldsymbol{V}^{\mathrm{T}}\boldsymbol{P}-2\boldsymbol{K}^{\mathrm{T}}\boldsymbol{A}=\boldsymbol{0}$$

两边转置，得

$$\boldsymbol{PV}=\boldsymbol{A}^{\mathrm{T}}\boldsymbol{K}$$

将上式两边左乘权逆矩阵 $\boldsymbol{P}^{-1}$，得

$$\boldsymbol{V}=\boldsymbol{P}^{-1}\boldsymbol{A}^{\mathrm{T}}\boldsymbol{K}=\boldsymbol{QA}^{\mathrm{T}}\boldsymbol{K} \tag{6-10}$$

式（6-10）称为改正数方程，其纯量形式为

$$v_i=\frac{1}{p_i}(a_ik_a+b_ik_b+\cdots+r_ik_r)\ (i=1,2,\cdots,n) \tag{6-11}$$

将式（6-10）代入式（6-7），得

$$\boldsymbol{AP}^{-1}\boldsymbol{A}^{\mathrm{T}}\boldsymbol{K}+\boldsymbol{W}=\boldsymbol{0} \quad 或 \quad \boldsymbol{AQA}^{\mathrm{T}}\boldsymbol{K}+\boldsymbol{W}=\boldsymbol{0} \tag{6-12}$$

此式称为联系数法方程，它是条件平差的法方程，简称法方程，其纯量形式为

$$\begin{cases} \left[\dfrac{aa}{p}\right]k_a+\left[\dfrac{ab}{p}\right]k_b+\cdots+\left[\dfrac{ar}{p}\right]k_r+w_a=0 \\ \left[\dfrac{ab}{p}\right]k_a+\left[\dfrac{bb}{p}\right]k_b+\cdots+\left[\dfrac{br}{p}\right]k_r+w_b=0 \\ \qquad\vdots \\ \left[\dfrac{ar}{p}\right]k_a+\left[\dfrac{br}{p}\right]k_b+\cdots+\left[\dfrac{rr}{p}\right]k_r+w_r=0 \end{cases} \tag{6-13}$$

令

$$\boldsymbol{N}_{aa}=\boldsymbol{AQA}^{\mathrm{T}}=\boldsymbol{AP}^{-1}\boldsymbol{A}^{\mathrm{T}}$$

则有

$$N_{aa}K + W = 0 \tag{6-14}$$

法方程系数矩阵 N_{aa} 的秩为

$$r(N_{aa}) = r(AQA^{\mathrm{T}}) = r(A) = r$$

即 N_{aa} 是一个 r 阶的满秩正方矩阵，且可逆。由此可得联系数 K 的唯一解为

$$K = -N_{aa}^{-1}W \tag{6-15}$$

将式（6-15）代入式（6-10），可计算 V，再将 V 代入式（6-2），即可计算所求的观测值的最或然值 $\hat{L} = L + V$ 。

通过观测值的平差值 $\hat{L}$，可以进一步计算一些未知量（如待定点的高程、纵横坐标及边的长度、某一方向的方位角等）的最或然值。

由上述推导可看出，K、V 及 $\hat{L}$ 都是由式（6-7）和式（6-10）解算出的，因此，把式（6-7）和式（6-10）合称为条件平差的基础方程。

6.1.2 计算步骤

综上所述，求条件平差的计算步骤可归结为以下几步。

1）根据实际问题，确定出总观测值的个数 n 、必要观测值的个数 t 及多余观测个数 $r = n - t$ ，从而确定条件方程个数。

2）列出条件方程式（6-7），确保条件方程的独立性。

3）根据条件方程的系数、闭合差及观测值的协因数矩阵组成法方程式（6-14），法方程的个数等于多余观测数 r 。

4）依据式（6-15）计算联系数 K 。

5）将 K 代入式（6-10）计算观测值改正数 V ，并依据式（6-2）计算观测值的平差值 $\hat{L}$ 。

6）为了检查平差计算的正确性，把平差值 $\hat{L}$ 代入式（6-6），看其是否满足方程。

7）精度估计（将在 6.2 节中介绍）。

6.1.3 实例分析

例 6-1 设平面三角形的三内角观测值为

$$L = \begin{bmatrix} L_1 \\ L_2 \\ L_3 \end{bmatrix} = \begin{bmatrix} 62^\circ 17'52'' \\ 33^\circ 52'19'' \\ 83^\circ 49'43'' \end{bmatrix}$$

试按条件平差法求各观测角的最或然值。

解：由于只有一个多余观测值，$r = n - t = 3 - 2 = 1$ ，只有一个条件方程式，即

$$\hat{L}_1 + \hat{L}_2 + \hat{L}_3 - 180^\circ = 0$$

相应的改正数条件方程为

$$\begin{cases} v_1 + v_2 + v_3 + w = 0 \\ w = L_1 + L_2 + L_3 - 180^\circ = -6'' \end{cases}$$

条件方程用矩阵表示为

$$[1\quad 1\quad 1]\begin{bmatrix} v_1 \\ v_2 \\ v_3 \end{bmatrix} - 6 = 0$$

即 $\boldsymbol{A} = [1\quad 1\quad 1]$。

因为各观测值为等精度观测，故

$$\boldsymbol{P} = \boldsymbol{I}$$

$$\boldsymbol{N}_{aa} = \boldsymbol{A}\boldsymbol{P}^{-1}\boldsymbol{A}^{\mathrm{T}} = 3$$

故法方程为

$$3k_a - 6 = 0$$

解得 $k_a = 2$，代入改正数方程，得

$$\boldsymbol{V} = \boldsymbol{Q}\boldsymbol{A}^{\mathrm{T}}\boldsymbol{K} = \begin{bmatrix} 2'' \\ 2'' \\ 2'' \end{bmatrix}$$

由此得各角最或然值，为

$$\hat{\boldsymbol{L}} = \begin{bmatrix} \hat{L}_1 \\ \hat{L}_2 \\ \hat{L}_3 \end{bmatrix} = \begin{bmatrix} L_1 \\ L_2 \\ L_3 \end{bmatrix} + \begin{bmatrix} v_1 \\ v_2 \\ v_3 \end{bmatrix} = \begin{bmatrix} 62^\circ 17'54'' \\ 33^\circ 52'21'' \\ 83^\circ 49'45'' \end{bmatrix}$$

检核 $\hat{L}_1 + \hat{L}_2 + \hat{L}_3 - 180^\circ = 0$。计算结果正确。

例 6-2 在图 6.1 中，A,B,C 三点在一条直线上，测出 AB,BC,AC 的距离，得到 4 个独立的观测值：$l_1 = 200.010\mathrm{m}$，$l_2 = 300.050\mathrm{m}$，$l_3 = 300.070\mathrm{m}$，$l_4 = 500.090\mathrm{m}$。若令 100m 量距的权为单位权，试按条件平差法确定 A,C 之间各段距离的平差值 $\underset{4\times 1}{\hat{\boldsymbol{l}}}$。

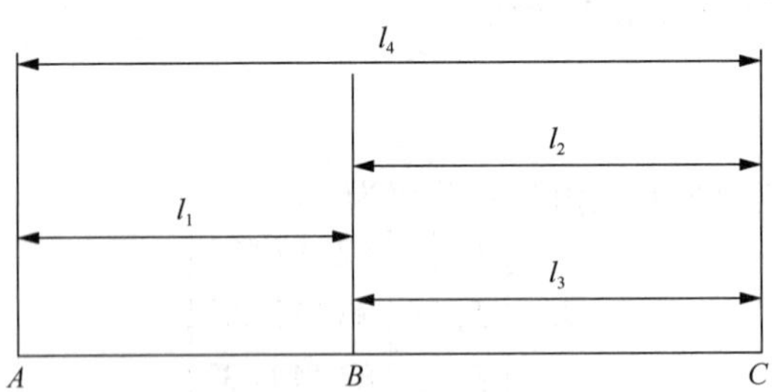

图 6.1　距离示意

解：本题 $n = 4$，$t = 2$，故 $r = n - t = 2$，故可列出以下两个条件方程，即

$$\begin{cases} \hat{l}_1 + \hat{l}_2 - \hat{l}_4 = 0 \\ \hat{l}_2 - \hat{l}_3 = 0 \end{cases}$$

将 $\hat{l}_i = l_i + v_i$ 代入上式，经计算可得改正数条件方程，即

$$\begin{cases} v_1 + v_2 - v_4 - 3 = 0 \\ v_2 - v_3 - 2 = 0 \end{cases}$$

上式用矩阵可表达为

$$\begin{bmatrix} 1 & 1 & 0 & -1 \\ 0 & 1 & -1 & 0 \end{bmatrix}\begin{bmatrix} v_1 \\ v_2 \\ v_3 \\ v_4 \end{bmatrix} + \begin{bmatrix} -3 \\ -2 \end{bmatrix} = 0$$

令 100m 量距的权为单位权，可得到观测值的权矩阵为

$$\boldsymbol{P} = \mathrm{diag}\begin{pmatrix} \frac{1}{2} & \frac{1}{3} & \frac{1}{3} & \frac{1}{5} \end{pmatrix}$$

法方程系数矩阵为

$$\boldsymbol{N}_{aa} = \boldsymbol{AQA}^{\mathrm{T}} = \begin{bmatrix} 1 & 1 & 0 & -1 \\ 0 & 1 & -1 & 0 \end{bmatrix}\begin{bmatrix} 2 & 0 & 0 & 0 \\ 0 & 3 & 0 & 0 \\ 0 & 0 & 3 & 0 \\ 0 & 0 & 0 & 5 \end{bmatrix}\begin{bmatrix} 1 & 0 \\ 1 & 1 \\ 0 & -1 \\ -1 & 0 \end{bmatrix} = \begin{bmatrix} 10 & 3 \\ 3 & 6 \end{bmatrix}$$

由此得法方程为

$$\begin{bmatrix} 10 & 3 \\ 3 & 6 \end{bmatrix}\begin{bmatrix} k_a \\ k_b \end{bmatrix} + \begin{bmatrix} -3 \\ -2 \end{bmatrix} = 0$$

解得 $k_a = 0.235$， $k_b = 0.216$，代入改正数方程计算 $\boldsymbol{V}$，得

$$\boldsymbol{V} = \boldsymbol{QA}^{\mathrm{T}}\boldsymbol{K} = [0.47 \quad 1.35 \quad -0.65 \quad -1.18]^{\mathrm{T}}\,(\mathrm{cm})$$

观测值的平差值为

$$\hat{\boldsymbol{L}} = \begin{bmatrix} \hat{l}_1 \\ \hat{l}_2 \\ \hat{l}_3 \\ \hat{l}_4 \end{bmatrix} = \begin{bmatrix} 200.0147 \\ 300.0635 \\ 300.0635 \\ 500.0782 \end{bmatrix}(\mathrm{m})$$

6.2 条件平差的精度评定

测量平差的目的之一是要评定测量成果的精度。任何一个完整的平差过程都应包括精度评定。精度评定由两部分组成：单位权中误差 $\hat{\sigma}_0$ 的计算，平差值函数（$\hat{\varphi} = \boldsymbol{f}^{\mathrm{T}}\hat{\boldsymbol{L}}$）的协因数 $Q_{\hat{\varphi}\hat{\varphi}}$ 及其中误差 $\hat{\sigma}_{\hat{\varphi}}$ 的计算等。

6.2.1 $\boldsymbol{V}^{\mathrm{T}}\boldsymbol{PV}$ 计算

$\boldsymbol{V}^{\mathrm{T}}\boldsymbol{PV}$ 的计算有如下几种计算公式。

1）直接计算。纯量形式为

$$\boldsymbol{V}^{\mathrm{T}}\boldsymbol{P}\boldsymbol{V}=[pvv]=p_1v_1^2+p_2v_2^2+\cdots+p_nv_n^2 \tag{6-16}$$

2）用法方程系数矩阵 $\boldsymbol{N}_{aa}$、联系系数 $\boldsymbol{K}$ 计算：

$$\boldsymbol{V}^{\mathrm{T}}\boldsymbol{P}\boldsymbol{V}=(\boldsymbol{Q}\boldsymbol{A}^{\mathrm{T}}\boldsymbol{K})^{\mathrm{T}}\boldsymbol{P}(\boldsymbol{Q}\boldsymbol{A}^{\mathrm{T}}\boldsymbol{K})=\boldsymbol{K}^{\mathrm{T}}\boldsymbol{A}\boldsymbol{Q}\boldsymbol{P}\boldsymbol{Q}\boldsymbol{A}^{\mathrm{T}}\boldsymbol{K}=\boldsymbol{K}^{\mathrm{T}}\boldsymbol{A}\boldsymbol{Q}\boldsymbol{A}^{\mathrm{T}}\boldsymbol{K}=\boldsymbol{K}^{\mathrm{T}}\boldsymbol{N}_{aa}\boldsymbol{K} \tag{6-17}$$

3）用闭合差 $\boldsymbol{W}$、联系数 $\boldsymbol{K}$ 计算：

$$\boldsymbol{V}^{\mathrm{T}}\boldsymbol{P}\boldsymbol{V}=\boldsymbol{V}^{\mathrm{T}}\boldsymbol{P}(\boldsymbol{Q}\boldsymbol{A}^{\mathrm{T}}\boldsymbol{K})=\boldsymbol{V}^{\mathrm{T}}\boldsymbol{A}^{\mathrm{T}}\boldsymbol{K}=(\boldsymbol{A}\boldsymbol{V})^{\mathrm{T}}\boldsymbol{K}=-\boldsymbol{W}^{\mathrm{T}}\boldsymbol{K} \tag{6-18}$$

4）用闭合差 $\boldsymbol{W}$、法方程系数矩阵 $\boldsymbol{N}_{aa}$ 计算：

$$\begin{aligned}\boldsymbol{V}^{\mathrm{T}}\boldsymbol{P}\boldsymbol{V}&=\boldsymbol{V}^{\mathrm{T}}\boldsymbol{P}(\boldsymbol{Q}\boldsymbol{A}^{\mathrm{T}}\boldsymbol{K})=\boldsymbol{V}^{\mathrm{T}}\boldsymbol{A}^{\mathrm{T}}\boldsymbol{K}=(\boldsymbol{A}\boldsymbol{V})^{\mathrm{T}}\boldsymbol{K}\\&=-\boldsymbol{W}^{\mathrm{T}}\boldsymbol{K}=-\boldsymbol{W}^{\mathrm{T}}(-\boldsymbol{N}_{aa}^{-1}\boldsymbol{W})=\boldsymbol{W}^{\mathrm{T}}\boldsymbol{N}_{aa}^{-1}\boldsymbol{W}\end{aligned} \tag{6-19}$$

6.2.2 单位权方差的估值公式

对式（6-8）求数学期望，得

$$E(\boldsymbol{W})=\boldsymbol{A}E(\boldsymbol{L})+\boldsymbol{A}_0$$

可见条件方程闭合差的数学期望等于将观测值的数学期望代入闭合差公式计算的结果。而由条件平差概念可知，条件方程式是观测值的真值应该满足的函数关系式，将观测值的真值代入条件方程时，闭合差一定为零。若视数学期望为真值，应有

$$E(\boldsymbol{W})=\boldsymbol{A}E(\boldsymbol{L})+\boldsymbol{A}_0=\boldsymbol{0}$$

于是，式（6-8）可变为

$$\boldsymbol{W}=\boldsymbol{A}\boldsymbol{L}+\boldsymbol{A}_0-\boldsymbol{A}E(\boldsymbol{L})-\boldsymbol{A}_0=\boldsymbol{A}(\boldsymbol{L}-E(\boldsymbol{L}))=\boldsymbol{A}(\boldsymbol{L}-\tilde{\boldsymbol{L}})=-\boldsymbol{A}\boldsymbol{\Delta} \tag{6-20}$$

式中，$\boldsymbol{\Delta}$ 为观测值的真误差向量。将式（6-20）代入式（6-19）得

$$\boldsymbol{V}^{\mathrm{T}}\boldsymbol{P}\boldsymbol{V}=\boldsymbol{\Delta}^{\mathrm{T}}\boldsymbol{A}^{\mathrm{T}}\boldsymbol{N}_{aa}^{-1}\boldsymbol{A}\boldsymbol{\Delta}$$

$$\boldsymbol{V}^{\mathrm{T}}\boldsymbol{P}\boldsymbol{V}=\mathrm{tr}(\boldsymbol{A}^{\mathrm{T}}\boldsymbol{N}_{aa}^{-1}\boldsymbol{A}\boldsymbol{\Delta}\boldsymbol{\Delta}^{\mathrm{T}})$$

对上式求数学期望，得

$$\begin{aligned}E(\boldsymbol{V}^{\mathrm{T}}\boldsymbol{P}\boldsymbol{V})&=\mathrm{tr}(\boldsymbol{A}^{\mathrm{T}}\boldsymbol{N}_{aa}^{-1}\boldsymbol{A}\boldsymbol{E}(\boldsymbol{\Delta}\boldsymbol{\Delta}^{\mathrm{T}}))=\mathrm{tr}(\boldsymbol{A}^{\mathrm{T}}\boldsymbol{N}_{aa}^{-1}\boldsymbol{A}\boldsymbol{D}_{LL})\\&=\mathrm{tr}(\boldsymbol{A}^{\mathrm{T}}\boldsymbol{N}_{aa}^{-1}\boldsymbol{A}\sigma_0^2\boldsymbol{P}^{-1})=\sigma_0^2\mathrm{tr}(\boldsymbol{A}^{\mathrm{T}}\boldsymbol{N}_{aa}^{-1}\boldsymbol{A}\boldsymbol{P}^{-1})\\&=\sigma_0^2\mathrm{tr}(\boldsymbol{A}\boldsymbol{P}^{-1}\boldsymbol{A}^{\mathrm{T}}\boldsymbol{N}_{aa}^{-1})=\sigma_0^2\mathrm{tr}(\boldsymbol{N}_{aa}\boldsymbol{N}_{aa}^{-1})=\sigma_0^2\mathrm{tr}(\underset{r\times r}{\boldsymbol{I}})\\&=r\sigma_0^2\end{aligned}$$

即得单位权方差与单位权中误差的计算公式为

$$\hat{\sigma}_0^2=\frac{\boldsymbol{V}^{\mathrm{T}}\boldsymbol{P}\boldsymbol{V}}{r} \tag{6-21}$$

$$\hat{\sigma}_0=\sqrt{\frac{\boldsymbol{V}^{\mathrm{T}}\boldsymbol{P}\boldsymbol{V}}{r}} \tag{6-22}$$

6.2.3 协因数矩阵的计算

条件平差的基本向量 $\boldsymbol{L},\boldsymbol{W},\boldsymbol{K},\boldsymbol{V},\hat{\boldsymbol{L}}$ 都可以表达成随机向量 $\boldsymbol{L}$ 的函数，即

$$
\begin{aligned}
&\boldsymbol{L}=\boldsymbol{L}\\
&\boldsymbol{W}=\boldsymbol{A}\boldsymbol{L}+\boldsymbol{A}_0\\
&\boldsymbol{K}=-\boldsymbol{N}_{aa}^{-1}\boldsymbol{W}=-\boldsymbol{N}_{aa}^{-1}\boldsymbol{A}\boldsymbol{L}-\boldsymbol{N}_{aa}^{-1}\boldsymbol{A}_0\\
&\boldsymbol{V}=\boldsymbol{Q}\boldsymbol{A}^{\mathrm{T}}\boldsymbol{K}=-\boldsymbol{Q}\boldsymbol{A}^{\mathrm{T}}\boldsymbol{N}_{aa}^{-1}\boldsymbol{A}\boldsymbol{L}-\boldsymbol{Q}\boldsymbol{A}^{\mathrm{T}}\boldsymbol{N}_{aa}^{-1}\boldsymbol{A}_0\\
&\hat{\boldsymbol{L}}=\boldsymbol{L}+\boldsymbol{V}=(\boldsymbol{I}-\boldsymbol{Q}\boldsymbol{A}^{\mathrm{T}}\boldsymbol{N}_{aa}^{-1}\boldsymbol{A})\boldsymbol{L}-\boldsymbol{Q}\boldsymbol{A}^{\mathrm{T}}\boldsymbol{N}_{aa}^{-1}\boldsymbol{A}_0
\end{aligned}
$$

将向量$\boldsymbol{L},\boldsymbol{W},\boldsymbol{K},\boldsymbol{V},\hat{\boldsymbol{L}}$组成列向量，并以$\boldsymbol{Z}$表示，即

$$
\boldsymbol{Z}=\begin{bmatrix}\boldsymbol{L}\\ \boldsymbol{W}\\ \boldsymbol{K}\\ \boldsymbol{V}\\ \hat{\boldsymbol{L}}\end{bmatrix}=\begin{bmatrix}\boldsymbol{I}\\ \boldsymbol{A}\\ -\boldsymbol{N}_{aa}^{-1}\boldsymbol{A}\\ -\boldsymbol{Q}\boldsymbol{A}^{\mathrm{T}}\boldsymbol{N}_{aa}^{-1}\boldsymbol{A}\\ \boldsymbol{I}-\boldsymbol{Q}\boldsymbol{A}^{\mathrm{T}}\boldsymbol{N}_{aa}^{-1}\boldsymbol{A}\end{bmatrix}\boldsymbol{L}+\begin{bmatrix}\boldsymbol{0}\\ \boldsymbol{A}_0\\ -\boldsymbol{N}_{aa}^{-1}\boldsymbol{A}_0\\ -\boldsymbol{Q}\boldsymbol{A}^{\mathrm{T}}\boldsymbol{N}_{aa}^{-1}\boldsymbol{A}_0\\ -\boldsymbol{Q}\boldsymbol{A}^{\mathrm{T}}\boldsymbol{N}_{aa}^{-1}\boldsymbol{A}_0\end{bmatrix} \tag{6-23}
$$

式（6-23）等号右端第二项是与观测值无关的常数项矩阵，按照协因数传播律，得$\boldsymbol{Z}$的协因数矩阵为

$$
\boldsymbol{Q}_{ZZ}=\begin{bmatrix}\boldsymbol{Q}_{LL} & \boldsymbol{Q}_{LW} & \boldsymbol{Q}_{LK} & \boldsymbol{Q}_{LV} & \boldsymbol{Q}_{L\hat{L}}\\ \boldsymbol{Q}_{WL} & \boldsymbol{Q}_{WW} & \boldsymbol{Q}_{WK} & \boldsymbol{Q}_{WV} & \boldsymbol{Q}_{W\hat{L}}\\ \boldsymbol{Q}_{KL} & \boldsymbol{Q}_{KW} & \boldsymbol{Q}_{KK} & \boldsymbol{Q}_{KV} & \boldsymbol{Q}_{K\hat{L}}\\ \boldsymbol{Q}_{VL} & \boldsymbol{Q}_{VW} & \boldsymbol{Q}_{VK} & \boldsymbol{Q}_{VV} & \boldsymbol{Q}_{V\hat{L}}\\ \boldsymbol{Q}_{\hat{L}L} & \boldsymbol{Q}_{\hat{L}W} & \boldsymbol{Q}_{\hat{L}K} & \boldsymbol{Q}_{\hat{L}V} & \boldsymbol{Q}_{\hat{L}\hat{L}}\end{bmatrix}
$$

$$
=\begin{bmatrix}\boldsymbol{Q} & \boldsymbol{Q}\boldsymbol{A}^{\mathrm{T}} & -\boldsymbol{Q}\boldsymbol{A}^{\mathrm{T}}\boldsymbol{N}_{aa}^{-1} & -\boldsymbol{Q}\boldsymbol{A}^{\mathrm{T}}\boldsymbol{N}_{aa}^{-1}\boldsymbol{A}\boldsymbol{Q} & \boldsymbol{Q}-\boldsymbol{Q}\boldsymbol{A}^{\mathrm{T}}\boldsymbol{N}_{aa}^{-1}\boldsymbol{A}\boldsymbol{Q}\\ \boldsymbol{A}\boldsymbol{Q} & \boldsymbol{N}_{aa} & -\boldsymbol{I} & -\boldsymbol{A}\boldsymbol{Q} & \boldsymbol{0}\\ -\boldsymbol{N}_{aa}^{-1}\boldsymbol{A}\boldsymbol{Q} & -\boldsymbol{I} & \boldsymbol{N}_{aa}^{-1} & \boldsymbol{N}_{aa}^{-1}\boldsymbol{A}\boldsymbol{Q} & \boldsymbol{0}\\ -\boldsymbol{Q}\boldsymbol{A}^{\mathrm{T}}\boldsymbol{N}_{aa}^{-1}\boldsymbol{A}\boldsymbol{Q} & -\boldsymbol{Q}\boldsymbol{A}^{\mathrm{T}} & \boldsymbol{Q}\boldsymbol{A}^{\mathrm{T}}\boldsymbol{N}_{aa}^{-1} & \boldsymbol{Q}\boldsymbol{A}^{\mathrm{T}}\boldsymbol{N}_{aa}^{-1}\boldsymbol{A}\boldsymbol{Q} & \boldsymbol{0}\\ \boldsymbol{Q}-\boldsymbol{Q}\boldsymbol{A}^{\mathrm{T}}\boldsymbol{N}_{aa}^{-1}\boldsymbol{A}\boldsymbol{Q} & \boldsymbol{0} & \boldsymbol{0} & \boldsymbol{0} & \boldsymbol{Q}-\boldsymbol{Q}\boldsymbol{A}^{\mathrm{T}}\boldsymbol{N}_{aa}^{-1}\boldsymbol{A}\boldsymbol{Q}\end{bmatrix} \tag{6-24}
$$

由式（6-24）可知，平差值$\hat{\boldsymbol{L}}$与闭合差$\boldsymbol{W}$、联系数$\boldsymbol{K}$、改正数$\boldsymbol{V}$是不相关的统计量，又由于它们都是服从正态分布的向量，$\hat{\boldsymbol{L}}$与$\boldsymbol{W}$、$\boldsymbol{K}$、$\boldsymbol{V}$也是相互独立的向量。

6.2.4 平差值函数的方差

在条件平差中，平差计算后，首先得到的是各个观测量的平差值，如水准网中观测高差的平差值、测角网中观测角度的平差值、导线网中角度观测值和各导线边长观测值的平差值等。而进行测量的目的往往是要得到待定水准点的高程值、未知点的坐标值、三角网的边长值及方位角值等，并且评定其精度。这些值都是关于观测值平差值的函数。

设有平差值函数

$$
\hat{\varphi}=f(\hat{L}_1,\hat{L}_2,\cdots,\hat{L}_n) \tag{6-25}
$$

对式（6-25）求全微分，得

$$\mathrm{d}\hat{\varphi}=\left(\frac{\partial f}{\partial \hat{L}_1}\right)_0\mathrm{d}\hat{L}_1+\left(\frac{\partial f}{\partial \hat{L}_2}\right)_0\mathrm{d}\hat{L}_2+\cdots+\left(\frac{\partial f}{\partial \hat{L}_n}\right)_0\mathrm{d}\hat{L}_n \tag{6-26}$$

式中，$\left(\frac{\partial f}{\partial \hat{L}_i}\right)_0$ 表示用 L_i 代替偏导数中的 $\hat{L}_i$，令其系数值为 f_i，则式（6-26）为

$$\mathrm{d}\hat{\varphi}=f_1\mathrm{d}\hat{L}_1+f_2\mathrm{d}\hat{L}_2+\cdots+f_n\mathrm{d}\hat{L}_n \tag{6-27}$$

式（6-27）称为权函数式。将式（6-27）写成矩阵形式为

$$\mathrm{d}\hat{\varphi}=\boldsymbol{f}^{\mathrm{T}}\mathrm{d}\hat{\boldsymbol{L}}=[f_1\quad f_2\quad \cdots\quad f_n]\begin{bmatrix}\mathrm{d}\hat{L}_1\\ \mathrm{d}\hat{L}_2\\ \vdots\\ \mathrm{d}\hat{L}_n\end{bmatrix} \tag{6-28}$$

由此可得

$$Q_{\hat{\varphi}\hat{\varphi}}=\boldsymbol{f}^{\mathrm{T}}\boldsymbol{Q}_{\hat{L}\hat{L}}\boldsymbol{f} \tag{6-29}$$

式中，$\boldsymbol{Q}_{\hat{L}\hat{L}}$ 为平差值 $\hat{\boldsymbol{L}}$ 的协因数矩阵。由式（6-24）可得

$$\boldsymbol{Q}_{\hat{L}\hat{L}}=\boldsymbol{Q}-\boldsymbol{Q}\boldsymbol{A}^{\mathrm{T}}\boldsymbol{N}_{aa}^{-1}\boldsymbol{A}\boldsymbol{Q}$$

代入式（6-29）可得

$$Q_{\hat{\varphi}\hat{\varphi}}=\boldsymbol{f}^{\mathrm{T}}\boldsymbol{Q}\boldsymbol{f}-(\boldsymbol{A}\boldsymbol{Q}\boldsymbol{f})^{\mathrm{T}}\boldsymbol{N}_{aa}^{-1}\boldsymbol{A}\boldsymbol{Q}\boldsymbol{f} \tag{6-30}$$

式（6-30）即为平差值函数的协因数表达式。

平差值函数的方差为

$$D_{\hat{\varphi}\hat{\varphi}}=\sigma_0^2Q_{\hat{\varphi}\hat{\varphi}} \tag{6-31}$$

6.3 条件平差的应用

例 6-3 水准网如图 6.2 所示，设各观测值的每千米高差中误差相同，观测高差及路线如表 6-1 所示，试用条件平差法求各高差的平差值。

表 6-1 观测高差及路线长

编号	路线长/km	观测高差/m
1	10	2.42
2	5	16.14
3	5	50.56
4	5	18.62
5	5	34.35

解：此例 $n=5$，$t=3$，故 $r=2$，可列出两个条件方程，即

$$\hat{h}_1+\hat{h}_2-\hat{h}_4=0$$
$$-\hat{h}_2+\hat{h}_3-\hat{h}_5=0$$

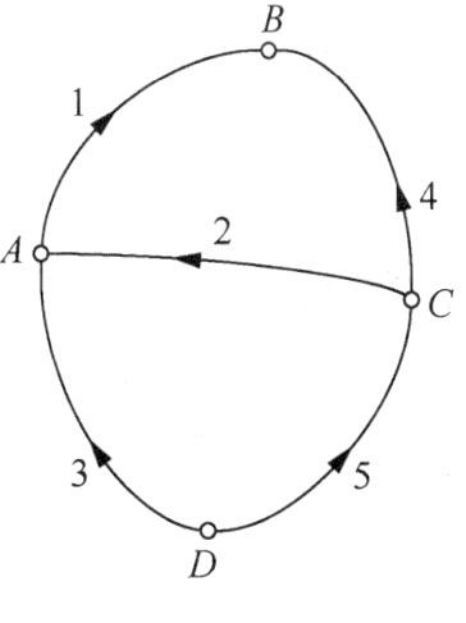

图 6.2 水准网示意

将 $\hat{h}_i=h_i+v_i$ 代入上式，经过计算可得条件方程的最后形式，即

$$\begin{bmatrix}1&1&0&-1&0\\0&-1&1&0&1\end{bmatrix}\begin{bmatrix}v_1\\v_2\\v_3\\v_4\\v_5\end{bmatrix}+\begin{bmatrix}-6\\7\end{bmatrix}=0$$

取 5km 高差的权为 1，即 $p_i=\dfrac{5}{S_i}$，则有

$$\frac{1}{p_1}=2,\frac{1}{p_2}=1,\frac{1}{p_3}=1,\frac{1}{p_4}=1,\frac{1}{p_5}=1$$

法方程组成与解算：

$$\boldsymbol{N}_{aa}=\boldsymbol{A}\boldsymbol{P}^{-1}\boldsymbol{A}^{\mathrm{T}}=\begin{bmatrix}1&1&0&-1&0\\0&-1&0&0&-1\end{bmatrix}\begin{bmatrix}2&&&&\\&1&&&\\&&1&&\\&&&1&\\&&&&1\end{bmatrix}\begin{bmatrix}1&0\\1&-1\\0&1\\-1&0\\0&-1\end{bmatrix}=\begin{bmatrix}4&-1\\-1&3\end{bmatrix}$$

法方程为

$$\begin{bmatrix}4&-1\\-1&3\end{bmatrix}\boldsymbol{K}+\begin{bmatrix}-6\\7\end{bmatrix}=0$$

则有

$$\boldsymbol{K}=-\boldsymbol{N}_{aa}^{-1}\boldsymbol{W}=-\frac{1}{11}\begin{bmatrix}3&1\\1&4\end{bmatrix}\begin{bmatrix}-6\\7\end{bmatrix}=\begin{bmatrix}1\\-2\end{bmatrix}$$

由此求得改正数和高差平差值为

$$\boldsymbol{V}=\boldsymbol{P}^{-1}\boldsymbol{A}^{\mathrm{T}}\boldsymbol{K}=\begin{bmatrix}2&&&&\\&1&&&\\&&1&&\\&&&1&\\&&&&1\end{bmatrix}\begin{bmatrix}1&0\\1&-1\\0&1\\-1&0\\0&-1\end{bmatrix}\begin{bmatrix}1\\-2\end{bmatrix}=\begin{bmatrix}2\\3\\-2\\-1\\2\end{bmatrix}(\mathrm{cm})$$

$$\hat{\boldsymbol{h}}=\boldsymbol{h}+\boldsymbol{V}=\begin{bmatrix}2.44\\16.17\\50.54\\18.61\\34.37\end{bmatrix}(\mathrm{m})$$

式中，改正数以 cm 为单位；高差以 m 为单位。

用平差值重新列出平差值条件方程，得

$$2.44+16.17-18.61=0$$

$$-16.17+50.54-34.37=0$$

计算正确。

例 6-4 图 6.3 所示为一水准网，A,B 为两个高程已知点，C,D,E,F 分别为待定点。已知高程值和观测高差如表 6-2 所示，计算各待定点的高程平差值。

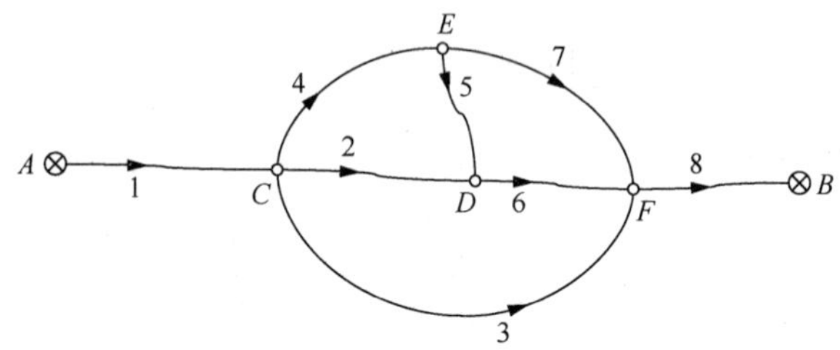

图 6.3 水准网

表 6-2 已知高程值和观测高差

已知高程值			
$H_A=31.100\text{m}$		$H_B=34.165\text{m}$	
观测高差			
$h_1=+1.001\text{m}$	$S_1=1\text{km}$	$h_5=+0.504\text{m}$	$S_1=2\text{km}$
$h_2=+1.002\text{m}$	$S_1=2\text{km}$	$h_6=+0.060\text{m}$	$S_1=2\text{km}$
$h_3=+1.064\text{m}$	$S_1=2\text{km}$	$h_7=+0.560\text{m}$	$S_1=2.5\text{km}$
$h_4=+0.500\text{m}$	$S_1=1\text{km}$	$h_8=+1.000\text{m}$	$S_1=2.5\text{km}$

解：水准网中总观测个数 $n=8$，必要观测数 $t=4$，多余观测数 $r=n-t=4$。

平差值条件方程式 $\boldsymbol{A\hat{h}}+\boldsymbol{A}_0=\boldsymbol{0}$ 为

$$\hat{h}_2-\hat{h}_4-\hat{h}_5=0$$

$$\hat{h}_2-\hat{h}_3+\hat{h}_6=0$$

$$\hat{h}_3-\hat{h}_4-\hat{h}_7=0$$

$$\hat{h}_1+\hat{h}_3+\hat{h}_8+H_A-H_B=0$$

改正数条件方程式 $\boldsymbol{AV}+\boldsymbol{W}=\boldsymbol{0}$ 为

$$\begin{cases} v_2-v_4-v_5+w_1=0 \\ v_2-v_3+v_6+w_2=0 \\ v_3-v_4-v_7+w_3=0 \\ v_1+v_3+v_8+w_4=0 \end{cases}$$

由条件方程得

$$
\boldsymbol{A}=\begin{bmatrix} 0 & 1 & 0 & -1 & -1 & 0 & 0 & 0 \\ 0 & 1 & -1 & 0 & 0 & 1 & 0 & 0 \\ 0 & 0 & 1 & -1 & 0 & 0 & -1 & 0 \\ 1 & 0 & 1 & 0 & 0 & 0 & 0 & 1 \end{bmatrix}
$$

令 C=1，观测值的权倒数为

$$
\boldsymbol{P}^{-1}=\begin{bmatrix} 1 & & & & & & & \\ & 2 & & & & & & \\ & & 2 & & & & & \\ & & & 1 & & & & \\ & & & & 2 & & & \\ & & & & & 2 & & \\ & & & & & & 2.5 & \\ & & & & & & & 2.5 \end{bmatrix}
$$

则

$$
\boldsymbol{W}=\boldsymbol{A}\boldsymbol{h}+\boldsymbol{A}_0=\begin{bmatrix} h_2-h_4-h_5 \\ h_2-h_3+h_6 \\ h_3-h_4-h_7 \\ h_1+h_3+h_8+H_A-H_B \end{bmatrix}=\begin{bmatrix} -2 \\ -2 \\ 4 \\ 0 \end{bmatrix}(\mathrm{mm})
$$

$$
\boldsymbol{N}_{aa}=\boldsymbol{A}\boldsymbol{P}^{-1}\boldsymbol{A}^{\mathrm{T}}=\begin{bmatrix} 5 & 2 & 1 & 0 \\ 2 & 6 & -2 & -2 \\ 1 & -2 & 5.5 & 2 \\ 0 & -2 & 2 & 5.5 \end{bmatrix}, \quad \boldsymbol{K}=-\boldsymbol{N}_{aa}^{-1}\boldsymbol{W}=\begin{bmatrix} 0.6426 \\ -0.1061 \\ -1.0010 \\ -0.3254 \end{bmatrix}
$$

$$
\boldsymbol{V}=\boldsymbol{P}^{-1}\boldsymbol{A}^{\mathrm{T}}\boldsymbol{K}=\begin{bmatrix} -0.3 \\ -1.1 \\ -1.1 \\ 0.4 \\ -1.3 \\ -0.2 \\ 2.5 \\ -0.8 \end{bmatrix}(\mathrm{mm}), \quad \hat{\boldsymbol{h}}=\boldsymbol{h}+\boldsymbol{V}=\begin{bmatrix} 1.001 \\ 1.000 \\ 1.063 \\ 0.500 \\ 0.503 \\ 0.060 \\ 0.562 \\ 0.001 \end{bmatrix}(\mathrm{m})
$$

6.4 附有参数的条件平差

6.4.1 平差原理

设条件平差中有观测值 n 个，必要观测值 t 个，多余观测数 r 个，取 u 个非观测量

作为参数（设为 $\hat{x}$），则要列出的条件方程数

$$c = r + u \tag{6-32}$$

附有参数的条件平差的数学模型为

$$\begin{cases} AV + B\hat{x} + W = 0 \\ D = \sigma_0^2 Q = \sigma_0^2 P^{-1} \end{cases} \tag{6-33}$$

式中，

$$W = AL + BX^0 + A_0$$

还应按照函数极值的拉格朗日乘数法，先组建函数

$$\Phi = V^{\mathrm{T}} PV - 2K^{\mathrm{T}}(AV + B\hat{x} + W)$$

为求 Φ 的极小值，将 Φ 分别对 V 和 $\hat{x}$ 求一阶偏导数，并令其为零，即

$$\frac{\partial \Phi}{\partial V} = \frac{\partial (V^{\mathrm{T}} PV)}{\partial V} - 2\frac{\partial (K^{\mathrm{T}} AV)}{\partial V} = 2V^{\mathrm{T}} P - 2K^{\mathrm{T}} A = 0$$

$$\frac{\partial \Phi}{\partial \hat{x}} = -2\frac{\partial (K^{\mathrm{T}} B\hat{x})}{\partial \hat{x}} = -2K^{\mathrm{T}} B = 0$$

以上两式转置，得

$$PV = A^{\mathrm{T}} K \tag{6-34}$$

$$B^{\mathrm{T}} K = 0 \tag{6-35}$$

由式（6-34）得改正数方程为

$$V = P^{-1} A^{\mathrm{T}} K = QA^{\mathrm{T}} K \tag{6-36}$$

从而可得附有参数的条件平差的基础方程为

$$\begin{cases} AV + B\hat{x} + W = 0 \\ V = P^{-1} A^{\mathrm{T}} K \\ B^{\mathrm{T}} K = 0 \end{cases} \tag{6-37}$$

将改正数方程代入条件方程后，得

$$AP^{-1} A^{\mathrm{T}} K + B\hat{x} + W = 0 \tag{6-38}$$

式(6-38)和式(6-35)称为附有参数的条件平差的法方程。取 $N_{aa} = AP^{-1}A^{\mathrm{T}} = AQA^{\mathrm{T}}$，不难知道 $r(N_{aa}) = r(A) = c$，N_{aa} 为对称可逆正方矩阵，式（6-38）写为

$$N_{aa} K + B\hat{x} + W = 0$$

则

$$K = -N_{aa}^{-1}(W + B\hat{x}) \tag{6-39}$$

将式（6-39）代入式（6-37），得

$$B^{\mathrm{T}} N_{aa}^{-1}(W + B\hat{x}) = 0$$

$$B^{\mathrm{T}} N_{aa}^{-1} W + B^{\mathrm{T}} N_{aa}^{\mathrm{T}} B\hat{x} = 0 \tag{6-40}$$

令

$$N_{bb} = B^{\mathrm{T}} N_{aa}^{-1} B$$

可知 $r(\boldsymbol{N}_{bb})=r(\boldsymbol{B}^{\mathrm{T}}\boldsymbol{N}_{aa}^{-1}\boldsymbol{B})=r(\boldsymbol{B})=u$，且 $\boldsymbol{N}_{bb}^{\mathrm{T}}=\boldsymbol{N}_{bb}$，故 $\boldsymbol{N}_{bb}$ 是 u 阶可逆对称正方矩阵，由式（6-40）可得

$$\boldsymbol{N}_{bb}\hat{\boldsymbol{x}}+\boldsymbol{B}^{\mathrm{T}}\boldsymbol{N}_{aa}^{-1}\boldsymbol{W}=\boldsymbol{0} \tag{6-41}$$

解得

$$\hat{\boldsymbol{x}}=-\boldsymbol{N}_{bb}^{-1}\boldsymbol{B}^{\mathrm{T}}\boldsymbol{N}_{aa}^{-1}\boldsymbol{W} \tag{6-42}$$

将式（6-42）代入式（6-39），可计算出 $\boldsymbol{K}$，然后将 $\boldsymbol{K}$ 代入式（6-38），得

$$\boldsymbol{V}=-\boldsymbol{Q}\boldsymbol{A}^{\mathrm{T}}\boldsymbol{K}=-\boldsymbol{Q}\boldsymbol{A}^{\mathrm{T}}\boldsymbol{N}_{aa}^{-1}(\boldsymbol{W}+\boldsymbol{B}\hat{\boldsymbol{x}}) \tag{6-43}$$

即可直接计算观测值的改正数 $\boldsymbol{V}$。

再由 $\hat{\boldsymbol{L}}=\boldsymbol{L}+\boldsymbol{V}$，$\hat{\boldsymbol{X}}=\boldsymbol{X}^0+\hat{\boldsymbol{x}}$ 可分别计算出观测值的平差值和非观测量的最或然值。

6.4.2 计算步骤

6.4.1 节所述，按附有参数的条件平差的计算步骤可归结为以下几步。

1）根据实际问题，确定总观测值的个数 n、必要观测值的个数 t 及多余观测个数 $r(r=n-t)$，根据平差的实际问题，设 u 个独立量为参数（$u<t$），从而确定条件方程个数。条件方程的个数等于多余观测数与参数个数之和，即 $c=r+u$。

2）列出附有参数的条件方程式（6-33），确保条件方程的独立性。

3）根据条件方程的系数矩阵 $\boldsymbol{A}$、$\boldsymbol{B}$、闭合差 $\boldsymbol{W}$ 及观测值的协因数矩阵组成法方程式（6-35）和式（6-38）。

4）解算法方程，计算出联系数 $\boldsymbol{K}$ 和 $\hat{\boldsymbol{x}}$。

5）将 $\boldsymbol{K}$ 代入式（6-36）计算出观测值改正数 $\boldsymbol{V}$。

6）计算观测量平差值 $\hat{\boldsymbol{L}}=\boldsymbol{L}+\boldsymbol{V},\hat{\boldsymbol{X}}=\boldsymbol{X}^0+\hat{\boldsymbol{x}}$。

7）为了检查平差计算的正确性，用平差值 $\hat{\boldsymbol{L}}$ 和 $\hat{\boldsymbol{X}}$ 重新列出平差值条件方程，看其是否满足方程。

8）精度估计。

6.4.3 精度评定

1. 单位权中误差的计算

附有参数的条件平差的单位权方差和中误差的计算，仍使用下述公式：

$$\begin{cases}\hat{\sigma}_0^2=\dfrac{\boldsymbol{V}^{\mathrm{T}}\boldsymbol{P}\boldsymbol{V}}{r}=\dfrac{\boldsymbol{V}^{\mathrm{T}}\boldsymbol{P}\boldsymbol{V}}{c-u}\\ \sigma_0=\sqrt{\dfrac{\boldsymbol{V}^{\mathrm{T}}\boldsymbol{P}\boldsymbol{V}}{r}}=\sqrt{\dfrac{\boldsymbol{V}^{\mathrm{T}}\boldsymbol{P}\boldsymbol{V}}{c-u}}\end{cases} \tag{6-44}$$

2. 协因数矩阵

首先写出各基本向量的表达式如下：

$$
\begin{aligned}
&\boldsymbol{L}=\boldsymbol{L}\\
&\boldsymbol{W}=\boldsymbol{A}\boldsymbol{L}+\boldsymbol{B}\boldsymbol{X}^{0}+\boldsymbol{A}_{0}\\
&\hat{\boldsymbol{X}}=\boldsymbol{X}^{0}+\hat{\boldsymbol{x}}=\boldsymbol{X}^{0}-\boldsymbol{N}_{bb}^{-1}\boldsymbol{B}^{\mathrm{T}}\boldsymbol{N}_{aa}^{-1}\boldsymbol{W}\\
&\boldsymbol{V}=\boldsymbol{Q}\boldsymbol{A}^{\mathrm{T}}\boldsymbol{K}\\
&\hat{\boldsymbol{L}}=\boldsymbol{L}+\boldsymbol{V}
\end{aligned}
$$

令 $\boldsymbol{Z}=[\boldsymbol{L}\quad \boldsymbol{W}\quad \hat{\boldsymbol{X}}\quad \boldsymbol{V}\quad \hat{\boldsymbol{L}}]^{\mathrm{T}}$，把 $\boldsymbol{W},\hat{\boldsymbol{X}},\boldsymbol{V},\hat{\boldsymbol{L}}$ 都变换为 $\boldsymbol{L}$ 的函数，按照协因数传播律，可得到其协因数矩阵。

$$
\boldsymbol{Q}_{ZZ}=\begin{bmatrix}
\boldsymbol{Q}_{LL} & \boldsymbol{Q}_{LW} & \boldsymbol{Q}_{L\hat{X}} & \boldsymbol{Q}_{LV} & \boldsymbol{Q}_{L\hat{L}}\\
\boldsymbol{Q}_{WL} & \boldsymbol{Q}_{WW} & \boldsymbol{Q}_{W\hat{X}} & \boldsymbol{Q}_{WV} & \boldsymbol{Q}_{W\hat{L}}\\
\boldsymbol{Q}_{\hat{X}L} & \boldsymbol{Q}_{\hat{X}W} & \boldsymbol{Q}_{\hat{X}\hat{X}} & \boldsymbol{Q}_{\hat{X}V} & \boldsymbol{Q}_{\hat{X}\hat{L}}\\
\boldsymbol{Q}_{VL} & \boldsymbol{Q}_{VW} & \boldsymbol{Q}_{V\hat{X}} & \boldsymbol{Q}_{VV} & \boldsymbol{Q}_{V\hat{L}}\\
\boldsymbol{Q}_{\hat{L}L} & \boldsymbol{Q}_{\hat{L}W} & \boldsymbol{Q}_{\hat{L}\hat{X}} & \boldsymbol{Q}_{\hat{L}V} & \boldsymbol{Q}_{\hat{L}\hat{L}}
\end{bmatrix}
$$

$$
=\begin{bmatrix}
\boldsymbol{Q} & \boldsymbol{Q}\boldsymbol{A}^{\mathrm{T}} & -\boldsymbol{Q}\boldsymbol{A}^{\mathrm{T}}\boldsymbol{N}_{aa}^{-1}\boldsymbol{B}\boldsymbol{N}_{bb}^{-1} & -\boldsymbol{Q}_{VV} & \boldsymbol{Q}-\boldsymbol{Q}_{VV}\\
\boldsymbol{A}\boldsymbol{Q} & \boldsymbol{N}_{aa} & -\boldsymbol{B}\boldsymbol{N}_{bb}^{-1} & -\boldsymbol{N}_{aa}\boldsymbol{Q}_{KK}\boldsymbol{A}\boldsymbol{Q} & \boldsymbol{B}\boldsymbol{N}_{bb}^{-1}\boldsymbol{B}^{\mathrm{T}}\boldsymbol{N}_{aa}^{-1}\boldsymbol{A}\boldsymbol{Q}\\
-\boldsymbol{N}_{bb}^{-1}\boldsymbol{B}^{\mathrm{T}}\boldsymbol{N}_{aa}^{-1}\boldsymbol{A}\boldsymbol{Q} & -\boldsymbol{N}_{bb}^{-1}\boldsymbol{B}^{\mathrm{T}} & \boldsymbol{N}_{bb}^{-1} & \boldsymbol{0} & -\boldsymbol{N}_{bb}^{-1}\boldsymbol{B}^{\mathrm{T}}\boldsymbol{N}_{aa}^{-1}\boldsymbol{A}\boldsymbol{Q}\\
-\boldsymbol{Q}_{VV} & -\boldsymbol{Q}\boldsymbol{A}^{\mathrm{T}}\boldsymbol{Q}_{KK}\boldsymbol{N}_{aa} & \boldsymbol{0} & \boldsymbol{Q}\boldsymbol{A}^{\mathrm{T}}\boldsymbol{Q}_{KK}\boldsymbol{A}\boldsymbol{Q} & \boldsymbol{0}\\
\boldsymbol{Q}-\boldsymbol{Q}_{VV} & \boldsymbol{Q}\boldsymbol{A}^{\mathrm{T}}\boldsymbol{N}_{aa}^{-1}\boldsymbol{B}\boldsymbol{N}_{bb}^{-1}\boldsymbol{B}^{\mathrm{T}} & -\boldsymbol{Q}\boldsymbol{A}^{\mathrm{T}}\boldsymbol{N}_{aa}^{-1}\boldsymbol{B}\boldsymbol{N}_{bb}^{-1} & \boldsymbol{0} & \boldsymbol{Q}-\boldsymbol{Q}_{VV}
\end{bmatrix}
\tag{6-45}
$$

$$
(\boldsymbol{N}_{aa}=\boldsymbol{A}\boldsymbol{Q}\boldsymbol{A}^{\mathrm{T}},\ \boldsymbol{N}_{bb}=\boldsymbol{B}^{\mathrm{T}}\boldsymbol{N}_{aa}^{-1}\boldsymbol{B},\ \boldsymbol{Q}_{KK}=\boldsymbol{N}_{aa}^{-1}-\boldsymbol{N}_{aa}^{-1}\boldsymbol{B}\boldsymbol{N}_{bb}^{-1}\boldsymbol{B}^{\mathrm{T}}\boldsymbol{N}_{aa}^{-1})
$$

3. 平差值函数中误差的计算

同条件平差一样，在附有参数的条件平差中，要评定一个量的精度，首先要将该量表达成关于观测量平差值和参数平差值的函数形式，再依据协因数传播律，计算该量的协因数，最后计算其方差或中误差。

设平差后一个量关于观测值与参数平差值的函数为

$$
\hat{\varphi}=f(\hat{\boldsymbol{L}},\hat{\boldsymbol{X}})=f(\hat{L}_1,\hat{L}_2,\cdots,\hat{L}_n;\hat{X}_1,\hat{X}_2,\cdots,\hat{X}_u) \tag{6-46}
$$

对其全微分，得权函数式

$$
\mathrm{d}\hat{\varphi}=\boldsymbol{F}_l^{\mathrm{T}}\mathrm{d}\hat{\boldsymbol{L}}+\boldsymbol{F}_x^{\mathrm{T}}\mathrm{d}\hat{\boldsymbol{X}} \tag{6-47}
$$

式中，$\boldsymbol{F}_l^{\mathrm{T}}=\left[\dfrac{\partial f}{\partial \hat{L}_1}\quad \dfrac{\partial f}{\partial \hat{L}_2}\quad \cdots\quad \dfrac{\partial f}{\partial \hat{L}_n}\right]_{\boldsymbol{L},\boldsymbol{X}^0}$；$\boldsymbol{F}_x^{\mathrm{T}}=\left[\dfrac{\partial f}{\partial \hat{X}_1}\quad \dfrac{\partial f}{\partial \hat{X}_2}\quad \cdots\quad \dfrac{\partial f}{\partial \hat{X}_u}\right]_{\boldsymbol{L},\boldsymbol{X}^0}$。

根据协因数传播律，得函数的协因数为

$$
Q_{\hat{\varphi}\hat{\varphi}}=\boldsymbol{F}_l^{\mathrm{T}}\boldsymbol{Q}_{\hat{L}\hat{L}}\boldsymbol{F}_l+\boldsymbol{F}_l^{\mathrm{T}}\boldsymbol{Q}_{\hat{L}\hat{X}}\boldsymbol{F}_x+\boldsymbol{F}_x^{\mathrm{T}}\boldsymbol{Q}_{\hat{X}\hat{L}}\boldsymbol{F}_l+\boldsymbol{F}_x^{\mathrm{T}}\boldsymbol{Q}_{\hat{X}\hat{X}}\boldsymbol{F}_x \tag{6-48}
$$

式中，$\boldsymbol{Q}_{\hat{L}\hat{L}}$、$\boldsymbol{Q}_{\hat{L}\hat{X}}$、$\boldsymbol{Q}_{\hat{X}\hat{L}}$、$\boldsymbol{Q}_{\hat{X}\hat{X}}$ 等均可从式（6-45）获得。

函数 $\hat{\varphi}$ 的方差为

$$D_{\hat{\varphi}\hat{\varphi}}=\hat{\sigma}_0^2 Q_{\hat{\varphi}\hat{\varphi}}$$

即

$$\hat{\sigma}_{\hat{\varphi}}^2=\hat{\sigma}_0^2 Q_{\hat{\varphi}\hat{\varphi}}=\hat{\sigma}_0^2\frac{1}{p_{\hat{\varphi}}}$$

$$\hat{\sigma}_{\hat{\varphi}}=\sigma_0\sqrt{Q_{\hat{\varphi}\hat{\varphi}}}=\hat{\sigma}_0\sqrt{\frac{1}{p_{\hat{\varphi}}}} \tag{6-49}$$

6.4.4 实例分析

例 6-5 在某航测照片上有一块矩形的稻田（图 6.4）。为了确定该稻田的面积，现用卡规量测该矩形的长和宽分别为l_1、l_2，又用求积仪量测该矩形面积为l_3。设该矩形面积的平差值为参数$\hat{X}$，按照附有参数的条件平差法平差，试列出其条件方程。

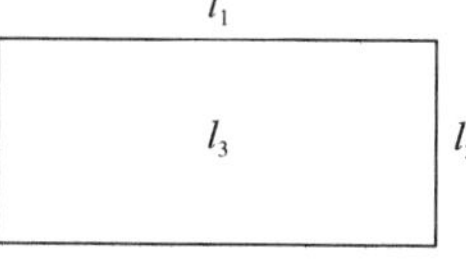

图 6.4 矩形稻田

解：本题 $n=3,t=2,r=n-t=1$，又设 $u=1$，故条件方程的总数等于 2。

两个平差值的条件方程为

$$\begin{cases}\hat{l}_1\hat{l}_2-\hat{l}_3=0\\ \hat{l}_3-\hat{X}=0\end{cases}$$

将 $\hat{L}_i=L_i+v_i,\hat{X}=X^0+\hat{x},X^0=l_3$ 代入以上条件方程，并将它们线性化，可得

$$\begin{cases}l_2v_1+l_1v_2-v_3+l_1l_2-l_3=0\\ v_3-\hat{x}=0\end{cases}$$

用矩阵表示条件方程为

$$\begin{bmatrix}l_2 & l_1 & -1\\ 0 & 0 & 1\end{bmatrix}\begin{bmatrix}v_1\\ v_2\\ v_3\end{bmatrix}+\begin{bmatrix}0\\ -1\end{bmatrix}\hat{x}+\begin{bmatrix}l_1l_2-l_3\\ 0\end{bmatrix}=\mathbf{0}$$

则有

$$\boldsymbol{A}=\begin{bmatrix}l_2 & l_1 & -1\\ 0 & 0 & 1\end{bmatrix},\boldsymbol{B}=\begin{bmatrix}0\\ -1\end{bmatrix},\boldsymbol{W}=\begin{bmatrix}l_1l_2-l_3\\ 0\end{bmatrix}$$

6.5 条件平差估值的统计性质

5.1 节说明了有关参数的估计最优性质的几个判定标准，即无偏性、一致性和有效性。本节就证明条件平差法和附有参数的条件平差法按照最小二乘原理进行平差计算所求得的结果具有上述最优性质。条件平差是附有参数的条件平差法的特例，因此只对附

有参数的条件平差法进行证明。

6.5.1 估计量 $\hat{\boldsymbol{L}}$ 和 $\hat{\boldsymbol{X}}$ 均为无偏估计

证明 $\hat{\boldsymbol{L}}$ 和 $\hat{\boldsymbol{X}}$ 是无偏估计，即证明

$$E(\hat{\boldsymbol{L}})=\tilde{\boldsymbol{L}} \quad 和 \quad E(\hat{\boldsymbol{X}})=\tilde{\boldsymbol{X}} \tag{6-50}$$

因为 $\hat{\boldsymbol{X}}=\boldsymbol{X}^0+\hat{\boldsymbol{x}}$，$\tilde{\boldsymbol{X}}=\boldsymbol{X}^0+\tilde{\boldsymbol{x}}$，故要证明 $E(\hat{\boldsymbol{X}})=\tilde{\boldsymbol{X}}$，也就是要证明

$$E(\hat{\boldsymbol{x}})=\tilde{\boldsymbol{x}} \tag{6-51}$$

对式（4-27）求数学期望，并顾及 $E(\boldsymbol{\Delta})=\boldsymbol{0}$，$\tilde{\boldsymbol{x}}$ 为真值 $\tilde{\boldsymbol{X}}$ 与 $\boldsymbol{X}^0$ 之差，$\boldsymbol{X}^0$ 取定后，$\tilde{\boldsymbol{x}}$ 即为一定值，于是得

$$E(\boldsymbol{W})=-\boldsymbol{A}E(\boldsymbol{\Delta})-\boldsymbol{B}E(\tilde{\boldsymbol{x}})=-\boldsymbol{B}\tilde{\boldsymbol{x}} \tag{6-52}$$

对式（6-42）求数学期望，则有

$$E(\hat{\boldsymbol{x}})=-\boldsymbol{Q}_{\hat{X}\hat{X}}\boldsymbol{B}^{\mathrm{T}}\boldsymbol{N}_{aa}^{-1}E(\boldsymbol{W})=\boldsymbol{Q}_{\hat{X}\hat{X}}\boldsymbol{B}^{\mathrm{T}}\boldsymbol{N}_{aa}^{-1}\boldsymbol{B}\tilde{\boldsymbol{x}}=\boldsymbol{N}_{bb}^{-1}\boldsymbol{N}_{bb}\tilde{\boldsymbol{x}}=\tilde{\boldsymbol{x}} \tag{6-53}$$

再对式（6-43）求数学期望，得

$$E(\boldsymbol{V})=-\boldsymbol{Q}\boldsymbol{A}^{\mathrm{T}}\boldsymbol{N}_{aa}^{-1}(E(\boldsymbol{W})+\boldsymbol{B}E(\hat{\boldsymbol{x}}))=-\boldsymbol{Q}\boldsymbol{A}^{\mathrm{T}}\boldsymbol{N}_{aa}^{-1}(-\boldsymbol{B}\tilde{\boldsymbol{x}}+\boldsymbol{B}\tilde{\boldsymbol{x}})=\boldsymbol{0} \tag{6-54}$$

所以有

$$E(\hat{\boldsymbol{L}})=E(\boldsymbol{L})+E(\boldsymbol{V})=\tilde{\boldsymbol{L}} \tag{6-55}$$

从而证明了 $\hat{\boldsymbol{L}}$ 和 $\hat{\boldsymbol{X}}$ 是 $\tilde{\boldsymbol{L}}$ 和 $\tilde{\boldsymbol{X}}$ 的无偏估计量。

6.5.2 估计量 $\hat{X}$ 具有最小方差

参数 $\hat{\boldsymbol{X}}$ 的协方差矩阵可由下式求出：

$$\boldsymbol{D}_{\hat{X}\hat{X}}=\hat{\sigma}_0^2\boldsymbol{Q}_{\hat{X}\hat{X}}$$

$\boldsymbol{D}_{\hat{X}\hat{X}}$ 中主对角线元素就是各 $\hat{X}_i(i=1,2,\cdots,u)$ 的方差，要证明参数估值的方差最小，根据矩阵迹的定义，也就是要证明

$$\mathrm{tr}(\boldsymbol{D}_{\hat{X}\hat{X}})=\min \text{ 或 } \mathrm{tr}(\boldsymbol{Q}_{\hat{X}\hat{X}})=\min \tag{6-56}$$

由式（6-42）知，$\hat{\boldsymbol{x}}$ 是 $\boldsymbol{W}$ 的线性函数。现假设存在另一个 $\hat{\boldsymbol{x}}'$，它也是 $\boldsymbol{W}$ 的线性函数，即

$$\hat{\boldsymbol{x}}'=\boldsymbol{H}\boldsymbol{W} \tag{6-57}$$

式中，$\boldsymbol{H}$ 为待定的系数矩阵。问题是 $\boldsymbol{H}$ 应等于什么才能使 $\hat{\boldsymbol{x}}'$ 既是无偏而且又方差最小，即 $\mathrm{tr}(\boldsymbol{Q}_{\hat{x}'\hat{x}'})=\min$。

首先要满足无偏性，则必须使

$$E(\hat{\boldsymbol{x}}')=\boldsymbol{H}E(\boldsymbol{W})=-\boldsymbol{H}\boldsymbol{B}\tilde{\boldsymbol{x}}=\tilde{\boldsymbol{x}}$$

显然只有当

$$\boldsymbol{H}\boldsymbol{B}=-\boldsymbol{I} \tag{6-58}$$

时，$\hat{\boldsymbol{x}}'$ 才是 $\tilde{\boldsymbol{x}}$ 无偏估计量。

对式（6-57）应用协因数传播律，得

$$Q_{\hat{x}'\hat{x}'} = HQ_{WW}H^{\mathrm{T}}$$

现在的问题是要求出既能满足式（6-58），又能使 $Q_{\hat{x}'\hat{x}'}$ 的迹达到极小的 H 矩阵。这是一个条件极值问题，为此组成新的函数，即

$$\Phi = \mathrm{tr}(HQ_{WW}H^{\mathrm{T}}) + \mathrm{tr}((2HB + I)K^{\mathrm{T}})$$

式中，K^{T} 为联系数向量。为求 Φ 的极小值，须将上式对 H 求一阶导数并令其为零，得

$$\frac{\partial \Phi}{\partial H} = 2HQ_{WW} + 2KB^{\mathrm{T}} = 0 \tag{6-59}$$

因为 $Q_{WW} = N_{aa}$，故由式（6-59）可得

$$H = -KB^{\mathrm{T}}N_{aa}^{-1} \tag{6-60}$$

代入式（6-58）得

$$KB^{\mathrm{T}}N_{aa}^{-1}B = I \tag{6-61}$$

考虑到 $N_{bb} = B^{\mathrm{T}}N_{aa}^{-1}B$，则

$$K = N_{bb}^{-1} \tag{6-62}$$

将式（6-62）代入式（6-60），有

$$H = -N_{bb}^{-1}B^{\mathrm{T}}N_{aa}^{-1} \tag{6-63}$$

将式（6-63）代入式（6-57），得

$$\hat{x}' = -N_{bb}^{-1}B^{\mathrm{T}}N_{aa}^{-1}W \tag{6-64}$$

将式（6-42）与式（6-64）比较可知：$\hat{x}' = \hat{x}$，$\hat{x}'$ 即为 $\hat{x}$。由于 $\hat{x}'$ 是在无偏和方差最小的条件下导出的，这说明由最小二乘准则估计求得的 $\hat{x}$ 也是最优无偏估计量，故估计量 $\hat{X} = X^0 + \hat{x}$ 的方差最小。

6.5.3 估计量 $\hat{L}$ 具有最小方差

由式（6-43）知，观测值估值 $\hat{L}$ 的计算公式为

$$\hat{L} = L + V = L - QA^{\mathrm{T}}N_{aa}^{-1}(W + B\hat{x}) \tag{6-65}$$

将式（6-42）代入式（6-65），经整理后得

$$\hat{L} = L - QA^{\mathrm{T}}N_{aa}^{-1}(I - BQ_{\hat{X}\hat{X}}B^{\mathrm{T}}N_{aa}^{-1})W \tag{6-66}$$

即 $\hat{L}$ 是 L,W 的线性函数。

要证明 $\hat{L}$ 具有最小方差，也就是要证明

$$\mathrm{tr}(D_{\hat{L}\hat{L}}) = \min \text{ 或 } \mathrm{tr}(Q_{\hat{L}\hat{L}}) = \min \tag{6-67}$$

现假设有另一个函数

$$\hat{L}' = L + GW \tag{6-68}$$

式中，G 为待定系数。对式（6-68）求数学期望，得

$$E(\hat{L}') = E(L) + GE(W) = \tilde{L} - GB\tilde{x}$$

因此，若 $\hat{L}'$ 为无偏估计量，则必须满足

$$GB = 0 \tag{6-69}$$

根据协因数传播律，得

$$Q_{\hat{L}'\hat{L}'} = Q + Q_{LW}G^{\mathrm{T}} + GQ_{WL} + GQ_{WW}G^{\mathrm{T}} \tag{6-70}$$

要在满足式（6-69）的情况下求 $\mathrm{tr}(Q_{\hat{L}'\hat{L}'}) = \min$，为此组成新的函数，即

$$\Phi = \mathrm{tr}(Q_{\hat{L}'\hat{L}'}) + \mathrm{tr}(2GBK^{\mathrm{T}}) \tag{6-71}$$

为使 Φ 极小，将其对 G 求一阶偏导数，令一阶导数为零，即

$$\frac{\partial \Phi}{\partial G} = 2Q_{LW} + 2GQ_{WW} + 2KB^{\mathrm{T}} = 0 \tag{6-72}$$

因 $Q_{LW} = QA^{\mathrm{T}}$，$Q_{WW} = N_{aa}$，由式（6-72）解得

$$G = -(QA^{\mathrm{T}} + KB^{\mathrm{T}})N_{aa}^{-1} \tag{6-73}$$

代入式（6-69）得

$$-QA^{\mathrm{T}}N_{aa}^{-1}B - KB^{\mathrm{T}}N_{aa}^{-1}B = 0$$

因 $N_{bb} = B^{\mathrm{T}}N_{aa}^{-1}B$，由上式可得

$$K = -QA^{\mathrm{T}}N_{aa}^{-1}BN_{bb}^{-1} \tag{6-74}$$

将式（6-74）代入式（6-73），得

$$G = -QA^{\mathrm{T}}N_{aa}^{-1}(I - BQ_{\hat{X}\hat{X}}B^{\mathrm{T}}N_{aa}^{-1}) \tag{6-75}$$

将式（6-75）代入式（6-68），整理后得

$$\hat{L}' = L - QA^{\mathrm{T}}N_{aa}^{-1}[(I - BQ_{\hat{X}\hat{X}}B^{\mathrm{T}}N_{aa}^{-1})W] \tag{6-76}$$

对照式（6-76）和式（6-66）知，两者完全相同，$\hat{L}'$ 即为 $\hat{L}$。由于 $\hat{L}'$ 是在无偏和方差最小的条件下导出的，说明由最小二乘准则估计求得的 $\hat{L}$ 也是最优无偏估计量，故估计量 $\hat{L}$ 的方差最小。

综合前面的证明可知，按最小二乘准则求得的 $\hat{L}, \hat{X}$ 都是最优无偏估计量。

6.5.4 单位权方差估值 $\hat{\sigma}_0^2$ 是 σ_0^2 的无偏估计量

在本章所述的平差方法中，单位权方差的估值是用 $V^{\mathrm{T}}PV$ 除以各自的自由度，即

$$\hat{\sigma}_0^2 = \frac{V^{\mathrm{T}}PV}{r} \tag{6-77}$$

自由度即为多余观测个数，现在要证明

$$E(\hat{\sigma}_0^2) = \sigma_0^2 \tag{6-78}$$

由数理统计学可知，若有服从任一分布的 q 维随机向量 $\underset{q\times 1}{Y}$，已知其数学期望为 $\underset{q\times q}{\eta}$，方差矩阵为 $\underset{q\times q}{D_{YY}}$，则根据式（2-31）可得

$$E(Y^{\mathrm{T}}BY) = \mathrm{tr}(BD_Y) + \eta^{\mathrm{T}}B\eta \tag{6-79}$$

式中，B 为任一 q 阶的对称可逆矩阵。

现用 V 向量代替式（6-79）中的 Y 向量，则其中的 η 应换为 $E(V)$，D_{YY} 应换为 D_{VV}，

$\boldsymbol{B}$ 矩阵换成权矩阵 $\boldsymbol{P}$ ，于是有

$$E(\boldsymbol{V}^{\mathrm{T}}\boldsymbol{P}\boldsymbol{V})=\mathrm{tr}(\boldsymbol{P}\boldsymbol{D}_{\boldsymbol{V}\boldsymbol{V}})+E(\boldsymbol{V})^{\mathrm{T}}\boldsymbol{P}E(\boldsymbol{V}) \tag{6-80}$$

前面已经证明 $E(\boldsymbol{V})=\boldsymbol{0}$ ，而 $\boldsymbol{D}_{\boldsymbol{V}\boldsymbol{V}}=\sigma_0^2\boldsymbol{Q}_{\boldsymbol{V}\boldsymbol{V}}$ ，于是有

$$E(\boldsymbol{V}^{\mathrm{T}}\boldsymbol{P}\boldsymbol{V})=\sigma_0^2\mathrm{tr}(\boldsymbol{P}\boldsymbol{Q}_{\boldsymbol{V}\boldsymbol{V}}) \tag{6-81}$$

将 $\boldsymbol{Q}_{\boldsymbol{V}\boldsymbol{V}}=\boldsymbol{Q}\boldsymbol{A}^{\mathrm{T}}(\boldsymbol{N}_{aa}^{-1}-\boldsymbol{N}_{aa}^{-1}\boldsymbol{B}\boldsymbol{Q}_{\hat{X}\hat{X}}\boldsymbol{B}^{\mathrm{T}}\boldsymbol{N}_{aa}^{-1})\boldsymbol{A}\boldsymbol{Q}$ 代入式（6-81），并顾及 $\boldsymbol{P}\boldsymbol{Q}=\boldsymbol{I}$ ， $\boldsymbol{A}\boldsymbol{Q}\boldsymbol{A}^{\mathrm{T}}=\boldsymbol{N}_{aa}$ ， $\boldsymbol{B}^{\mathrm{T}}\boldsymbol{N}_{aa}^{-1}\boldsymbol{B}=\boldsymbol{N}_{bb}$ ，则得

$$\begin{aligned}E(\boldsymbol{V}^{\mathrm{T}}\boldsymbol{P}\boldsymbol{V})&=\sigma_0^2\mathrm{tr}[\boldsymbol{P}\boldsymbol{Q}\boldsymbol{A}^{\mathrm{T}}(\boldsymbol{N}_{aa}^{-1}-\boldsymbol{N}_{aa}^{-1}\boldsymbol{B}\boldsymbol{Q}_{\hat{X}\hat{X}}\boldsymbol{B}^{\mathrm{T}}\boldsymbol{N}_{aa}^{-1})\boldsymbol{A}\boldsymbol{Q}]\\&=\sigma_0^2\mathrm{tr}[\boldsymbol{A}\boldsymbol{Q}\boldsymbol{A}^{\mathrm{T}}(\boldsymbol{N}_{aa}^{-1}-\boldsymbol{N}_{aa}^{-1}\boldsymbol{B}\boldsymbol{Q}_{\hat{X}\hat{X}}\boldsymbol{B}^{\mathrm{T}}\boldsymbol{N}_{aa}^{-1})]\\&=\sigma_0^2\mathrm{tr}[\underset{c\times c}{\boldsymbol{I}}-\boldsymbol{Q}_{\hat{X}\hat{X}}\boldsymbol{B}^{\mathrm{T}}\boldsymbol{N}_{aa}^{-1}\boldsymbol{B}]=\sigma_0^2[c-\mathrm{tr}(\boldsymbol{Q}_{\hat{X}\hat{X}}\boldsymbol{N}_{bb})]\\&=\sigma_0^2[c-\mathrm{tr}(\boldsymbol{N}_{bb}^{-1}\boldsymbol{N}_{bb})]=\sigma_0^2(c-u)\end{aligned} \tag{6-82}$$

将式（6-82）代入式（6-81），有

$$E(\boldsymbol{V}^{\mathrm{T}}\boldsymbol{P}\boldsymbol{V})=\sigma_0^2(c-u)\quad 或\quad E\left(\frac{\boldsymbol{V}^{\mathrm{T}}\boldsymbol{P}\boldsymbol{V}}{c-u}\right)=\sigma_0^2 \tag{6-83}$$

式（6-83）也可以写成

$$E\left(\frac{\boldsymbol{V}^{\mathrm{T}}\boldsymbol{P}\boldsymbol{V}}{c-u}\right)=E\left(\frac{\boldsymbol{V}^{\mathrm{T}}\boldsymbol{P}\boldsymbol{V}}{r}\right)=E(\hat{\sigma}_0^2)=\sigma_0^2 \tag{6-84}$$

故结论得证。说明单位权方差估值 $\hat{\sigma}_0^2$ 是 σ_0^2 的无偏估计量。

第7章 间接平差

教学目标

本章是全书的重点，主要介绍间接平差和附有限制条件的间接平差的原理及其应用。通过本章的学习，应达到以下目标。

1）重点掌握间接平差的基本原理。

2）掌握误差方程的列立。

3）重点掌握间接平差的精度评定公式及其应用。

4）重点掌握直接平差的应用。

5）重点掌握导线网平差。

6）重点掌握间接平差在测量中的应用。

7）掌握附有限制条件的间接平差的原理与应用。

8）了解间接平差与条件平差的关系。

9）能推导间接平差估值的统计性质。

教学要求

知识要点	能力要求	相关知识
间接平差的基本原理	1）重点掌握间接平差的基础方程及求解； 2）熟悉间接平差的计算步骤； 3）能推导间接平差的公式	1）误差方程的列立； 2）法方程； 3）实例分析
误差方程的列立	1）掌握列立误差方程时要注意的问题； 2）掌握误差方程的线性化方法； 3）掌握各种几何模型误差方程的列立	1）误差方程的线性化； 2）测角坐标网误差方程的列立； 3）测边坐标网误差方程的列立； 4）实例分析
间接平差的精度评定	1）掌握单位权方差的估值公式； 2）掌握并推导协因数矩阵的计算； 3）掌握平差值函数中误差的计算	1）单位权方差估值的推导； 2）协因数矩阵的推导； 3）参数函数中误差的计算； 4）实例分析
直接平差	掌握直接平差	直接平差的计算
导线网平差	掌握导线网平差	1）导线网间接平差的计算； 2）实例分析
间接平差的应用	掌握间接平差在测量中的应用	1）间接平差的计算； 2）实例分析
附有限制条件的间接平差	1）掌握附有限制条件的间接平差的基本原理； 2）能推导附有限制条件的间接平差的公式； 3）了解附有限制条件的间接平差的条件	1）基础方程和求解； 2）精度评定的公式推导； 3）附有限制条件的间接平差的运用； 4）误差方程个数的确定及误差方程的列立； 5）实例分析

续表

知识要点	能力要求	相关知识
间接平差与条件平差的关系	1）了解条件平差与间接平差的关系； 2）能推导间接平差与条件平差的关系公式； 3）掌握条件方程与误差方程之间的转换	1）法矩阵之间关系的推导； 2）系数矩阵 $\boldsymbol{A},\boldsymbol{B}$ 之间关系的推导； 3）$\boldsymbol{l},\boldsymbol{W}$ 之间关系的推导； 4）条件方程向误差方程的转换； 5）误差方程向条件方程的转换
间接平差估值的统计性质	1）掌握间接平差的统计性质； 2）能证明间接平差的统计性质	1）$\hat{\boldsymbol{L}},\hat{\boldsymbol{X}}$ 无偏估计的证明； 2）$\hat{\boldsymbol{L}},\hat{\boldsymbol{X}}$ 具有最小方差的证明； 3）单位权估值 $\hat{\sigma}^2$ 是 σ^2 的无偏估计的证明

引例

在测量工作中，为了能及时发现错误和提高测量精度，常做多余观测，这就产生了平差问题。平差模型选择的独立参数与必要观测数一致，以误差方程为其函数模型，在最小二乘原理准则下求解，并用来评价其精度及观测值函数的精度，这就是本章所要研究的内容。

7.1 间接平差的基本原理

第 4 章给出了间接平差的函数模型为

$$\hat{\boldsymbol{L}} = \boldsymbol{B}\hat{\boldsymbol{X}} + \boldsymbol{d} \tag{7-1}$$

平差时，一般对参数 $\hat{\boldsymbol{X}}$ 取近似值 $\boldsymbol{X}^0$，令

$$\hat{\boldsymbol{X}} = \boldsymbol{X}^0 + \hat{\boldsymbol{x}} \tag{7-2}$$

将式（7-2）代入式（7-1），并令

$$\boldsymbol{l} = \boldsymbol{L} - (\boldsymbol{B}\boldsymbol{X}^0 + \boldsymbol{d}) = \boldsymbol{L} - \boldsymbol{L}^0 \tag{7-3}$$

$\boldsymbol{L}^0 = \boldsymbol{B}\boldsymbol{X}^0 + \boldsymbol{d}$ 为观测值的近似值，所以 $\boldsymbol{l}$ 是观测值与其近似值之差，由此可得误差方程为

$$\boldsymbol{V} = \boldsymbol{B}\hat{\boldsymbol{x}} - \boldsymbol{l} \tag{7-4}$$

式中，$\boldsymbol{l}$ 为误差方程常数项，当参数不取近似值时，$\boldsymbol{l} = \boldsymbol{L} - \boldsymbol{d}$。由于 $\boldsymbol{l}$ 与 $\boldsymbol{L}$ 只差一个常数，故其精度相同，即 $\boldsymbol{D}_l = \boldsymbol{D}_L = \boldsymbol{D}$，$\boldsymbol{Q}_{ll} = \boldsymbol{Q}_{LL} = \boldsymbol{Q}$，$\boldsymbol{l}$ 也称为观测值。

间接平差的准则为

$$\boldsymbol{V}^{\mathrm{T}}\boldsymbol{P}\boldsymbol{V} = \min \tag{7-5}$$

间接平差是在最小二乘准则要求下求出误差方程中的待定参数 $\hat{\boldsymbol{x}}$，在数学中是求多元函数的极值问题。

7.1.1 基础方程及其解

设平差问题中有 n 个观测值 $\boldsymbol{L}$，已知其协因数矩阵 $\boldsymbol{Q} = \boldsymbol{P}^{-1}$，必要观测数为 t，选定 t 个独立参数 $\hat{\boldsymbol{X}}$，其近似值 $\hat{\boldsymbol{X}} = \boldsymbol{X}^0 + \hat{\boldsymbol{x}}$。按照具体平差问题，可列出 n 个观测值方程为

$$L_i + v_i = a_i\hat{X}_1 + b_i\hat{X}_2 + \cdots + t_i\hat{X}_t + d_i \quad (i = 1,2,\cdots,n) \tag{7-6}$$

令

$$\underset{n\times 1}{\boldsymbol{L}} = [L_1 \quad L_2 \quad \cdots \quad L_n]^{\mathrm{T}}$$

$$\underset{n\times 1}{\boldsymbol{V}} = [v_1 \quad v_2 \quad \cdots \quad v_n]^{\mathrm{T}}$$

$$\underset{n\times 1}{\hat{\boldsymbol{X}}} = [\hat{X}_1 \quad \hat{X}_2 \quad \cdots \quad \hat{X}_n]^{\mathrm{T}}$$

$$\underset{n\times 1}{\boldsymbol{d}} = [d_1 \quad d_2 \quad \cdots \quad d_n]^{\mathrm{T}}$$

$$\underset{n\times 1}{\boldsymbol{l}} = [l_1 \quad l_2 \quad \cdots \quad l_n]^{\mathrm{T}}$$

$$\underset{n\times 1}{\boldsymbol{X}^0} = [X_1^0 \quad X_2^0 \quad \cdots \quad X_n^0]^{\mathrm{T}}$$

$$\underset{n\times 1}{\boldsymbol{L}^0} = [L_1^0 \quad L_2^0 \quad \cdots \quad L_n^0]^{\mathrm{T}}$$

$$\underset{n\times t}{\boldsymbol{B}} = \begin{bmatrix} a_1 & b_1 & \cdots & t_1 \\ a_2 & b_2 & \cdots & t_2 \\ \vdots & \vdots & & \vdots \\ a_n & b_n & \cdots & t_n \end{bmatrix}$$

则观测值方程的矩阵形式为

$$\boldsymbol{L} + \boldsymbol{V} = \boldsymbol{B}\hat{\boldsymbol{X}} + \boldsymbol{d} \tag{7-7}$$

令

$$\begin{cases} \hat{\boldsymbol{X}} = \boldsymbol{X}^0 + \hat{\boldsymbol{x}} \\ \boldsymbol{l} = \boldsymbol{L} - (\boldsymbol{B}\boldsymbol{X}^0 + \boldsymbol{d}) \end{cases} \tag{7-8}$$

式中，$\boldsymbol{X}^0$ 为参数的充分近似值，于是可得误差方程式为

$$\boldsymbol{V} = \boldsymbol{B}\hat{\boldsymbol{x}} - \boldsymbol{l}$$

按照最小二乘原理，上式中的 $\hat{\boldsymbol{x}}$ 必须满足 $\boldsymbol{V}^{\mathrm{T}}\boldsymbol{P}\boldsymbol{V} = \min$ 的要求，因为 t 个参数为独立量，故可按数学上求函数自由极值的方法，得

$$\frac{\mathrm{d}\boldsymbol{V}^{\mathrm{T}}\boldsymbol{P}\boldsymbol{V}}{\mathrm{d}\hat{\boldsymbol{x}}} = 2\boldsymbol{V}^{\mathrm{T}}\boldsymbol{P}\frac{\mathrm{d}\boldsymbol{V}}{\mathrm{d}\hat{\boldsymbol{x}}} = 2\boldsymbol{V}^{\mathrm{T}}\boldsymbol{P}\boldsymbol{B} = \boldsymbol{0}$$

转置后得

$$\boldsymbol{B}^{\mathrm{T}}\boldsymbol{P}\boldsymbol{V} = \boldsymbol{0} \tag{7-9}$$

以上所得的式(7-4)和式(7-9)中的待求量是 n 个 $\boldsymbol{V}$ 和 t 个 $\hat{\boldsymbol{x}}$，而方程个数也是 $n+t$ 个，有唯一解，称此两式为间接平差的基础方程。

解此基础方程，一般是将式（7-4）代入式（7-9），以便先消去 $\boldsymbol{V}$，得

$$\boldsymbol{B}^{\mathrm{T}}\boldsymbol{P}\boldsymbol{B}\hat{\boldsymbol{x}} - \boldsymbol{B}^{\mathrm{T}}\boldsymbol{P}\boldsymbol{l} = \boldsymbol{0} \tag{7-10}$$

令

$$\underset{t\times t}{\boldsymbol{N}_{BB}} = \boldsymbol{B}^{\mathrm{T}}\boldsymbol{P}\boldsymbol{B},\ \underset{t\times 1}{\boldsymbol{W}} = \boldsymbol{B}^{\mathrm{T}}\boldsymbol{P}\boldsymbol{l}$$

上式可简写成

$$\boldsymbol{N}_{BB}\hat{\boldsymbol{x}} - \boldsymbol{W} = \boldsymbol{0} \tag{7-11}$$

式中，系数矩阵 $\boldsymbol{N}_{BB}$ 为满秩矩阵，即 $r(\boldsymbol{N}_{BB}) = t$， $\hat{\boldsymbol{x}}$ 有唯一解，式（7-11）称为间接平差的法方程。解得

$$\hat{\boldsymbol{x}} = \boldsymbol{N}_{BB}^{-1}\boldsymbol{W} \tag{7-12}$$

或

$$\hat{\boldsymbol{x}} = (\boldsymbol{B}^{\mathrm{T}}\boldsymbol{P}\boldsymbol{B})^{-1}\boldsymbol{B}^{\mathrm{T}}\boldsymbol{P}\boldsymbol{l} \tag{7-13}$$

将求出的 $\hat{\boldsymbol{x}}$ 代入误差方程式（7-4），即可求得改正数 $\boldsymbol{V}$，从而得平差结果为

$$\hat{\boldsymbol{L}} = \boldsymbol{L} + \boldsymbol{V},\ \hat{\boldsymbol{X}} = \boldsymbol{X}^0 + \hat{\boldsymbol{x}} \tag{7-14}$$

当 $\boldsymbol{P}$ 为对角矩阵时，即观测值之间相互独立，则法方程式（7-11）的纯量形式为

$$\begin{cases} [paa]\hat{x}_1 + [pab]\hat{x}_2 + \cdots + [pat]\hat{x}_t = [pal] \\ [pab]\hat{x}_1 + [pbb]\hat{x}_2 + \cdots + [pbt]\hat{x}_t = [pbl] \\ \qquad\qquad\qquad\vdots \\ [pat]\hat{x}_1 + [pbt]\hat{x}_2 + \cdots + [ptt]\hat{x}_t = [ptl] \end{cases} \tag{7-15}$$

式中，p 为权；a、b、t 为系数。

7.1.2　计算步骤

1）根据平差问题的性质，选择 t 个独立量作为参数。

2）将每一个观测量的平差值分别表达成所选参数的函数，若函数非线性，则将其线性化，列出误差方程式（7-4）。

3）由误差方程系数 $\boldsymbol{B}$ 和自由项 $\boldsymbol{l}$ 组成法方程式（7-11），法方程个数等于参数的个数 t 。

4）解算法方程，求出参数 $\hat{\boldsymbol{x}}$，计算参数的平差值 $\hat{\boldsymbol{X}} = \boldsymbol{X}^0 + \hat{\boldsymbol{x}}$ 。

5）由误差方程计算 $\boldsymbol{V}$，求出观测量平差值 $\hat{\boldsymbol{L}} = \boldsymbol{L} + \boldsymbol{V}$ 。

6）评定精度。

7.1.3　实例分析

例 7-1　在图 7.1 所示的水准网中，A、B、C 为已知水准点，观测高差及路线长度如下：$h_1 = 1.003\text{m}$，$h_2 = 0.501\text{m}$，$h_3 = 0.503\text{m}$，$h_4 = 0.505\text{m}$；$S_1 = 1\text{km}$，$S_2 = 2\text{km}$，$S_3 = 2\text{km}$，$S_4 = 1\text{km}$。已知 $H_A = 11.000\text{m}$，$H_B = 11.5000\text{m}$，$H_C = 12.008\text{m}$，试用间接平差法求 P_1 点及 P_2 点的高程平差值。

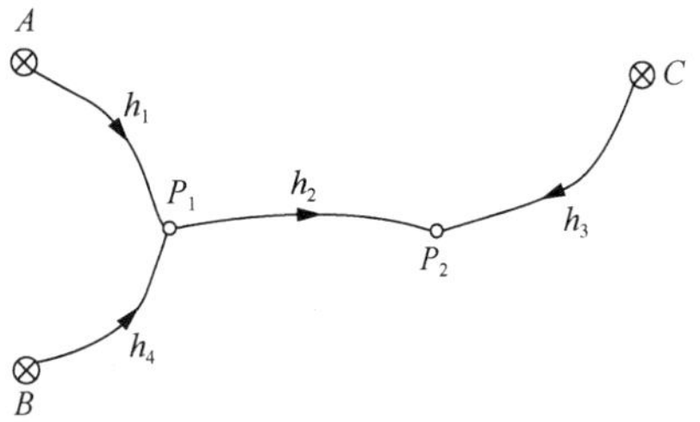

图 7.1　水准网

解：1）按题意知必要观测数 $t = 2$，选取 P_1、P_2 两点高程 $\hat{X}_1$、$\hat{X}_2$ 为参数，取未知参数的近似值为 $X_1^0 = H_A + h_1 = 12.003\text{m}$、$X_2^0 = H_C + h_3 = 12.511\text{m}$，

令 2km 观测为单位权观测，则 $P_1=2$， $P_2=1$， $P_3=1$， $P_4=2$ 。

2）根据图形列观测值方程，计算误差方程式为

$$\begin{cases} v_1=\hat{x}_1-(h_1-X_1^0+H_A) \\ v_2=-\hat{x}_1+\hat{x}_2-(h_2-X_2^0+X_1^0) \\ v_3=\hat{x}_2-(h_3-X_2^0+H_C) \\ v_4=\hat{x}_1-(h_4-X_1^0+H_B) \end{cases}$$

代入具体数值，并将改正数以 mm 为单位，则有

$$\begin{cases} v_1=\hat{x}_1-0 \\ v_2=-\hat{x}_1+\hat{x}_2-(-7) \\ v_3=\hat{x}_2-0 \\ v_4=\hat{x}_1-2 \end{cases}$$

则 $\boldsymbol{B}$、$\boldsymbol{P}$、$\boldsymbol{l}$ 矩阵为

$$\boldsymbol{B}=\begin{bmatrix} 1 & 0 \\ -1 & 1 \\ 0 & 1 \\ 1 & 0 \end{bmatrix} \quad \boldsymbol{P}=\begin{bmatrix} 2 & 0 & 0 & 0 \\ 0 & 1 & 0 & 0 \\ 0 & 0 & 1 & 0 \\ 0 & 0 & 0 & 2 \end{bmatrix} \quad \boldsymbol{l}=\begin{bmatrix} 0 \\ -7 \\ 0 \\ 2 \end{bmatrix}$$

3）由误差方程系数 $\boldsymbol{B}$ 和自由项 $\boldsymbol{l}$ 组成法方程，得

$$\begin{bmatrix} 5 & -1 \\ -1 & 2 \end{bmatrix}\begin{bmatrix} \hat{x}_1 \\ \hat{x}_2 \end{bmatrix}-\begin{bmatrix} 11 \\ -7 \end{bmatrix}=0$$

4）解算法方程，求出参数 $\hat{\boldsymbol{x}}$，计算参数的平差值 $\hat{\boldsymbol{X}}=\boldsymbol{X}^0+\hat{\boldsymbol{x}}$，可得

$$\begin{bmatrix} \hat{x}_1 \\ \hat{x}_2 \end{bmatrix}=\begin{bmatrix} 5 & -1 \\ -1 & 2 \end{bmatrix}^{-1}\begin{bmatrix} 11 \\ -7 \end{bmatrix}=\frac{1}{9}\begin{bmatrix} 2 & 1 \\ 1 & 5 \end{bmatrix}\begin{bmatrix} 11 \\ -7 \end{bmatrix}=\begin{bmatrix} 1.7 \\ -2.7 \end{bmatrix}(\text{mm})$$

$$\begin{bmatrix} \hat{X}_1 \\ \hat{X}_2 \end{bmatrix}=\begin{bmatrix} X_1^0 \\ X_2^0 \end{bmatrix}+\begin{bmatrix} \hat{x}_1 \\ \hat{x}_2 \end{bmatrix}=\begin{bmatrix} 12.003 \\ 12.511 \end{bmatrix}(\text{m})+\begin{bmatrix} 1.7 \\ -2.7 \end{bmatrix}(\text{mm})=\begin{bmatrix} 12.0047 \\ 12.5083 \end{bmatrix}(\text{m})$$

5）由误差方程计算 $\boldsymbol{V}$，求出观测量平差值 $\hat{\boldsymbol{h}}=\boldsymbol{h}+\boldsymbol{V}$，即

$$\begin{bmatrix} v_1 \\ v_2 \\ v_3 \\ v_4 \end{bmatrix}=\begin{bmatrix} 1 & 0 \\ -1 & 1 \\ 0 & 1 \\ 1 & 0 \end{bmatrix}\begin{bmatrix} 1.7 \\ -2.7 \end{bmatrix}-\begin{bmatrix} 0 \\ -7 \\ 0 \\ 2 \end{bmatrix}=\begin{bmatrix} 1.7 \\ -4.4 \\ -2.7 \\ 1.7 \end{bmatrix}-\begin{bmatrix} 0 \\ -7 \\ 0 \\ 2 \end{bmatrix}=\begin{bmatrix} 1.7 \\ 2.6 \\ -2.7 \\ -0.3 \end{bmatrix}(\text{mm})$$

$$\begin{bmatrix} \hat{h}_1 \\ \hat{h}_2 \\ \hat{h}_3 \\ \hat{h}_4 \end{bmatrix}=\begin{bmatrix} h_1 \\ h_2 \\ h_3 \\ h_4 \end{bmatrix}+\begin{bmatrix} v_1 \\ v_2 \\ v_3 \\ v_4 \end{bmatrix}=\begin{bmatrix} 1.003 \\ 0.501 \\ 0.503 \\ 0.505 \end{bmatrix}(\text{m})+\begin{bmatrix} 1.7 \\ 2.7 \\ -2.7 \\ -0.3 \end{bmatrix}(\text{mm})=\begin{bmatrix} 1.0047 \\ 0.5037 \\ 0.5003 \\ 0.5047 \end{bmatrix}(\text{m})$$

7.2 误差方程

7.2.1 列误差方程时应该注意的几点

1）有 n 个观测值就会产生 n 个误差方程，它们是一一对应的。

2）通常将欲求的值设为参数。

3）一个误差方程里只能出现一个观测值的改正数，且该改正数只能出现在误差方程中等号的左端，等号右端应该完全由参数和常数构成，不能再出现任何其他观测值的改正数。

4）参数近似值 $\boldsymbol{X}^0$ 已经取定，求每个误差方程常数项 $l_i(i=1,2,\cdots,n)$ 时就不能再变动。

5）由于用了参数近似值 $\boldsymbol{X}^0$，各常数项 l_i 的值通常会很小，为减少计算时末尾误差的影响，l_i 应采用“大值小单位”原则。例如，$l_i=0.016\text{m}$ 时，一般取 $l_i=16\text{mm}$；$l_i=0^\circ00'19''$ 时，应取 $l_i=19''$。

7.2.2 误差方程线性化

取 $\hat{\boldsymbol{X}}$ 的充分近似值 $\boldsymbol{X}^0$，$\hat{\boldsymbol{x}}$ 是微小量，按照泰勒公式展开时可以略去二次和二次以上的项，而只取一次项，于是可对非线性平差值方程式线性化，将

$$\hat{L}_i=L_i+v_i=f_i(\hat{X}_1,\hat{X}_2,\cdots,\hat{X}_t)=f_i(X_1^0+\hat{x}_1,X_2^0+\hat{x}_2,\cdots,X_t^0+\hat{x}_t) \tag{7-16}$$

按照泰勒公式展开，得

$$v_i=\left(\frac{\partial f_i}{\partial \hat{X}_1}\right)_0\hat{x}_1+\left(\frac{\partial f_i}{\partial \hat{X}_2}\right)_0\hat{x}_2+\cdots+\left(\frac{\partial f_i}{\partial \hat{X}_t}\right)_0\hat{x}_t-(L_i-f_i(X_1^0,X_2^0,\cdots,X_t^0)) \tag{7-17}$$

令

$$a_i=\left(\frac{\partial f_i}{\partial \hat{X}_1}\right)_0,b_i=\left(\frac{\partial f_i}{\partial \hat{X}_2}\right)_0,\cdots,t_i=\left(\frac{\partial f_i}{\partial \hat{X}_t}\right)_0$$

$$l_i=L_i-f_i(X_1^0,X_2^0,\cdots,X_t^0)=L_i-L_i^0 \tag{7-18}$$

式中，L_i^0 为相应的函数的近似值；自由项 l_i 为观测值 L_i 减去其近似值 L_i^0。式（7-17）可写为

$$v_i=a_i\hat{x}_1+b_i\hat{x}_2+\cdots+t_i\hat{x}_t-l_i \tag{7-19}$$

需要指出的是，线性化的误差方程式是个近似式，因为它略去了 $\hat{x}_i$ 的二次以上的各项。当 $\hat{x}_i$ 很小时，略去高次项是不会影响计算精度的。如果由于某种原因不能求得较为精确的参数的近似值，即 $\hat{x}_i(i=1,2,\cdots,t)$ 都很大，则平差值之间仍然会存在不符值。此时，就要将第一次平差结果作为参数的近似值再进行一次平差。

上面给出了非线性误差方程的线性化一般方法，掌握这个一般方法，一切非线性误差方程都可以线性化。

7.2.3 测角网函数模型

1. 测角网坐标平差的误差方程

观测值为角度、参数为待定点坐标的平差问题称为测角网坐标平差。本节先介绍坐标改正数与坐标方位角改正数之间的关系。

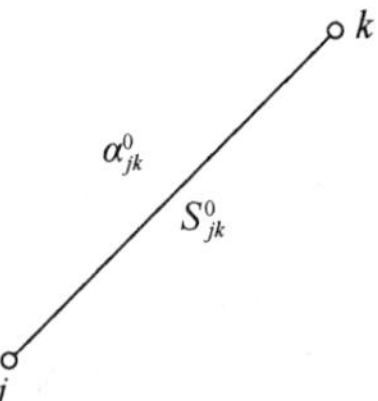

图 7.2　线段 jk

在图 7.2 中，j,k 是两个待定点，它们的近似坐标为 X_j^0,Y_j^0,X_k^0,Y_k^0。根据这些近似坐标可以计算 j,k 两点间的近似坐标方位角 α_{jk}^0 和近似边长 S_{jk}^0。设这两点的近似坐标改正数为 $\hat{x}_j,\hat{y}_j,\hat{x}_k,\hat{y}_k$，即

$$\hat{X}_j = X_j^0 + \hat{x}_j,\ \hat{Y}_j = Y_j^0 + \hat{y}_j$$

$$\hat{X}_k = X_k^0 + \hat{x}_k,\ \hat{Y}_k = Y_k^0 + \hat{y}_k$$

由近似坐标改正数引起的近似坐标方位角的改正数为 $\delta\alpha_{jk}$，即

$$\hat{\alpha}_{jk} = \alpha_{jk}^0 + \delta\alpha_{jk} \tag{7-20}$$

现求坐标改正数 $\hat{x}_j,\hat{y}_j,\hat{x}_k,\hat{y}_k$ 与坐标方位角改正数 $\delta\alpha_{jk}$ 之间的线性关系。

根据图 7.2 可以写出

$$\hat{\alpha}_{jk} = \arctan\frac{(Y_k^0+\hat{y}_k)-(Y_j^0+\hat{y}_j)}{(X_k^0+\hat{x}_k)-(X_j^0+\hat{x}_j)}$$

将上式右端按泰勒公式展开，得

$$\hat{\alpha}_{jk} = \arctan\frac{Y_k^0-Y_j^0}{X_k^0-X_j^0} + \left(\frac{\partial\hat{\alpha}_{jk}}{\partial\hat{X}_j}\right)_0\hat{x}_j + \left(\frac{\partial\hat{\alpha}_{jk}}{\partial\hat{Y}_j}\right)_0\hat{y}_j + \left(\frac{\partial\hat{\alpha}_{jk}}{\partial\hat{X}_k}\right)_0\hat{x}_k + \left(\frac{\partial\hat{\alpha}_{jk}}{\partial\hat{Y}_k}\right)_0\hat{y}_k$$

等式中右边第一项就是由近似坐标算得的近似坐标方位角 α_{jk}^0，对照式（7-20）可知

$$\delta\hat{\alpha}_{jk} = \left(\frac{\partial\hat{\alpha}_{jk}}{\partial\hat{X}_j}\right)_0\hat{x}_j + \left(\frac{\partial\hat{\alpha}_{jk}}{\partial\hat{Y}_j}\right)_0\hat{y}_j + \left(\frac{\partial\hat{\alpha}_{jk}}{\partial\hat{X}_k}\right)_0\hat{x}_k + \left(\frac{\partial\hat{\alpha}_{jk}}{\partial\hat{Y}_k}\right)_0\hat{y}_k \tag{7-21}$$

式中，$\left(\dfrac{\partial\hat{\alpha}_{jk}}{\partial\hat{X}_j}\right)_0 = \dfrac{\dfrac{Y_k^0-Y_j^0}{(X_k^0-X_j^0)^2}}{1+\left(\dfrac{Y_k^0-Y_j^0}{X_k^0-X_j^0}\right)^2} = \dfrac{Y_k^0-Y_j^0}{(X_k^0-X_j^0)^2+(Y_k^0-Y_j^0)^2} = \dfrac{\Delta Y_{jk}^0}{(S_{jk}^0)^2}$。

同理，可得

$$\left(\frac{\partial\hat{\alpha}_{jk}}{\partial\hat{Y}_j}\right)_0 = -\frac{\Delta X_{jk}^0}{(S_{jk}^0)^2},\ \left(\frac{\partial\hat{\alpha}_{jk}}{\partial\hat{X}_k}\right)_0 = -\frac{\Delta Y_{jk}^0}{(S_{jk}^0)^2},\ \left(\frac{\partial\hat{\alpha}_{jk}}{\partial\hat{Y}_k}\right)_0 = \frac{\Delta X_{jk}^0}{(S_{jk}^0)^2}$$

将上列结果代入式（7-21），并统一单位得

$$\delta\alpha''_{jk} = \frac{\rho''\Delta Y_{jk}^0}{(S_{jk}^0)^2}\hat{x}_j - \frac{\rho''\Delta X_{jk}^0}{(S_{jk}^0)^2}\hat{y}_j - \frac{\rho''\Delta Y_{jk}^0}{(S_{jk}^0)^2}\hat{x}_k + \frac{\rho''\Delta X_{jk}^0}{(S_{jk}^0)^2}\hat{y}_k \tag{7-22}$$

或写成

$$\delta\alpha''_{jk}=\frac{\rho''\sin\alpha^0_{jk}}{S^0_{jk}}\hat{x}_j-\frac{\rho''\cos\alpha^0_{jk}}{S^0_{jk}}\hat{y}_j-\frac{\rho''\sin\alpha^0_{jk}}{S^0_{jk}}\hat{x}_k+\frac{\rho''\cos\alpha^0_{jk}}{S^0_{jk}}\hat{y}_k \tag{7-23}$$

令

$$a_{jk}=\frac{\rho''\Delta Y^0_{jk}}{(S^0_{jk})^2}=\frac{\rho''\sin\alpha^0_{jk}}{S^0_{jk}},\quad b_{jk}=-\frac{\rho''\Delta X^0_{jk}}{(S^0_{jk})^2}=-\frac{\rho''\cos\alpha^0_{jk}}{S^0_{jk}}$$

则式（7-23）可写成

$$\delta\alpha''_{jk}=a_{jk}\hat{x}_j+b_{jk}\hat{y}_j-a_{jk}\hat{x}_k-b_{jk}\hat{y}_k \tag{7-24}$$

式（7-23）和式（7-24）是坐标改正数与坐标方位角改正数之间的一般关系式，称为坐标方位角改正数方程。其中 $\delta\alpha$ 以 s 为单位。平差计算时，可按不同的情况灵活应用式（7-24）。

1）若某边的两端均为待定点，则坐标改正数与坐标方位角改正数之间的关系式就是式（7-23）。此时，$\hat{x}_j$ 与 $\hat{x}_k$ 前的系数的绝对值相等，$\hat{y}_j$ 与 $\hat{y}_k$ 前的系数的绝对值也相等。

2）若测站点 j 为已知点，则 $\hat{x}_j=\hat{y}_j=0$，得

$$\delta\alpha''_{jk}=-\frac{\rho''\Delta Y^0_{jk}}{(S^0_{jk})^2}\hat{x}_k+\frac{\rho''\Delta X^0_{jk}}{(S^0_{jk})^2}\hat{y}_k \tag{7-25}$$

若照准点 k 为已知点，则 $\hat{x}_k=\hat{y}_k=0$，得

$$\delta\alpha''_{jk}=\frac{\rho''\Delta Y^0_{jk}}{(S^0_{jk})^2}\hat{x}_j-\frac{\rho''\Delta X^0_{jk}}{(S^0_{jk})^2}\hat{y}_j \tag{7-26}$$

3）若某边的两个端点均为已知点，则 $\hat{x}_j=\hat{y}_j=\hat{x}_k=\hat{y}_k=0$，得 $\delta\alpha''_{jk}=0$。

4）同一边的正反坐标方位角的改正数相等，它们与坐标改正数的关系式也一样，这是因为

$$\delta\alpha''_{kj}=+\frac{\rho''\Delta Y^0_{kj}}{(S^0_{jk})^2}\hat{x}_k-\frac{\rho''\Delta X^0_{kj}}{(S^0_{jk})^2}\hat{y}_k-\frac{\rho''\Delta Y^0_{kj}}{(S^0_{jk})^2}\hat{x}_j+\frac{\rho''\Delta X^0_{kj}}{(S^0_{jk})^2}\hat{y}_j$$

对照式（7-22），顾及 $\Delta Y^0_{jk}=-\Delta Y^0_{kj}$，$\Delta X^0_{jk}=-\Delta X^0_{kj}$，得 $\delta\alpha''_{jk}=\delta\alpha''_{kj}$。据此，实际计算时，只要对每条待定边计算一个坐标方位角改正数方程即可。

对于角度观测值 L_i（图 7.3）来说，其观测方程为

$$L_i+v_i=\hat{\alpha}_{jk}-\hat{\alpha}_{jh} \tag{7-27}$$

将 $\hat{\alpha}=\alpha^0+\delta\alpha$ 代入式（7-27），并令

$$l_i=L_i-(\alpha^0_{jk}-\alpha^0_{jh})=L_i-L^0_i \tag{7-28}$$

可得

$$v_i=\delta\alpha_{jk}-\delta\alpha_{jh}-l_i \tag{7-29}$$

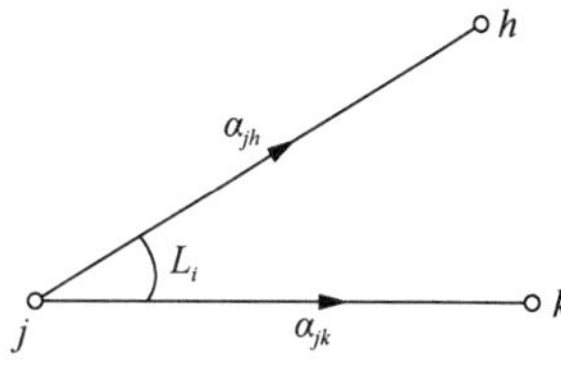

图 7.3 测角示意图

然后根据这个角的三个端点 j,h,k 是已知点还是未知点而灵活

运用式（7-22），并以此代入式（7-29），即得线性化后的误差方程。例如，j,h,k 点都是未知点时，式（7-29）为

$$v_i=\frac{\rho''\Delta Y_{jk}^0}{(S_{jk}^0)^2}\hat{x}_j-\frac{\rho''\Delta X_{jk}^0}{(S_{jk}^0)^2}\hat{y}_j-\frac{\rho''\Delta Y_{jk}^0}{(S_{jk}^0)^2}\hat{x}_k+\frac{\rho''\Delta X_{jk}^0}{(S_{jk}^0)^2}\hat{y}_k-\left[\frac{\rho''\Delta Y_{jh}^0}{(S_{jh}^0)^2}\hat{x}_j-\frac{\rho''\Delta X_{jh}^0}{(S_{jh}^0)^2}\hat{y}_j-\frac{\rho''\Delta Y_{jh}^0}{(S_{jh}^0)^2}\hat{x}_h+\frac{\rho''\Delta X_{jh}^0}{(S_{jh}^0)^2}\hat{y}_h\right]-l_i$$

合并同类项最后可得

$$v_i=\rho''\left[\frac{\Delta Y_{jk}^0}{(S_{jk}^0)^2}-\frac{\Delta Y_{jh}^0}{(S_{jh}^0)^2}\right]\hat{x}_j-\rho''\left[\frac{\Delta X_{jk}^0}{(S_{jk}^0)^2}-\frac{\Delta X_{jh}^0}{(S_{jh}^0)^2}\right]\hat{y}_j-\rho''\frac{\Delta Y_{jk}^0}{(S_{jk}^0)^2}\hat{x}_k+\rho''\frac{\Delta X_{jk}^0}{(S_{jk}^0)^2}\hat{y}_k+\rho''\frac{\Delta Y_{jh}^0}{(S_{jh}^0)^2}\hat{x}_h-\rho''\frac{\Delta X_{jh}^0}{(S_{jh}^0)^2}\hat{y}_h-l_i \tag{7-30}$$

或

$$v_i=(a_{jk}-a_{jh})\hat{x}_j+(b_{jk}-b_{jh})\hat{y}_j-a_{jk}\hat{x}_k-b_{jk}\hat{y}_k+a_{jh}\hat{x}_h+b_{jh}\hat{y}_h-l_i$$

上式即为线性化后的观测角度的误差方程式，可以当作公式使用。

2. *列误差方程的步骤*

综上所述，对于角度观测的三角网，采用间接平差，选择待定点的坐标为参数时，列误差方程的步骤如下。

1）计算各待定点的近似坐标 X^0,Y^0。

2）由待定点的近似坐标和已知点的坐标计算各待定边的近似坐标方位角 α^0 和近似边长 S^0。

3）列出各待定边的坐标方位角改正数方程，并计算其系数。

4）按照式（7-30）列出误差方程。

7.2.4 测边网函数模型

先讨论一般情况。在图 7.4 中，测得待定点间的边长 L_i，设待定点的坐标平差值 $\hat{X}_j,\hat{Y}_j,\hat{X}_k,\hat{Y}_k$ 为参数，令

$$\hat{X}_j=X_j^0+\hat{x}_j,\quad \hat{Y}_j=Y_j^0+\hat{y}_j$$

$$\hat{X}_k=X_k^0+\hat{x}_k,\quad \hat{Y}_k=Y_k^0+\hat{y}_k$$

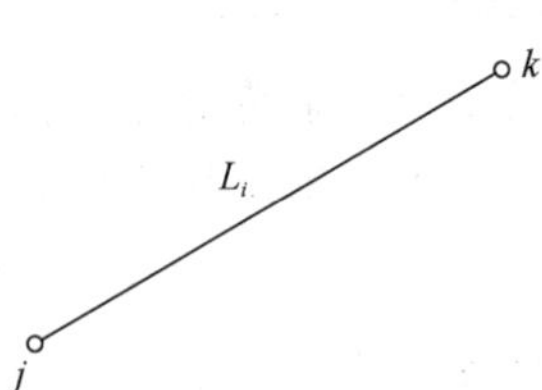

图 7.4　边长观测示意

由图 7.4 可写出 L_i 的平差值方程为

$$\hat{L}_i=L_i+v_i=\sqrt{(\hat{X}_k-\hat{X}_j)^2+(\hat{Y}_k-\hat{Y}_j)^2} \tag{7-31}$$

将式（7-31）按泰勒公式展开，得

$$L_i+v_i=S_{jk}^0+\frac{\Delta X_{jk}^0}{S_{jk}^0}(\hat{x}_k-\hat{x}_j)+\frac{\Delta Y_{jk}^0}{S_{jk}^0}(\hat{y}_k-\hat{y}_j) \tag{7-32}$$

式中，$\Delta X_{jk}^0 = X_k^0 - X_j^0$；$\Delta Y_{jk}^0 = Y_k^0 - Y_j^0$；$S_{jk}^0 = \sqrt{(X_k^0 - X_j^0)^2 + (Y_k^0 - Y_j^0)^2}$ 。

再令

$$l_i = L_i - S_{jk}^0 \tag{7-33}$$

则由式（7-32）可得测边的误差方程为

$$v_i = -\frac{\Delta X_{jk}^0}{S_{jk}^0}\hat{x}_j - \frac{\Delta Y_{jk}^0}{S_{jk}^0}\hat{y}_j + \frac{\Delta X_{jk}^0}{S_{jk}^0}\hat{x}_k + \frac{\Delta Y_{jk}^0}{S_{jk}^0}\hat{y}_k - l_i \tag{7-34}$$

式中，等号右边前四项之和是由坐标改正数引起的边长改正数。

式（7-34）就是测边坐标平差误差方程式的一般形式，它是在假设两端点都是待定点的情况下导出的。具体计算时，可按不同情况灵活运用。

1）若某边的两端点均为待定点，则式（7-34）就是该观测边的误差方程。式中，$\hat{x}_j$ 与 $\hat{x}_k$ 的系数的绝对值相等，$\hat{y}_j$ 与 $\hat{y}_k$ 的系数的绝对值也相等。常数项等于该边的观测值减去其近似值。

2）若 j 为已知点，则 $\hat{x}_j = \hat{y}_j = 0$ ，得

$$v_i = \frac{\Delta X_{jk}^0}{S_{jk}^0}\hat{x}_k + \frac{\Delta Y_{jk}^0}{S_{jk}^0}\hat{y}_k - l_i \tag{7-35}$$

若 k 为已知点，则 $\hat{x}_k = \hat{y}_k = 0$ ，得

$$v_i = -\frac{\Delta X_{jk}^0}{S_{jk}^0}\hat{x}_j - \frac{\Delta Y_{jk}^0}{S_{jk}^0}\hat{y}_j - l_i \tag{7-36}$$

若 j, k 均为已知点，则该边为固定边（不观测），故对该边不需要列误差方程。

3）某边的误差方程，按 jk 向列立与按 kj 向列立的结果相同。

7.3 间接平差的精度评定

7.3.1 单位权中误差

间接平差与条件平差虽然采用了不同的函数模型，但它们是在相同的最小二乘原理下进行的，两法的平差结果总是相等的。这是因为在满足 $\boldsymbol{V}^{\mathrm{T}}\boldsymbol{PV} = \min$ 条件下的 $\boldsymbol{V}$ 是唯一确定的，故平差值 $\hat{\boldsymbol{L}} = \boldsymbol{L} + \boldsymbol{V}$ 不因方法不同而异。

单位权方差 σ_0^2 的估值为 $\hat{\sigma}_0^2$，计算式仍然是 $\boldsymbol{V}^{\mathrm{T}}\boldsymbol{PV}$ 除以其自由度，即

$$\hat{\sigma}_0^2 = \frac{\boldsymbol{V}^{\mathrm{T}}\boldsymbol{PV}}{r} = \frac{\boldsymbol{V}^{\mathrm{T}}\boldsymbol{PV}}{n-t} \tag{7-37}$$

中误差为

$$\hat{\sigma}_0 = \sqrt{\frac{\boldsymbol{V}^{\mathrm{T}}\boldsymbol{PV}}{n-t}} \tag{7-38}$$

计算$\boldsymbol{V}^{\mathrm{T}}\boldsymbol{PV}$可以将误差方程代入后计算，即

$$\boldsymbol{V}^{\mathrm{T}}\boldsymbol{PV}=(\boldsymbol{B}\hat{\boldsymbol{x}}-\boldsymbol{l})^{\mathrm{T}}\boldsymbol{PV}=\hat{\boldsymbol{x}}^{\mathrm{T}}\boldsymbol{B}^{\mathrm{T}}\boldsymbol{PV}-\boldsymbol{l}^{\mathrm{T}}\boldsymbol{PV}$$

由$\boldsymbol{B}^{\mathrm{T}}\boldsymbol{PV}=0$得$\boldsymbol{V}^{\mathrm{T}}\boldsymbol{PV}$的计算式为

$$\begin{aligned}\boldsymbol{V}^{\mathrm{T}}\boldsymbol{PV}&=-\boldsymbol{l}^{\mathrm{T}}\boldsymbol{P}(\boldsymbol{B}\hat{\boldsymbol{x}}-\boldsymbol{l})=\boldsymbol{l}^{\mathrm{T}}\boldsymbol{Pl}-\boldsymbol{l}^{\mathrm{T}}\boldsymbol{PB}\hat{\boldsymbol{x}}=\boldsymbol{l}^{\mathrm{T}}\boldsymbol{Pl}-(\boldsymbol{B}^{\mathrm{T}}\boldsymbol{Pl})^{\mathrm{T}}\hat{\boldsymbol{x}}\\&=\boldsymbol{l}^{\mathrm{T}}\boldsymbol{Pl}-\boldsymbol{W}^{\mathrm{T}}\hat{\boldsymbol{x}}\end{aligned}\tag{7-39}$$

7.3.2 协因数矩阵

在间接平差中，基本向量为$\boldsymbol{L}$(或$\boldsymbol{l}$)，$\hat{\boldsymbol{X}}$(或$\hat{\boldsymbol{x}}$)，$\boldsymbol{V}$和$\hat{\boldsymbol{L}}$。已知$\boldsymbol{Q}_{LL}=\boldsymbol{Q}$，根据前述定义和有关说明可知，$\hat{\boldsymbol{X}}=\boldsymbol{X}^0+\hat{\boldsymbol{x}}$，$\boldsymbol{l}=\boldsymbol{L}-(\boldsymbol{BX}^0+\boldsymbol{d})$，故$\boldsymbol{Q}_{\hat{X}\hat{X}}=\boldsymbol{Q}_{\hat{x}\hat{x}}$，$\boldsymbol{Q}_{ll}=\boldsymbol{Q}_{LL}$。

下面推求各基本向量的自协因数矩阵和两两向量间的互协因数矩阵。

设$\boldsymbol{Z}=[\boldsymbol{L}\quad \hat{\boldsymbol{X}}\quad \boldsymbol{V}\quad \hat{\boldsymbol{L}}]^{\mathrm{T}}$，则$\boldsymbol{Z}$的协因数矩阵为

$$\boldsymbol{Q}_{ZZ}=\begin{bmatrix}\boldsymbol{Q}_{LL}&\boldsymbol{Q}_{L\hat{X}}&\boldsymbol{Q}_{LV}&\boldsymbol{Q}_{L\hat{L}}\\\boldsymbol{Q}_{\hat{X}L}&\boldsymbol{Q}_{\hat{X}\hat{X}}&\boldsymbol{Q}_{\hat{X}V}&\boldsymbol{Q}_{\hat{X}\hat{L}}\\\boldsymbol{Q}_{VL}&\boldsymbol{Q}_{V\hat{X}}&\boldsymbol{Q}_{VV}&\boldsymbol{Q}_{V\hat{L}}\\\boldsymbol{Q}_{\hat{L}L}&\boldsymbol{Q}_{\hat{L}\hat{X}}&\boldsymbol{Q}_{\hat{L}V}&\boldsymbol{Q}_{\hat{L}\hat{L}}\end{bmatrix}$$

式中，对角线上的子矩阵为各基本向量的自协因数矩阵，非对角线上的子矩阵为两两向量间的互协因数矩阵。

现分别推导如下。其基本思想是将各量表达成协因数已知量的函数，上述各量的关系式为

$$\begin{cases}\boldsymbol{L}=\boldsymbol{l}+\boldsymbol{BX}^0+\boldsymbol{d}\\\hat{\boldsymbol{x}}=\boldsymbol{N}_{BB}^{-1}\boldsymbol{B}^{\mathrm{T}}\boldsymbol{Pl}\\\hat{\boldsymbol{X}}=\boldsymbol{X}^0+\hat{\boldsymbol{x}}=\boldsymbol{X}^0+\boldsymbol{N}_{BB}^{-1}\boldsymbol{B}^{\mathrm{T}}\boldsymbol{Pl}\\\boldsymbol{V}=\boldsymbol{B}\hat{\boldsymbol{x}}-\boldsymbol{l}=(\boldsymbol{BN}_{BB}^{-1}\boldsymbol{B}^{\mathrm{T}}\boldsymbol{P}-\boldsymbol{I})\boldsymbol{l}\\\hat{\boldsymbol{L}}=\boldsymbol{L}+\boldsymbol{v}=\boldsymbol{L}+\boldsymbol{B}\hat{\boldsymbol{x}}-\boldsymbol{l}=\boldsymbol{BN}_{BB}^{-1}\boldsymbol{B}^{\mathrm{T}}\boldsymbol{Pl}+\boldsymbol{BX}^0+\boldsymbol{d}\end{cases}\tag{7-40}$$

由式（7-40）可得

$$\boldsymbol{Z}=\begin{pmatrix}\boldsymbol{I}\\\boldsymbol{N}_{BB}^{-1}\boldsymbol{B}^{\mathrm{T}}\boldsymbol{P}\\(\boldsymbol{BN}_{BB}^{-1}\boldsymbol{B}^{\mathrm{T}}\boldsymbol{P}-\boldsymbol{I})\\\boldsymbol{BN}_{BB}^{-1}\boldsymbol{B}^{\mathrm{T}}\boldsymbol{P}\end{pmatrix}\boldsymbol{l}+\begin{pmatrix}\boldsymbol{BX}^0+\boldsymbol{d}\\\boldsymbol{X}^0\\\boldsymbol{0}\\\boldsymbol{BX}^0+\boldsymbol{d}\end{pmatrix}\tag{7-41}$$

式（7-41）按协因数传播定律容易得出

$$\boldsymbol{Q}_{ZZ}=\begin{bmatrix}\boldsymbol{Q}&\boldsymbol{BN}_{BB}^{-1}&\boldsymbol{BN}_{BB}^{-1}\boldsymbol{B}^{\mathrm{T}}-\boldsymbol{Q}&\boldsymbol{BN}_{BB}^{-1}\boldsymbol{B}^{\mathrm{T}}\\\boldsymbol{N}_{BB}^{-1}\boldsymbol{B}^{\mathrm{T}}&\boldsymbol{N}_{BB}^{-1}&\boldsymbol{0}&\boldsymbol{N}_{BB}^{-1}\boldsymbol{B}^{\mathrm{T}}\\\boldsymbol{BN}_{BB}^{-1}\boldsymbol{B}^{\mathrm{T}}-\boldsymbol{Q}&\boldsymbol{0}&\boldsymbol{Q}-\boldsymbol{BN}_{BB}^{-1}\boldsymbol{B}^{\mathrm{T}}&\boldsymbol{0}\\\boldsymbol{BN}_{BB}^{-1}\boldsymbol{B}^{\mathrm{T}}&\boldsymbol{BN}_{BB}^{-1}&\boldsymbol{0}&\boldsymbol{BN}_{BB}^{-1}\boldsymbol{B}^{\mathrm{T}}\end{bmatrix}\tag{7-42}$$

由式（7-42）可知，平差值 $\hat{\boldsymbol{X}},\hat{\boldsymbol{L}}$ 与改正数 $\boldsymbol{V}$ 的互协因数矩阵为零，说明 $\hat{\boldsymbol{L}}$ 与 $\boldsymbol{V}$ 、$\hat{\boldsymbol{X}}$ 与 $\boldsymbol{V}$ 统计不相关，这是一个很重要的结论。

7.3.3 参数函数中的误差

在间接平差中，解算法方程后首先求得的是 t 个参数。有了这些参数，便可根据它们来计算该平差问题中任一量的平差值（最或然值）。如在图 7.5 所示的水准网中，已知 A 点的高程为 H_A 。若平差时选定 AP_1,AP_2,P_3P_1 三条路线高差的平差值作为参数 $\hat{X}_1,\hat{X}_2,\hat{X}_3$，则在平差后，不但求得了参数，即 AP_1,AP_2,P_3P_1 三条路线高差的平差值，而且可以根据它们求出其他各观测高差或待定点高程的平差值。例如，P_3P_2 路线高差的平差值为

$$\hat{L}_5=-\hat{X}_1+\hat{X}_2+\hat{X}_3$$

P_3 点的高程平差值为

$$\hat{H}_P=H_A+\hat{X}_1-\hat{X}_3$$

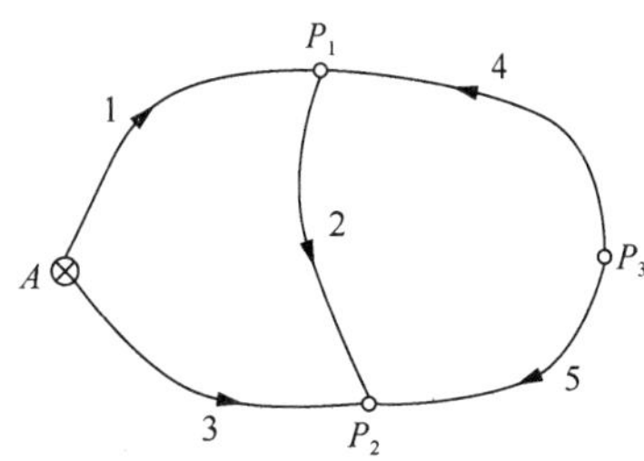

图 7.5 水准网

通过以上举例可知，在间接平差中，任何一个量的平差值都可以由平差所选参数求得，或者说都可以表达为参数的函数。下面从一般情况来讨论如何求参数函数的中误差的问题。

假定间接平差问题中有 t 个参数，设参数的函数为

$$\hat{\varphi}=\Phi(\hat{X}_1,\hat{X}_2,\cdots,\hat{X}_t) \tag{7-43}$$

将 $\hat{X}_i=X_i^0+\hat{x}_i(i=1,2,\cdots,t)$ 代入式（7-43）后，按泰勒公式展开，取至一次项，得

$$\hat{\varphi}=\Phi(X_1^0,X_2^0,\cdots,X_t^0)+\left(\frac{\partial\Phi}{\partial\hat{X}_1}\right)_0\hat{x}_1+\left(\frac{\partial\Phi}{\partial\hat{X}_2}\right)_0\hat{x}_2+\cdots+\left(\frac{\partial\Phi}{\partial\hat{X}_t}\right)_0\hat{x}_t$$

式中，$\Phi(X_1^0,X_2^0,\cdots,X_t^0)$ 是参数函数的近似值，近似值一经取定，就是一个已知的系数。

令

$$f_i=\left(\frac{\partial\Phi}{\partial\hat{X}_i}\right)_0$$

由此，上式可以写成

$$\hat{\varphi}=f_0+f_1\hat{x}_1+f_2\hat{x}_2+\cdots+f_t\hat{x}_t \tag{7-44}$$

或

$$\mathrm{d}\hat{\varphi}=f_1\hat{x}_1+f_2\hat{x}_2+\cdots f_t\hat{x}_t \tag{7-45}$$

对于评定函数 $\hat{\varphi}$ 的精度而言，给出 $\hat{\varphi}$ 或 $\mathrm{d}\hat{\varphi}$ 是一样的。通常将式（7-45）称为参数函数的权函数式，简称权函数式。

令 $\boldsymbol{F}=[f_1\quad f_2\quad\cdots\quad f_t]^{\mathrm{T}}$，则式（7-45）为

$$\mathrm{d}\hat{\varphi}=\boldsymbol{F}^{\mathrm{T}}\hat{\boldsymbol{x}} \tag{7-46}$$

由式（7-42）得$\boldsymbol{Q}_{\hat{X}\hat{X}}=\boldsymbol{N}_{BB}^{-1}$，故函数$\hat{\varphi}$的协因数为

$$\boldsymbol{Q}_{\hat{\varphi}\hat{\varphi}}=\boldsymbol{F}^{\mathrm{T}}\boldsymbol{Q}_{\hat{X}\hat{X}}\boldsymbol{F}=\boldsymbol{F}^{\mathrm{T}}\boldsymbol{N}_{BB}^{-1}\boldsymbol{F} \tag{7-47}$$

设有函数向量$\underset{m\times1}{\hat{\boldsymbol{\varphi}}}$的权函数式为

$$\mathrm{d}\underset{m\times1}{\hat{\boldsymbol{\varphi}}}=\underset{m\times t}{\boldsymbol{F}^{\mathrm{T}}}\underset{t\times1}{\hat{\boldsymbol{x}}} \tag{7-48}$$

即用来计算m个函数的精度，其协因数矩阵为

$$\boldsymbol{Q}_{\hat{\varphi}\hat{\varphi}}=\boldsymbol{F}^{\mathrm{T}}\boldsymbol{Q}_{\hat{X}\hat{X}}\boldsymbol{F}=\boldsymbol{F}^{\mathrm{T}}\boldsymbol{N}_{BB}^{-1}\boldsymbol{F} \tag{7-49}$$

式中，$\boldsymbol{Q}_{\hat{X}\hat{X}}$是参数向量$\hat{\boldsymbol{X}}=[\hat{X}_1\ \ \hat{X}_2\ \ \cdots\ \ \hat{X}_t]^{\mathrm{T}}$的协因数矩阵，即

$$\boldsymbol{Q}_{\hat{X}\hat{X}}=\begin{bmatrix} Q_{\hat{X}_1\hat{X}_1} & Q_{\hat{X}_1\hat{X}_2} & \cdots & Q_{\hat{X}_1\hat{X}_t} \\ Q_{\hat{X}_2\hat{X}_1} & Q_{\hat{X}_2\hat{X}_2} & \cdots & Q_{\hat{X}_2\hat{X}_t} \\ \vdots & \vdots & & \vdots \\ Q_{\hat{X}_t\hat{X}_1} & Q_{\hat{X}_t\hat{X}_2} & \cdots & Q_{\hat{X}_t\hat{X}_t} \end{bmatrix}$$

其中对角线元素$Q_{\hat{X}_i\hat{X}_i}$是参数$\hat{X}_i$的协因数，故$\hat{X}_i$的中误差为

$$\sigma_{\hat{X}_i}=\sigma_0\sqrt{Q_{\hat{X}_i\hat{X}_i}} \tag{7-50}$$

式（7-48）的函数$\hat{\boldsymbol{\varphi}}$的协方差矩阵为

$$\boldsymbol{D}_{\hat{\varphi}\hat{\varphi}}=\sigma_0^2\boldsymbol{Q}_{\hat{\varphi}\hat{\varphi}}=\sigma_0^2(\boldsymbol{F}^{\mathrm{T}}\boldsymbol{N}_{BB}^{-1}\boldsymbol{F}) \tag{7-51}$$

例 7-2 在图 7.6 中，A,B为已知水准点，高程为H_A,H_B，设为无误差，各观测的路线长度分别为$S_1=4\text{km}$，$S_2=2\text{km}$，$S_3=2\text{km}$，$S_4=4\text{km}$，试求P_1和P_2点平差高程的协因数。

解：平差的参数选取P_1和P_2点平差高程，设为$\hat{X}_1$和$\hat{X}_2$，设$X_1^0=h_1+H_A$，$X_2^0=H_B-h_4$，按图 7.6 组成误差方程为

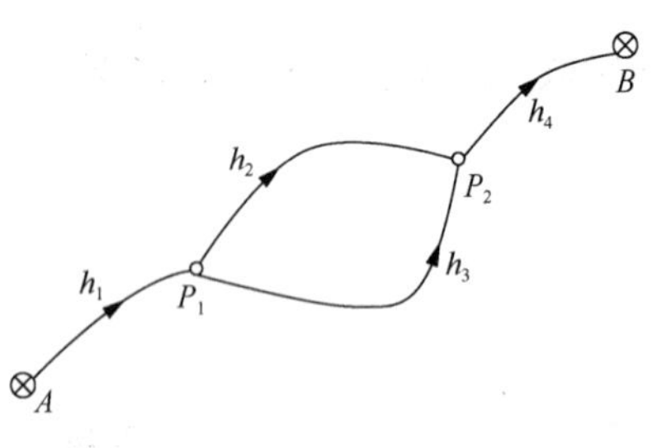

图 7.6 水准网（例 7-2）

$$\begin{cases} v_1=\hat{x}_1-l_1, & P_1=\dfrac{4}{4}=1 \\ v_2=-\hat{x}_1+\hat{x}_2-l_2, & P_2=\dfrac{4}{2}=2 \\ v_3=-\hat{x}_1+\hat{x}_2-l_3, & P_3=\dfrac{4}{2}=2 \\ v_4=-\hat{x}_2-l_4, & P_4=\dfrac{4}{4}=1 \end{cases}$$

定权时令$C=4$，即以 4km 观测高差为单位权观测值，因观测值相互独立，故$P_i=1/Q_{ii}$，相关协因数$Q_{ij}=0(i\neq j)$，由此得法方程为

$$5\hat{x}_1-4\hat{x}_2-W_1=0$$
$$-4\hat{x}_1+5\hat{x}_2-W_2=0$$

因为$\boldsymbol{Q}_{\hat{X}\hat{X}}=\boldsymbol{N}_{BB}^{-1}$，故有

$$\boldsymbol{Q}_{\hat{X}\hat{X}}=\begin{bmatrix}5 & -4\\ -4 & 5\end{bmatrix}^{-1}=\begin{bmatrix}0.56 & 0.44\\ 0.44 & 0.56\end{bmatrix}$$

平差后 P_1,P_2 点高程的协因数分别为

$$Q_{\hat{X}_1\hat{X}_1}=0.56,\quad Q_{\hat{X}_2\hat{X}_2}=0.56$$

则 $\hat{X}_1,\hat{X}_2$ 的协因数为

$$Q_{\hat{X}_1\hat{X}_2}=0.44$$

7.4 直 接 平 差

对同一未知量进行多次直接观测，求该量的平差值并评定精度，称为直接平差，显然它是间接平差中具有一个参数的特殊情况。

设对某量 $\tilde{X}$ 进行 n 次不等权独立观测，观测值为 $\boldsymbol{L}$，权矩阵为 $\boldsymbol{P}$，且为对角矩阵，则误差方程及有关矩阵为

$$\begin{cases}v_1=\hat{X}-L_1\\ v_2=\hat{X}-L_2\\ \quad\vdots\\ v_n=\hat{X}-L_n\end{cases}$$

令

$$\boldsymbol{B}=\begin{bmatrix}1\\1\\ \vdots\\1\end{bmatrix},\quad \boldsymbol{L}=\begin{bmatrix}L_1\\L_2\\ \vdots\\L_n\end{bmatrix},\quad \boldsymbol{P}=\begin{bmatrix}p_1 & & & \\ & p_2 & & \\ & & \ddots & \\ & & & p_n\end{bmatrix}$$

在此说明：本题的误差方程均为线性，可不必进行线性化，所以参数可以不取近似值 X^0 而直接用 $\hat{X}$ 进行计算，则误差方程的矩阵形式为

$$\boldsymbol{V}=\boldsymbol{B}\hat{X}-\boldsymbol{L}$$

法方程的系数和常数项为

$$N_{\boldsymbol{BB}}=\boldsymbol{B}^{\mathrm{T}}\boldsymbol{PB}=\sum_{i=1}^{n}p_i=[p],\quad W=\boldsymbol{B}^{\mathrm{T}}\boldsymbol{PL}=\sum_{i=1}^{n}p_iL_i=[p\boldsymbol{L}]$$

所以参数解为

$$\hat{X}=N_{\boldsymbol{BB}}^{-1}W=\frac{[p\boldsymbol{L}]}{[p]} \tag{7-52}$$

特别地，当 $p_1=p_2=\cdots=p_n=1$ 时，未知量的平差值为

$$\hat{X}=N_{\boldsymbol{BB}}^{-1}W=\frac{\sum_{i=1}^{n}L_i}{n} \tag{7-53}$$

从上面的计算结果可看出：该量的平差值（最或似值）就是它的加权平均值，所以加权平均值（若等权时就是算术平均值）的计算规律符合最小二乘原则，即加权平均值（或算术平均值）也是最小二乘估值，它具备最小二乘估值在统计意义上的一切优良性质。

直接平差问题仅有一个参数，即$t=1$，故单位权中误差计算公式为

$$\sigma_0^2=\frac{\boldsymbol{V}^{\mathrm{T}}\boldsymbol{P}\boldsymbol{V}}{n-1} \tag{7-54}$$

$\hat{X}$的协因数为

$$Q_{\hat{X}\hat{X}}=N_{\boldsymbol{BB}}^{-1}=\frac{1}{\sum\limits_{i=1}^{n}p_i} \tag{7-55}$$

或

$$p_{\hat{X}}=\sum_{i=1}^{n}p_i \tag{7-56}$$

故$\hat{X}$的中误差为

$$\sigma_{\hat{X}}=\sigma_0\sqrt{Q_{\hat{X}\hat{X}}}=\sigma_0/\sqrt{\sum_{i=1}^{n}p_i} \tag{7-57}$$

观测值L_i的中误差为

$$\sigma_{L_i}=\sigma_0/\sqrt{p_i} \tag{7-58}$$

特别地，当$p_1=p_2=\cdots=p_n=1$时，即为同精度观测时，精度评定公式为

$$\begin{cases}\sigma_0^2=\dfrac{\boldsymbol{V}^{\mathrm{T}}\boldsymbol{V}}{n-1}\\ \sigma_{\hat{X}}=\sigma_0/\sqrt{n}\end{cases} \tag{7-59}$$

即对某个量所作的n个同精度观测值的算术平均值就是该量的平差值，此平差值的权$p_{\hat{X}}$为单个观测值的权的n倍。

7.5　导线网平差

在导线网中有两类观测值，即边长观测值和角度观测值，所以导线网是一种边角同测网。因其具有布设灵活、要求通视方向少等优点，加之全站仪的日益普及，导线测量的应用越来越广泛，特别是在城区测量中。本节介绍导线网的间接平差方法。

7.5.1　函数模型

导线网中角度观测的误差方程，其组成与测角网坐标平差的误差方程相同，边长观测的误差方程，其组成与测边网的误差方程相同。

7.5.2　随机模型

确定边、角两类观测的随机模型，主要是为了给定两类观测值的权比问题。

导线网中各边长观测、角度观测相互之间都是独立的，因此，随机模型

$$\boldsymbol{D}=\sigma_0^2\boldsymbol{Q}=\sigma_0^2\boldsymbol{P}^{-1} \tag{7-60}$$

式中的权矩阵是对角矩阵。设网中有 n_1 个角度观测 $\beta_1,\beta_2,\cdots,\beta_{n_1}$ 和 n_2 个边长观测 $S_1,S_2,\cdots,S_{n_2}$ ， $n_1+n_2=n$，则权矩阵为

$$\boldsymbol{P}=\mathrm{diag}(p_{\beta_1},p_{\beta_2},\cdots,p_{\beta_{n_1}},p_{S_1},p_{S_2},\cdots,p_{S_{n_2}})$$

$$=\begin{bmatrix} p_{\beta_1} & & & & & \\ & \ddots & & & & \\ & & p_{\beta_{n_1}} & & & \\ & & & p_{S_1} & & \\ & & & & \ddots & \\ & & & & & p_{S_{n_2}} \end{bmatrix}=\begin{bmatrix} P_\beta & 0 \\ 0 & P_S \end{bmatrix}$$

由式（7-60）可知，确定权矩阵 $\boldsymbol{P}$ ，必须已知先验方差 $\boldsymbol{D}$，$\boldsymbol{D}$ 也是对角矩阵，为

$$\boldsymbol{D}=\mathrm{diag}(\sigma_{\beta_1}^2,\sigma_{\beta_2}^2,\cdots,\sigma_{\beta_{n_1}}^2,\sigma_{S_1}^2,\sigma_{S_2}^2,\cdots,\sigma_{S_{n_2}}^2)$$

单位权方差 σ_0^2 唯一，但可任意选取。

若 $\boldsymbol{D}$ 已知，则定权公式为

$$p_{\beta_i}=\frac{\sigma_0^2}{\sigma_{\beta_i}^2},\ p_{S_i}=\frac{\sigma_0^2}{\sigma_{S_i}^2} \tag{7-61}$$

式中，$\sigma_{\beta_1}=\sigma_{\beta_2}=\cdots=\sigma_{\beta_{n_1}}=\sigma_\beta$。定权时，一般令

$$\sigma_0=\sigma_\beta$$

即以测角中误差为导线网平差中的单位权观测值中误差，由此可得

$$p_{\beta_i}=\frac{\sigma_\beta^2}{\sigma_\beta^2}=1,\ p_{S_i}=\frac{\sigma_\beta^2}{p_{S_i}} \tag{7-62}$$

为了确定边、角观测的权比，必须已知 σ_β^2 和 $\sigma_{S_i}^2$ ，一般在平差前是无法精确知道的，所以采用经验定权的方法，亦即 σ_β^2 和 $\sigma_{S_i}^2$ 采用厂方给定的测角、测距仪器的标准精度或经验数据。如果已知测角精度 $\sigma_\beta=10''$ ，测边精度 $\sigma_S=1.0\sqrt{S(\mathrm{m})}(\mathrm{mm})$ ，则式（7-62）的定权公式为

$$p_{\beta_i}=\frac{\sigma_\beta^2}{\sigma_\beta^2}=1,\ p_{S_i}=\frac{100}{S_i(\mathrm{m})} \tag{7-63}$$

在边角同测网中，权是有单位的，如式（7-63）中 $p_{\beta_i}=1$ 无量纲（即单位为 1），而边长的权其单位为 $\mathrm{s}^2/\mathrm{m}^2$ 。在这种情况下，角度的改正数 v_{β_i} 要取 s 为单位，而边长改正数 v_{S_i} 则要取 m 为单位，此时的 $p_{\beta_i}v_{\beta_i}^2$ 与 $p_{S_i}v_{S_i}^2$ 单位才能一致。这一点在不同类观测联合平差时应予注意。

7.5.3 实例分析

例 7-3 如图 7.7 所示，A,B,C,D 为已知点，P_1,P_2 是待定点。起算数据如表 7-1 所示。同精度观测 6 个角度 L_1,L_2,L_3,L_4,L_5,L_6，测角中误差为 2.5″，测量四条边长 S_7,S_8,S_9,S_{10}，观测结果及其中误差如表 7-2 所示。试按间接平差法求待定点 P_1 及 P_2 的坐标平差值及其点位精度。

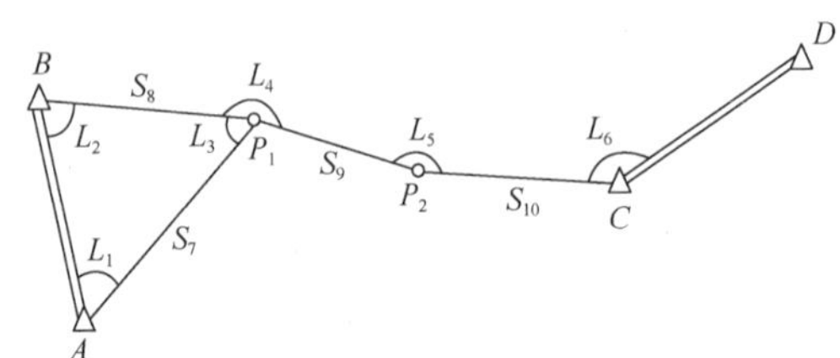

图 7.7 导线网示意

表 7-1 起算数据

点名	X/m	Y/m	边长/m	坐标方位角
A	3143.237	5260.334	—	—
B	4609.361	5025.696	1484.781	350°54′27.0″
C	4157.197	8853.254	—	—
D	3822.911	9795.726	1000.000	109°31′44.9″

表 7-2 观测数据

角度				边长		
角	观测值	角	观测值	边	观测值/m	中误差/cm
L_1	44°05′44.8″	L_5	201°57′34.0″	S_7	2185.070	3.3
L_2	93°10′43.1″	L_6	168°01′45.2″	S_8	1522.853	2.3
L_3	42°43′27.2″	—	—	S_9	1500.017	2.2
L_4	201°48′51.2″	—	—	S_{10}	1009.021	1.5

解：本题 $n=10$，即有 10 个误差方程，其中有 6 个角度误差方程，4 个边长误差方程。必要观测数 $t=2\times2=4$。现取待定点坐标平差值为参数，即 $\hat{\boldsymbol{X}}=[\hat{X}_1 \quad \hat{Y}_1 \quad \hat{X}_2 \quad \hat{Y}_2]^{\mathrm{T}}$。

1）计算待定点近似坐标。各点近似坐标按坐标增量计算，结果如表 7-3 所示。

表 7-3 各点近似坐标

点名	观测角 β_i	坐标方位角 α^0	观测边长 S/m	近似坐标	
				X^0/m	Y^0/m
A	—	350°54′27.0″	—	3143.237	5260.334
B	93°10′43.1″	—	—	4609.361	5025.696
P_1	—	77°43′43.9″	1522.853	4933.025	6513.756
D	—	109°31′44.9″	—	3822.911	9795.726
C	168°01′45.2″	—	—	4157.197	8853.254
P_2	—	301°9′59.7″	1009.021	4684.408	7792.921

2）由已知点坐标和待定点近似坐标计算待定边的近似坐标方位角 α^0 和近似边长 S^0（表 7-4）。

表 7-4 近似坐标方位角和近似边长

方向	近似坐标方位角 α^0	近似边长 S^0 /m
AP_1	35°00′15.4″	2185.042
BP_1	77°43′43.9″	1522.853
P_1P_2	99°32′27.8″	1499.913
P_2C	121°29′59.7″	1009.021

3）计算坐标方位角改正数方程的系数。计算时，S^0、ΔX^0、ΔY^0 均以 m 为单位，而 $\hat{x}$、$\hat{y}$ 因其数值较小，采用 cm 为单位。有关系数值的计算如表 7-5 和表 7-6 所示。

表 7-5 $\mathrm{d}\alpha$ 系数

方向	ΔY^0/m	ΔX^0/m	$(S^0)^2$/m^2	$\mathrm{d}\alpha$ 的系数/（s/cm^{-1}）			
				$\hat{x}_1$	$\hat{y}_1$	$\hat{x}_2$	$\hat{y}_2$
AP_1	1253.422	1789.788	477×10^4	−0.542	0.774	—	—
BP_1	1488.060	323.664	232×10^4	−1.323	0.288	—	—
P_1P_2	1479.165	−248.617	225×10^4	1.356	0.228	−1.356	−0.228
P_2C	860.333	−527.211	102×10^4	—	—	1.740	1.066

表 7-6 边长误差方程系数

方向	ΔX^0/m	ΔY^0/m	S^0 /m	边长误差方程系数			
				$\hat{x}_1$	$\hat{y}_1$	$\hat{x}_2$	$\hat{y}_2$
AP_1	1789.788	1253.422	2185.042	0.8191	0.5736	—	—
BP_1	323.664	1488.060	1522.853	0.2125	0.9772	—	—
P_1P_2	−248.617	1479.165	1499.913	0.1658	−0.9862	−0.1658	0.9862
P_2C	−527.211	860.333	1009.021	—	—	0.5225	−0.8526

4）确定角和边的权。设单位权中误差 $\sigma_0 = 2.5''$，则角度观测值的权为

$$p_{\beta_i} = \frac{\sigma_0^2}{\sigma_\beta^2} = 1$$

各导线边的权为

$$p_{S_i} = \frac{\sigma_0^2}{\sigma_{S_i}^2} = \frac{2.5^2}{\sigma_{S_i}^2}((''')^2/\mathrm{cm}^2)$$

计算结果如表 7-7 所示。

表 7-7　误差方程系数

编号		$\hat{x}_1$	$\hat{y}_1$	$\hat{x}_2$	$\hat{y}_2$	l	p
角 β_i	1	−0.542	0.774	—	—	−3.6	1
	2	1.323	−0.288	—	—	0	1
	3	−0.781	−0.486	—	—	−1.3	1
	4	2.679	−0.060	−1.356	−0.228	7.3	1
	5	−1.356	−0.228	3.096	1.294	2.1	1
	6	—	—	−1.740	−1.066	0	1
边 S_i	7	0.8191	0.5736	—	—	2.8	0.57
	8	0.2125	0.9772	—	—	0	1.18
	9	0.1658	−0.9862	−0.1658	0.9862	10.4	1.29
	10	—	—	0.5225	−0.8526	0	2.78

5）法方程的组成和解算。由表 7-7 取得误差方程的系数项 $\boldsymbol{B}$、常数项 $\boldsymbol{l}$，组成法方程的系数项 $\boldsymbol{N}_{BB}$、常数项 $\boldsymbol{B}^{\mathrm{T}}\boldsymbol{Pl}$，可得法方程为

$$\begin{bmatrix} 12.141 & 0.029 & -7.866 & -2.155 \\ 0.029 & 3.543 & -0.414 & -1.536 \\ -7.866 & -0.414 & 15.246 & 4.721 \\ -2.155 & -1.536 & 4.721 & 6.138 \end{bmatrix}\begin{bmatrix} \hat{x}_1 \\ \hat{y}_1 \\ \hat{x}_2 \\ \hat{y}_2 \end{bmatrix} - \begin{bmatrix} 23.207 \\ -15.387 \\ -5.622 \\ 14.284 \end{bmatrix} = 0$$

系数矩阵 $\boldsymbol{N}_{BB} = \boldsymbol{B}^{\mathrm{T}}\boldsymbol{PB}$ 的逆矩阵为

$$\boldsymbol{N}_{BB}^{-1} = \begin{bmatrix} 0.1240 & 0.0040 & 0.0660 & -0.0062 \\ 0.0040 & 0.3219 & -0.0191 & 0.0967 \\ 0.0660 & -0.0191 & 0.1227 & -0.0759 \\ -0.0062 & 0.0967 & -0.0759 & 0.2433 \end{bmatrix}$$

由 $\hat{\boldsymbol{x}} = \boldsymbol{N}_{BB}^{-1}\boldsymbol{B}^{\mathrm{T}}\boldsymbol{Pl}$ 算得参数改正数 $\hat{\boldsymbol{x}}$，即

$$\begin{bmatrix} \hat{x}_1 \\ \hat{y}_1 \\ \hat{x}_2 \\ \hat{y}_2 \end{bmatrix} = \begin{bmatrix} 0.1240 & 0.0040 & 0.0660 & -0.0062 \\ 0.0040 & 0.3219 & -0.0191 & 0.0967 \\ 0.0660 & -0.0191 & 0.1227 & -0.0759 \\ -0.0062 & 0.0967 & -0.0759 & 0.2433 \end{bmatrix}\begin{bmatrix} 23.207 \\ -15.387 \\ -5.622 \\ 14.284 \end{bmatrix} = \begin{bmatrix} 2.4 \\ -3.4 \\ 0.1 \\ 2.3 \end{bmatrix}(\mathrm{cm})$$

6）平差值计算。坐标平差值为

$$\begin{bmatrix} \hat{X}_1 \\ \hat{Y}_1 \\ \hat{X}_2 \\ \hat{Y}_2 \end{bmatrix} = \begin{bmatrix} X_1^0 \\ Y_1^0 \\ X_2^0 \\ Y_2^0 \end{bmatrix} + \begin{bmatrix} \hat{x}_1 \\ \hat{y}_1 \\ \hat{x}_2 \\ \hat{y}_2 \end{bmatrix} = \begin{bmatrix} 4933.049 \\ 6513.722 \\ 4684.409 \\ 7992.944 \end{bmatrix}(\mathrm{m})$$

根据 $\boldsymbol{V} = \boldsymbol{B}\hat{\boldsymbol{x}} - \boldsymbol{l}$ 得各改正数为

$$V=[-0.3 \quad 4.2 \quad 1.1 \quad -1.3 \quad -1.3 \quad -2.6 \quad -2.8 \quad -2.8 \quad -3.6 \quad -1.9]^{\mathrm{T}}$$

从而得平差值 $\hat{\boldsymbol{L}}=\boldsymbol{L}+\boldsymbol{V}$，如表 7-8 所示。

表 7-8 观测值的平差值

编号		观测值	平差值
角	1	44°05′44.8″	44°05′44.5″
	2	93°10′43.1″	93°10′47.3″
	3	42°43′27.2″	42°43′28.3″
	4	201°48′51.2″	201°48′49.9″
	5	201°57′34.0″	201°57′32.7″
	6	168°01′45.2″	168°01′42.6″
边/m	7	2185.070	2185.042
	8	1522.853	1522.825
	9	1500.017	1499.981
	10	1009.021	1009.002

7）精度计算。

① 单位权中误差，即测角中误差 $\hat{\sigma}_0=\sqrt{\dfrac{\boldsymbol{V}^{\mathrm{T}}\boldsymbol{PV}}{r}}=\sqrt{\dfrac{69.5542}{10-4}}\approx 3.4''$。

② P_1 和 P_2 点位精度：

$$\hat{\sigma}_{\hat{X}_1}=\hat{\sigma}_0\sqrt{Q_{\hat{X}_1\hat{X}_1}}=3.4\sqrt{0.1240}\approx 1.20(\mathrm{cm})$$

$$\hat{\sigma}_{\hat{Y}_1}=\hat{\sigma}_0\sqrt{Q_{\hat{Y}_1\hat{Y}_1}}=3.4\sqrt{0.3219}\approx 1.93(\mathrm{cm})$$

$$\hat{\sigma}_{P_1}=\sqrt{\hat{\sigma}_{\hat{X}_1}^2+\hat{\sigma}_{\hat{Y}_1}^2}=\sqrt{1.20^2+1.93^2}\approx 2.27(\mathrm{cm})$$

$$\hat{\sigma}_{\hat{X}_2}=\hat{\sigma}_0\sqrt{Q_{\hat{X}_2\hat{X}_2}}=3.4\sqrt{0.1227}\approx 1.19(\mathrm{cm})$$

$$\hat{\sigma}_{\hat{Y}_2}=\hat{\sigma}_0\sqrt{Q_{\hat{Y}_2\hat{Y}_2}}=3.4\sqrt{0.2433}\approx 1.68(\mathrm{cm})$$

$$\hat{\sigma}_{P_2}=\sqrt{\hat{\sigma}_{\hat{X}_2}+\hat{\sigma}_{\hat{Y}_2}}=\sqrt{2.27^2+1.68^2}\approx 2.86(\mathrm{cm})$$

7.6 间接平差应用

在实际测量数据处理中，间接平差方法是较为常用的。因为间接平差法的误差方程有较强的规律性，便于计算和编程。由于平差计算的运算量往往较大，选择适于编程的处理方式是选择算法的一个重要因素。此外，观测方程可描述实际情况。下面探讨间接平差法在测量中的一些实际应用，以加深对间接平差的理解。

例 7-4 某精密工件的截面为圆形，现对它的半径、周长、面积值进行测量，设观测值及其相应的测量精度为 $\sigma_r,\sigma_c,\sigma_s$，试求半径的最佳估值。

解：该题中，$n=3$，$t=1$，$r=n-t=2$，有两次多余观测。

平差参数设为$\hat{X}=\hat{r}$，即参数设为半径观测值的平差值。参数近似值可取 3 个观测值算出的圆半径的平均值$X^0=\frac{1}{3}\left(r+\frac{c}{2\pi}+\sqrt{\frac{s}{\pi}}\right)$，这样计算的目的是使得到的$X^0$更接近其平差值$\hat{X}$。

观测值的观测方程为

$$\begin{cases}\hat{r}=\hat{X}\\ \hat{c}=2\pi\hat{X}\\ \hat{s}=\pi\hat{X}^2\end{cases}$$

在列观测方程时应注意：等式的右端应该用参数专用符号$\hat{X}$表示，而不要写成如$\hat{c}=2\pi\hat{r}$，因为$\hat{c}$和$\hat{r}$都代表观测值的平差值，而一个观测方程中不能同时出现两个观测值。

整理后的误差方程为

$$\begin{cases}v_1=v_r=\hat{x}-(r-X^0)=\hat{x}-l_1\\ v_2=v_c=2\pi\hat{x}-(c-2\pi X^0)=2\pi\hat{x}-l_2\\ v_3=v_s=2\pi X^0\hat{x}-[s-\pi(X^0)^2]=2\pi X^0\hat{x}-l_3\end{cases}$$

设单位权中误差为σ_0，与σ_c,σ_r同单位，均以长度为单位，则观测值的权为

$$p_1=\frac{\sigma_0^2}{\sigma_r^2},p_2=\frac{\sigma_0^2}{\sigma_c^2},p_3=\frac{\sigma_0^2}{\sigma_s^2}$$

式中，p_1,p_2没有单位；p_3的单位是$\frac{1}{(\text{长度单位})^2}$。

观测值的权矩阵为

$$\boldsymbol{P}=\mathrm{diag}(p_1,p_2,p_3)$$

在构造好误差方程和观测值的权矩阵后，就可以进行平差了，平差后将得到半径的最佳估值。

例 7-5 如图 7.8 所示的水准网，观测值为 3 个高差：h_1,h_2,h_3，水准路线长度标于图上，A,B为已知点，C,D为待定点，求：1）平差后D点高程权倒数$Q_{\hat{H}_D\hat{H}_D}$；2）平差后D点高程与第三段水准路线高差的相关权倒数$Q_{\hat{H}_D\hat{h}_3}$。

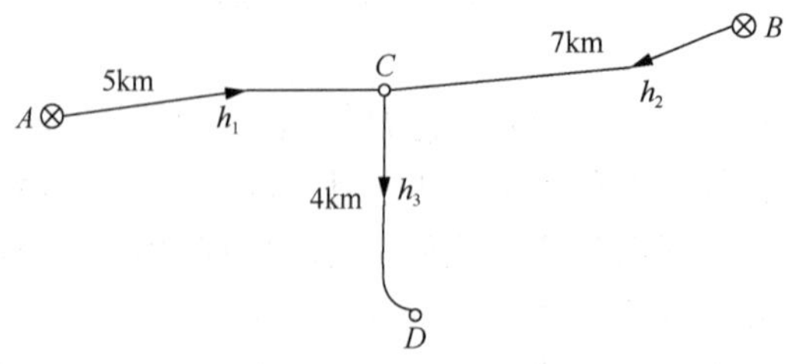

图 7.8 水准网（例 7-5）

解：该水准路线有两个待定点，所以$t=2$。但根据本例中问题 2)，可设$\hat{X}_1=\hat{h}_3$，$\hat{X}_2=\hat{H}_D$，这样可得观测方程为

$$\begin{cases}\hat{h}_1=\hat{H}_D-\hat{h}_3-H_A=-\hat{X}_1+\hat{X}_2-H_A\\ \hat{h}_2=\hat{H}_D-\hat{h}_3-H_B=-\hat{X}_1+\hat{X}_2-H_B\\ \hat{h}_3=\hat{X}_1\end{cases}$$

误差方程为

$$\begin{cases}v_1=-\hat{X}_1+\hat{X}_2-H_A-h_1\\ v_2=-\hat{X}_1+\hat{X}_2-H_B-h_2\\ v_3=\hat{X}_1-h_3\end{cases}$$

取水准路线长度 1km 为单位权，则可得观测值的权矩阵，即

$$\boldsymbol{B}=\begin{bmatrix}-1&1\\-1&1\\1&0\end{bmatrix},\ \boldsymbol{P}=\mathrm{diag}\left(\frac{1}{5},\frac{1}{7},\frac{1}{4}\right)$$

则

$$\boldsymbol{N}_{\boldsymbol{BB}}=\boldsymbol{B}^{\mathrm{T}}\boldsymbol{PB}=\begin{bmatrix}0.590&-0.340\\-0.340&0.340\end{bmatrix}\Rightarrow\boldsymbol{N}_{\boldsymbol{BB}}^{-1}=\begin{bmatrix}4.000&4.000\\4.000&6.941\end{bmatrix}$$

而

$$\boldsymbol{Q}_{\hat{X}\hat{X}}=\begin{bmatrix}Q_{\hat{X}_1\hat{X}_1}&Q_{\hat{X}_1\hat{X}_2}\\Q_{\hat{X}_2\hat{X}_1}&Q_{\hat{X}_2\hat{X}_2}\end{bmatrix}=\begin{bmatrix}Q_{\hat{h}_3\hat{h}_3}&Q_{\hat{h}_3\hat{H}_D}\\Q_{\hat{H}_D\hat{h}_3}&Q_{\hat{H}_D\hat{H}_D}\end{bmatrix}=\boldsymbol{N}_{\boldsymbol{BB}}^{-1}=\begin{bmatrix}4.000&4.000\\4.000&6.941\end{bmatrix}$$

所以

$$Q_{\hat{H}_D\hat{H}_D}=6.941,\quad Q_{\hat{H}_D\hat{h}_3}=4.000$$

从例 7-5 的计算可以看出，该题没有具体观测量的直接计算，即h_1,h_2,h_3的值没有具体给出，但这仅仅影响常数项的计算，并不影响对参数的权倒数及其互协因数的求取，此时只要确定单位权中误差σ_0的值，就可以估计待求参数的精度。间接平差的这个特点对控制网网形设计是非常有用的，在还未具体实施野外测量之前，在原有地形图上先设计控制网网形，得到设计矩阵$\boldsymbol{B}$和权矩阵$\boldsymbol{P}$的概略值，就可对控制网测量后的精度进行估算，若估算出的精度过低，则可在测量前对控制网进行调整。

例 7-6 在航测相片上有一长方形的水田（图 7.9），用卡规量得水田的长$L_1=50\mathrm{cm}\pm0.6\mathrm{cm}$，宽$L_2=30\mathrm{cm}\pm0.6\mathrm{cm}$，又用求积仪量得该水田的面积$L_3=1535\mathrm{cm}^2\pm6\mathrm{cm}^2$。试按间接平差法计算：1）该水田面积的最小二乘估值；2）若航测相片的比例尺为1∶2000（无误差），试求该水田的实际面积及其中误差。

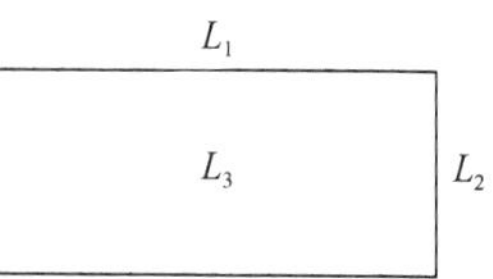

图 7.9 长方形水田

解：1）依据题意可知必要观测数$t=2$，选参数$\hat{X}_1=\hat{L}_1$，

$\hat{X}_2=\hat{L}_2$，取 $X_1^0=L_1$， $X_2^0=L_2$，则有观测方程和误差方程分别为

$$\begin{cases}\hat{L}_1=\hat{X}_1\\ \hat{L}_2=\hat{X}_2\\ \hat{L}_3=\hat{X}_1\hat{X}_2\end{cases},\begin{cases}v_1=\hat{x}_1\\ v_2=\hat{x}_2\\ v_3=30\hat{x}_1+50\hat{x}_2-35\end{cases}$$

取 L_1 的观测为单位权，则观测量的权矩阵 $\boldsymbol{P}$ 和 $\boldsymbol{B},\boldsymbol{l}$ 为

$$\boldsymbol{P}=\begin{bmatrix}1&&\\&1&\\&&\frac{1}{100}\left(\frac{1}{\text{cm}^2}\right)\end{bmatrix},\quad \boldsymbol{B}=\begin{bmatrix}1&0\\0&1\\30&50\end{bmatrix},\quad \boldsymbol{l}=\begin{bmatrix}0\\0\\35\end{bmatrix}$$

根据间接平差可得

$$\boldsymbol{N}_{BB}=\boldsymbol{B}^{\mathrm{T}}\boldsymbol{P}\boldsymbol{B}=\begin{bmatrix}1&0&30\\0&1&50\end{bmatrix}\begin{bmatrix}1&&\\&1&\\&&\frac{1}{100}\end{bmatrix}\begin{bmatrix}1&0\\0&1\\30&50\end{bmatrix}=\begin{bmatrix}10&15\\15&26\end{bmatrix}$$

$$\boldsymbol{N}_{BB}^{-1}=\frac{1}{35}\begin{bmatrix}26&-15\\-15&10\end{bmatrix}$$

$$\hat{\boldsymbol{x}}=\boldsymbol{N}_{BB}^{-1}\boldsymbol{B}^{\mathrm{T}}\boldsymbol{P}\boldsymbol{l}=\frac{1}{35}\begin{bmatrix}26&-15\\-15&10\end{bmatrix}\begin{bmatrix}1&0&30\\0&1&50\end{bmatrix}\begin{bmatrix}1&&\\&1&\\&&\frac{1}{100}\end{bmatrix}\begin{bmatrix}0\\0\\35\end{bmatrix}=\begin{bmatrix}0.3\\0.5\end{bmatrix}(\text{cm})$$

则有

$$\boldsymbol{X}=\boldsymbol{X}^0+\hat{\boldsymbol{x}}=\begin{bmatrix}50.3\\30.5\end{bmatrix}(\text{cm})$$

因此

$$\hat{L}_3=\hat{X}_1\times\hat{X}_2=1534.15(\text{cm}^2)$$

2）设实际面积为 S，则

$$S=2000^2\times\hat{L}_3\approx 6136600000(\text{cm}^2)=613660(\text{m}^2)=0.61366(\text{km}^2)$$

$$\boldsymbol{V}=\boldsymbol{B}\hat{\boldsymbol{x}}-\boldsymbol{l}=\begin{bmatrix}1&0\\0&1\\30&50\end{bmatrix}\begin{bmatrix}0.3\\0.5\end{bmatrix}-\begin{bmatrix}0\\0\\35\end{bmatrix}=\begin{bmatrix}0.3\\0.5\\-1\end{bmatrix}$$

$$\hat{\sigma}_0=\sqrt{\frac{\boldsymbol{V}^{\mathrm{T}}\boldsymbol{P}\boldsymbol{V}}{3-2}}=\sqrt{\frac{0.35}{1}}\approx 0.592(\text{cm})$$

$$Q_{\hat{L}\hat{L}} = BN_{BB}^{-1}B^{\mathrm{T}} = \frac{1}{35}\begin{bmatrix} 26 & -15 & 30 \\ -15 & 10 & 50 \\ 30 & 50 & 3400 \end{bmatrix}$$

则有

$$Q_{\hat{L}_3\hat{L}_3} = 97.14$$

由于

$$S = 2000^2 \hat{L}_3$$

则有

$$Q_{SS} = 2000^4 Q_{\hat{L}_3\hat{L}_3} \approx 1.554 \times 10^{15}$$

可得

$$\hat{\sigma}_S = \hat{\sigma}_0 \sqrt{Q_{SS}} = 0.592 \times 3.942 \times 10^7 \approx 2.334 \times 10^7 (\mathrm{cm}^2)$$

7.7　附有限制条件的间接平差

在进行间接平差时，所列误差方程式中未知数的个数应等于必要观测数，且未知数之间要相互独立。但有时在实际问题中会遇到所选未知数个数多于必要观测个数的情况，即在平差中选取$u>t$个量作为参数，其中包含 t 个独立量，则参数间存在$s=u-t$个限制条件。平差时列出 n 个观测方程和 s 个限制参数间关系的条件方程，以此为函数模型的平差方法，就是附有限制条件的间接平差。

7.7.1　平差原理

设有 n 个观测值 $\underset{n\times 1}{\boldsymbol{L}}$，其权矩阵为 $\underset{n\times n}{\boldsymbol{P}}$，选取 u 个参数 $\underset{u\times 1}{\boldsymbol{X}}$，必要观测数为 t，参数之间约束条件个数$s=u-t$。在实际各种类型的测量数据平差中，列出的观测方程和条件方程很多是非线性的，因此必须先按泰勒公式将其化为线性形式。第 4 章给出了附有限制条件的间接平差数学模型为

$$\underset{n\times 1}{\boldsymbol{V}} = \underset{n\times u}{\boldsymbol{B}}\,\underset{u\times 1}{\hat{\boldsymbol{x}}} - \underset{n\times 1}{\boldsymbol{l}} \tag{7-64}$$

$$\boldsymbol{C}\,\underset{u\times 1}{\hat{\boldsymbol{x}}} + \underset{s\times 1}{\boldsymbol{W}_x} = \boldsymbol{0} \tag{7-65}$$

$$\boldsymbol{D} = \sigma_0^2 \boldsymbol{Q} = \sigma_0^2 \boldsymbol{P}^{-1}$$

式（7-64）和式（7-65）中，

$$r(\boldsymbol{B}) = u,\quad r(\boldsymbol{C}) = s,\quad u<n,\quad s<u \tag{7-66}$$

即 $\boldsymbol{B}$ 为列满秩阵，$\boldsymbol{C}$ 为行满秩阵。在式（7-64）中，待求量是 n 个改正数和 u 个参数，而方程个数为$n+s$，少于待求量的个数$n+u$，且系数阵的秩等于其增广矩阵的秩，即

$$r\begin{bmatrix} -\boldsymbol{I} & \boldsymbol{B} \\ \boldsymbol{0} & \boldsymbol{C} \end{bmatrix} = r\begin{bmatrix} -\boldsymbol{I} & \boldsymbol{B} & \cdots & \boldsymbol{l} \\ \boldsymbol{0} & \boldsymbol{C} & \cdots & \boldsymbol{W}_x \end{bmatrix} = n+s \tag{7-67}$$

故式（7-64）是有无穷多组解的一组相容方程，为求其唯一解，可应用最小二乘原理。附有限制条件的间接平差有两种解法。

解法一：利用约束条件式（7-65）将多设的参数表示成独立参数的函数，并将该函数代入误差方程式（7-64），替换多设的参数，使有约束变成无约束，然后用间接平差的方法求解。一般而言，当约束条件式很简单时，用此方法效果比较好。当约束条件式比较多而且复杂时，用此方法的效果就不好，应该用下面的解法二。

解法二：本节主要介绍此种方法。根据求条件极值的理论，组成函数

$$\boldsymbol{\Phi}=\boldsymbol{V}^{\mathrm{T}}\boldsymbol{P}\boldsymbol{V}+2\boldsymbol{K}_S^{\mathrm{T}}(\boldsymbol{C}\hat{\boldsymbol{x}}+\boldsymbol{W}_x) \tag{7-68}$$

式中，$\underset{s\times1}{\boldsymbol{K}_S}$ 是对应于限制条件方程的联系数向量，简称联系数。由式（7-64）知，$\boldsymbol{V}$ 是 $\tilde{\boldsymbol{x}}$ 的显函数，为求 $\boldsymbol{\Phi}$ 的极小值，将其对 $\hat{\boldsymbol{x}}$ 求偏导数并令其为零，则有

$$\frac{\partial\boldsymbol{\Phi}}{\partial\hat{\boldsymbol{x}}}=2\boldsymbol{V}^{\mathrm{T}}\boldsymbol{P}\frac{\partial\boldsymbol{V}}{\partial\hat{\boldsymbol{x}}}+2\boldsymbol{K}_S^{\mathrm{T}}\boldsymbol{C}=\boldsymbol{0}$$

转置后，得

$$\underset{u\times n}{\boldsymbol{B}^{\mathrm{T}}}\ \underset{n\times n}{\boldsymbol{P}}\ \underset{n\times1}{\boldsymbol{V}}+\underset{u\times s}{\boldsymbol{C}^{\mathrm{T}}}\ \underset{s\times1}{\boldsymbol{K}_S}=\underset{u\times1}{\boldsymbol{0}} \tag{7-69}$$

式（7-69）、式（7-64）和式（7-65）构成了附有限制条件的间接平差的基础方程，即

$$\begin{cases}\boldsymbol{B}^{\mathrm{T}}\boldsymbol{P}\boldsymbol{V}+\boldsymbol{C}^{\mathrm{T}}\boldsymbol{K}_S=\boldsymbol{0}\\ \boldsymbol{V}=\boldsymbol{B}\hat{\boldsymbol{x}}-\boldsymbol{l}\\ \boldsymbol{C}\hat{\boldsymbol{x}}+\boldsymbol{W}_x=\boldsymbol{0}\end{cases} \tag{7-70}$$

在基础方程中，未知数 $\boldsymbol{V},\hat{\boldsymbol{x}},\boldsymbol{K}_S$ 的个数为 $n+u+s$，而方程的个数是 $n+u+s$，即方程个数等于未知数的个数，故有唯一解。可将其中的第二式代入第一式，得到附有限制条件的间接平差法的法方程，即

$$\begin{cases}\boldsymbol{B}^{\mathrm{T}}\boldsymbol{P}\boldsymbol{B}\hat{\boldsymbol{x}}+\boldsymbol{C}^{\mathrm{T}}\boldsymbol{K}_S-\boldsymbol{B}^{\mathrm{T}}\boldsymbol{P}\boldsymbol{l}=\boldsymbol{0}\\ \boldsymbol{C}\hat{\boldsymbol{x}}+\boldsymbol{W}_x=\boldsymbol{0}\end{cases} \tag{7-71}$$

令 $\boldsymbol{N}_{BB}=\boldsymbol{B}^{\mathrm{T}}\boldsymbol{P}\boldsymbol{B}$，$\boldsymbol{W}=\boldsymbol{B}^{\mathrm{T}}\boldsymbol{P}\boldsymbol{l}$，则式（7-71）变换为

$$\begin{cases}\boldsymbol{N}_{BB}\hat{\boldsymbol{x}}+\boldsymbol{C}^{\mathrm{T}}\boldsymbol{K}_S-\boldsymbol{W}=\boldsymbol{0}\\ \boldsymbol{C}\hat{\boldsymbol{x}}+\boldsymbol{W}_x=\boldsymbol{0}\end{cases} \tag{7-72}$$

式（7-72）称为附有限制条件的间接平差法的法方程，由它可解出 $\hat{\boldsymbol{x}}$ 和 $\boldsymbol{K}_S$。根据 7.1 节可知，$\boldsymbol{N}_{BB}$ 为一满秩对称正方矩阵，是可逆矩阵。用 $\boldsymbol{C}\boldsymbol{N}_{BB}^{-1}$ 左乘式（7-72）的第一式，并减去第二式，得

$$\boldsymbol{C}\boldsymbol{N}_{BB}^{-1}\boldsymbol{C}^{\mathrm{T}}\boldsymbol{K}_S-(\boldsymbol{C}\boldsymbol{N}_{BB}^{-1}\boldsymbol{W}+\boldsymbol{W}_x)=\boldsymbol{0} \tag{7-73}$$

若令

$$\underset{s\times s}{\boldsymbol{N}_{CC}}=\boldsymbol{C}\boldsymbol{N}_{BB}^{-1}\boldsymbol{C}^{\mathrm{T}}$$

则式（7-73）也可以写成

$$\boldsymbol{N}_{CC}\boldsymbol{K}_S-(\boldsymbol{C}\boldsymbol{N}_{BB}^{-1}+\boldsymbol{W}_x)=\boldsymbol{0} \tag{7-74}$$

式中，N_{CC} 的秩为$r(N_{CC})=r(CN_{BB}^{-1}C^{\mathrm{T}})=r(C)=s$，且$N_{CC}^{\mathrm{T}}=(CN_{BB}^{-1}C^{\mathrm{T}})^{\mathrm{T}}=CN_{BB}^{-1}C^{\mathrm{T}}$，故$N_{CC}$为一$s$阶的满秩对称正方矩阵，是可逆矩阵。于是

$$K_S=N_{CC}^{-1}(CN_{BB}^{-1}W+W_x) \tag{7-75}$$

将式（7-75）代入式（7-72）第一式，经整理可得

$$\hat{x}=(N_{BB}^{-1}-N_{BB}^{-1}C^{\mathrm{T}}N_{CC}^{-1}CN_{BB}^{-1})W-N_{BB}^{-1}C^{\mathrm{T}}N_{CC}^{-1}W_x \tag{7-76}$$

由上式解得$\hat{x}$之后，代入式（7-64）可求得V，最后即可求出

$$\hat{L}=L+V \tag{7-77}$$

$$\hat{X}=X^0+\hat{x} \tag{7-78}$$

在实际平差计算中，当列出误差方程和限制条件方程之后，即可计算N_{BB}、N_{BB}^{-1}、N_{CC}、N_{CC}^{-1}，然后由式（7-76）计算$\hat{x}$，再代入误差方程式（7-64）中计算V，最后由式（7-77）和式（7-78）求得观测值和参数的平差值。

7.7.2 精度评定

精度评定仍是给出单位权方差的估值公式、推导协因数矩阵和平差参数的函数的协因数和中误差的公式。

1. 单位权方差的估值公式

附有限制条件的间接平差的单位权方差估值仍是$V^{\mathrm{T}}PV$除以其自由度，即

$$\hat{\sigma}_0^2=\frac{V^{\mathrm{T}}PV}{r}=\frac{V^{\mathrm{T}}PV}{n-u+s} \tag{7-79}$$

式中，$V^{\mathrm{T}}PV$可以用已经算出的V和已知的权矩阵P直接计算。此外，也可按以下公式计算：

$$V^{\mathrm{T}}PV=(B\hat{x}-l)^{\mathrm{T}}PV=\hat{x}^{\mathrm{T}}B^{\mathrm{T}}PV-l^{\mathrm{T}}PV$$

根据式（7-69），则有

$$V^{\mathrm{T}}PV=-\hat{x}^{\mathrm{T}}C^{\mathrm{T}}K_S-l^{\mathrm{T}}P(B\hat{x}-l)=l^{\mathrm{T}}Pl-\hat{x}^{\mathrm{T}}C^{\mathrm{T}}K_S-l^{\mathrm{T}}PB\hat{x}$$

又由式（7-65），则上式可写成

$$V^{\mathrm{T}}PV=l^{\mathrm{T}}Pl+W_x^{\mathrm{T}}K_S-W^{\mathrm{T}}\hat{x} \tag{7-80}$$

2. 协因数矩阵

在附有限制条件的间接平差法中，基本向量为$L,W,\hat{X},V,\hat{L}$。顾及$Q_{LL}=Q$，即可推导出各基本向量的自协因数矩阵及两两向量之间的互协因数矩阵。

因为平差值方程的形式是$\hat{L}=F(\hat{X})$，误差方程的常数项$l=L-F(X^0)$，其中$F(X^0)$为常量，对精度计算无影响，故有

$$W=B^{\mathrm{T}}Pl=B^{\mathrm{T}}PL+W^0$$

式中，$W^0=-B^{\mathrm{T}}PF(X^0)$亦为常量。于是基本向量的表达式为

$$\begin{cases} \boldsymbol{L} = \boldsymbol{I}\boldsymbol{L} \\ \boldsymbol{W} = \boldsymbol{B}^{\mathrm{T}}\boldsymbol{P}\boldsymbol{L} + \boldsymbol{W}^0 \\ \hat{\boldsymbol{X}} = \hat{\boldsymbol{x}} + \boldsymbol{X}^0 = \boldsymbol{X}^0 + (\boldsymbol{N}_{BB}^{-1} - \boldsymbol{N}_{BB}^{-1}\boldsymbol{C}^{\mathrm{T}}\boldsymbol{N}_{CC}^{-1}\boldsymbol{C}\boldsymbol{N}_{BB}^{-1})\boldsymbol{W} + \boldsymbol{N}_{BB}^{-1}\boldsymbol{C}^{\mathrm{T}}\boldsymbol{N}_{CC}^{-1}\boldsymbol{W}_x \\ \boldsymbol{V} = \boldsymbol{B}\hat{\boldsymbol{x}} - \boldsymbol{l} \\ \hat{\boldsymbol{L}} = \boldsymbol{L} + \boldsymbol{V} \end{cases} \tag{7-81}$$

把式（7-81）的各向量都化为 $\boldsymbol{L}$ 的函数，则可得

$$\begin{cases} \boldsymbol{L} = \boldsymbol{I}\boldsymbol{L} \\ \boldsymbol{W} = \boldsymbol{B}^{\mathrm{T}}\boldsymbol{P}\boldsymbol{L} + \boldsymbol{W}^0 \\ \hat{\boldsymbol{X}} = (\boldsymbol{N}_{BB}^{-1} - \boldsymbol{N}_{BB}^{-1}\boldsymbol{C}^{\mathrm{T}}\boldsymbol{N}_{CC}^{-1}\boldsymbol{C}\boldsymbol{N}_{BB}^{-1})\boldsymbol{B}^{\mathrm{T}}\boldsymbol{P}\boldsymbol{L} + (\boldsymbol{N}_{BB}^{-1} - \boldsymbol{N}_{BB}^{-1}\boldsymbol{C}^{\mathrm{T}}\boldsymbol{N}_{CC}^{-1}\boldsymbol{C}\boldsymbol{N}_{BB}^{-1})\boldsymbol{W}^0 + \boldsymbol{X}^0 + \boldsymbol{N}_{BB}^{-1}\boldsymbol{C}^{\mathrm{T}}\boldsymbol{N}_{CC}^{-1}\boldsymbol{W}_x \\ \boldsymbol{V} = [\boldsymbol{B}(\boldsymbol{N}_{BB}^{-1} - \boldsymbol{N}_{BB}^{-1}\boldsymbol{C}^{\mathrm{T}}\boldsymbol{N}_{CC}^{-1}\boldsymbol{C}\boldsymbol{N}_{BB}^{-1})\boldsymbol{B}^{\mathrm{T}}\boldsymbol{P} - \boldsymbol{I}]\boldsymbol{L} + \boldsymbol{V}^0 \\ \hat{\boldsymbol{L}} = \boldsymbol{L} + \boldsymbol{V} = \boldsymbol{B}(\boldsymbol{N}_{BB}^{-1} - \boldsymbol{N}_{BB}^{-1}\boldsymbol{C}^{\mathrm{T}}\boldsymbol{N}_{CC}^{-1}\boldsymbol{C}\boldsymbol{N}_{BB}^{-1})\boldsymbol{B}^{\mathrm{T}}\boldsymbol{P}\boldsymbol{L} + \hat{\boldsymbol{L}}^0 \end{cases}$$

式中，$\boldsymbol{V}^0 = \hat{\boldsymbol{L}}^0 = \boldsymbol{B}(\boldsymbol{N}_{BB}^{-1} - \boldsymbol{N}_{BB}^{-1}\boldsymbol{C}^{\mathrm{T}}\boldsymbol{N}_{CC}^{-1}\boldsymbol{C}\boldsymbol{N}_{BB}^{-1})\boldsymbol{W}^0 + \boldsymbol{B}\boldsymbol{N}_{BB}^{-1}\boldsymbol{C}^{\mathrm{T}}\boldsymbol{N}_{CC}^{-1}\boldsymbol{W} + \boldsymbol{B}\boldsymbol{X}^0 + \boldsymbol{d}$。

令 $\boldsymbol{Z} = [\boldsymbol{L} \quad \boldsymbol{W} \quad \hat{\boldsymbol{X}} \quad \boldsymbol{V} \quad \hat{\boldsymbol{L}}]^{\mathrm{T}}$，根据协因数传播律可得

$$\boldsymbol{Q}_{ZZ} = \begin{bmatrix} \boldsymbol{Q}_{LL} & \boldsymbol{Q}_{LW} & \boldsymbol{Q}_{L\hat{X}} & \boldsymbol{Q}_{LV} & \boldsymbol{Q}_{L\hat{L}} \\ \boldsymbol{Q}_{WL} & \boldsymbol{Q}_{WW} & \boldsymbol{Q}_{W\hat{X}} & \boldsymbol{Q}_{WV} & \boldsymbol{Q}_{W\hat{L}} \\ \boldsymbol{Q}_{\hat{X}L} & \boldsymbol{Q}_{\hat{X}W} & \boldsymbol{Q}_{\hat{X}\hat{X}} & \boldsymbol{Q}_{\hat{X}V} & \boldsymbol{Q}_{\hat{X}\hat{L}} \\ \boldsymbol{Q}_{VL} & \boldsymbol{Q}_{VW} & \boldsymbol{Q}_{V\hat{X}} & \boldsymbol{Q}_{VV} & \boldsymbol{Q}_{V\hat{L}} \\ \boldsymbol{Q}_{\hat{L}L} & \boldsymbol{Q}_{\hat{L}W} & \boldsymbol{Q}_{\hat{L}\hat{X}} & \boldsymbol{Q}_{\hat{L}V} & \boldsymbol{Q}_{\hat{L}\hat{L}} \end{bmatrix}$$

$$= \begin{bmatrix} \boldsymbol{Q} & \boldsymbol{B} & \boldsymbol{B}\boldsymbol{Q}_{\hat{X}\hat{X}} & -\boldsymbol{Q}_{VV} & \boldsymbol{Q} - \boldsymbol{Q}_{VV} \\ \boldsymbol{B}^{\mathrm{T}} & \boldsymbol{N}_{BB} & \boldsymbol{N}_{BB}\boldsymbol{Q}_{\hat{X}\hat{X}} & (\boldsymbol{Q}_{\hat{X}\hat{X}}\boldsymbol{N}_{BB} - \boldsymbol{I})^{\mathrm{T}}\boldsymbol{B}^{\mathrm{T}} & \boldsymbol{N}_{BB}\boldsymbol{Q}_{\hat{X}\hat{X}}\boldsymbol{B}^{\mathrm{T}} \\ \boldsymbol{Q}_{\hat{X}\hat{X}}\boldsymbol{B}^{\mathrm{T}} & \boldsymbol{Q}_{\hat{X}\hat{X}}\boldsymbol{N}_{BB} & \boldsymbol{Q}_{\hat{X}\hat{X}} & \boldsymbol{0} & \boldsymbol{Q}_{\hat{X}\hat{X}}\boldsymbol{B}^{\mathrm{T}} \\ -\boldsymbol{Q}_{VV} & \boldsymbol{B}(\boldsymbol{Q}_{\hat{X}\hat{X}}\boldsymbol{N}_{BB} - \boldsymbol{I}) & \boldsymbol{0} & \boldsymbol{Q} - \boldsymbol{B}\boldsymbol{Q}_{\hat{X}\hat{X}}\boldsymbol{B}^{\mathrm{T}} & \boldsymbol{0} \\ \boldsymbol{Q} - \boldsymbol{Q}_{VV} & \boldsymbol{B}\boldsymbol{Q}_{\hat{X}\hat{X}}\boldsymbol{N}_{BB} & \boldsymbol{B}\boldsymbol{Q}_{\hat{X}\hat{X}} & \boldsymbol{0} & \boldsymbol{Q} - \boldsymbol{Q}_{VV} \end{bmatrix} \tag{7-82}$$

式中，$\boldsymbol{Q}_{\hat{X}\hat{X}} = \boldsymbol{N}_{BB}^{-1} - \boldsymbol{N}_{BB}^{-1}\boldsymbol{C}^{\mathrm{T}}\boldsymbol{N}_{CC}^{-1}\boldsymbol{C}\boldsymbol{N}_{BB}^{-1}$。

3. 平差参数函数的协因数

在附有限制条件的间接平差中，因在 u 个参数中包含了 t 个独立参数，故平差中所求任一量都能表达成这 u 个参数的函数。设某个量的平差值函数 $\hat{\varphi}$ 为

$$\hat{\varphi} = \Phi(\hat{\boldsymbol{X}}) \tag{7-83}$$

对其求全微分，得权函数式为

$$\mathrm{d}\hat{\varphi} = \left(\frac{\mathrm{d}\Phi}{\mathrm{d}\hat{\boldsymbol{X}}}\right)_0 \mathrm{d}\hat{\boldsymbol{X}} = \boldsymbol{F}^{\mathrm{T}}\mathrm{d}\hat{\boldsymbol{X}} \tag{7-84}$$

式中，

$$F^{\mathrm{T}}=\begin{bmatrix}\frac{\partial\Phi}{\partial\hat{X}_1} & \frac{\partial\Phi}{\partial\hat{X}_2} & \cdots & \frac{\partial\Phi}{\partial\hat{X}_u}\end{bmatrix}_0 \tag{7-85}$$

用 $\boldsymbol{X}^0$ 代入各偏导数中，即得各偏导数值，然后按下式计算其协因数：

$$\boldsymbol{Q}_{\hat{\varphi}\hat{\varphi}}=\boldsymbol{F}^{\mathrm{T}}\boldsymbol{Q}_{\hat{X}\hat{X}}\boldsymbol{F} \tag{7-86}$$

可根据式（7-82）得到 $\boldsymbol{Q}_{\hat{X}\hat{X}}$ 的计算公式。于是函数 $\hat{\varphi}$ 的中误差

$$\hat{\sigma}_{\hat{\varphi}}=\hat{\sigma}_0\sqrt{Q_{\hat{\varphi}\hat{\varphi}}} \tag{7-87}$$

例 7-7　方程 $y=ax^2+b$ 的抛物线要与下面 3 点的数据拟合。已知数据如表 7-9 所示。

表 7-9　已知数据

点号	1^*	2^*	3^*
x	1	2	3
y	7.50	20.50	42.00

y 为观测值，其间互不相关且等权。现要求：1）利用最小二乘原理，求出参数 a,b 的最佳估值及其协因数；2）若该抛物线被强制要求通过点 2^*，参数 a,b 的最佳估值是多少？

解：1）本题中 $n=3,t=2$。该题中 x 被看作自变量，是常数；而 y 是观测值，有观测误差，所以误差方程为

$$v_i=\hat{y}_i-y_i=x_i^2\hat{a}+\hat{b}-y_i$$

式中，$\hat{y}_i$ 为用参数最佳估值 $\hat{a},\hat{b}$ 及自变量 x_i 拟合出来的 i 点上 y 的估值；y_i 为 i 点上 y 的观测值。

误差方程为

$$\begin{cases}v_1=\hat{a}+\hat{b}-7.50\\ v_2=4\hat{a}+\hat{b}-20.50\\ v_3=9\hat{a}+\hat{b}-42.00\end{cases}$$

因为观测值为不相关且等权，设权矩阵 $\boldsymbol{P}=\boldsymbol{I}$，$\boldsymbol{B}=\begin{bmatrix}1&1\\4&1\\9&1\end{bmatrix}$，$\boldsymbol{l}=\begin{bmatrix}7.50\\20.50\\42.00\end{bmatrix}$，法方程系数矩阵及常数项向量分别为

$$\boldsymbol{N}_{BB}=\boldsymbol{B}^{\mathrm{T}}\boldsymbol{B}=\begin{bmatrix}1&4&9\\1&1&1\end{bmatrix}\begin{bmatrix}1&1\\4&1\\9&1\end{bmatrix}=\begin{bmatrix}98&14\\14&3\end{bmatrix},\quad \boldsymbol{W}=\boldsymbol{B}^{\mathrm{T}}\boldsymbol{l}=\begin{bmatrix}1&4&9\\1&1&1\end{bmatrix}\begin{bmatrix}7.50\\20.50\\42.00\end{bmatrix}=\begin{bmatrix}467.50\\70.00\end{bmatrix}$$

参数最佳估值为

$$\begin{bmatrix}\hat{a}\\ \hat{b}\end{bmatrix}=\boldsymbol{N}_{BB}^{-1}\boldsymbol{W}=\begin{bmatrix}0.0306&-0.1428\\-0.1428&1.0000\end{bmatrix}\begin{bmatrix}467.50\\70.00\end{bmatrix}=\begin{bmatrix}4.3115\\3.2140\end{bmatrix}$$

即抛物线的拟合方程为

$$\hat{y}=4.3115x^2+3.2140$$

最佳估值 $\hat{a},\hat{b}$ 的协因数为

$$Q_{\hat{a}\hat{a}}=0.0306,\quad Q_{\hat{b}\hat{b}}=1.0000$$

2）当抛物线被强制要求通过点 2^* 时，即认为点 2^* 的 $y_2=20.50$ 没有观测误差。将与点 2^* 有关的值代入抛物线方程，有约束条件

$$4\hat{a}+\hat{b}-20.50=0$$

存在，即参数之间有了一个约束关系。说明在要求抛物线强制通过点 2^* 时，如果按间接平差，只需要设一个独立参数进行平差即可，但一个参数怎样设，误差方程如何列，还需要进行另一番考虑。因此，仍按 1）的做法，设 a,b 的平差值仍为参数，只不过两个参数之间是不独立的，$n=3,t=1,u=2,s=1$。按附有限制条件的间接平差法进行平差，列出误差方程式和约束条件。

误差方程为

$$\begin{cases}v_1=\hat{a}+\hat{b}-7.50\\ v_2=4\hat{a}+\hat{b}-20.50\\ v_3=9\hat{a}+\hat{b}-42.00\end{cases}\tag{7-88}$$

约束条件方程为

$$4\hat{a}+\hat{b}-20.50=0$$

解法一：利用约束条件，有

$$\hat{b}=20.50-4\hat{a}$$

代入误差方程，消除多余的参数 $\hat{b}$，得误差方程为

$$\begin{bmatrix}v_1\\ v_3\end{bmatrix}=\begin{bmatrix}-3\\ 5\end{bmatrix}\hat{a}-\begin{bmatrix}-13\\ 21.5\end{bmatrix},\quad \boldsymbol{P}=\begin{bmatrix}1&0\\0&1\end{bmatrix}$$

按照间接平差法，得

$$\hat{a}=\left([-3\quad 5]\begin{bmatrix}-3\\ 5\end{bmatrix}\right)^{-1}[-3\quad 5]\begin{bmatrix}-13\\ 21.5\end{bmatrix}=\frac{146.5}{34}\approx 4.3088$$

代入约束条件方程，得参数 $\hat{b}$ 的估值为

$$\hat{b}=3.2647$$

比较与 1）的结果，可见抛物线强制通过点 2^* 时，其参数估值是有变化的。

解法二：由式（7-88）和约束条件方程，可得

$$\boldsymbol{C}=[4\quad 1],\quad W_x=-20.50$$

$$\boldsymbol{N}_{BB}^{-1}=\frac{1}{98}\begin{bmatrix}3&-14\\-14&98\end{bmatrix},\quad N_{CC}=[4\quad 1]\frac{1}{98}\begin{bmatrix}3&-14\\-14&98\end{bmatrix}\begin{bmatrix}4\\1\end{bmatrix}=\frac{34}{98},\quad N_{CC}^{-1}=\frac{98}{34}$$

则有

$$\begin{bmatrix}\hat{a}\\ \hat{b}\end{bmatrix}=(\boldsymbol{N}_{BB}^{-1}-\boldsymbol{N}_{BB}^{-1}\boldsymbol{C}^{\mathrm{T}}\boldsymbol{N}_{CC}^{-1}\boldsymbol{C}\boldsymbol{N}_{BB}^{-1})\boldsymbol{W}-\boldsymbol{N}_{BB}^{-1}\boldsymbol{C}^{\mathrm{T}}\boldsymbol{N}_{CC}^{-1}\boldsymbol{W}_x$$

$$=\left(\frac{1}{98}\begin{bmatrix}3 & -14\\ -14 & 98\end{bmatrix}-\frac{1}{98}\begin{bmatrix}3 & -14\\ -14 & 98\end{bmatrix}\begin{bmatrix}4\\ 1\end{bmatrix}\frac{98}{34}\begin{bmatrix}4 & 1\end{bmatrix}\frac{1}{98}\begin{bmatrix}3 & -14\\ -14 & 98\end{bmatrix}\right)\begin{bmatrix}467.50\\ 70.00\end{bmatrix}$$

$$-\frac{1}{98}\begin{bmatrix}3 & -14\\ -14 & 98\end{bmatrix}\begin{bmatrix}4\\ 1\end{bmatrix}\frac{98}{34}\times(-20.50)$$

$$=\left(\frac{1}{98}\begin{bmatrix}3 & -14\\ -14 & 98\end{bmatrix}-\frac{1}{34\times 98}\begin{bmatrix}4 & -84\\ -84 & 1764\end{bmatrix}\right)\begin{bmatrix}467.50\\ 70.00\end{bmatrix}-\frac{1}{34}\begin{bmatrix}41.00\\ -861.00\end{bmatrix}$$

$$=\frac{1}{34}\begin{bmatrix}1 & -4\\ -4 & 16\end{bmatrix}\begin{bmatrix}467.50\\ 70.00\end{bmatrix}-\frac{1}{34}\begin{bmatrix}41.00\\ -861.00\end{bmatrix}=\frac{1}{34}\begin{bmatrix}187.5-41.00\\ 861.00-750\end{bmatrix}$$

$$=\frac{1}{34}\begin{bmatrix}146.50\\ 111.00\end{bmatrix}=\begin{bmatrix}4.3088\\ 3.2647\end{bmatrix}$$

答案与解法一一致，得参数估值

$$\hat{a}=4.3088,\ \hat{b}=3.2647$$

这样，抛物线的拟合方程为

$$\hat{y}=4.3088x^2+3.2647$$

7.8 间接平差与条件平差的关系

对于具体的一个平差问题，不可能因采用的平差方法不同而导致最后的平差结果产生差异，也就是最终的平差值和其精度估计与采用的平差方法无关。基于这一原则，可导出间接平差与条件平差的某些关系。

7.8.1 法矩阵之间的关系

条件平差的法方程的系数

$$\boldsymbol{N}_{aa}=\boldsymbol{A}\boldsymbol{P}^{-1}\boldsymbol{A}^{\mathrm{T}}=\boldsymbol{A}\boldsymbol{Q}\boldsymbol{A}^{\mathrm{T}} \tag{7-89}$$

改正数$\boldsymbol{V}$的计算公式为

$$\boldsymbol{V}=-\boldsymbol{Q}\boldsymbol{A}^{\mathrm{T}}\boldsymbol{N}_{aa}^{-1}\boldsymbol{W}=\boldsymbol{Q}\boldsymbol{A}^{\mathrm{T}}\boldsymbol{N}_{aa}^{-1}\boldsymbol{A}\boldsymbol{V} \tag{7-90}$$

间接平差的法方程系数

$$\boldsymbol{N}_{BB}=\boldsymbol{B}^{\mathrm{T}}\boldsymbol{P}\boldsymbol{B} \tag{7-91}$$

改正数$\boldsymbol{V}$的计算公式为

$$\boldsymbol{V}=\boldsymbol{B}\hat{\boldsymbol{x}}-\boldsymbol{l}=\boldsymbol{B}\boldsymbol{N}_{BB}^{-1}\boldsymbol{B}^{\mathrm{T}}\boldsymbol{P}\boldsymbol{l}-\boldsymbol{l}=(\boldsymbol{B}\boldsymbol{N}_{BB}^{-1}\boldsymbol{B}^{\mathrm{T}}\boldsymbol{P}-\boldsymbol{I})\boldsymbol{l} \tag{7-92}$$

对于残差$\boldsymbol{V}$来讲，两种平差方法应该相等，即有

$$(BN_{BB}^{-1}B^{\mathrm{T}}P-I)l=QA^{\mathrm{T}}N_{aa}^{-1}AV \tag{7-93}$$

由式（7-93）可得

$$\begin{cases}(BN_{BB}^{-1}B^{\mathrm{T}}P-I)(B\hat{x}-V)=QA^{\mathrm{T}}N_{aa}^{-1}AV\\(BN_{BB}^{-1}B^{\mathrm{T}}PB\hat{x}-B\hat{x})-(BN_{BB}^{-1}B^{\mathrm{T}}P-I)V=QA^{\mathrm{T}}N_{aa}^{-1}AV\\(BN_{BB}^{-1}N_{BB}\hat{x}-B\hat{x})+V=QA^{\mathrm{T}}N_{aa}^{-1}AV+BN_{BB}^{-1}B^{\mathrm{T}}PV\\V=(QA^{\mathrm{T}}N_{aa}^{-1}A+BN_{BB}^{-1}B^{\mathrm{T}}P)V\end{cases} \tag{7-94}$$

则有

$$QA^{\mathrm{T}}N_{aa}^{-1}A+BN_{BB}^{-1}B^{\mathrm{T}}P=I \tag{7-95}$$

7.8.2 系数矩阵 A、B 之间的关系

把式（7-95）左乘 A，可得

$$AQA^{\mathrm{T}}N_{aa}^{-1}A+ABN_{BB}^{-1}B^{\mathrm{T}}P=A \tag{7-96}$$

根据式（7-89）和式（7-96）可得

$$A+ABN_{BB}^{-1}B^{\mathrm{T}}P=A \tag{7-97}$$

把式（7-97）右乘 B 可得

$$AB+ABN_{BB}^{-1}B^{\mathrm{T}}PB=AB \tag{7-98}$$

由式（7-91）可得

$$AB+ABN_{BB}^{-1}N_{BB}=AB$$

$$AB+AB=AB$$

则有

$$AB=0 \tag{7-99}$$

7.8.3 误差方程的常数项 l 与条件方程的闭合差 W 之间的关系

用 A 左乘式（7-92），可得

$$AV=A(BN_{BB}^{-1}B^{\mathrm{T}}P-I)l \tag{7-100}$$

由于 $W=-AV$， $AB=0$，根据式（7-100）可得

$$-W=ABN_{BB}^{-1}B^{\mathrm{T}}Pl-AIl=-AIl \tag{7-101}$$

则有

$$W=AIl \tag{7-102}$$

7.8.4 间接平差中的 d 与条件平差中的 A_0 之间的关系

由本章相关内容可知

$$l=L-BX^0-d \tag{7-103}$$

由第 6 章相关内容可知

$$W=AL+A_0 \tag{7-104}$$

将式（7-103）和式（7-104）代入式（7-102）可得

$$\boldsymbol{A}\boldsymbol{L} + \boldsymbol{A}_0 = \boldsymbol{A}(\boldsymbol{L} - \boldsymbol{B}\boldsymbol{X}^0 - \boldsymbol{d})$$

$$\boldsymbol{A}\boldsymbol{L} + \boldsymbol{A}_0 = \boldsymbol{A}\boldsymbol{L} - \boldsymbol{A}\boldsymbol{B}\boldsymbol{X}^0 - \boldsymbol{A}\boldsymbol{d}$$

则有

$$\boldsymbol{A}_0 = -\boldsymbol{A}\boldsymbol{d} \tag{7-105}$$

7.8.5 条件方程转化为误差方程

条件方程转化为误差方程的步骤如下。

1）确定观测值的个数n，观测值个数就是残差的个数。

2）根据条件方程的个数判断其必要观测个数t，条件方程的个数就是多余观测数个数r，则$t = n - r$。

3）设有t个独立的参数，一般独立参数的近似值设为相应的观测值。

4）列出n个误差方程。

例 7-8 某平差问题按照条件平差时的条件方程为

$$\begin{cases} v_1 - v_2 + v_3 + 5 = 0 \\ v_3 - v_4 - v_5 - 2 = 0 \\ v_5 - v_6 - v_7 + 3 = 0 \\ v_1 + v_4 + v_7 + 4 = 0 \end{cases}$$

试将其改写成误差方程。

解：由题可知残差个数为7，$n = 7$，有4个条件方程，$r = 4$，所以$t = n - r = 7 - 4 = 3$。

设 3 个独立参数L_1, L_2, L_4的平差值为参数，分别为$\hat{X}_1, \hat{X}_2, \hat{X}_4$，其近似值分别为$X_1^0 = L_1, X_2^0 = L_2, X_4^0 = L_4$，则误差方程为

$$\begin{cases} v_1 = \hat{x}_1 \\ v_2 = \hat{x}_2 \\ v_3 = -\hat{x}_1 + \hat{x}_2 - 5 \\ v_4 = \hat{x}_4 \\ v_5 = -\hat{x}_1 + \hat{x}_2 - \hat{x}_4 - 7 \\ v_6 = \hat{x}_2 \\ v_7 = -\hat{x}_1 - \hat{x}_4 - 4 \end{cases}$$

7.8.6 误差方程转化为条件方程

误差方程转化为条件方程的步骤如下。

1）确定改正数v_i的个数，则n为改正数的个数。

2）确定参数的个数，则t为参数的个数。

3）条件方程的个数$c = n - t$。

4）消除参数，得到独立的c个条件方程。

例 7-9 某平差问题，按间接平差法进行平差，其误差方程为

$$\begin{cases} v_1 = \hat{x}_1 - 1 \\ v_2 = \hat{x}_1 - 2 \\ v_3 = \hat{x}_2 + 1 \\ v_4 = \hat{x}_1 + \hat{x}_2 + 2 \end{cases}$$

试将其改写成条件方程。

解：改正数个数为 4，$n=4$；参数个数为 2，$t=2$，所以$c=n-t=2$。

条件方程为

$$\begin{cases} v_1 - v_2 - 1 = 0 \\ v_1 + v_3 - v_4 + 2 = 0 \end{cases}$$

7.9 间接平差估值的统计性质

对间接平差的结果，也要用数理统计的理论来讨论它们的统计性质。间接平差可以说是附有限制条件的间接平差的特例。本节以附有限制条件的间接平差来探讨其估值的统计性质，其结论适应于间接平差。

7.9.1 估计量 $\hat{\boldsymbol{X}}$ 和 $\hat{\boldsymbol{L}}$ 具有无偏性

1. 估计量 $\hat{\boldsymbol{X}}$ 具有无偏性

要证明$\hat{\boldsymbol{X}}$具有无偏性，也就是要证明$E(\hat{\boldsymbol{X}})=\tilde{\boldsymbol{X}}$。因为$\hat{\boldsymbol{X}}=\boldsymbol{X}^0+\hat{\boldsymbol{x}}$，$\tilde{\boldsymbol{X}}=\boldsymbol{X}^0+\tilde{\boldsymbol{x}}$，故证明$E(\hat{\boldsymbol{X}})=\tilde{\boldsymbol{X}}$，与证明$E(\hat{\boldsymbol{x}})=\tilde{\boldsymbol{x}}$等价。

由前述内容可知

$$\hat{\boldsymbol{x}}=(\boldsymbol{N}_{BB}^{-1}-\boldsymbol{N}_{BB}^{-1}\boldsymbol{C}^{\mathrm{T}}\boldsymbol{N}_{CC}^{-1}\boldsymbol{C}\boldsymbol{N}_{BB}^{-1})\boldsymbol{W}-\boldsymbol{N}_{BB}^{-1}\boldsymbol{C}^{\mathrm{T}}\boldsymbol{N}_{CC}^{-1}\boldsymbol{W}_x$$

等号两边求数学期望，得

$$\begin{aligned} E(\hat{\boldsymbol{x}}) &= E[(\boldsymbol{N}_{BB}^{-1}-\boldsymbol{N}_{BB}^{-1}\boldsymbol{C}^{\mathrm{T}}\boldsymbol{N}_{CC}^{-1}\boldsymbol{C}\boldsymbol{N}_{BB}^{-1})\boldsymbol{W}-\boldsymbol{N}_{BB}^{-1}\boldsymbol{C}^{\mathrm{T}}\boldsymbol{N}_{CC}^{-1}\boldsymbol{W}_x] \\ &= (\boldsymbol{N}_{BB}^{-1}-\boldsymbol{N}_{BB}^{-1}\boldsymbol{C}^{\mathrm{T}}\boldsymbol{N}_{CC}^{-1}\boldsymbol{C}\boldsymbol{N}_{BB}^{-1})E(\boldsymbol{W})-\boldsymbol{N}_{BB}^{-1}\boldsymbol{C}^{\mathrm{T}}\boldsymbol{N}_{CC}^{-1}E(\boldsymbol{W}_x) \end{aligned} \quad (7\text{-}106)$$

$$\begin{aligned} E(\boldsymbol{W}) &= \boldsymbol{B}^{\mathrm{T}}\boldsymbol{P}E(\boldsymbol{l})=\boldsymbol{B}^{\mathrm{T}}\boldsymbol{P}E(\boldsymbol{L}-\boldsymbol{B}\boldsymbol{X}^0-\boldsymbol{d}) \\ &= \boldsymbol{B}^{\mathrm{T}}\boldsymbol{P}(\tilde{\boldsymbol{L}}-\boldsymbol{B}\boldsymbol{X}^0-\boldsymbol{d})=\boldsymbol{B}^{\mathrm{T}}\boldsymbol{P}(\tilde{\boldsymbol{L}}-\boldsymbol{B}\tilde{\boldsymbol{X}}+\boldsymbol{B}\tilde{\boldsymbol{x}}-\boldsymbol{d}) \end{aligned} \quad (7\text{-}107)$$

因为

$$\tilde{\boldsymbol{L}}=\boldsymbol{B}\tilde{\boldsymbol{X}}+\boldsymbol{d}$$

所以式（7-107）可变为

$$E(\boldsymbol{W})=\boldsymbol{B}^{\mathrm{T}}\boldsymbol{P}\boldsymbol{B}\tilde{\boldsymbol{x}}=\boldsymbol{N}_{BB}\tilde{\boldsymbol{x}} \quad (7\text{-}108)$$

又因为

$$\boldsymbol{C}\tilde{\boldsymbol{x}}+\boldsymbol{W}_x=\boldsymbol{0}$$

则有

$$\boldsymbol{W}_x=-\boldsymbol{C}\tilde{\boldsymbol{x}}$$

所以

$$E(\boldsymbol{W}_x)=-\boldsymbol{C}\tilde{\boldsymbol{x}} \tag{7-109}$$

将式（7-109）和式（7-108）代入式（7-106），可得

$$\begin{aligned}E(\hat{\boldsymbol{x}})&=(\boldsymbol{N}_{BB}^{-1}-\boldsymbol{N}_{BB}^{-1}\boldsymbol{C}^{\mathrm{T}}\boldsymbol{N}_{CC}^{-1}\boldsymbol{C}\boldsymbol{N}_{BB}^{-1})\boldsymbol{N}_{BB}\tilde{\boldsymbol{x}}+\boldsymbol{N}_{BB}^{-1}\boldsymbol{C}^{\mathrm{T}}\boldsymbol{N}_{CC}^{-1}\boldsymbol{C}\tilde{\boldsymbol{x}}\\&=\tilde{\boldsymbol{x}}-\boldsymbol{N}_{BB}^{-1}\boldsymbol{C}^{\mathrm{T}}\boldsymbol{N}_{CC}^{-1}\tilde{\boldsymbol{x}}+\boldsymbol{N}_{BB}^{-1}\boldsymbol{C}^{\mathrm{T}}\boldsymbol{N}_{CC}^{-1}\tilde{\boldsymbol{x}}=\tilde{\boldsymbol{x}}\end{aligned} \tag{7-110}$$

证明未知数的估计量 $\hat{\boldsymbol{X}}$ 具有无偏性。

2. $\hat{\boldsymbol{L}}$ 具有无偏性

要证明 $\hat{\boldsymbol{L}}$ 具有无偏性，也就是要证明 $E(\hat{\boldsymbol{L}})=\tilde{\boldsymbol{L}}$。

先证明改正数 $\boldsymbol{V}$ 的数学期望等于零。因为

$$\boldsymbol{V}=\boldsymbol{B}\hat{\boldsymbol{x}}-\boldsymbol{l}$$

等号两边求数学期望，顾及 $E(\boldsymbol{l})=\boldsymbol{B}\tilde{\boldsymbol{x}}$ 和式（7-110），则有

$$E(\boldsymbol{V})=\boldsymbol{B}E(\hat{\boldsymbol{x}})-E(\boldsymbol{l})=\boldsymbol{B}\tilde{\boldsymbol{x}}-\boldsymbol{B}\tilde{\boldsymbol{x}}=\boldsymbol{0} \tag{7-111}$$

所以改正数 $\boldsymbol{V}$ 的数学期望 $E(\boldsymbol{V})=0$。可知 $\hat{\boldsymbol{L}}=\boldsymbol{L}+\boldsymbol{V}$，两边求数学期望，有

$$E(\hat{\boldsymbol{L}})=E(\boldsymbol{L})+E(\boldsymbol{V}) \tag{7-112}$$

根据式（7-111），有

$$E(\hat{\boldsymbol{L}})=E(\boldsymbol{L})+E(\boldsymbol{V})=\tilde{\boldsymbol{L}} \tag{7-113}$$

证明 $\hat{\boldsymbol{L}}$ 具有无偏性。

7.9.2 估计量 $\hat{X}$ 具有最小方差

由于 $\hat{\boldsymbol{X}}=\boldsymbol{X}^0+\hat{\boldsymbol{x}}$，要证明 $\hat{\boldsymbol{X}}$ 的方差最小，也就是要证明 $\hat{\boldsymbol{x}}$ 的方差最小。本节通过证明 $\hat{\boldsymbol{x}}$ 的方差最小来代替证明 $\hat{\boldsymbol{X}}$ 的方差最小。

参数估计量 $\hat{\boldsymbol{x}}$ 的方差矩阵为

$$\boldsymbol{D}_{\hat{x}\hat{x}}=\hat{\sigma}_0^2\boldsymbol{Q}_{\hat{x}\hat{x}}$$

$\boldsymbol{D}_{\hat{x}\hat{x}}$ 中对角线元素分别是各 $\hat{x}_i(i=1,2,\cdots,u)$ 的方差，要证明参数估计量的方差最小，根据迹的定义知，也就是要证明

$$\mathrm{tr}(\boldsymbol{D}_{\hat{x}\hat{x}})=\min \quad 或 \quad \mathrm{tr}(\boldsymbol{Q}_{\hat{x}\hat{x}})=\min$$

由前述内容可知

$$\hat{\boldsymbol{x}}=(\boldsymbol{N}_{BB}^{-1}-\boldsymbol{N}_{BB}^{-1}\boldsymbol{C}^{\mathrm{T}}\boldsymbol{N}_{CC}^{-1}\boldsymbol{C}\boldsymbol{N}_{BB}^{-1})\boldsymbol{W}-\boldsymbol{N}_{BB}^{-1}\boldsymbol{C}^{\mathrm{T}}\boldsymbol{N}_{CC}^{-1}\boldsymbol{W}_x$$

可知 $\hat{\boldsymbol{x}}$ 是 $\boldsymbol{W}$ 和 $\boldsymbol{W}_x$ 的线性函数。现在假设有 $\boldsymbol{W}$ 和 $\boldsymbol{W}_x$ 的另一个线性函数 $\hat{\boldsymbol{x}}'$，即设

$$\hat{\boldsymbol{x}}'=\boldsymbol{H}_1\boldsymbol{W}+\boldsymbol{H}_2\boldsymbol{W}_x \tag{7-114}$$

式中，$\boldsymbol{H}_1$、$\boldsymbol{H}_2$为待求的系数矩阵。问题是$\boldsymbol{H}_1$和$\boldsymbol{H}_2$应等于什么，才能使$\hat{\boldsymbol{x}}'$既是无偏又且方差最小，即其$\mathrm{tr}(\boldsymbol{Q}_{\hat{x}'\hat{x}'})=\min$。首先要满足无偏性，即须使

$$E(\hat{\boldsymbol{x}}')=\boldsymbol{H}_1E(\boldsymbol{W})+\boldsymbol{H}_2E(\boldsymbol{W}_x)=\boldsymbol{H}_1\boldsymbol{B}^{\mathrm{T}}\boldsymbol{P}\boldsymbol{B}\tilde{\boldsymbol{x}}-\boldsymbol{H}_2\boldsymbol{C}\tilde{\boldsymbol{x}}=(\boldsymbol{H}_1\boldsymbol{N}_{BB}-\boldsymbol{H}_2\boldsymbol{C})\tilde{\boldsymbol{x}}$$

显然只有当

$$\boldsymbol{H}_1\boldsymbol{N}_{BB}-\boldsymbol{H}_2\boldsymbol{C}=\boldsymbol{I} \tag{7-115}$$

时，$\hat{\boldsymbol{x}}'$才是$\tilde{\boldsymbol{x}}$的无偏估计。应用协因数传播律，由式（7-114）中$\boldsymbol{W}_x$为非随机量（因$\boldsymbol{W}_x=\boldsymbol{\Phi}(\boldsymbol{X}^0)$），得

$$\boldsymbol{Q}_{\hat{x}'\hat{x}'}=\boldsymbol{H}_1\boldsymbol{Q}_{WW}\boldsymbol{H}_1^{\mathrm{T}}$$

现在的问题是要求出$\boldsymbol{H}_1$和$\boldsymbol{H}_2$，既能满足式（7-115）中的条件，又能使$\mathrm{tr}(\boldsymbol{Q}_{\hat{x}'\hat{x}'})=\min$。这是一个求极值的问题，为此组成函数

$$\varPhi=\mathrm{tr}(\boldsymbol{H}_1\boldsymbol{Q}_{WW}\boldsymbol{H}_1^{\mathrm{T}})+\mathrm{tr}(2(\boldsymbol{I}+\boldsymbol{H}_2\boldsymbol{C}-\boldsymbol{H}_1\boldsymbol{N}_{BB})\boldsymbol{K}^{\mathrm{T}})$$

式中，$\boldsymbol{K}^{\mathrm{T}}$为联系数向量。为求函数$\varPhi$的极小值，需将上式对$\boldsymbol{H}_1$和$\boldsymbol{H}_2$求偏导数并令其为零，得

$$\begin{cases}\dfrac{\partial\varPhi}{\partial\boldsymbol{H}_1}=2\boldsymbol{H}_1\boldsymbol{Q}_{WW}-2\boldsymbol{K}\boldsymbol{N}_{BB}^{\mathrm{T}}=\boldsymbol{0}\\[2ex]\dfrac{\partial\varPhi}{\partial\boldsymbol{H}_2}=2\boldsymbol{K}\boldsymbol{C}^{\mathrm{T}}=\boldsymbol{0}\end{cases} \tag{7-116}$$

由式（7-82）知，$\boldsymbol{Q}_{WW}=\boldsymbol{N}_{BB}$，故由式（7-116）的第一式可得

$$\boldsymbol{H}_1=\boldsymbol{K}\boldsymbol{N}_{BB}^{\mathrm{T}}\boldsymbol{N}_{BB}^{-1}=\boldsymbol{K} \tag{7-117}$$

将式（7-117）代入式（7-115），得

$$\boldsymbol{K}\boldsymbol{N}_{BB}-\boldsymbol{H}_2\boldsymbol{C}=\boldsymbol{I} \tag{7-118}$$

故得

$$\boldsymbol{K}=(\boldsymbol{I}+\boldsymbol{H}_2\boldsymbol{C})\boldsymbol{N}_{BB}^{-1} \tag{7-119}$$

将式（7-119）代入式（7-116）第二式，则有

$$\boldsymbol{N}_{BB}^{-1}\boldsymbol{C}^{\mathrm{T}}+\boldsymbol{H}_2\boldsymbol{C}\boldsymbol{N}_{BB}^{-1}\boldsymbol{C}^{\mathrm{T}}=\boldsymbol{0} \tag{7-120}$$

因为

$$\boldsymbol{N}_{CC}=\boldsymbol{C}\boldsymbol{N}_{BB}^{-1}\boldsymbol{C}^{\mathrm{T}}$$

故式（7-120）得

$$\boldsymbol{H}_2=-\boldsymbol{N}_{BB}^{-1}\boldsymbol{C}^{\mathrm{T}}\boldsymbol{N}_{CC}^{-1} \tag{7-121}$$

再将式（7-121）代入式（7-119），可得

$$\boldsymbol{K}=(\boldsymbol{I}-\boldsymbol{N}_{BB}^{-1}\boldsymbol{C}^{\mathrm{T}}\boldsymbol{N}_{CC}^{-1}\boldsymbol{C})\boldsymbol{N}_{BB}^{-1} \tag{7-122}$$

由式（7-117）可得

$$\boldsymbol{H}_1=(\boldsymbol{I}-\boldsymbol{N}_{BB}^{-1}\boldsymbol{C}^{\mathrm{T}}\boldsymbol{N}_{CC}^{-1}\boldsymbol{C})\boldsymbol{N}_{BB}^{-1}=\boldsymbol{N}_{BB}^{-1}-\boldsymbol{N}_{BB}^{-1}\boldsymbol{C}^{\mathrm{T}}\boldsymbol{N}_{CC}^{-1}\boldsymbol{C}\boldsymbol{N}_{BB}^{-1} \tag{7-123}$$

将式（7-123）和式（7-121）代入式（7-114），可得

$$\hat{\boldsymbol{x}}'=(\boldsymbol{N}_{BB}^{-1}-\boldsymbol{N}_{BB}^{-1}\boldsymbol{C}^{\mathrm{T}}\boldsymbol{N}_{CC}^{-1}\boldsymbol{C}\boldsymbol{N}_{BB}^{-1})\boldsymbol{W}-\boldsymbol{N}_{BB}^{-1}\boldsymbol{C}^{\mathrm{T}}\boldsymbol{N}_{CC}^{-1}\boldsymbol{W}_x$$

可得 $\hat{\boldsymbol{x}}=\hat{\boldsymbol{x}}'$，$\hat{\boldsymbol{x}}'$ 是在无偏和方差最小的条件下导出的，这说明 $\hat{\boldsymbol{x}}$ 也是无偏估计，而且方差最小（有效性），故 $\hat{\boldsymbol{X}}$ 也是最优无偏估计。

7.9.3 估计量 $\hat{\boldsymbol{L}}$ 具有最小方差

要证明 $\hat{\boldsymbol{L}}$ 具有最小方差，也就是要证明

$$\mathrm{tr}(\boldsymbol{D}_{\hat{L}\hat{L}})=\min \text{ 或 } \mathrm{tr}(\boldsymbol{Q}_{\hat{L}\hat{L}})=\min$$

这一证明步骤类似于 7.9.2 节所述，故在下面的证明中不做过多解释。

因为

$$\begin{aligned}\hat{\boldsymbol{L}}&=\boldsymbol{L}+\boldsymbol{V}=\boldsymbol{L}+\boldsymbol{B}\hat{\boldsymbol{x}}-(\boldsymbol{L}-\boldsymbol{B}\boldsymbol{X}^0-\boldsymbol{d})=\boldsymbol{B}\hat{\boldsymbol{x}}+\boldsymbol{L}^0\\&=\boldsymbol{B}(\boldsymbol{N}_{BB}^{-1}-\boldsymbol{N}_{BB}^{-1}\boldsymbol{C}^{\mathrm{T}}\boldsymbol{N}_{CC}^{-1}\boldsymbol{C}\boldsymbol{N}_{BB}^{-1})\boldsymbol{W}-\boldsymbol{B}\boldsymbol{N}_{BB}^{-1}\boldsymbol{C}^{\mathrm{T}}\boldsymbol{N}_{CC}^{-1}\boldsymbol{W}_x+\boldsymbol{L}^0\end{aligned}\tag{7-124}$$

即 $\hat{\boldsymbol{L}}$ 是 $\boldsymbol{W},\boldsymbol{W}_x,\boldsymbol{L}^0$ 的线性函数。现设有另一函数

$$\hat{\boldsymbol{L}}=\boldsymbol{G}_1\boldsymbol{W}+\boldsymbol{G}_2\boldsymbol{W}_x+\boldsymbol{L}^0\tag{7-125}$$

式中，$\boldsymbol{G}_1,\boldsymbol{G}_2$ 均为待定系数阵，对式（7-125）两边求数学期望，得

$$E(\hat{\boldsymbol{L}}')=\boldsymbol{G}_1E(\boldsymbol{W})+\boldsymbol{G}_2E(\boldsymbol{W}_x)-\boldsymbol{L}^0=\boldsymbol{G}_1\boldsymbol{N}_{BB}\tilde{\boldsymbol{x}}-\boldsymbol{G}_2\boldsymbol{C}\tilde{\boldsymbol{x}}+\boldsymbol{L}^0$$

又因为

$$\tilde{\boldsymbol{L}}=\boldsymbol{B}\tilde{\boldsymbol{X}}+\boldsymbol{d}=\boldsymbol{B}\boldsymbol{X}^0+\boldsymbol{d}+\boldsymbol{B}\tilde{\boldsymbol{x}}=\boldsymbol{L}^0+\boldsymbol{B}\tilde{\boldsymbol{x}}\tag{7-126}$$

若 $\hat{\boldsymbol{L}}'$ 是无偏估计，则必须有

$$\boldsymbol{G}_1\boldsymbol{N}_{BB}-\boldsymbol{G}_2\boldsymbol{C}=\boldsymbol{B}\tag{7-127}$$

按协因数传播律，并考虑 $\boldsymbol{W}_x$ 和 $\boldsymbol{L}^0$ 是非随机量，由式（7-125）可得

$$\boldsymbol{Q}_{\hat{L}'\hat{L}'}=\boldsymbol{G}_1\boldsymbol{Q}_{WW}\boldsymbol{G}_1^{\mathrm{T}}\tag{7-128}$$

要在满足式（7-128）的条件下求 $\mathrm{tr}(\boldsymbol{Q}_{\hat{L}\hat{L}})=\min$，为此组成函数

$$\varPhi=\mathrm{tr}(\boldsymbol{Q}_{\hat{L}'\hat{L}'})+\mathrm{tr}(2(\boldsymbol{B}+\boldsymbol{G}_2\boldsymbol{C}-\boldsymbol{G}_1\boldsymbol{N}_{BB})\boldsymbol{K}^{\mathrm{T}})\tag{7-129}$$

为使 $\varPhi$ 极小，将其对 $\boldsymbol{G}_1$、$\boldsymbol{G}_2$ 求偏导数并令其为零，即

$$\frac{\partial\varPhi}{\partial\boldsymbol{G}_1}=2\boldsymbol{G}_1\boldsymbol{Q}_{WW}-2\boldsymbol{K}\boldsymbol{N}_{BB}^{\mathrm{T}}=\boldsymbol{G}_1\boldsymbol{N}_{BB}-2\boldsymbol{K}\boldsymbol{N}_{BB}=\boldsymbol{0}\tag{7-130}$$

$$\frac{\partial\varPhi}{\partial\boldsymbol{G}_2}=\boldsymbol{K}\boldsymbol{C}^{\mathrm{T}}=\boldsymbol{0}\tag{7-131}$$

由式（7-130）可得

$$\boldsymbol{G}_1=\boldsymbol{K}\tag{7-132}$$

将式（7-132）代入式（7-127），可得

$$\boldsymbol{K}\boldsymbol{N}_{BB}=\boldsymbol{B}+\boldsymbol{G}_2\boldsymbol{C}\Rightarrow\boldsymbol{K}=(\boldsymbol{B}+\boldsymbol{G}_2\boldsymbol{C})\boldsymbol{N}_{BB}^{-1}\tag{7-133}$$

将式（7-133）代入式（7-131），可得

$$(\boldsymbol{B}+\boldsymbol{G}_2\boldsymbol{C})\boldsymbol{N}_{BB}^{-1}\boldsymbol{C}^{\mathrm{T}}=0\Rightarrow\boldsymbol{B}\boldsymbol{N}_{BB}^{-1}\boldsymbol{C}^{\mathrm{T}}+\boldsymbol{G}_2\boldsymbol{C}\boldsymbol{N}_{BB}^{-1}\boldsymbol{C}^{\mathrm{T}}=0\Rightarrow\boldsymbol{G}_2=-\boldsymbol{B}\boldsymbol{N}_{BB}^{-1}\boldsymbol{C}^{\mathrm{T}}\boldsymbol{N}_{CC}^{-1}\tag{7-134}$$

将把式（7-134）代入式（7-133），可得

$$\boldsymbol{K}=(\boldsymbol{B}-\boldsymbol{B}\boldsymbol{N}_{BB}^{-1}\boldsymbol{C}^{\mathrm{T}}\boldsymbol{N}_{CC}^{-1}\boldsymbol{C})\boldsymbol{N}_{BB}^{-1}\Rightarrow\boldsymbol{G}_1=(\boldsymbol{B}-\boldsymbol{B}\boldsymbol{N}_{BB}^{-1}\boldsymbol{C}^{\mathrm{T}}\boldsymbol{N}_{CC}^{-1}\boldsymbol{C})\boldsymbol{N}_{BB}^{-1}\tag{7-135}$$

将式（7-135）和式（7-134）代入式（7-125），可得

$$\hat{\boldsymbol{L}}' = \boldsymbol{B}(\boldsymbol{I} - \boldsymbol{N}_{BB}^{-1}\boldsymbol{C}^{\mathrm{T}}\boldsymbol{N}_{CC}^{-1}\boldsymbol{C})\boldsymbol{N}_{BB}^{-1}\boldsymbol{W} - \boldsymbol{B}\boldsymbol{N}_{BB}^{-1}\boldsymbol{C}^{\mathrm{T}}\boldsymbol{N}_{CC}^{-1}\boldsymbol{W}_x + \boldsymbol{L}^0 \tag{7-136}$$

所以 $\hat{\boldsymbol{L}} = \hat{\boldsymbol{L}}'$，式（7-136）中 $\hat{\boldsymbol{L}}'$ 是在无偏和方差最小的条件下求得的，这说明 $\hat{\boldsymbol{L}}$ 也是无偏估计，且方差最小，即无偏最优估计。

7.9.4 单位权方差估值 $\hat{\sigma}_0^2$ 具有无偏性

单位权方差 σ_0^2 的估计量 $\hat{\sigma}_0^2 = \dfrac{\boldsymbol{V}^{\mathrm{T}}\boldsymbol{P}\boldsymbol{V}}{r} = \dfrac{\boldsymbol{V}^{\mathrm{T}}\boldsymbol{P}\boldsymbol{V}}{n-u+s}$，只要证明 $E(\hat{\sigma}_0^2) = \sigma_0^2$ 即可。

由数理统计学可知，若有服从任一分布的 q 维随机向量 $\boldsymbol{Y}$，已知数学期望为 η，方差阵为 $\boldsymbol{D}_{YY}$，则 $\boldsymbol{Y}$ 向量的任一二次型的数学期望可以表达成

$$E(\boldsymbol{Y}^{\mathrm{T}}\boldsymbol{B}\boldsymbol{Y}) = \mathrm{tr}(\boldsymbol{B}\boldsymbol{D}_{YY}) + \boldsymbol{\eta}^{\mathrm{T}}\boldsymbol{B}\boldsymbol{\eta} \tag{7-137}$$

可知

$$E(\boldsymbol{V}) = \boldsymbol{0},\quad \boldsymbol{Q}_{VV} = \boldsymbol{Q} - \boldsymbol{B}\boldsymbol{Q}_{\hat{X}\hat{X}}\boldsymbol{B}^{\mathrm{T}} = \boldsymbol{Q} - \boldsymbol{B}(\boldsymbol{N}_{BB}^{-1} - \boldsymbol{N}_{BB}^{-1}\boldsymbol{C}^{\mathrm{T}}\boldsymbol{N}_{CC}^{-1}\boldsymbol{C}\boldsymbol{N}_{BB}^{-1})\boldsymbol{B}^{\mathrm{T}}$$

则有

$$\begin{aligned}
E(\boldsymbol{V}^{\mathrm{T}}\boldsymbol{P}\boldsymbol{V}) &= \mathrm{tr}(\boldsymbol{P}\boldsymbol{D}_{VV}) = \sigma_0^2\mathrm{tr}(\boldsymbol{P}\boldsymbol{Q}_{VV}) = \sigma_0^2\mathrm{tr}(\boldsymbol{P}(\boldsymbol{Q} - \boldsymbol{B}(\boldsymbol{N}_{BB}^{-1} - \boldsymbol{N}_{BB}^{-1}\boldsymbol{C}^{\mathrm{T}}\boldsymbol{N}_{CC}^{-1}\boldsymbol{C}\boldsymbol{N}_{BB}^{-1})\boldsymbol{B}^{\mathrm{T}}) \\
&= \sigma_0^2\mathrm{tr}(\underset{n\times n}{\boldsymbol{I}} - \boldsymbol{P}\boldsymbol{B}(\boldsymbol{N}_{BB}^{-1} - \boldsymbol{N}_{BB}^{-1}\boldsymbol{C}^{\mathrm{T}}\boldsymbol{N}_{CC}^{-1}\boldsymbol{C}\boldsymbol{N}_{BB}^{-1})\boldsymbol{B}^{\mathrm{T}}) \\
&= n\sigma_0^2 - \sigma_0^2\mathrm{tr}(\boldsymbol{N}_{BB}^{-1} - \boldsymbol{N}_{BB}^{-1}\boldsymbol{C}^{\mathrm{T}}\boldsymbol{N}_{CC}^{-1}\boldsymbol{C}\boldsymbol{N}_{BB}^{-1})\boldsymbol{B}^{\mathrm{T}}\boldsymbol{P}\boldsymbol{B}) \\
&= n\sigma_0^2 - \sigma_0^2\mathrm{tr}(\underset{u\times u}{\boldsymbol{I}} - \boldsymbol{N}_{BB}^{-1}\boldsymbol{C}^{\mathrm{T}}\boldsymbol{N}_{CC}^{-1}\boldsymbol{C}) = n\sigma_0^2 - u\sigma_0^2 + \sigma_0^2\mathrm{tr}(\boldsymbol{N}_{BB}^{-1}\boldsymbol{C}^{\mathrm{T}}\boldsymbol{N}_{CC}^{-1}\boldsymbol{C}) \\
&= n\sigma_0^2 - u\sigma_0^2 + \sigma_0^2\mathrm{tr}(\boldsymbol{C}\boldsymbol{N}_{BB}^{-1}\boldsymbol{C}^{\mathrm{T}}\boldsymbol{N}_{CC}^{-1}) = n\sigma_0^2 - u\sigma_0^2 + \sigma_0^2\mathrm{tr}(\boldsymbol{N}_{CC}\boldsymbol{N}_{CC}^{-1}) \\
&= (n-u)\sigma_0^2 + \sigma_0^2\mathrm{tr}(\underset{s\times s}{\boldsymbol{I}}) = (n-u+s)\sigma_0^2
\end{aligned} \tag{7-138}$$

即

$$E\left(\frac{\boldsymbol{V}^{\mathrm{T}}\boldsymbol{P}\boldsymbol{V}}{r}\right) = \frac{(n-u+s)\sigma_0^2}{r} = \sigma_0^2$$

因此，$\hat{\sigma}_0^2$ 是 σ_0^2 的无偏估计。

第 8 章　最小二乘平差

教学目标

本章主要介绍 GPS 网平差、坐标值平差和回归模型参数估计，重点介绍用间接平差进行 GPS 网平差及用间接平差和条件平差进行坐标值的平差计算，以及用间接平差进行回归模型的参数估计。通过本章的学习，应达到以下目标。

1）掌握 GPS 网的函数模型。

2）掌握 GPS 网的随机模型。

3）能熟练运用间接平差对 GPS 网进行平差计算。

4）掌握用条件平差进行坐标值的平差计算。

5）掌握用间接平差进行坐标值的平差计算。

6）掌握回归模型参数估计的原理和方法。

教学要求

知识要点	能力要求	相关知识
GPS 网的函数模型	1）掌握基线向量误差方程的列立； 2）掌握参数的确定	1）基线向量误差方程的列立； 2）参数个数的确定
GPS 网的随机模型	掌握 GPS 网随机模型的确定	随机模型的计算
GPS 网的平差计算	1）能运用间接平差熟练地进行 GPS 网的平差计算； 2）能运用条件平差进行 GPS 网的平差计算	1）基线向量条数的确定； 2）误差方程的列立； 3）随机模型的确定； 4）GPS 网平差计算的实例分析
坐标值的条件平差	1）掌握坐标值条件平差的条件方程的列立； 2）能运用条件平差进行坐标值的平差计算	1）直角与直角型条件方程的列立； 2）距离型条件方程的列立； 3）面积型条件方程的列立； 4）坐标值条件平差计算的实例分析
坐标值的间接平差	1）掌握坐标值间接平差的误差方程的列立； 2）能运用间接平差进行坐标值的平差计算	1）拟合模型的误差方程列立； 2）坐标转换模型的误差方程列立； 3）七参数坐标转换模型的误差方程列立； 4）单张相片空间后方交会的误差方程列立； 5）坐标值间接平差计算的实例分析
回归模型参数估计	1）掌握线性回归模型的基本原理； 2）掌握一元线性回归模型的参数估计； 3）掌握多元线性回归模型的参数估计； 4）掌握自回归性回归模型的参数估计； 5）掌握多项式拟合模型； 6）了解回归模型参数估计的性质	1）线性回归模型的基本原理； 2）一元线性回归模型的参数估计； 3）多元线性回归模型的参数估计； 4）自回归性回归模型的参数估计； 5）多项式拟合模型； 6）回归模型参数估计的性质； 7）实例分析

引例

目前 GPS 在测量工程中得到了广泛的应用，其观测数据如何进行处理是非常重要的，可以用第 6 章和第 7 章介绍的平差模型进行处理。但根据 GPS 网的特点，可用间接平差来进行平差计算。本章对如何利用间接平差进行 GPS 网平差进行介绍。

随着数字地图在测量中的广泛应用，数字坐标已经作为测量中的观测值来应用了。数字坐标由于受数字化仪、扫描仪、数字化过程及坐标变换等多种因素的影响，很多是有误差的。如何对数字坐标进行处理，减少或消弱其误差，使其发挥更大的作用，是本章研究的重点。

回归模型在测量数据处理中应用十分广泛，本章主要探讨间接平差模型在回归模型参数估计中的应用。

8.1　GPS 网的函数模型

设 GPS 网中各待定点的空间直角坐标平差值为参数，参数的纯量形式记为

$$\begin{bmatrix}\hat{X}_i\\ \hat{Y}_i\\ \hat{Z}_i\end{bmatrix}=\begin{bmatrix}X_i^0\\ Y_i^0\\ Z_i^0\end{bmatrix}+\begin{bmatrix}\hat{x}_i\\ \hat{y}_i\\ \hat{z}_i\end{bmatrix} \tag{8-1}$$

若 GPS 基线向量观测值为 $(\Delta X_{ij},\Delta Y_{ij},\Delta Z_{ij})$，$\Delta X_{ij}=X_j-X_i$，$\Delta Y_{ij}=Y_j-Y_i$，$\Delta Z_{ij}=Z_j-Z_i$，则三维坐标差，即基线向量观测值的平差值为

$$\begin{bmatrix}\Delta\hat{X}_{ij}\\ \Delta\hat{Y}_{ij}\\ \Delta\hat{Z}_{ij}\end{bmatrix}=\begin{bmatrix}\hat{X}_j\\ \hat{Y}_j\\ \hat{Z}_j\end{bmatrix}-\begin{bmatrix}\hat{X}_i\\ \hat{Y}_i\\ \hat{Z}_i\end{bmatrix}=\begin{bmatrix}\Delta X_{ij}+V_{X_{ij}}\\ \Delta Y_{ij}+V_{Y_{ij}}\\ \Delta Z_{ij}+V_{Z_{ij}}\end{bmatrix} \tag{8-2}$$

基线向量的误差方程为

$$\begin{bmatrix}V_{X_{ij}}\\ V_{Y_{ij}}\\ V_{Z_{ij}}\end{bmatrix}=\begin{bmatrix}\hat{x}_j\\ \hat{y}_j\\ \hat{z}_j\end{bmatrix}-\begin{bmatrix}\hat{x}_i\\ \hat{y}_i\\ \hat{z}_i\end{bmatrix}+\begin{bmatrix}X_j^0-X_i^0-\Delta X_{ij}\\ Y_j^0-Y_i^0-\Delta Y_{ij}\\ Z_j^0-Z_i^0-\Delta Z_{ij}\end{bmatrix} \tag{8-3}$$

或

$$\begin{bmatrix}V_{X_{ij}}\\ V_{Y_{ij}}\\ V_{Z_{ij}}\end{bmatrix}=\begin{bmatrix}\hat{x}_j\\ \hat{y}_j\\ \hat{z}_j\end{bmatrix}-\begin{bmatrix}\hat{x}_i\\ \hat{y}_i\\ \hat{z}_j\end{bmatrix}-\begin{bmatrix}\Delta X_{ij}-\Delta X_{ij}^0\\ \Delta Y_{ij}-\Delta Y_{ij}^0\\ \Delta Z_{ij}-\Delta Z_{ij}^0\end{bmatrix}$$

令

$$\underset{3\times1}{\boldsymbol{V}_K}=\begin{bmatrix}V_{X_{ij}}\\V_{Y_{ij}}\\V_{Z_{ij}}\end{bmatrix},\quad \underset{3\times1}{\boldsymbol{X}_{Ki}^0}=\begin{bmatrix}X_i^0\\Y_i^0\\Z_i^0\end{bmatrix},\quad \underset{3\times1}{\boldsymbol{X}_{Kj}^0}=\begin{bmatrix}X_j^0\\Y_j^0\\Z_j^0\end{bmatrix},\quad \underset{3\times1}{\hat{\boldsymbol{x}}_{Kj}}=\begin{bmatrix}\hat{x}_j\\\hat{y}_j\\\hat{z}_j\end{bmatrix},\quad \underset{3\times1}{\hat{\boldsymbol{x}}_{Ki}}=\begin{bmatrix}\hat{x}_i\\\hat{y}_i\\\hat{z}_i\end{bmatrix},\quad \Delta\boldsymbol{X}_{Kij}=\begin{bmatrix}\Delta X_{ij}\\\Delta Y_{ij}\\\Delta Z_{ij}\end{bmatrix}$$

则编号为 K 的基线向量误差方程为

$$\underset{3\times1}{\boldsymbol{V}_K}=\underset{3\times1}{\hat{\boldsymbol{x}}_{Kj}}-\underset{3\times1}{\hat{\boldsymbol{x}}_{Ki}}-\underset{3\times1}{\boldsymbol{l}_K} \tag{8-4}$$

式中，$\underset{3\times1}{\boldsymbol{l}_K}=\underset{3\times1}{\Delta\boldsymbol{X}_{Kij}}-\underset{3\times1}{\Delta\boldsymbol{X}_{Kij}^0}=\underset{3\times1}{\Delta\boldsymbol{X}_{Kij}}-(\underset{3\times1}{\boldsymbol{X}_{Kj}^0}-\underset{3\times1}{\boldsymbol{X}_{Ki}^0})$。

当网中有 m 个待定点，n 条基线向量时，GPS 网的误差方程为

$$\underset{3n\times1}{\boldsymbol{V}}=\underset{3n\times3m}{\boldsymbol{B}}\ \underset{3m\times1}{\hat{\boldsymbol{x}}}-\underset{3n\times1}{\boldsymbol{l}} \tag{8-5}$$

当网中具有足够的起算数据时，必要观测个数就等于未知点个数的 3 倍再加上 1984 年世界大地坐标系（world geodetic system 1984，WGS-84）坐标系向地方坐标转换选取转换参数的个数（有三参数、四参数、七参数等）；当网中没有足够的起算数据时，必要观测个数就等于总点数的 3 倍减 3。

GPS 网条件平差的函数模型是直接以基线向量为观测值，按照基线的闭合或附和条件，列出其条件方程即可，一般而言比较简单，在 8.3 节中加以简单介绍。

8.2　GPS 网的随机模型

随机模型的一般形式为

$$\boldsymbol{D}=\sigma_0^2\boldsymbol{Q}=\sigma_0^2\boldsymbol{P}^{-1}$$

现以两台 GPS 接收机测得的结果为例，说明 GPS 平差的随机模型组成。

用两台 GPS 接收机测量，在一个时段内只能得到一条观测基线向量 $(\Delta X_{ij},\Delta Y_{ij},\Delta Z_{ij})$，其中 3 个观测坐标分量是相关的，观测基线向量的协方差直接由 GPS 软件给出，为

$$\boldsymbol{D}_{ij}=\begin{bmatrix}\sigma_{\Delta X_{ij}}^2 & \sigma_{\Delta X_{ij}\Delta Y_{ij}} & \sigma_{\Delta X_{ij}\Delta Z_{ij}}\\ \sigma_{\Delta Y_{ij}\Delta X_{ij}} & \sigma_{\Delta Y_{ij}}^2 & \sigma_{\Delta Y_{ij}\Delta Z_{ij}}\\ \sigma_{\Delta Z_{ij}\Delta X_{ij}} & \sigma_{\Delta Z_{ij}\Delta Y_{ij}} & \sigma_{\Delta Z_{ij}}^2\end{bmatrix} \tag{8-6}$$

不同的观测基线向量之间是相互独立的，因此，对于全网而言，式（8-6）中的 $\boldsymbol{D}$ 是块对角矩阵，即

$$\boldsymbol{D}=\begin{bmatrix}\underset{3\times3}{\boldsymbol{D}_1} & \boldsymbol{0} & \cdots & \boldsymbol{0}\\ \boldsymbol{0} & \underset{3\times3}{\boldsymbol{D}_2} & \cdots & \boldsymbol{0}\\ \vdots & \vdots & & \vdots\\ \boldsymbol{0} & \boldsymbol{0} & \cdots & \underset{3\times3}{\boldsymbol{D}_g}\end{bmatrix} \tag{8-7}$$

式中，$\boldsymbol{D}$ 的下脚标号 $1,2,\cdots,g$ 为各观测基线向量号。

对于多台 GPS 接收机测量的随机模型组成，在原理上，全网的 $\boldsymbol{D}$ 也是一个块对角矩阵，但其中对角子块 $\boldsymbol{D}_j$ 是多个同步基线向量的协方差矩阵。

由式（8-7）可得权矩阵为

$$\boldsymbol{P}^{-1}=\frac{\boldsymbol{D}}{\sigma_0^2},\boldsymbol{P}=\left(\frac{\boldsymbol{D}}{\sigma_0^2}\right)^{-1} \tag{8-8}$$

式中，σ_0^2 可任意选定，最简单的方法是设为 1，但为了使权矩阵中各元素不要过大，可适当选取 σ_0^2。权矩阵也是块对角矩阵。

GPS 网的条件平差的随机模型与 GPS 网间接平差的随机模型是一样的。

8.3　GPS 网平差实例分析

例 8-1　如图 8.1 所示，利用 4 台 GPS 接收机同时在 4 个测站点上进行数据采集。经数据处理后得 6 条基线向量观测值，如表 8-1 所示。现假设 $G1$ 点坐标已知，其坐标值为 $X_{G1}=-2623811.1726\text{m}$，$Y_{G1}=3976788.1723\text{m}$，$Z_{G1}=4226313.0032\text{m}$。

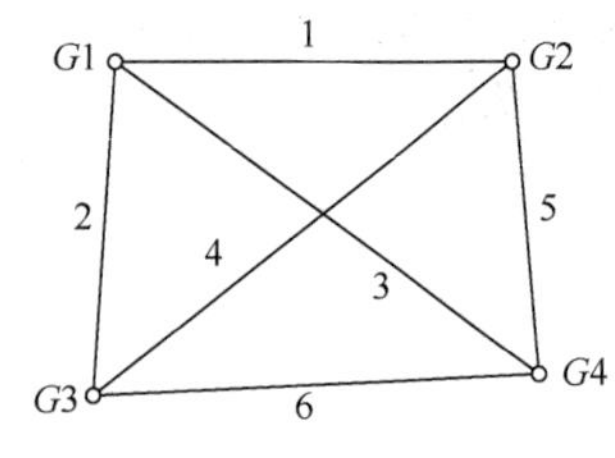

图 8.1　GPS 控制网

为了方便起见，假设各基线观测值的精度相同且相互独立，并假设每条基线向量观测值协方差矩阵为对角矩阵，且各元素相同。试求基线观测向量的平差值及各待定点的坐标平差值。

表 8-1　基线向量观测数据

编号	起点	终点	ΔX/m	ΔY/m	ΔZ/m
1	$G1$	$G2$	−1792.3161	−714.6229	−321.8154
2	$G1$	$G3$	268.9074	4024.5511	−3533.8448
3	$G1$	$G4$	−3553.9705	1558.8196	−3517.5280
4	$G2$	$G3$	2061.2251	4739.1775	−3212.0265
5	$G2$	$G4$	−1761.6494	2273.4546	−3195.7203
6	$G3$	$G4$	−3822.8566	−2465.7208	16.3037

解：GPS 控制网中含有 6 条基线观测值，观测值数为 18，有 3 个待定点，必要观测值数为 9。选择 3 个待定点坐标为未知参数，未知参数的近似值为

$$X_{G2}^0=-2625603.4887\text{m}，Y_{G2}^0=3976073.5494\text{m}，Z_{G2}^0=4225991.1878\text{m}$$

$$X_{G3}^0=-2623542.2652\text{m}，Y_{G3}^0=3980812.7234\text{m}，Z_{G3}^0=4222779.1584\text{m}$$

$$X_{G4}^0=-2627365.1431\text{m}，Y_{G4}^0=3978346.9919\text{m}，Z_{G4}^0=4222795.4752\text{m}$$

上述近似值由第一点坐标值分别与第 1,2,3 个观测值相加而得。误差方程的形式为

$\boldsymbol{V}=\boldsymbol{B}\hat{\boldsymbol{x}}-\boldsymbol{l},\boldsymbol{l}=\boldsymbol{L}-F(\boldsymbol{X}^0)$，误差方程数值形式为

$$\begin{bmatrix} v_1 \\ v_2 \\ v_3 \\ v_4 \\ v_5 \\ v_6 \\ v_7 \\ v_8 \\ v_9 \\ v_{10} \\ v_{11} \\ v_{12} \\ v_{13} \\ v_{14} \\ v_{15} \\ v_{16} \\ v_{17} \\ v_{18} \end{bmatrix} = \begin{bmatrix} 1 & 0 & 0 & 0 & 0 & 0 & 0 & 0 & 0 \\ 0 & 1 & 0 & 0 & 0 & 0 & 0 & 0 & 0 \\ 0 & 0 & 1 & 0 & 0 & 0 & 0 & 0 & 0 \\ 0 & 0 & 0 & 1 & 0 & 0 & 0 & 0 & 0 \\ 0 & 0 & 0 & 0 & 1 & 0 & 0 & 0 & 0 \\ 0 & 0 & 0 & 0 & 0 & 1 & 0 & 0 & 0 \\ 0 & 0 & 0 & 0 & 0 & 0 & 1 & 0 & 0 \\ 0 & 0 & 0 & 0 & 0 & 0 & 0 & 1 & 0 \\ 0 & 0 & 0 & 0 & 0 & 0 & 0 & 0 & 1 \\ -1 & 0 & 0 & 1 & 0 & 0 & 0 & 0 & 0 \\ 0 & -1 & 0 & 0 & 1 & 0 & 0 & 0 & 0 \\ 0 & 0 & -1 & 0 & 0 & 1 & 0 & 0 & 0 \\ -1 & 0 & 0 & 0 & 0 & 0 & 1 & 0 & 0 \\ 0 & -1 & 0 & 0 & 0 & 0 & 0 & 1 & 0 \\ 0 & 0 & -1 & 0 & 0 & 0 & 0 & 0 & 1 \\ 0 & 0 & 0 & -1 & 0 & 0 & 1 & 0 & 0 \\ 0 & 0 & 0 & 0 & -1 & 0 & 0 & 1 & 0 \\ 0 & 0 & 0 & 0 & 0 & -1 & 0 & 0 & 1 \end{bmatrix} \begin{bmatrix} \hat{x}_{G2} \\ \hat{y}_{G2} \\ \hat{z}_{G2} \\ \hat{x}_{G3} \\ \hat{y}_{G3} \\ \hat{z}_{G3} \\ \hat{x}_{G4} \\ \hat{y}_{G4} \\ \hat{z}_{G4} \end{bmatrix} - \begin{bmatrix} 0 \\ 0 \\ 0 \\ 0 \\ 0 \\ 0 \\ 0 \\ 0 \\ 0 \\ 0.0016 \\ 0.0035 \\ 0.0029 \\ 0.0050 \\ 0.0121 \\ -0.0077 \\ 0.0213 \\ 0.0107 \\ -0.0131 \end{bmatrix}$$

式中，未知参数、常数项及改正数的单位均为 m。

法方程形式为$(\boldsymbol{B}^{\mathrm{T}}\boldsymbol{P}\boldsymbol{B})\hat{\boldsymbol{x}}-\boldsymbol{B}^{\mathrm{T}}\boldsymbol{P}\boldsymbol{l}=\boldsymbol{0}$，法方程数值形式为

$$\begin{bmatrix} 3 & 0 & 0 & -1 & 0 & 0 & -1 & 0 & 0 \\ 0 & 3 & 0 & 0 & -1 & 0 & 0 & -1 & 0 \\ 0 & 0 & 3 & 0 & 0 & -1 & 0 & 0 & -1 \\ -1 & 0 & 0 & 3 & 0 & 0 & -1 & 0 & 0 \\ 0 & -1 & 0 & 0 & 3 & 0 & 0 & -1 & 0 \\ 0 & 0 & -1 & 0 & 0 & 3 & 0 & 0 & -1 \\ -1 & 0 & 0 & -1 & 0 & 0 & 3 & 0 & 0 \\ 0 & -1 & 0 & 0 & -1 & 0 & 0 & 3 & 0 \\ 0 & 0 & -1 & 0 & 0 & -1 & 0 & 0 & 3 \end{bmatrix} \begin{bmatrix} \hat{x}_{G2} \\ \hat{y}_{G2} \\ \hat{z}_{G2} \\ \hat{x}_{G3} \\ \hat{y}_{G3} \\ \hat{z}_{G3} \\ \hat{x}_{G4} \\ \hat{y}_{G4} \\ \hat{z}_{G4} \end{bmatrix} - \begin{bmatrix} -0.0066 \\ -0.0156 \\ 0.0048 \\ -0.0197 \\ -0.0072 \\ 0.0160 \\ 0.0263 \\ 0.0228 \\ -0.0208 \end{bmatrix} = 0$$

解算法方程得参数解为

$$\hat{x}_{G2}=-0.0016\text{m}，\hat{y}_{G2}=-0.0040\text{m}，\hat{z}_{G2}=0.0012\text{m}$$
$$\hat{x}_{G3}=-0.0050\text{m}，\hat{y}_{G3}=-0.0017\text{m}，\hat{z}_{G3}=0.0040\text{m}$$
$$\hat{x}_{G4}=\ 0.0066\text{m}，\hat{y}_{G4}=\ 0.0057\text{m}，\hat{z}_{G4}=-0.0052\text{m}$$

待定点的坐标平差值为

$$\hat{X}_{G2}=-2625603.4903\text{m},\ \hat{Y}_{G2}=3976073.5454\text{m},\ \hat{Z}_{G2}=4225991.1890\text{m}$$

$$\hat{X}_{G3}=-2623542.2702\text{m},\ \hat{Y}_{G3}=3890812.7217\text{m},\ \hat{Z}_{G3}=4222779.1624\text{m}$$

$$\hat{X}_{G4}=-2627365.1365\text{m},\ \hat{Y}_{G4}=3978346.9976\text{m},\ \hat{Z}_{G4}=4222795.4700\text{m}$$

单位权中误差估值

$$\hat{\sigma}_0=\sqrt{\frac{\boldsymbol{V}^{\mathrm{T}}\boldsymbol{PV}}{r}}=0.006(\text{m})$$

参数解 $\hat{\boldsymbol{X}}$ 的协因数矩阵 $\boldsymbol{Q}_{\hat{X}\hat{X}}=(\boldsymbol{B}^{\mathrm{T}}\boldsymbol{PB})^{-1}$，其数值形式为

$$\boldsymbol{Q}_{\hat{X}\hat{X}}=\begin{bmatrix}0.5 & 0 & 0 & 0.25 & 0 & 0 & 0.25 & 0 & 0\\ 0 & 0.5 & 0 & 0 & 0.25 & 0 & 0 & 0.25 & 0\\ 0 & 0 & 0.5 & 0 & 0 & 0.25 & 0 & 0 & 0.25\\ 0.25 & 0 & 0 & 0.5 & 0 & 0 & 0.25 & 0 & 0\\ 0 & 0.25 & 0 & 0 & 0.5 & 0 & 0 & 0.25 & 0\\ 0 & 0 & 0.25 & 0 & 0 & 0.5 & 0 & 0 & 0.25\\ 0.25 & 0 & 0 & 0.25 & 0 & 0 & 0.5 & 0 & 0\\ 0 & 0.25 & 0 & 0 & 0.25 & 0 & 0 & 0.5 & 0\\ 0 & 0 & 0.25 & 0 & 0 & 0.25 & 0 & 0 & 0.5\end{bmatrix}$$

$G2$ 点坐标平差值的中误差为

$$\hat{\sigma}_{\hat{X}_{G2}}=\hat{\sigma}_0\sqrt{Q_{\hat{X}_{G2}\hat{X}_{G2}}}=0.004(\text{m})$$

$$\hat{\sigma}_{\hat{Y}_{G2}}=\hat{\sigma}_0\sqrt{Q_{\hat{Y}_{G2}\hat{Y}_{G2}}}=0.004(\text{m})$$

$$\hat{\sigma}_{\hat{Z}_{G2}}=\hat{\sigma}_0\sqrt{Q_{\hat{Z}_{G2}\hat{Z}_{G2}}}=0.004(\text{m})$$

同理，可以求出其他待定点坐标平差值的中误差。

例 8-2　图 8.2 为一简单的 GPS 网，用两台 GPS 接收机观测，测得 5 条基线向量，$n=15$，每一个基线向量中 3 个坐标差观测值相关，由于只用两台 GPS 接收机，各观测基线向量互相独立，网中点 LCO1 的三维坐标已知，其余 3 个点为待定点，参数个数 $t=9$。试求各待定点的平差值及其点位精度。

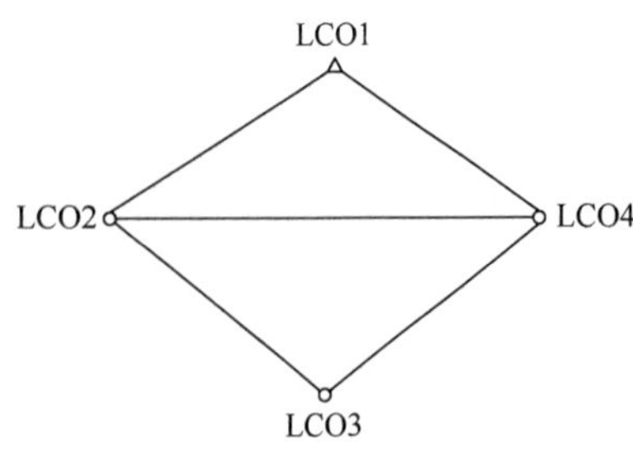

图 8.2　无约束 GPS 基线向量

1）观测基线信息。5 条基线分别是 LCO2LCO1、LCO4LCO1、LCO4LCO2、LCO3LCO2、LCO4LCO3，其基线信息如表 8-2 所示。

表 8-2 观测基线信息

编号	起点	终点	ΔX	ΔY	ΔZ
1	LCO2	LCO1	-1218.561	-1039.227	1737.720
2	LCO4	LCO1	270.457	-503.208	1879.923
3	LCO4	LCO2	1489.013	536.030	142.218
4	LCO3	LCO2	1405.531	-178.157	1171.380
5	LCO4	LCO3	83.497	714.153	-1029.199

基线 LCO2LCO1 的方差矩阵为

$$\boldsymbol{D}_1=\begin{bmatrix} 2.320999\text{E}-007 \\ -5.097008\text{E}-007, 1.339931\text{E}-006 \\ -4.371401\text{E}-007, 1.109356\text{E}-006, 1.008592\text{E}-006 \end{bmatrix}$$

基线 LCO4LCO1 的方差矩阵为

$$\boldsymbol{D}_2=\begin{bmatrix} 1.044894\text{E}-006 \\ -2.396533\text{E}-006, 6.341291\text{E}-006 \\ -2.319683\text{E}-006, 5.902876\text{E}-006, 6.035577\text{E}-006 \end{bmatrix}$$

基线 LCO4LCO2 的方差矩阵为

$$\boldsymbol{D}_3=\begin{bmatrix} 5.850064\text{E}-007 \\ -1.329620\text{E}-006, 3.362548\text{E}-006 \\ -1.252374\text{E}-006, 3.069820\text{E}-006, 3.019233\text{E}-006 \end{bmatrix}$$

基线 LCO3LCO2 的方差矩阵为

$$\boldsymbol{D}_4=\begin{bmatrix} 1.205319\text{E}-006 \\ -2.636702\text{E}-006, 6.858585\text{E}-006 \\ -2.174106\text{E}-006, 5.480745\text{E}-006, 4.820125\text{E}-006 \end{bmatrix}$$

基线 LCO4LCO3 的方差矩阵为

$$\boldsymbol{D}_5=\begin{bmatrix} 9.662657\text{E}-006 \\ -2.175476\text{E}-005, 5.194777\text{E}-005 \\ -1.971468\text{E}-005, 4.633565\text{E}-005, 4.324110\text{E}-005 \end{bmatrix}$$

2）已知点信息（单位：m）为

$$X_{\text{LCO1}}=-1974638.7340,\quad Y_{\text{LCO1}}=4590014.8190,\quad Z_{\text{LCO1}}=3953144.9235$$

3）待定参数。设 LCO2、LCO3、LCO4 点的三维坐标平差值为参数，即

$$\hat{\boldsymbol{X}}=[\hat{X}_2\ \ \hat{Y}_2\ \ \hat{Z}_2\ \ \hat{X}_3\ \ \hat{Y}_3\ \ \hat{Z}_3\ \ \hat{X}_4\ \ \hat{Y}_4\ \ \hat{Z}_5]^{\text{T}}$$

4）待定参数近似坐标信息如表 8-3 所示。

表 8-3 近似坐标信息 单位：m

点号	X^0	Y^0	Z^0
LCO2	-1973420.1740	4591054.0467	3951407.2050
LCO3	-1974825.7010	4591232.1940	3950235.8130
LCO4	-1974909.1980	4590518.0410	3951265.0120

5）误差方程为

$$\underset{15\times1}{\boldsymbol{V}}=\underset{15\times9}{\boldsymbol{B}}\ \underset{9\times1}{\hat{\boldsymbol{x}}}-\underset{15\times1}{\boldsymbol{l}}$$

$$\begin{bmatrix} v_1 \\ v_2 \\ v_3 \\ v_4 \\ v_5 \\ v_6 \\ v_7 \\ v_8 \\ v_9 \\ v_{10} \\ v_{11} \\ v_{12} \\ v_{13} \\ v_{14} \\ v_{15} \end{bmatrix}=\begin{bmatrix} -1 & 0 & 0 & 0 & 0 & 0 & 0 & 0 & 0 \\ 0 & -1 & 0 & 0 & 0 & 0 & 0 & 0 & 0 \\ 0 & 0 & -1 & 0 & 0 & 0 & 0 & 0 & 0 \\ 0 & 0 & 0 & 0 & 0 & 0 & -1 & 0 & 0 \\ 0 & 0 & 0 & 0 & 0 & 0 & 0 & -1 & 0 \\ 0 & 0 & 0 & 0 & 0 & 0 & 0 & 0 & -1 \\ 1 & 0 & 0 & 0 & 0 & 0 & -1 & 0 & 0 \\ 0 & 1 & 0 & 0 & 0 & 0 & 0 & -1 & 0 \\ 0 & 0 & 1 & 0 & 0 & 0 & 0 & 0 & -1 \\ 1 & 0 & 0 & -1 & 0 & 0 & 0 & 0 & 0 \\ 0 & 1 & 0 & 0 & -1 & 0 & 0 & 0 & 0 \\ 0 & 0 & 1 & 0 & 0 & -1 & 0 & 0 & 0 \\ 0 & 0 & 0 & 1 & 0 & 0 & -1 & 0 & 0 \\ 0 & 0 & 0 & 0 & 1 & 0 & 0 & -1 & 0 \\ 0 & 0 & 0 & 0 & 0 & 1 & 0 & 0 & -1 \end{bmatrix}\begin{bmatrix} \hat{x}_2 \\ \hat{y}_2 \\ \hat{z}_2 \\ \hat{x}_3 \\ \hat{y}_3 \\ \hat{z}_3 \\ \hat{x}_4 \\ \hat{y}_4 \\ \hat{z}_4 \end{bmatrix}-\begin{bmatrix} -0.001 \\ 0.0007 \\ 0.0015 \\ -0.007 \\ 0.014 \\ 0.0115 \\ -0.0110 \\ 0.0243 \\ 0.0250 \\ 0.0040 \\ -0.0097 \\ -0.012 \\ 0 \\ 0 \\ 0 \end{bmatrix}$$

6）权矩阵。为了计算方便，令先验单位权中误差$\sigma_0=0.00298$，其权矩阵为

$$\boldsymbol{P}=(\boldsymbol{D}/\sigma_0^2)^{-1}$$

$$=\begin{bmatrix} 249.53 \\ 60.20 & 88.85 \\ 41.94 & -71.63 & 105.79 \\ 0 & 0 & 0 & 71.43 \\ 0 & 0 & 0 & 16.07 & 19.28 \\ 0 & 0 & 0 & 11.73 & -12.68 & 18.38 \\ 0 & 0 & 0 & 0 & 0 & 0 & 169.83 \\ 0 & 0 & 0 & 0 & 0 & 0 & 0 & 39.60 & 46.12 \\ 0 & 0 & 0 & 0 & 0 & 0 & 0 & 30.18 & -30.46 & 46.44 \\ 0 & 0 & 0 & 0 & 0 & 0 & 0 & 0 & 0 & 0 & 49.05 \\ 0 & 0 & 0 & 0 & 0 & 0 & 0 & 0 & 0 & 0 & 12.89 & 17.59 \\ 0 & 0 & 0 & 0 & 0 & 0 & 0 & 0 & 0 & 0 & 7.47 & -14.19 & 21.35 \\ 0 & 0 & 0 & 0 & 0 & 0 & 0 & 0 & 0 & 0 & 0 & 0 & 0 & 17.74 \\ 0 & 0 & 0 & 0 & 0 & 0 & 0 & 0 & 0 & 0 & 0 & 0 & 0 & 4.86 & 5.21 \\ 0 & 0 & 0 & 0 & 0 & 0 & 0 & 0 & 0 & 0 & 0 & 0 & 0 & 2.88 & -3.36 & 5.12 \end{bmatrix}$$

7）法方程为

$$\boldsymbol{B}^{\mathrm{T}}\boldsymbol{P}\boldsymbol{B}\hat{\boldsymbol{x}}=\boldsymbol{B}^{\mathrm{T}}\boldsymbol{P}\boldsymbol{l}$$

$$
=\begin{bmatrix}
468.4142 & & & & & & & & \\
112.6840 & 152.5534 & & & & & & & \\
79.5936 & -116.2839 & 173.5805 & & & & & & \\
-49.0502 & -12.8852 & -7.4728 & 14.1853 & & & & & \\
-12.8852 & -17.5868 & 14.1853 & 17.7451 & 22.7947 & & & & \\
-7.4728 & 14.1853 & -21.3465 & 10.3510 & -17.5501 & 26.4702 & & & \\
-169.8336 & -39.6002 & -30.1830 & -17.7351 & -4.8599 & -2.8782 & 259.0030 & & \\
-39.6002 & -46.1183 & 30.4649 & -4.8599 & -5.2079 & 3.3648 & 60.5337 & 70.6066 & \\
-30.1830 & 30.4649 & -46.4430 & -2.8782 & 3.3648 & -5.1237 & 44.7957 & -46.5086 & 69.9513
\end{bmatrix}
$$

$$
\times\begin{bmatrix}\hat{x}_2\\ \hat{y}_2\\ \hat{z}_2\\ \hat{x}_3\\ \hat{y}_3\\ \hat{z}_3\\ \hat{x}_4\\ \hat{y}_4\\ \hat{z}_4\end{bmatrix}=\begin{bmatrix}-0.0253\\ 0.0801\\ -0.0665\\ 0.0185\\ -0.0512\\ 0.0887\\ 0.2914\\ 0.0649\\ -0.0405\end{bmatrix}
$$

8）法方程系数矩阵的逆为

$$
\boldsymbol{N}_{BB}^{-1}=\begin{bmatrix}
0.0020 & & & & & & & & \\
-0.0044 & 0.0116 & & & & & & & \\
-0.0038 & 0.0097 & 0.0089 & & & & & & \\
0.0019 & -0.0042 & -0.0037 & 0.0124 & & & & & \\
-0.0042 & 0.0111 & 0.0093 & -0.0273 & 0.0700 & & & & \\
-0.0037 & 0.0093 & 0.0086 & -0.0231 & 0.0575 & 0.0515 & & & \\
0.0013 & -0.0028 & -0.0025 & 0.0016 & -0.0036 & -0.0032 & 0.0044 & & \\
-0.0028 & 0.0076 & 0.0064 & -0.0035 & 0.0097 & 0.0082 & -0.0100 & 0.0260 & \\
-0.0025 & 0.0064 & 0.0060 & -0.0030 & 0.0080 & 0.0076 & -0.0094 & 0.0235 & 0.0231
\end{bmatrix}
$$

9）法方程的解及精度评定（单位：m）：

$$
\begin{bmatrix}\hat{x}_2\\ \hat{y}_2\\ \hat{z}_2\\ \hat{x}_3\\ \hat{y}_3\\ \hat{z}_3\\ \hat{x}_4\\ \hat{y}_4\\ \hat{z}_4\end{bmatrix}=\boldsymbol{N}_{BB}^{-1}\boldsymbol{B}^{\mathrm{T}}\boldsymbol{Pl}=\begin{bmatrix}0.0007\\ -0.002\\ -0.0006\\ -0.0023\\ 0.0073\\ 0.0087\\ 0.0096\\ -0.0198\\ -0.0197\end{bmatrix}(\mathrm{m})
$$

$$\hat{\sigma}_0=\sqrt{\frac{\boldsymbol{V}^{\mathrm{T}}\boldsymbol{PV}}{n-t}}=\sqrt{\frac{0.0006}{15-9}}=0.010(\mathrm{m})$$

$$\hat{\sigma}_{\hat{x}_i}=\hat{\sigma}_0\sqrt{Q_{\hat{x}_i\hat{x}_i}}，\ \hat{\sigma}_{\hat{y}_i}=\hat{\sigma}_0\sqrt{Q_{\hat{y}_i\hat{y}_i}}，\ \hat{\sigma}_{\hat{z}_i}=\hat{\sigma}_0\sqrt{Q_{\hat{z}_i\hat{z}_i}}$$

$$\hat{\sigma}_{\hat{x}_2}=0.0015\mathrm{m}，\ \hat{\sigma}_{\hat{y}_2}=0.0036\mathrm{m}，\ \hat{\sigma}_{\hat{z}_2}=0.0032\mathrm{m}$$

$$\hat{\sigma}_{\hat{x}_3}=0.0037\mathrm{m}，\ \hat{\sigma}_{\hat{y}_3}=0.0089\mathrm{m}，\ \hat{\sigma}_{\hat{z}_3}=0.0076\mathrm{m}$$

$$\hat{\sigma}_{\hat{x}_4}=0.0022\mathrm{m}，\ \hat{\sigma}_{\hat{y}_4}=0.0054\mathrm{m}，\ \hat{\sigma}_{\hat{z}_4}=0.0051\mathrm{m}$$

10）平差结果如表 8-4 所示。

表 8-4 平差结果　　单位：m

点号	$\hat{X}$	$\hat{Y}$	$\hat{Z}$
LCO2	-1973420.1733	4591054.0465	3951407.2044
LCO3	-1974825.7033	4591232.2013	3950235.8217
LCO4	-1974909.1884	4590518.0212	3951264.9923

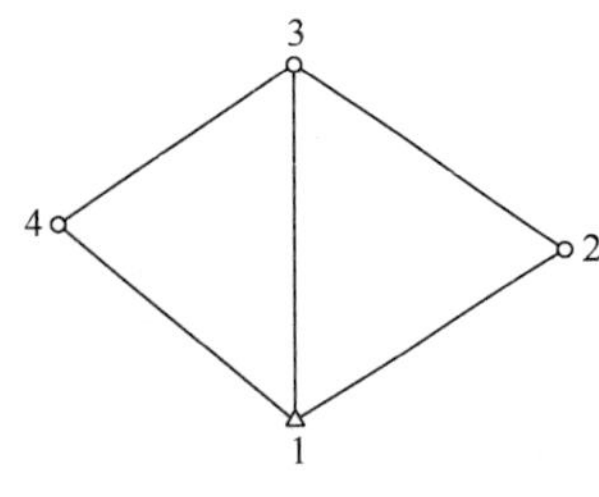

图 8.3　GPS 网

例 8-3　在图 8.3 所示的 GPS 基线向量中，用 GPS 接收机同步观测了网中 5 条边的基线向量 $[\Delta X_{12}\ \ \Delta Y_{12}\ \ \Delta Z_{12}]$、$[\Delta X_{13}\ \ \Delta Y_{13}\ \ \Delta Z_{13}]$、$[\Delta X_{14}\ \ \Delta Y_{14}\ \ \Delta Z_{14}]$、$[\Delta X_{23}\ \ \Delta Y_{23}\ \ \Delta Z_{23}]$、$[\Delta X_{34}\ \ \Delta Y_{34}\ \ \Delta Z_{34}]$。试按照条件平差法列出全部条件方程。

解：1）确定必要观测个数和条件方程个数。观测数 $n=15$，由于有 3 个待定点，其必要观测个数 $t=3\times3=9$，则条件方程个数 $c=n-t=15-9=6$。

2）列立平差值条件方程 $\boldsymbol{A}\hat{\boldsymbol{L}}+\boldsymbol{A}_0=\boldsymbol{0}$ 为

$$\begin{cases}\Delta\hat{X}_{12}+\Delta\hat{X}_{23}-\Delta\hat{X}_{13}=0\\ \Delta\hat{Y}_{12}+\Delta\hat{Y}_{23}-\Delta\hat{Y}_{13}=0\\ \Delta\hat{Z}_{12}+\Delta\hat{Z}_{23}-\Delta\hat{Z}_{13}=0\\ \Delta\hat{X}_{13}+\Delta\hat{X}_{34}-\Delta\hat{X}_{14}=0\\ \Delta\hat{Y}_{13}+\Delta\hat{Y}_{34}-\Delta\hat{Y}_{14}=0\\ \Delta\hat{Z}_{13}+\Delta\hat{Z}_{34}-\Delta\hat{Z}_{14}=0\end{cases}$$

3）改正数条件方程 $\boldsymbol{AV}+\boldsymbol{W}=\boldsymbol{0}$ 为

$$\begin{cases}v_1+v_2-v_3+w_1=0\\ v_4+v_5-v_6+w_2=0\\ v_7+v_8-v_9+w_3=0\\ v_3+v_{10}-v_{11}+w_4=0\\ v_6+v_{12}-v_{13}+w_5=0\\ v_9+v_{14}-v_{15}+w_6=0\end{cases}$$

式中，

$$
\boldsymbol{V}=\begin{bmatrix} v_1\\ v_2\\ v_3\\ v_4\\ v_5\\ v_6\\ v_7\\ v_8\\ v_9\\ v_{10}\\ v_{11}\\ v_{12}\\ v_{13}\\ v_{14}\\ v_{15} \end{bmatrix}=\begin{bmatrix} \Delta\hat{X}_{12}-\Delta X_{12}\\ \Delta\hat{X}_{23}-\Delta X_{23}\\ \Delta\hat{X}_{13}-\Delta X_{13}\\ \Delta\hat{Y}_{12}-\Delta Y_{12}\\ \Delta\hat{Y}_{23}-\Delta Y_{23}\\ \Delta\hat{Y}_{13}-\Delta Y_{13}\\ \Delta\hat{Z}_{12}-\Delta Z_{12}\\ \Delta\hat{Z}_{23}-\Delta Z_{23}\\ \Delta\hat{Z}_{13}-\Delta Z_{13}\\ \Delta\hat{X}_{34}-\Delta X_{34}\\ \Delta\hat{X}_{14}-\Delta X_{14}\\ \Delta\hat{Y}_{34}-\Delta Y_{34}\\ \Delta\hat{Y}_{14}-\Delta Y_{14}\\ \Delta\hat{Z}_{34}-\Delta Z_{34}\\ \Delta\hat{Z}_{14}-\Delta Z_{14} \end{bmatrix},\quad \boldsymbol{W}=\begin{bmatrix} w_1\\ w_2\\ w_3\\ w_4\\ w_5\\ w_6 \end{bmatrix}=\begin{bmatrix} \Delta X_{12}+\Delta X_{23}-\Delta X_{13}\\ \Delta Y_{12}+\Delta Y_{23}-\Delta Y_{13}\\ \Delta Z_{12}+\Delta Z_{23}-\Delta Z_{13}\\ \Delta X_{13}+\Delta X_{34}-\Delta X_{14}\\ \Delta Y_{13}+\Delta Y_{34}-\Delta Y_{14}\\ \Delta Z_{13}+\Delta Z_{34}-\Delta Z_{14} \end{bmatrix}
$$

8.4　坐标值的条件平差

设 $(x_i, y_i)\,(i=1,2,\cdots,n)$ 为数字化坐标值，其平差值为 $(\hat{x}_i, \hat{y}_i)$，相应的改正数为 v_{xi}, v_{yi}，则有

$$
\hat{x}_i = x_i + v_{xi}, \hat{y}_i = y_i + v_{yi} \tag{8-9}
$$

8.4.1　直角与直角型的条件方程

设有数字化坐标观测值 (X_h, Y_h)、(X_j, Y_j) 和 (X_k, Y_k)，如图 8.4 所示。坐标平差值 $\hat{X}=X+v_x$，$\hat{Y}=Y+v_y$，β_0 为应有值，如果两条直线垂直，则 $\beta_0=90^\circ$ 或 270°；如果 h,j,k 这 3 个点在同一条直线上，则 $\beta_0=180^\circ$ 或 0°，故有条件方程为

$$
\hat{\alpha}_{jk}-\hat{\alpha}_{jh}=\beta_0 \tag{8-10}
$$

或

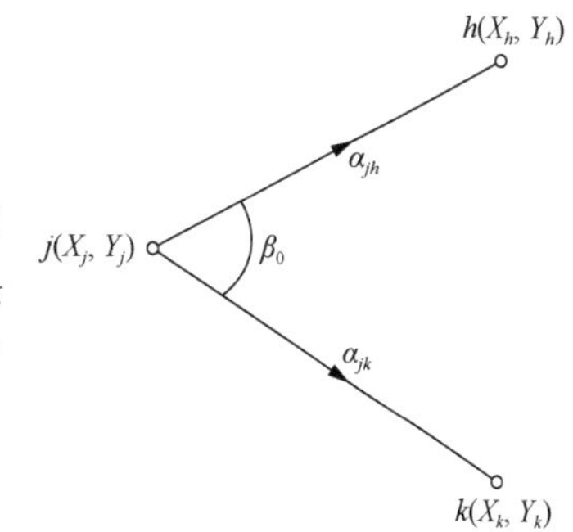

图 8.4　坐标观测值和内角

$$\arctan\frac{(Y_k+v_{yk})-(Y_j+v_{yj})}{(X_k+v_{xk})-(X_j+v_{xj})}-\arctan\frac{(Y_h+v_{yk})-(Y_j+v_{yj})}{(X_h+v_{xh})-(X_j+v_{xj})}-\beta_0=0$$

式中，左端的第一项为

$$\hat{\alpha}_{jk}=\arctan\frac{(Y_k+v_{yk})-(Y_j+v_{yj})}{(X_k+v_{xk})-(X_j+v_{xj})}$$

将上式右端按泰勒公式展开，得

$$\hat{\alpha}_{jk}=\arctan\frac{Y_k-Y_j}{X_k-X_j}+\left(\frac{\partial\hat{\alpha}_{jk}}{\partial\hat{X}_j}\right)_0 v_{xj}+\left(\frac{\partial\hat{\alpha}_{jk}}{\partial\hat{Y}_j}\right)_0 v_{yj}+\left(\frac{\partial\hat{\alpha}_{jk}}{\partial\hat{X}_k}\right)_0 v_{xk}+\left(\frac{\partial\hat{\alpha}_{jk}}{\partial\hat{Y}_j}\right)_0 v_{yj} \quad (8\text{-}11)$$

令

$$\alpha_{jk}^0=\arctan\frac{Y_k-Y_j}{X_k-X_j}$$

$$\delta\alpha_{jk}=\left(\frac{\partial\hat{\alpha}_{jk}}{\partial\hat{X}_j}\right)_0 v_{xj}+\left(\frac{\partial\hat{\alpha}_{jk}}{\partial\hat{Y}_j}\right)_0 v_{yj}+\left(\frac{\partial\hat{\alpha}_{jk}}{\partial\hat{X}_k}\right)_0 v_{xk}+\left(\frac{\partial\hat{\alpha}_{jk}}{\partial\hat{Y}_j}\right)_0 v_{yk} \quad (8\text{-}12)$$

式中，$(\cdot)_0$ 表示用坐标观测值代替坐标平差值计算的偏导数值。于是式（8-12）又可写为

$$\hat{\alpha}_{jk}=\alpha_{jk}^0+\delta\alpha_{jk} \quad (8\text{-}13)$$

因为

$$\left(\frac{\partial\hat{\alpha}_{jk}}{\partial\hat{X}_j}\right)_0=\frac{Y_k-Y_j}{(X_k-X_j)^2+(Y_k-Y_j)^2}=\frac{\Delta Y_{jk}^0}{(S_{jk}^0)^2}$$

$$\left(\frac{\partial\hat{\alpha}_{jk}}{\partial\hat{Y}_j}\right)_0=-\frac{\Delta X_{jk}^0}{(S_{jk}^0)^2},\left(\frac{\partial\hat{\alpha}_{jk}}{\partial\hat{X}_k}\right)_0=-\frac{\Delta Y_{jk}^0}{(S_{jk}^0)^2},\left(\frac{\partial\hat{\alpha}_{jk}}{\partial\hat{Y}_k}\right)_0=-\frac{\Delta X_{jk}^0}{(S_{jk}^0)^2}$$

将上式结果代入式（8-13），并统一全式的单位得

$$\hat{\alpha}_{jk}=\alpha_{jk}^0+\frac{\rho''\Delta Y_{jk}^0}{(S_{jk}^0)^2}v_{xj}-\frac{\rho''\Delta X_{jk}^0}{(S_{jk}^0)^2}v_{yj}-\frac{\rho''\Delta Y_{jk}^0}{(S_{jk}^0)^2}v_{xk}+\frac{\rho''\Delta X_{jk}^0}{(S_{jk}^0)^2}v_{yk} \quad (8\text{-}14)$$

同理可得

$$\hat{\alpha}_{jh}=\alpha_{jh}^0+\frac{\rho''\Delta Y_{jh}^0}{(S_{jh}^0)^2}v_{xj}-\frac{\rho''\Delta X_{jh}^0}{(S_{jh}^0)^2}v_{yj}-\frac{\rho''\Delta Y_{jh}^0}{(S_{jh}^0)^2}v_{xh}+\frac{\rho''\Delta X_{jh}^0}{(S_{jh}^0)^2}v_{yh} \quad (8\text{-}15)$$

将式（8-14）和式（8-15）代入式（8-10），即得条件方程为

$$\rho''\left(\frac{\Delta Y_{jk}^0}{(S_{jk}^0)^2}-\frac{\Delta Y_{jh}^0}{(S_{jh}^0)^2}\right)v_{xj}-\rho''\left(\frac{\Delta X_{jk}^0}{(S_{jk}^0)^2}-\frac{\Delta X_{jh}^0}{(S_{jh}^0)^2}\right)v_{yj}-\frac{\rho''\Delta X_{jk}^0}{(S_{jk}^0)^2}v_{xk}+$$

$$\frac{\rho''\Delta X_{jk}^0}{(S_{jk}^0)^2}v_{yk}+\frac{\rho''\Delta Y_{jk}^0}{(S_{jh}^0)^2}v_{xh}-\frac{\rho''\Delta X_{jh}^0}{(S_{jh}^0)^2}v_{yh}+w=0$$

及

$$w=\alpha_{jk}^0-\alpha_{jh}^0-\beta_0$$

8.4.2　距离型的条件方程

数字化所得两点间距离应与已知值相符合，为此所组成的条件方程为距离型条件方程。

设点 $(\hat{X}_j,\hat{Y}_j)$ 与点 $(\hat{X}_k,\hat{Y}_k)$ 之间的距离已知值为 S_0，则其条件方程为

$$\sqrt{(\hat{X}_k-\hat{X}_j)^2+(\hat{Y}_k-\hat{Y}_j)^2}=S_0 \tag{8-16}$$

设

$$f=\sqrt{(\hat{X}_k-\hat{X}_j)^2+(\hat{Y}_k-\hat{Y}_j)^2}$$

则式（9-8）线性化过程为

$$f=s_{kj}+\left(\frac{\partial f}{\partial \hat{X}_j}\right)_0 v_{\hat{X}_j}+\left(\frac{\partial f}{\partial \hat{Y}_j}\right)_0 v_{\hat{Y}_j}+\left(\frac{\partial f}{\partial \hat{X}_k}\right)_0 v_{\hat{X}_k}+\left(\frac{\partial f}{\partial \hat{Y}_k}\right)_0 v_{\hat{Y}_k} \tag{8-17}$$

式中，

$$s_{kj}=\sqrt{(X_k-X_j)^2+(Y_k-Y_j)^2}$$

$$\left(\frac{\partial f}{\partial \hat{X}_j}\right)_0=-\frac{X_k-X_j}{s_{ij}}=-\frac{\Delta X_{kj}^0}{s_{kj}}=-\cos\alpha_{kj}^0$$

$$\left(\frac{\partial f}{\partial \hat{Y}_j}\right)_0=-\frac{Y_k-Y_j}{s_{ij}}=-\frac{\Delta Y_{kj}^0}{s_{kj}}=-\sin\alpha_{kj}^0$$

$$\left(\frac{\partial f}{\partial \hat{X}_k}\right)_0=\frac{X_k-X_j}{s_{ij}}=\frac{\Delta X_{kj}^0}{s_{kj}}=\cos\alpha_{kj}^0$$

$$\left(\frac{\partial f}{\partial \hat{Y}_k}\right)_0=\frac{Y_k-Y_j}{s_{ij}}=\frac{\Delta Y_{kj}^0}{s_{kj}}=\sin\alpha_{kj}^0$$

将以上关系式代入式（8-17），再考虑式（8-16），得改正数条件方程为

$$-\frac{\Delta X_{kj}^0}{s_{kj}}v_{\hat{X}_j}-\frac{\Delta Y_{kj}^0}{s_{kj}}v_{\hat{Y}_j}+\frac{\Delta X_{kj}^0}{s_{kj}}v_{\hat{X}_k}+\frac{\Delta Y_{kj}^0}{s_{kj}}v_{\hat{Y}_k}+w_i=0$$

也可写成

$$-\cos\alpha_{kj}^0 v_{\hat{X}_j}-\sin\alpha_{kj}^0 v_{\hat{Y}_j}+\cos\alpha_{kj}^0 v_{\hat{X}_k}+\sin\alpha_{kj}^0 v_{\hat{Y}_k}+w_i=0$$

闭合差为

$$w_i=s_{kj}-S_0=\sqrt{(X_k-X_j)^2+(Y_K-Y_j)^2}-S_0$$

8.4.3　面积型的条件方程

图 8.5 是由 n 个数字化坐标点 P_1-P_n 构成的封闭的凸多边形，其面积为给定值 A，当其点位编号为顺时针时，存在如下条件：

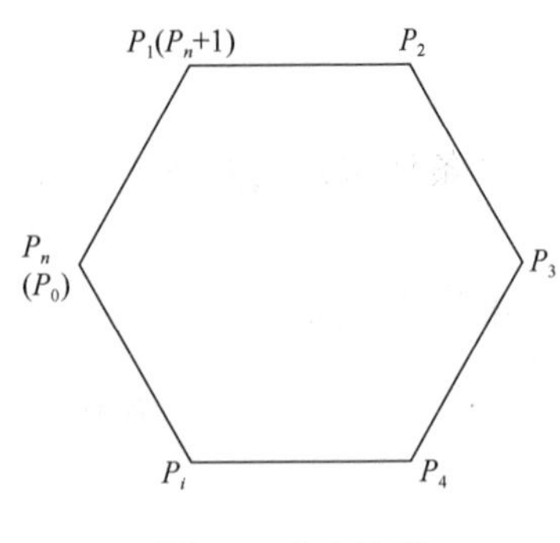

图 8.5　凸多边形

$$\frac{1}{2}\sum_{i=1}^{n}\hat{x}_i(\hat{y}_{i+1}-\hat{y}_{i-1})-A=0 \qquad (8\text{-}18)$$

该条件称为面积条件。式中，$P_n=P_0,P_{n+1}=P_1$，线性化后的改正数条件方程为

$$\sum_{i=1}^{n}a_i v_{x_i}-\sum_{i=1}^{n}b_i v_{y_i}+w=0 \qquad (8\text{-}19)$$

式中，$a_i=\frac{1}{2}(y_{i+1}-y_{i-1})$；$b_i=\frac{1}{2}(x_{i+1}-x_{i-1})$；$w=\frac{1}{2}\sum_{i=1}^{n}x_i(y_{i+1}-y_{i-1})-A$。

以上介绍了一些简单的数字化点之间为满足一些指定条件而构成条件方程的过程，实际应用中还可能遇到如两直线平行条件、两直线垂直条件、圆弧上测的点要满足圆曲线条件等，这些就需要使用者根据条件平差原理灵活运用。平差时将观测坐标所需要满足的所有条件式都放在一起，构成条件方程整体进行平差即可。

8.4.4　实例分析

例 8-4　图 4.10 所示为地图上一矩形房屋线画图，为了对其进行数字化，测量了房屋的 3 个角点坐标测量值为$(x_1,y_1)=(235.511,358.805)$，$(x_2,y_2)=(285.188,405.301)$，$(x_3,y_3)=(259.893,332.809)$。数字化的要求是对点位测量坐标平差后，房屋的两条边长与测量坐标值算得的边长值相同，且房屋应为直角。试按条件平差法求出点位平差值。

解：矩形房屋的两条边是已知量，为了确定房屋的位置、方向和大小，还需测量房屋一个角点的坐标和一条边的方位角。因此，此问题的必要观测数$t=3$，观测数$n=6$，多余观测个数$r=n-t=3$，可以列出 3 个条件方程，即

$$\sqrt{(\hat{x}_1-\hat{x}_2)^2+(\hat{y}_1-\hat{y}_2)^2}-\sqrt{(x_1-x_2)^2+(y_1-y_2)^2}=0$$

$$\sqrt{(\hat{x}_1-\hat{x}_3)^2+(\hat{y}_1-\hat{y}_3)^2}-\sqrt{(x_1-x_3)^2+(y_1-y_3)^2}=0$$

$$\arctan\frac{\hat{y}_2-\hat{y}_1}{\hat{x}_2-\hat{x}_1}-\arctan\frac{\hat{y}_3-\hat{y}}{\hat{x}_3-\hat{x}_1}-90^\circ=0$$

取测量坐标为近似值，上述条件方程的线性化形式为

$$-\frac{\Delta x_{12}^0}{S_{12}^0}v_{x_1}-\frac{\Delta y_{12}^0}{S_{12}^0}v_{y_1}+\frac{\Delta x_{12}^0}{S_{12}^0}v_{x_2}+\frac{\Delta y_{12}^0}{S_{12}^0}v_{y_2}=0$$

$$-\frac{\Delta x_{13}^0}{S_{13}^0}v_{x_1}-\frac{\Delta y_{13}^0}{S_{13}^0}v_{y_1}+\frac{\Delta x_{13}^0}{S_{13}^0}v_{x_3}+\frac{\Delta y_{13}^0}{S_{13}^0}v_{y_3}=0$$

$$\rho\left(\frac{\Delta y_{12}^0}{(S_{12}^0)^2}-\frac{\Delta y_{13}^0}{(S_{13}^0)^2}\right)v_{x_1}-\rho\left(\frac{\Delta x_{12}^0}{(S_{12}^0)^2}-\frac{\Delta x_{13}^0}{(S_{13}^0)^2}\right)v_{y_1}-\rho\frac{\Delta y_{12}^0}{(S_{12}^0)^2}v_{x_2}+\rho\frac{\Delta x_{12}^0}{(S_{12}^0)^2}v_{y_2}$$

$$+\rho\frac{\Delta y_{13}^0}{(S_{13}^0)^2}v_{x_3}-\rho\frac{\Delta x_{13}^0}{(S_{13}^0)^2}v_{y_3}+\rho\arctan\frac{y_2-y_1}{x_2-x_1}-\rho\arctan\frac{y_3-y_1}{x_3-x_1}-5400'=0$$

上述线性化条件方程的数值形式为

$$-0.7301v_{x_1}-0.6833v_{y_1}+0.7301v_{x_2}+0.6833v_{y_2}=0$$

$$-0.6841v_{x_1}+0.7284v_{y_1}+0.6841v_{x_3}-0.7284v_{y_3}=0$$

$$104.8784v_{x_1}+29.0977v_{y_1}-34.5254v_{x_2}+36.8874v_{y_2}-70.3531v_{x_3}-65.9851v_{y_3}-3.5647'=0$$

通常可以认定直接观测值为相互独立的，且每次坐标测量条件是相同的，因而可以认为各观测值是等精度的，则观测值权矩阵为单位矩阵，即 $\boldsymbol{P}=\boldsymbol{I}$ ，法方程系数阵为

$$\boldsymbol{N}_{aa}=\boldsymbol{AQA}^{\mathrm{T}}=\boldsymbol{AA}^{\mathrm{T}}=\begin{bmatrix}2.0 & 2.0 & -96.4550\\ 0.0 & 2.0 & -50.5240\\ -96.4550 & -50.5240 & 2.3702\end{bmatrix}$$

法方程的解为

$$\boldsymbol{K}=-\boldsymbol{N}_{aa}^{-1}\boldsymbol{W}=-\begin{bmatrix}0.6308 & 0.0682 & 0.0037\\ 0.0682 & 0.5358 & 0.0014\\ 0.027 & 0.0014 & 0.0001\end{bmatrix}\begin{bmatrix}0\\ 0\\ -3.5647\end{bmatrix}=\begin{bmatrix}0.0097\\ 0.0051\\ 0.0002\end{bmatrix}$$

观测值改正数的解为

$$\boldsymbol{V}=\boldsymbol{QA}^{\mathrm{T}}\boldsymbol{K}=[0.0105\quad 0.0029\quad 0.0001\quad 0.0140\quad -0.0106\quad -0.0169]^{\mathrm{T}}$$

观测值的平差值为

$$\begin{pmatrix}\hat{x}_1\\ \hat{y}_1\\ \hat{x}_2\\ \hat{y}_2\\ \hat{x}_3\\ \hat{y}_3\end{pmatrix}=\begin{pmatrix}235.5215\\ 358.8079\\ 285.1881\\ 405.3150\\ 259.8824\\ 332.7921\end{pmatrix}$$

8.5　坐标值的间接平差

8.5.1　拟合模型

拟合模型是测量平差中常遇到的一种特殊的函数模型。测角网、测边网等其函数模型中所描述的观测数据与未知量之间的关系是确定的，即是一种确定性的函数模型。而拟合模型则是一种函数模型或统计回归模型。用一个函数逼近给定的一组数据，或者利用变量与变量之间的统计相关性质给定的回归模型都属于这里所说的拟合模型。

下面举例说明拟合模型误差方程的组成。

1）在地图数字化中，已知圆上 m 个点的数字化观测值 $(X_i,Y_i)(i=1,2,\cdots,m)$ ，设为等权独立观测，试求该圆的曲线方程。

由于数字化观测值有误差，m 个点并不在同一条圆曲线上，需要在这些观测点拟合出一条最佳圆曲线，这就是拟合模型问题。

圆曲线的参数方程以平差值表示为

$$\hat{X}_i = \hat{X}_0 + \hat{r}\cos\hat{\alpha}_i$$
$$\hat{Y}_i = \hat{Y}_0 + \hat{r}\sin\hat{\alpha}_i$$

式中，$(\hat{X}_0, \hat{Y}_0)$ 为圆心坐标平差值；$\hat{r}$ 和 $\hat{\alpha}_i$ 分别为半径和矢径方位角的平差值，它们为平差的未知参数，故此例 $n = 2m, t = 3 + m$。

令

$$\hat{X}_i = X_i + v_{x_i}, \hat{Y}_i = Y_i + v_{y_i}$$
$$\hat{r} = r^0 + \delta r, \hat{\alpha}_i = \alpha_i^0 + \delta\alpha_i$$
$$\hat{X}_0 = X_0^0 + \hat{x}_0, \hat{Y}_0 = Y_0^0 + \hat{y}_0$$

将上式线性化，最后得误差方程为

$$\begin{cases} v_{x_i} = \hat{x}_0 + \cos\alpha^0 \delta r - r^0 \sin\alpha_i^0 \dfrac{\delta\alpha_i}{\rho} - l_{x_i} \\ v_{y_i} = \hat{y}_0 + \sin\alpha^0 \delta r + r^0 \cos\alpha_i^0 \dfrac{\delta\alpha_i}{\rho} - l_{y_i} \end{cases}$$

式中，

$$\begin{cases} l_{x_i} = X_i - (X_0^0 + r^0 \cos\alpha_i^0) = X_i - X_i^0 \\ l_{y_i} = Y_i - (Y_0^0 + r^0 \sin\alpha_i^0) = Y_i - Y_i^0 \end{cases}$$

2）数字高程模型、GPS 水准的高程异常拟合模型等常采用多项式拟合模型。已知 m 个点的数据是 $(Z_i, x_i, y_i)(i = 1, 2, \cdots, m)$，其中 Z_i 是点 i 的高程（数字高程模型）或高程异常（GPS 水准拟合模型），(x_i, y_i) 为点 i 的坐标，视为无误差，并认为 Z 是坐标的函数，即可取拟合函数为

$$\hat{Z}_i = \hat{b}_0 + \hat{b}_1 x_i + \hat{b}_2 y_i + \hat{b}_3 x_i^2 + \hat{b}_4 x_i y_i + \hat{b}_5 y_i^2$$

式中，$\hat{Z}_i = Z_i + v_{Z_i}$，未知参数为 $\hat{b}_0, \hat{b}_1, \cdots, \hat{b}_5$。$(x_i, y_i)$ 为常数，则其误差方程为

$$v_{Z_i} = \hat{b}_0 + x_i\hat{b}_1 + y_i\hat{b}_2 + x_i^2\hat{b}_3 + x_i y_i\hat{b}_4 + y_i^2\hat{b}_5 - Z_i$$

8.5.2 坐标转换模型

在利用手工数字化仪采集 GIS 数据中，往往由于数字化仪坐标系与地面坐标系不一致及图样变形而产生系统误差。为了消除此误差，通常根据已知地面坐标的控制点和网格点采用平面相似变换法进行处理。

此外，在工程测量中，为了施工设计和施工放样方便，施工坐标系与施工所在地的城市坐标系往往不相同。在施工控制测量中，必须将施工坐标系进行平面坐标转换，使施工坐标系统一到城市坐标系。

为求取坐标转换参数的最佳估值，需要有一定数量的公共点。公共点是指这些点在两个坐标系中的坐标值都是已知的。设在本坐标系 XOY 中有两个以上的公共点坐标 $(X_i,Y_i)(i>2)$，这些点在另一坐标系 $AO'B$ 中对应的坐标为 (A_i,B_i)，如图 8.6 所示。为将另一坐标系的控制网合理地配合到本坐标系网上，需对另一坐标系加以平移、旋转和尺度改正，并保持控制网形状不变。

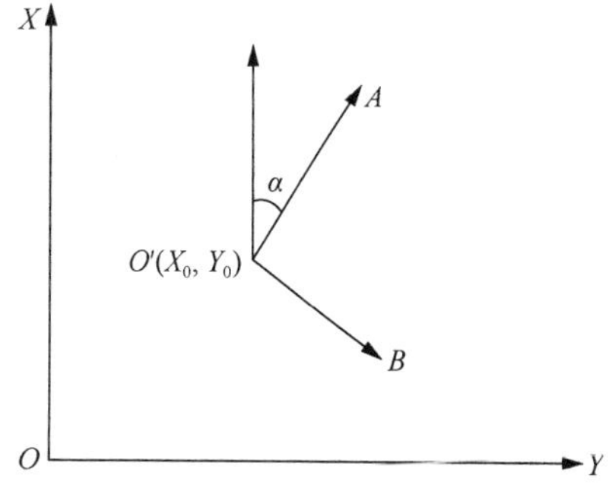

图 8.6　坐标转换示意

已知两坐标系之间的转换方程为

$$\begin{bmatrix} X_i \\ Y_i \end{bmatrix} = \begin{bmatrix} X_0 \\ Y_0 \end{bmatrix} + \mu \begin{bmatrix} \cos\alpha & -\sin\alpha \\ \sin\alpha & \cos\alpha \end{bmatrix} \begin{bmatrix} A_i \\ B_i \end{bmatrix} \tag{8-20}$$

式中，(X_0,Y_0) 是另一坐标系 $AO'B$ 的原点在本坐标系中的坐标；μ 为尺度比因子；α 为另一坐标系的主轴在本坐标系中的方位角。X_0,Y_0,μ,α 这 4 个元素称为坐标旋转参数，它们的取值是决定转换后坐标值可靠性的重要因素。所以一般公共点要取大于两个点，并利用间接平差的方法求出坐标转换参数的最佳估值。

为了计算方便，也可以令

$$a=X_0, b=Y_0, c=\mu\cos\alpha, d=\mu\sin\alpha$$

则式（8-20）变为

$$\begin{cases} X_i = a + A_i c - B_i d \\ Y_i = b + B_i c + A_i d \end{cases}$$

上式是指当参数值和坐标值都不存在误差时，它们之间应该满足的理论关系式。将坐标转换参数的估值 $\hat{a},\hat{b},\hat{c},\hat{d}$ 代入，由 i 点在另一坐标系的坐标值 (A_i,B_i) 就能转换出 i 点在本坐标系中的坐标估值 $(\hat{X}_i,\hat{Y}_i)$，即

$$\begin{bmatrix} \hat{X}_i \\ \hat{Y}_i \end{bmatrix} = \begin{bmatrix} \hat{a} \\ \hat{b} \end{bmatrix} + \begin{bmatrix} \hat{c} & -\hat{d} \\ \hat{d} & \hat{c} \end{bmatrix} \begin{bmatrix} A_i \\ B_i \end{bmatrix}$$

最小二乘原理在求最佳坐标转换参数中的应用是这样考虑的：希望公共点 i 通过坐标转换参数得到的坐标估值 $(\hat{X}_i,\hat{Y}_i)$ 与该点已知的坐标值 (X_i,Y_i) 之差的平方和在达到最小的情况下，对最佳转换参数 $\hat{a},\hat{b},\hat{c},\hat{d}$ 进行估计。所以误差方程为

$$\begin{cases} v_{X_i} = \hat{X}_i - X_i = \hat{a} + A_i\hat{c} - B_i\hat{d} - X_i \\ v_{Y_i} = \hat{Y}_i - Y_i = \hat{b} + B_i\hat{c} + A_i\hat{d} - Y_i \end{cases}$$

当新旧两个坐标系中的公共点超过两个时，即 $i=1,2,\cdots,n$，可以列出如下误差方程：

$$
\begin{bmatrix} v_{X_1} \\ v_{Y_1} \\ v_{X_2} \\ v_{Y_2} \\ \vdots \\ v_{X_n} \\ v_{Y_n} \end{bmatrix} = \begin{bmatrix} 1 & 0 & A_1 & -B_1 \\ 0 & 1 & B_1 & A_1 \\ 1 & 0 & A_2 & -B_2 \\ 0 & 1 & B_2 & A_2 \\ \vdots & \vdots & \vdots & \vdots \\ 1 & 0 & A_n & -B_n \\ 0 & 1 & B_n & A_n \end{bmatrix} \begin{bmatrix} \hat{a} \\ \hat{b} \\ \hat{c} \\ \hat{d} \end{bmatrix} - \begin{bmatrix} X_1 \\ Y_1 \\ X_2 \\ Y_2 \\ \vdots \\ X_n \\ Y_n \end{bmatrix}
$$

根据间接平差的过程，从上面的误差方程得到法方程，再从法方程解得参数最佳估值，进而可得到坐标转换参数的最佳估值为

$$
\hat{X}_0 = \hat{a}, \hat{Y}_0 = \hat{b}, \mu = \sqrt{\hat{c}^2 + \hat{d}^2}, \hat{\alpha} = \arctan\left(\frac{\hat{d}}{\hat{c}}\right)
$$

当求出上面 4 个坐标转换参数后，将它们的数值代入式（8-20），就得到了坐标转换方程。于是，任意 $AO'B$ 系（假设是施工坐标系）中的坐标值通过该方程，可换算出它们在 XOY 系（假设是城市坐标系）中的坐标。

所以，只要将在两个坐标系中位置分布比较均匀的、少量的、已知两套坐标的点，作为公共点，求出坐标转换参数，构造出坐标转换方程后，就可以用该转换方程对两个坐标系中大量的非公共点进行自由的坐标转换。

8.5.3 七参数坐标转换模型

8.5.2 节是进行平面坐标转换的四参数模型，但是如果要进行空间坐标转换，其转换参数除了前面所说的 4 个参数外，还要增加 1 个平移参数和两个转换参数，即七参数转换模型。当观测的公共控制点大于 3 个时，可采用间接平差法求得空间坐标转换模型中的 7 个参数。下面以 WGS-84 坐标系和 1954 北京坐标系之间的转换说明七参数转换模型平差的过程。

例 8-5 已知 5 个点在 WGS-84 坐标系和 1954 北京坐标系下的坐标数据（表 8-5），根据布尔沙模型求解 WGS-84 坐标系和 1954 北京坐标系之间的转换参数。

表 8-5 WGS-84 坐标系和 1954 北京坐标系的坐标数据

点号	X_{84}	Y_{84}	Z_{84}	X_{54}	Y_{54}	Z_{54}
1	−2066241.5001	5360801.8835	2761896.3022	−2066134.4896	5360847.0595	2761895.5970
2	−1983936.0407	5430615.7282	2685375.7214	−1983828.7084	5430658.9827	2685374.6681
3	−1887112.7302	5468749.1944	2677688.9806	−1887005.1714	5468790.6487	2677687.2680
4	−1808505.4212	5512502.2716	2642356.5720	−1808397.7260	5512542.0921	2642354.4550
5	−1847017.0670	5573542.7934	2483802.9904	−1846909.0036	5573582.6511	2483801.6147

解：两个坐标系之间转换的布尔沙模型为

$$\begin{bmatrix} X \\ Y \\ Z \end{bmatrix}_{54} = \begin{bmatrix} T_X \\ T_Y \\ T_Z \end{bmatrix} + (1+m)\boldsymbol{R}_3(\omega_Z)\boldsymbol{R}_2(\omega_Y)\boldsymbol{R}_1(\omega_X)\begin{bmatrix} X \\ Y \\ Z \end{bmatrix}_{84}$$

$$\boldsymbol{R}_1(\omega_X) = \begin{bmatrix} 1 & 0 & 0 \\ 0 & \cos\omega_X & \sin\omega_X \\ 0 & -\sin\omega_X & \cos\omega_X \end{bmatrix}$$

$$\boldsymbol{R}_2(\omega_Y) = \begin{bmatrix} \cos\omega_Y & 0 & -\sin\omega_Y \\ 0 & 1 & 0 \\ \sin\omega_Y & 0 & \cos\omega_Y \end{bmatrix}$$

$$\boldsymbol{R}_3(\omega_Z) = \begin{bmatrix} \cos\omega_Z & \sin\omega_Z & 0 \\ -\sin\omega_Z & \cos\omega_Z & 0 \\ 0 & 0 & 1 \end{bmatrix}$$

式中，T_X, T_Y, T_Z 为由 WGS-84 坐标系转换到 1954 北京坐标系的平移参数；$\omega_X, \omega_Y, \omega_Z$ 为由 WGS-84 坐标系转换到 1954 北京坐标系的旋转参数；m 为由 WGS-84 坐标系转换到 1954 北京坐标系的尺度参数。

考虑到通常情况下，两个不同基准间旋转的 3 个欧拉角 $\omega_X, \omega_Y, \omega_Z$ 都非常小，则有

$$\boldsymbol{R}_1(\omega_X) = \begin{bmatrix} 1 & 0 & 0 \\ 0 & 1 & \omega_X \\ 0 & -\omega_X & 1 \end{bmatrix}，\boldsymbol{R}_2(\omega_Y) = \begin{bmatrix} 1 & 0 & -\omega_Y \\ 0 & 1 & 0 \\ \omega_Y & 0 & 1 \end{bmatrix}，\boldsymbol{R}_3(\omega_Z) = \begin{bmatrix} 1 & \omega_Z & 0 \\ -\omega_Z & 1 & 0 \\ 0 & 0 & 1 \end{bmatrix}$$

$$\boldsymbol{R} = \boldsymbol{R}_3(\omega_Z)\boldsymbol{R}_2(\omega_Y)\boldsymbol{R}_1(\omega_X) = \begin{bmatrix} 1 & \omega_Z & -\omega_Y \\ -\omega_Z & 1 & \omega_X \\ \omega_Y & -\omega_X & 1 \end{bmatrix}$$

布尔沙模型最终可简化表示为

$$\begin{bmatrix} X \\ Y \\ Z \end{bmatrix}_{54} = \begin{bmatrix} X \\ Y \\ Z \end{bmatrix}_{84} + \begin{bmatrix} 1 & 0 & 0 & 0 & -Z_{84} & Y_{84} & X_{84} \\ 0 & 1 & 0 & Z_{84} & 0 & -X_{84} & Y_{84} \\ 0 & 0 & 1 & -Y_{84} & X_{84} & 0 & Z_{84} \end{bmatrix}\begin{bmatrix} T_X \\ T_Y \\ T_Z \\ \omega_X \\ \omega_Y \\ \omega_Z \\ m \end{bmatrix}$$

按题意可知，必要观测数 $t = 7, n = 15, r = 8$。选取 7 个转换参数为待估参数。

1）列误差方程。将 1954 北京坐标系下的坐标视为观测值，设 WGS-84 坐标系下的坐标无误差，则可列出误差方程为

$$\begin{bmatrix} v_{x_1} \\ v_{y_1} \\ v_{z_1} \\ \vdots \\ v_{x_5} \\ v_{y_5} \\ v_{z_5} \end{bmatrix} = \begin{bmatrix} 1 & 0 & 0 & 0 & -Z_1 & Y_1 & X_1 \\ 0 & 1 & 0 & Z_1 & 0 & -X_1 & Y_1 \\ 0 & 0 & 1 & -Y_1 & X_1 & 0 & Z_1 \\ \vdots & \vdots & \vdots & \vdots & \vdots & \vdots & \vdots \\ 1 & 0 & 0 & 0 & -Z_5 & Y_5 & X_5 \\ 0 & 1 & 0 & Z_5 & 0 & -X_5 & Y_5 \\ 0 & 0 & 1 & -Y_5 & X_5 & 0 & Z_5 \end{bmatrix} \begin{bmatrix} T_X \\ T_Y \\ T_Z \\ \omega_X \\ \omega_Y \\ \omega_Z \\ m \end{bmatrix} - \left[\begin{bmatrix} X_1 \\ Y_1 \\ Z_1 \\ \vdots \\ X_5 \\ Y_5 \\ Z_5 \end{bmatrix}_{54} - \begin{bmatrix} X_1 \\ Y_1 \\ Z_1 \\ \vdots \\ X_5 \\ Y_5 \\ Z_5 \end{bmatrix}_{84} \right]$$

写成矩阵形式为

$$\boldsymbol{V} = \boldsymbol{B}\hat{\boldsymbol{X}} - \boldsymbol{L}$$

由于各点的坐标可视为同精度独立观测值，因此 $\boldsymbol{P} = \boldsymbol{I}$ 。

2）参数求解。将各点坐标已知值代入上述误差方程，然后按照下列公式求解参数估值：

$$\hat{\boldsymbol{X}} = (\boldsymbol{B}^{\mathrm{T}}\boldsymbol{B})^{-1}\boldsymbol{B}^{\mathrm{T}}\boldsymbol{L}$$

解得

$$\begin{bmatrix} \hat{T}_X \\ \hat{T}_Y \\ \hat{T}_Z \\ \hat{\omega}_X \\ \hat{\omega}_Y \\ \hat{\omega}_Z \\ \hat{m} \end{bmatrix} = \begin{bmatrix} -9.3089\text{m} \\ 26.0137\text{m} \\ 12.2981\text{m} \\ 0.51683\text{s} \\ -1.21848\text{s} \\ 3.50699\text{s} \\ -4.27148\text{ppm} \end{bmatrix}$$

3）精度评定。将所求的 $\hat{\boldsymbol{X}}$ 代入 $\boldsymbol{V} = \boldsymbol{B}\hat{\boldsymbol{X}} - \boldsymbol{L}$ 求改正数 $\boldsymbol{V}$ ，利用改正数进行精度评定。单位权中误差为

$$\hat{\sigma}_0 = \sqrt{\frac{\boldsymbol{V}^{\mathrm{T}}\boldsymbol{P}\boldsymbol{V}}{n-t}} = \sqrt{\frac{\boldsymbol{V}^{\mathrm{T}}\boldsymbol{P}\boldsymbol{V}}{8}} = 0.035(\text{m})$$

8.5.4 单张像片空间后方交会

在摄影测量中，如在航空摄影测量中，常常需要知道摄影瞬间摄影中心的位置和摄影光束的姿态。这些参数可以通过 GPS、惯性导航系统和雷达来测定。传统上，这些参数也可以利用一定数量的地面控制点，通过平差计算获得。

平差计算的基础是所谓的共线方程。它描述摄影中心坐标 (X_S, Y_S, Z_S) 、地面点坐标 (X_A, Y_A, Z_A) 和相应的像点在像片坐标系中的坐标 (x, y) 之间的函数关系，其形式为

$$\begin{cases} x = -f\dfrac{a_1(X_A - X_S) + b_1(Y_A - Y_S) + c_1(Z_A - Z_S)}{a_3(X_A - X_S) + b_3(Y_A - Y_S) + c_3(Z_A - Z_S)} \\ y = -f\dfrac{a_2(X_A - X_S) + b_2(Y_A - Y_S) + c_2(Z_A - Z_S)}{a_3(X_A - X_S) + b_3(Y_A - Y_S) + c_3(Z_A - Z_S)} \end{cases}$$

式中，f 为摄影机主距；a_i, b_i, c_i 分别为描述摄影光束姿态的参数 $(\varphi, \omega, \kappa)$ 的函数。共线方程示意如图 8.7 所示，(X_S, Y_S, Z_S) 与 (X_A, Y_A, Z_A) 是属于地面坐标系 O-XYZ 中的坐标。假设 f 和地面控制点坐标 (X_A, Y_A, Z_A) 为已知，现欲求 (X_S, Y_S, Z_S) 和 $(\varphi, \omega, \kappa)$。

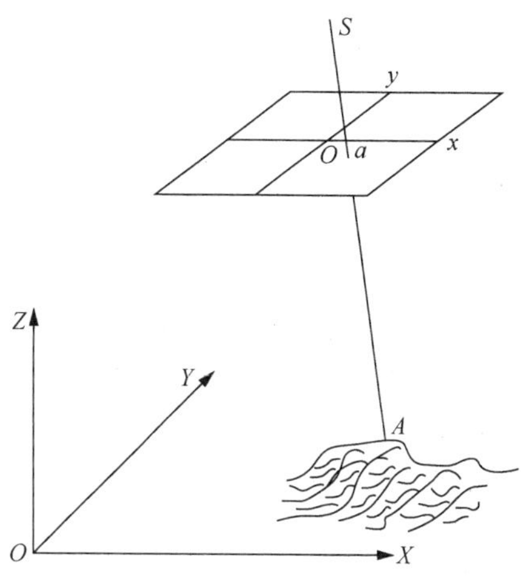

图 8.7　共线方程示意

为了求解这 6 个参数，至少需要 6 个方程，也就是至少需要 3 个地面控制点。当地面控制点超过 3 个时，需采用最小二乘原理解算参数的最优解。此时，可将共线方程改成如下的线性化误差方程，即

$$\begin{cases} v_x = \left(\dfrac{\partial x}{\partial X_S}\right)_0 \hat{x}_S + \left(\dfrac{\partial x}{\partial Y_S}\right)_0 \hat{y}_S + \left(\dfrac{\partial x}{\partial Z_S}\right)_0 \hat{z}_S + \left(\dfrac{\partial x}{\partial \phi}\right)_0 \Delta\hat{\varphi} + \left(\dfrac{\partial x}{\partial \omega}\right)_0 \Delta\hat{\omega} + \left(\dfrac{\partial x}{\partial \kappa}\right)_0 \Delta\hat{\kappa} - l_x \\ v_y = \left(\dfrac{\partial y}{\partial X_S}\right)_0 \hat{x}_S + \left(\dfrac{\partial y}{\partial Y_S}\right)_0 \hat{y}_S + \left(\dfrac{\partial y}{\partial Z_S}\right)_0 \hat{z}_S + \left(\dfrac{\partial y}{\partial \phi}\right)_0 \Delta\hat{\varphi} + \left(\dfrac{\partial y}{\partial \omega}\right)_0 \Delta\hat{\omega} + \left(\dfrac{\partial y}{\partial \kappa}\right)_0 \Delta\hat{\kappa} - l_y \end{cases} \tag{8-21}$$

式中，(x, y) 是像点坐标的量测值，认为是观测值；(x^0, y^0) 是将近似值 $X_S^0, Y_S^0, Z_S^0, \varphi^0, \omega^0, \kappa^0$ 代入共线方程计算得到的像点坐标近似值；$l_x = x - x^0, l_y = y - y^0$。

通过解算式（8-21）所组成的误差方程组，可以得到参数解 $\hat{x}_S, \hat{y}_S, \hat{z}_S, \Delta\hat{\varphi}, \Delta\hat{\omega}, \Delta\hat{\kappa}$。参数平差值为

$$\begin{gathered} \hat{X}_S = X_S^0 + \hat{x}_S, \hat{Y}_S = Y_S^0 + \hat{y}_S \\ \hat{Z}_S = Z_S^0 + \hat{z}_S, \hat{\varphi} = \varphi^0 + \Delta\hat{\phi} \\ \hat{\omega} = \omega^0 + \Delta\hat{\omega}, \hat{\kappa} = \kappa^0 + \Delta\hat{\kappa} \end{gathered}$$

8.5.5　实例分析

利用数字地形模型（digital terrain model，DTM）计算待求点高程。设某 DTM 模型的网格点距为 d_0，每个网格点的平面坐标 (x, y) 和高程 H 都是已知的，当需要求取任意点的高程时，可由网格点的高程拟合出待求点的高程。高程拟合时，假定高程值的变化在网格点覆盖的区域附近是某一已知函数，本例取二次曲面，即

$$H = a_0 + a_1 x + a_2 y + a_3 x^2 + a_4 y^2 + a_5 xy \tag{8-22}$$

式中，$a_0, a_1, a_2, a_3, a_4, a_5$ 为待定参数；H 为平面坐标 (x, y) 点处的高程值。一旦式（8-22）中的待定参数确定之后，就可以用式（8-22）求任意点高程。显然，有 6 个网格点的数据就可以确定式（8-22）中的待定参数 $a_0, a_1, a_2, a_3, a_4, a_5$，但为了提高拟合精度，通常用

超过 6 个点的数据来确定待定参数，这时可用间接平差的方法进行拟合。拟合时，网格点的平面坐标 x_i, y_i 视为已知常数，H_i 视为独立观测值，组成误差方程，即

$$\begin{cases} v_1 = a_0 + a_1 x_1 + a_2 y_1 + a_3 x_1^2 + a_4 y_1^2 + a_5 x_1 y_1 - H_1 \\ v_2 = a_0 + a_1 x_2 + a_2 y_2 + a_3 x_2^2 + a_4 y_2^2 + a_5 x_2 y_2 - H_2 \\ \quad \vdots \\ v_m = a_0 + a_1 x_{m1} + a_2 y_m + a_3 x_m^2 + a_4 y_m^2 + a_5 x_m y_m - H_m \end{cases} \tag{8-23}$$

据此可组成法方程，解出未知参数 $a_0, a_1, a_2, a_3, a_4, a_5$，进而建立内插模型。

实际拟合时，为避免误差方程的系数过大，一般要将坐标系的原点平移至待求点附近，用平移后的坐标进行拟合。

例 8-6 设待求点的平面坐标为 $(190.0, 210.0)$，为求待求点高程，现已知其待求点附近 9 个格网点的已知数据，如表 8-6 所示。以此数据用间接平差法求二次曲面函数的系数，然后求待定点的高程值（假定高程为独立等精度观测值）。

表 8-6 已知点的坐标与高程值 单位：m

点号	1	2	3	4	5	6	7	8	9
x	−000.0	−1000.0	−1000.0	0.0	0.0	0.0	1000.0	1000.0	1000.0
y	−000.0	0.0	1000.0	−1000.0	0.0	1000.0	−1000.0	0.0	1000.0
H	230.0	234.1	236.5	245.3	255.0	253.9	260.4	269.9	270.6

解：$n = 9, t = 6$，所以 $r = n - t = 3$。观测值为等精度独立观测，$\boldsymbol{P} = \boldsymbol{I}$。

将表 8-6 的坐标值和高程值代入误差方程式（8-23），得

$$\boldsymbol{B} = \begin{bmatrix} 1.00 & -1000.00 & -1000.00 & 1000000.00 & 1000000.00 & 1000000.00 \\ 1.00 & -1000.00 & 0.00 & 1000000.00 & 0.00 & 0.00 \\ 1.00 & -1000.00 & 1000.00 & 1000000.00 & 1000000.00 & -1000000.00 \\ 1.00 & 0.00 & -1000.00 & 0.00 & 1000000.00 & 0.00 \\ 1.00 & 0.00 & 0.00 & 0.00 & 0.00 & 0.00 \\ 1.00 & 0.00 & 1000.00 & 0.00 & 1000000.00 & 0.00 \\ 1.00 & -1000.00 & -1000.00 & 1000000.00 & 1000000.00 & 1000000.00 \\ 1.00 & 0.00 & 0.00 & 0.00 & 0.00 & 0.00 \\ 1.00 & 1000.00 & 1000.00 & 1000000.00 & 1000000.00 & 1000000.00 \end{bmatrix}$$

$$\boldsymbol{N}_{BB} = \boldsymbol{B}^{\mathrm{T}} \boldsymbol{P} \boldsymbol{B} = \boldsymbol{B}^{\mathrm{T}} \boldsymbol{B}$$

$$= \begin{bmatrix} 9.00 & -3000.00 & 0 & 5.00\times10^{6} & 6.00\times10^{6} & 2.00\times10^{6} \\ -3000.00 & 5.00\times10^{6} & 2.00\times10^{6} & -3.00\times10^{9} & -2.00\times10^{9} & 0 \\ 0.00 & 2.00\times10^{6} & 6.00\times10^{6} & 0.00 & 0.00 & -2.00\times10^{9} \\ 5.00\times10^{6} & -3.00\times10^{9} & 0.00 & 5.00\times10^{12} & 4.00\times10^{12} & 2.00\times10^{12} \\ 6.00\times10^{6} & -2.00\times10^{9} & 0.00 & 4.00\times10^{12} & 6.00\times10^{12} & 2.00\times10^{12} \\ 2.00\times10^{6} & 0.00 & -2.00\times10^{9} & 2.00\times10^{12} & 2.00\times10^{12} & 4.00\times10^{12} \end{bmatrix}$$

$$W = B^{\mathrm{T}}Pl = B^{\mathrm{T}}l = [2.256\times10^{3} \quad -6.904\times10^{5} \quad 2.530\times10^{4} \quad 1.232\times10^{9} \quad 1.497\times10^{9} \quad 5.245\times10^{8}]$$

令

$$\hat{a} = [\hat{a}_0 \quad \hat{a}_1 \quad \hat{a}_2 \quad \hat{a}_3 \quad \hat{a}_4 \quad \hat{a}_5]^{\mathrm{T}}$$

$$\hat{a} = N_{BB}^{-1}W = [258.3 \quad 0.0094 \quad 0.0043 \quad -0.000007 \quad -0.000005 \quad 0.000010]^{\mathrm{T}}$$

由此，所求的 DTM 内插曲面模型为

$$\hat{H} = 258.3 + 0.0094x + 0.0043y - 0.000007x^2 - 0.000005y^2 + 0.00001xy \tag{8-24}$$

将坐标值 $(190.0, 210.0)$ 代入式（8-24），得高程值 $\hat{H} = 260.97\mathrm{m}$。

8.6　回归模型参数估计

回归模型在数据处理中是一种常用的方法，在数学、工程技术等方面存在着广泛的应用。回归模型参数的求解方法实际上是间接平差，本节对线性回归模型参数估计按照间接平差求解进行研究。

8.6.1　回归模型概述

在测量数据处理中，有一些变量是自变量，有一些变量是因变量，如对单个三角形，每个角度是自变量，三角形内角和是因变量。测量数据处理实际上就是建立因变量与自变量之间的关系。变量之间的关系可以分为两类。一类是确定性关系，称为函数相关。例如，矩形面积 S 与其两边 a,b 之间存在确定性关系 $S=ab$。另一类是变量之间不存在确定的函数关系，而是存在一种与统计相关的关系，称为统计相关。例如，人的身高与体重之间存在着统计相关。由变量之间统计相关所建立的函数模型称为回归模型。

8.6.2　线性回归模型

设一个随机变量 y 与 m 个自变量 $x_1, x_2, \cdots, x_m$ 之间存在线性形式的统计相关关系，因为它们不是确定的函数关系，即使给定了 $x_1, x_2, \cdots, x_m$ 的值也不能唯一确定 y 值，所以它们之间的表达式应为

$$y = \beta_0 + \beta_1 x_1 + \beta_2 x_2 + \cdots + \beta_m x_m + \varepsilon \tag{8-25}$$

式中，ε 为服从 $N(0,\sigma^2)$ 的随机变量；参数 $\beta_i\ (i=1,2,\cdots,m)$ 为回归方程系数。

求式（8-25）的数学期望和方差，有

$$E(y) = \beta_0 + \beta_1 x_1 + \beta_2 x_2 + \cdots + \beta_m x_m \tag{8-26}$$

$$D(y) = D(\varepsilon) = \sigma^2 \tag{8-27}$$

式（8-26）和式（8-27）说明 y 是服从 $N(E(y),\sigma^2)$ 的随机变量。

式（8-25）是线性回归模型，式（8-26）是线性回归理论模型。

为了估计模型参数，需要对变量进行 n 次观测，得 n 组观测数据 $(y_i, x_{1i}, x_{2i}, \cdots, x_{mi})$ $(i=1,2,\cdots,n)$，代入式（8-25），则有 n 个方程

$$\begin{cases} y_1 = \beta_0 + x_{11}\beta_1 + x_{21}\beta_2 + \cdots + x_{m1}\beta_m + \varepsilon_1 \\ y_2 = \beta_0 + x_{12}\beta_1 + x_{22}\beta_2 + \cdots + x_{m2}\beta_m + \varepsilon_2 \\ \quad\cdots\cdots \\ y_n = \beta_0 + x_{1n}\beta_1 + x_{2n}\beta_2 + \cdots + x_{mn}\beta_m + \varepsilon_n \end{cases} \tag{8-28}$$

其矩阵形式为

$$\underset{n\times 1}{\boldsymbol{Y}} = \underset{n\times(m+1)}{\boldsymbol{X}}\ \underset{(m+1)\times 1}{\boldsymbol{\beta}} + \underset{n\times 1}{\boldsymbol{\varepsilon}} \tag{8-29}$$

式中，$\boldsymbol{Y} = \begin{bmatrix} y_1 \\ y_2 \\ \vdots \\ y_n \end{bmatrix}$，$\boldsymbol{X} = \begin{bmatrix} 1 & x_{11} & x_{21} & \cdots & x_{m1} \\ 1 & x_{12} & x_{22} & \cdots & x_{m2} \\ \vdots & \vdots & \vdots & & \vdots \\ 1 & x_{1n} & x_{2n} & \cdots & x_{mn} \end{bmatrix}$，$\boldsymbol{\beta} = \begin{bmatrix} \beta_0 \\ \beta_1 \\ \vdots \\ \beta_m \end{bmatrix}$，$\boldsymbol{\varepsilon} = \begin{bmatrix} \varepsilon_1 \\ \varepsilon_2 \\ \vdots \\ \varepsilon_n \end{bmatrix}$。

式（8-29）是回归参数估计的函数模型，其随机模型为

$$D(\boldsymbol{\varepsilon}) = \sigma^2 \underset{n\times n}{\boldsymbol{I}} \tag{8-30}$$

当观测数$n > m+1$时，可用最小二乘估计求参数$\boldsymbol{\beta}$，设其估值为$\hat{\boldsymbol{\beta}}$，代入式（8-26）可得$E(y)$的估值$\hat{y}$，即

$$\hat{y} = \hat{\beta}_0 + \hat{\beta}_1 x_1 + \hat{\beta}_2 x_2 + \cdots + \hat{\beta}_m x_m \tag{8-31}$$

式（8-31）称为线性回归方程，给定一组数$(x_1, x_2, \cdots, x_m)$，由式（8-31）求出的$\hat{y}$称为预报值。

如果有n组观测数据$(y_i, x_{1i}, x_{2i}, \cdots, x_{mi})$ $(i = 1, 2, \cdots, n)$，则由式（8-31）可得

$$\begin{cases} \hat{y}_1 = \hat{\beta}_0 + \hat{\beta}_1 x_{11} + \hat{\beta}_2 x_{21} + \cdots + \hat{\beta}_m x_{m1} \\ \hat{y}_2 = \hat{\beta}_0 + \hat{\beta}_1 x_{12} + \hat{\beta}_2 x_{22} + \cdots + \hat{\beta}_m x_{m2} \\ \quad\vdots \\ \hat{y}_n = \hat{\beta}_0 + \hat{\beta}_1 x_{1n} + \hat{\beta}_2 x_{2n} + \cdots + \hat{\beta}_m x_{mn} \end{cases} \tag{8-32}$$

如果将回归参数估计的函数模型式（8-29）和随机模型式（8-30）与测量中间接平差函数模型和随机模型相比较，可以得出，在不考虑模型物理性质的前提下，二者的参数最小二乘估计模型形式完全一致。从这个意义上来说，线性回归模型参数估计也可看成是一种等权观测的间接平差。因此，间接平差理论和方法完全可以用于回归模型的参数估计。

8.6.3　一元线性回归模型参数估计

若自变量x的个数只有一个，则式（8-25）可写成

$$\boldsymbol{y} = \beta_0 + \beta_1 \boldsymbol{x} + \varepsilon \tag{8-33}$$

求式（8-33）的数学期望和方差，有

$$E(\boldsymbol{y}) = \beta_0 + \beta_1 \boldsymbol{x} \tag{8-34}$$

$$D(\boldsymbol{y}) = D(\boldsymbol{\varepsilon}) = \sigma^2 \underset{n\times n}{\boldsymbol{I}} \tag{8-35}$$

式（8-33）是一元线性回归函数模型，式（8-34）是一元线性回归理论模型，式（8-35）是随机模型。

为了估计模型参数，需要对变量进行 n 次观测，得 n 组观测数据 (y_i, x_i) $(i=1,2,\cdots,n)$，代入方程式（8-33）可得 n 个方程为

$$y_i = \beta_0 + x_i\beta_1 + \varepsilon_i \quad (i=1,2,\cdots,n) \tag{8-36}$$

在回归分析中，假定自变量 x_i 是非随机变量且没有测量误差，令

$$\boldsymbol{Y} = [y_1 \;\; y_2 \;\; \cdots \;\; y_n]^{\mathrm{T}},\ \boldsymbol{\varepsilon} = [\varepsilon_1 \;\; \varepsilon_2 \;\; \cdots \;\; \varepsilon_n]^{\mathrm{T}},\ \boldsymbol{X} = \begin{bmatrix} 1 & 1 & \cdots & 1 \\ x_1 & x_2 & \cdots & x_n \end{bmatrix}^{\mathrm{T}},\ \boldsymbol{\beta} = \begin{bmatrix} \beta_0 \\ \beta_1 \end{bmatrix}$$

则式（8-36）可写成矩阵形式为

$$\underset{n\times 1}{\boldsymbol{Y}} = \underset{n\times 2}{\boldsymbol{X}}\underset{2\times 1}{\boldsymbol{\beta}} + \underset{n\times 1}{\boldsymbol{\varepsilon}} \tag{8-37}$$

当观测数 $n > 2$ 时，可用间接平差估计参数 $\boldsymbol{\beta}$。

设回归参数 $\boldsymbol{\beta}$ 的估值为 $\hat{\boldsymbol{\beta}}$，$\boldsymbol{V}$ 为误差 $\boldsymbol{\varepsilon}$ 的负估值，称为 $\boldsymbol{Y}$ 的改正数或残差，代入式（8-37）可得其误差方程为

$$\boldsymbol{V} = \boldsymbol{X}\hat{\boldsymbol{\beta}} - \boldsymbol{Y} \tag{8-38}$$

按照间接平差可求得

$$\hat{\boldsymbol{\beta}} = (\boldsymbol{X}^{\mathrm{T}}\boldsymbol{X})^{-1}\boldsymbol{X}^{\mathrm{T}}\boldsymbol{Y} \tag{8-39}$$

式中，$\boldsymbol{X}^{\mathrm{T}}\boldsymbol{X} = \begin{bmatrix} n & \sum\limits_{i=1}^{n} x_i \\ \sum\limits_{i=1}^{n} x_i & \sum\limits_{i=1}^{n} x_i^2 \end{bmatrix}$；$\boldsymbol{X}^{\mathrm{T}}\boldsymbol{Y} = \begin{bmatrix} \sum\limits_{i=1}^{n} y_i \\ \sum\limits_{i=1}^{n} x_i y_i \end{bmatrix}$。

令

$$\begin{cases} \bar{x} = \dfrac{1}{n}\sum\limits_{i=1}^{n} x_i, \quad \bar{y} = \dfrac{1}{n}\sum\limits_{i=1}^{n} y_i \\ S_{xx} = \sum\limits_{i=1}^{n}(x_i - \bar{x})^2 = \sum\limits_{i=1}^{n} x_i^2 - n\bar{x}^2 \\ S_{xy} = \sum\limits_{i=1}^{n}(x_i - \bar{x})(y_i - \bar{y}) = \sum\limits_{i=1}^{n} x_i y_i - n\overline{xy} \end{cases} \tag{8-40}$$

则

$$\boldsymbol{X}^{\mathrm{T}}\boldsymbol{X} = \begin{bmatrix} n & n\bar{x} \\ n\bar{x} & S_{xx} + n\bar{x}^2 \end{bmatrix},\ \boldsymbol{X}^{\mathrm{T}}\boldsymbol{Y} = \begin{bmatrix} n\bar{y} \\ S_{xy} + n\overline{xy} \end{bmatrix} \tag{8-41}$$

由式（8-39）可得

$$\hat{\boldsymbol{\beta}} = \frac{1}{S_{xx}}\begin{bmatrix} \dfrac{1}{n}(S_{xx} + n\bar{x}^2) & -\bar{x} \\ -\bar{x} & 1 \end{bmatrix}\begin{bmatrix} n\bar{y} \\ S_{xy} + n\overline{xy} \end{bmatrix} = \frac{1}{S_{xx}}\begin{bmatrix} \bar{y}S_{xx} - \bar{x}S_{xy} \\ S_{xy} \end{bmatrix} \tag{8-42}$$

由式（8-42）可得

$$\hat{\beta}_0 = \overline{y} - \overline{x}\frac{S_{xy}}{S_{xx}} = \overline{y} - \overline{x}\hat{\beta}_1, \qquad \hat{\beta}_1 = \frac{S_{xy}}{S_{xx}} \tag{8-43}$$

一元线性回归方程为

$$\hat{\boldsymbol{y}} = \hat{\beta}_0 + \hat{\beta}_1 \boldsymbol{x} \tag{8-44}$$

相应的残差为

$$v_i = \hat{y}_i - y_i \quad (i = 1, 2, \cdots, n) \tag{8-45}$$

观测值 y_i 的方差估值为

$$\hat{\sigma}_0^2 = \frac{\boldsymbol{V}^{\mathrm{T}}\boldsymbol{V}}{n-2} \tag{8-46}$$

下面进行参数估值的精度评定。按间接平差理论可得

$$\boldsymbol{Q}_{\hat{\beta}\hat{\beta}} = (\boldsymbol{X}^{\mathrm{T}}\boldsymbol{X})^{-1} = \frac{1}{S_{xx}}\begin{bmatrix} \frac{1}{n}(S_{xx} + n\overline{x}^2) & -\overline{x} \\ -\overline{x} & 1 \end{bmatrix} \tag{8-47}$$

即

$$Q_{\hat{\beta}_0\hat{\beta}_0} = \frac{1}{n} + \frac{\overline{x}^2}{S_{xx}}, \ Q_{\hat{\beta}_1\hat{\beta}_1} = \frac{1}{S_{xx}}, \ Q_{\hat{\beta}_0\hat{\beta}_1} = -\frac{\overline{x}}{S_{xx}} \tag{8-48}$$

$\hat{\boldsymbol{\beta}}$ 的方差估值为

$$\hat{\sigma}_{\hat{\beta}_0}^2 = \hat{\sigma}_0^2\left(\frac{1}{n} + \frac{\overline{x}^2}{S_{xx}}\right), \ \hat{\sigma}_{\hat{\beta}_1}^2 = \frac{\hat{\sigma}_0^2}{S_{xx}} \tag{8-49}$$

例 8-7 某水电站为了监测和预报库水位和大坝坝基沉陷量之间的关系，统计了某年 12 个月的月平均库水位和沉陷量的数据，如表 8-7 所示。试求表示库水位与坝基沉陷量之间的一元线性回归方程。

表 8-7 观测数据

编号	库水位 x_i/m	沉陷量 y_i/mm	编号	库水位 x_i/m	沉陷量 y_i/mm
1	102.714	−1.96	7	135.046	−5.46
2	95.154	−1.88	8	140.373	−5.69
3	114.364	−3.96	9	144.958	−3.94
4	120.170	−3.31	10	141.011	−5.82
5	126.630	−4.94	11	130.308	−4.18
6	129.393	−5.69	12	121.234	−2.90

解：1）按式（8-42）计算 $\hat{\beta}_0, \hat{\beta}_1$。

$$\overline{x} = \frac{1}{12}\sum_{i=1}^{12} x_i \approx 125.1129, \ \overline{y} = \frac{1}{12}\sum_{i=1}^{12} y_i \approx -4.1442$$

$$S_{xx} = \sum_{i=1}^{12}(x_i - \overline{x})^2 \approx 2579.9880, \ S_{xy} = \sum_{i=1}^{12}(x_i - \overline{x})(y_i - \overline{y}) \approx -194.9442$$

$$\hat{\beta}_1 = \frac{S_{xy}}{S_{xx}} = \frac{-194.9442}{2579.9880} \approx -0.0756,\ \hat{\beta}_0 = \overline{y} - \overline{x}\hat{\beta}_1 \approx 5.3094$$

故回归方程为

$$\hat{y} = 5.3094 - 0.0756x$$

2）按式（8-46）和式（8-49）评定参数估值的精度。

$$\hat{\sigma}_0^2 = \frac{\boldsymbol{V}^{\mathrm{T}}\boldsymbol{V}}{n-2} = \frac{7.4400}{12-2} = 0.7440(\mathrm{mm}^2)$$

$$\hat{\sigma}_{\hat{\beta}_0}^2 = \hat{\sigma}_0^2\left(\frac{1}{n} + \frac{\overline{x}^2}{S_{xx}}\right) \approx 0.7440 \times 6.1505 = 4.5760(\mathrm{mm}^2)$$

$$\hat{\sigma}_{\hat{\beta}_1}^2 = \hat{\sigma}_0^2 \frac{1}{S_{xx}} = 0.7440 \times 0.0004 \approx 0.0003(\mathrm{mm}^2)$$

8.6.4 多元线性回归模型参数估计

一元线性回归模型中只有一个自变量，但在实际问题中影响因变量的因素往往不止一个，而是包含多个自变量。例如，影响 GPS 观测误差的因素有温度、气压、多路径效应等多个自变量，这就是多元回归问题。多元回归中最简单的是多元线性回归，其研究方法和思想与一元线性回归基本相同。

多元线性回归模型为式（8-25），其函数模型为式（8-28），随机模型为式（8-29）。

由式（8-29），可得误差方程为

$$\underset{n\times1}{\boldsymbol{V}} = \underset{n\times(m+1)}{\boldsymbol{X}}\ \underset{(m+1)\times1}{\hat{\boldsymbol{\beta}}} - \underset{n\times1}{\boldsymbol{Y}} \tag{8-50}$$

按间接平差可得

$$\hat{\boldsymbol{\beta}} = (\boldsymbol{X}^{\mathrm{T}}\boldsymbol{X})^{-1}\boldsymbol{X}^{\mathrm{T}}\boldsymbol{Y} \tag{8-51}$$

求得回归参数后，可得多元线性回归方程为

$$\hat{\boldsymbol{Y}} = \hat{\beta}_0 + \hat{\beta}_1 x_1 + \hat{\beta}_2 x_2 + \hat{\beta}_m x_m = \boldsymbol{X}\hat{\boldsymbol{\beta}} \tag{8-52}$$

残差为

$$v_i = \hat{y}_i - y_i\ \ (i = 1, 2, \cdots, n) \tag{8-53}$$

参数估值的精度评定：$\hat{\boldsymbol{\beta}}$ 的协因数及方差分别为

$$\boldsymbol{Q}_{\hat{\beta}\hat{\beta}} = (\boldsymbol{X}^{\mathrm{T}}\boldsymbol{X})^{-1} \tag{8-54}$$

$$\boldsymbol{D}_{\hat{\beta}\hat{\beta}} = \sigma^2\boldsymbol{Q}_{\hat{\beta}\hat{\beta}} \tag{8-55}$$

观测值 y 的方差估值为

$$\sigma^2 = \frac{\boldsymbol{V}^{\mathrm{T}}\boldsymbol{V}}{n-(m+1)} \tag{8-56}$$

观测值的平差值 $\hat{\boldsymbol{Y}}$ 的方差为

$$\boldsymbol{D}_{\hat{Y}\hat{Y}} = \sigma^2\boldsymbol{X}\boldsymbol{Q}_{\hat{\beta}\hat{\beta}}\boldsymbol{X}^{\mathrm{T}} = \sigma^2\boldsymbol{X}(\boldsymbol{X}^{\mathrm{T}}\boldsymbol{X})^{-1}\boldsymbol{X}^{\mathrm{T}} \tag{8-57}$$

例 8-8 对大坝进行变形观测，选取坝体温度和水压压力作为自变量 x_1,x_2，大坝水平位移值为观测量 y，现选取以往 22 次观测资料为样本，如表 8-8 所示，确定回归方程及其精度。

表 8-8 观测数据

序号	温度 x_1/℃	压力 x_2/Pa	y/mm	序号	温度 x_1/℃	压力 x_2/Pa	y/mm
1	11.2	36.0	−5.0	12	10.1	31.0	−9.3
2	10.0	40.0	−6.8	13	11.6	29.0	−9.3
3	8.5	35.0	−4.0	14	12.6	58.0	−5.1
4	8.0	48.0	−5.2	15	10.9	37.0	−7.6
5	9.4	53.0	−6.4	16	23.1	46.0	−9.6
6	8.4	23.0	−6.0	17	23.1	50.0	−7.7
7	3.1	19.0	−7.1	18	21.6	44.0	−9.3
8	10.6	34.0	−6.1	19	23.1	56.0	−9.5
9	4.7	24.0	−5.4	20	19.0	36.0	−5.4
10	11.7	65.0	−7.7	21	26.8	58.0	−16.8
11	9.4	44.0	−8.1	22	21.9	51.0	−9.9

解：1）求回归方程。根据式（8-50）求得回归参数为

$$\begin{bmatrix}\hat{\beta}_1\\ \hat{\beta}_2\\ \hat{\beta}_3\end{bmatrix}=\begin{bmatrix}0.5757 & -0.0008 & -0.0125\\ -0.0008 & 0.0015 & -0.0005\\ -0.0125 & -0.0005 & 0.0005\end{bmatrix}\begin{bmatrix}-167.30\\ -2526.96\\ -7224.10\end{bmatrix}=\begin{bmatrix}-4.2789\\ -0.2711\\ 0.0085\end{bmatrix}$$

得回归方程为

$$\hat{y}=-4.2789-0.2711x_1+0.0085x_2$$

2）计算方差的估值 $\hat{\sigma}_0$ 及 $\boldsymbol{Q}_{\hat{\beta}\hat{\beta}}$。

$$\hat{\sigma}_0^2=\frac{\boldsymbol{V}^{\mathrm{T}}\boldsymbol{V}}{22-3}=\frac{88.1209}{19}=4.6379,\hat{\sigma}_0=2.1536(\mathrm{mm})$$

$$\boldsymbol{Q}_{\hat{\beta}\hat{\beta}}=(\boldsymbol{X}^{\mathrm{T}}\boldsymbol{X})^{-1}=\begin{bmatrix}0.5757 & -0.0008 & -0.0125\\ -0.0008 & 0.0015 & -0.0005\\ -0.0125 & -0.0005 & 0.0005\end{bmatrix}$$

8.6.5 自回归模型

回归模型是根据其他变量之间的关系来预测一个变量的未来变化，但是在时间序列中，严格意义上的回归则是根据该变量自身过去的规律来建立预测模型，这就是自回归模型。自回归模型在动态数据处理中有着广泛的应用。

自回归模型一个最简单的例子就是物理学中的单摆现象。设单摆在第 t 个摆动周期中最大摆幅为 x_t，在阻尼作用下，在第 $t+1$ 个摆动周期中的最大摆幅 x_{t+1} 将满足关系式

$$x_{t+1}=\rho x_t \tag{8-58}$$

式中，ρ 为阻尼系数。如果此单摆还受到外界环境的干扰，则在单摆的最大幅值 x_t 上叠加一个新的随机变量，于是式（8-58）变为

$$x_{t+1}=\rho x_t+\varepsilon_t \tag{8-59}$$

式（8-59）称为一阶自回归模型。当式中 $\rho<1$ 时，为平稳的一阶自回归模型。将概念推广到高阶，有自回归模型

$$x_t=b_1x_{t-1}+b_2x_{t-2}+\cdots+b_px_{t-p}+\varepsilon_t \tag{8-60}$$

式中，x_t 为模型变量；$b_1,b_2,\cdots,b_p$ 为模型的回归系数；ε_t 为模型的随机误差；p 为模型阶数。

设有按时间序列排成的样本观测值 $x_1,x_2,\cdots,x_n$, p 阶回归模型的误差方程为

$$\begin{cases}v_{p+1}=x_p\hat{b}_1+x_{p-1}\hat{b}_2+\cdots+x_1\hat{b}_p-x_{p+1}\\ v_{p+2}=x_{p+1}\hat{b}_1+x_p\hat{b}_2+\cdots+x_2\hat{b}_p-x_{p+2}\\ \vdots\\ v_n=x_{n-1}\hat{b}_1+x_{n-2}\hat{b}_2+\cdots+x_{n-p}\hat{b}_p-x_n\end{cases}$$

记

$$\boldsymbol{V}=\begin{bmatrix}v_{p+1}\\ v_{p+2}\\ \vdots\\ v_n\end{bmatrix},\quad \hat{\boldsymbol{b}}=\begin{bmatrix}\hat{b}_1\\ \hat{b}_2\\ \vdots\\ \hat{b}_p\end{bmatrix},\quad \boldsymbol{X}=\begin{bmatrix}x_p & x_{p-1} & \cdots & x_1\\ x_{p+1} & x_p & \cdots & x_2\\ \vdots & \vdots & & \vdots\\ x_{n-1} & x_{n-2} & \cdots & x_{n-p}\end{bmatrix},\quad \boldsymbol{Y}=\begin{bmatrix}x_{p+1}\\ x_{p+2}\\ \vdots\\ x_n\end{bmatrix}$$

得

$$\underset{(n-p)\times 1}{\boldsymbol{V}}=\underset{(n-p)\times p}{\boldsymbol{X}}\ \underset{p\times 1}{\hat{\boldsymbol{b}}}-\underset{(n-P)\times 1}{\hat{\boldsymbol{Y}}} \tag{8-61}$$

则 $\boldsymbol{b}$ 的最小二乘解为

$$\hat{\boldsymbol{b}}=(\boldsymbol{X}^{\mathrm{T}}\boldsymbol{X})^{-1}\boldsymbol{X}^{\mathrm{T}}\boldsymbol{Y} \tag{8-62}$$

例 8-9 对某建筑物某个时期进行了 36 次沉降观测，观测值列于表 8-9，求其自回归模型。

表 8-9 沉降观测数据

序数	高程	序数	高程	序数	高程	序数	高程	序数	高程	序数	高程
1	26.33	7	25.93	13	26.67	19	28.09	25	26.81	31	26.81
2	26.27	8	26.43	14	27.95	20	26.78	26	28.50	32	28.50
3	26.43	9	26.52	15	26.74	21	28.66	27	27.68	33	27.68
4	25.56	10	25.46	16	27.53	22	26.75	28	26.57	34	26.57
5	26.82	11	26.12	17	25.31	23	27.24	29	28.36	35	28.36
6	26.56	12	27.28	18	26.90	24	28.02	30	27.94	36	27.94

解：设误差方程为

$$v_i=\hat{b}_1x_{i-1}+\hat{b}_2x_{i-2}+\hat{b}_3x_{i-3}-x_i\quad (i=1,2,\cdots,36)$$

则参数估计为

$$\hat{\boldsymbol{b}}=\begin{bmatrix}\hat{b}_1\\ \hat{b}_2\\ \hat{b}_3\end{bmatrix}=(\boldsymbol{X}^{\mathrm{T}}\boldsymbol{X})^{-1}\boldsymbol{X}^{\mathrm{T}}\boldsymbol{Y}=\begin{bmatrix}0.041087\\ 0.327809\\ 0.635059\end{bmatrix}$$

得自回归模型为

$$x_i=0.041087x_{i-1}+0.327809x_{i-2}+0.635059x_{i-3}$$

$$\hat{\sigma}^2=\frac{\boldsymbol{V}^{\mathrm{T}}\boldsymbol{V}}{n-2p}=\frac{19.4286}{30}=0.6476(\mathrm{mm}^2),\ \hat{\sigma}=0.80(\mathrm{mm})$$

8.6.6 多项式拟合模型

设在区域内有n个数据点$(x_i,y_i,z_i)(i=1,2,\cdots,n)$，自变量为点的平面坐标$(x_i,y_i)$，视为非随机变量，因变量为在该点上的观测值$z_i$，视为随机变量。自变量$(x_i,y_i)$和因变量$z_i$之间虽然没有确定的函数关系，但对于实测数据可以用其趋势性变化$f(x,y)$和随机误差ε来表示：

$$z=f(x,y)+\varepsilon \tag{8-63}$$

当趋势性变化$f(x,y)$取为自变量x,y的多项式时，下式称为多项式拟合模型：

$$\begin{aligned}z&=f(x,y)\\&=b_0+b_1x+b_2y+b_3x^2+b_4xy+b_5y^2+b_6x^3+b_7x^2y+b_8xy^2+b_9y^3+\cdots\end{aligned} \tag{8-64}$$

式中，$b_0,b_1,b_2,\cdots$为待定系数。

其中，一阶、二阶多项式为

$$z=b_0+b_1x+b_2y+\varepsilon \tag{8-65}$$

$$z=b_0+b_1x+b_2y+b_3x^2+b_4xy+b_5y^2+\varepsilon \tag{8-66}$$

在测量数据处理中常用的是一阶、二阶多项式拟合模型。下面以二阶拟合模型为例，介绍模型参数的最小二乘估计。

将n个数据点的观测数据代入式（8-66），可得n个观测方程为

$$z_i=b_0+b_1x_i+b_2y_i+b_3x_i^2+b_4x_iy_i+b_5y_i^2+\varepsilon_i\quad (i=1,2,\cdots,n) \tag{8-67}$$

误差方程为

$$v_i=\hat{b}_0+\hat{b}_1x_i+\hat{b}_2y_i+\hat{b}_3x_i^2+\hat{b}_4x_iy_i+\hat{b}_5y_i^2-z_i \tag{8-68}$$

若记

$$\boldsymbol{V}=\begin{bmatrix}v_1\\ v_2\\ \vdots\\ v_n\end{bmatrix},\ \hat{\boldsymbol{B}}=\begin{bmatrix}\hat{b}_0\\ \hat{b}_1\\ \vdots\\ \hat{b}_n\end{bmatrix},\ \boldsymbol{X}=\begin{bmatrix}1 & x_1 & y_1 & x_1^2 & x_1y_1 & y_1^2\\ 1 & x_2 & y_2 & x_2^2 & x_2y_2 & y_2^2\\ \vdots & \vdots & \vdots & \vdots & \vdots & \vdots\\ 1 & x_n & y_n & x_n^2 & x_ny_n & y_n^2\end{bmatrix},\ \boldsymbol{L}=\begin{bmatrix}z_1\\ z_2\\ \vdots\\ z_n\end{bmatrix}$$

则得最小二乘解为

$$\hat{\boldsymbol{B}}=(\boldsymbol{X}^{\mathrm{T}}\boldsymbol{X})^{-1}\boldsymbol{X}^{\mathrm{T}}\boldsymbol{L}$$

在式（8-67）中令

$$x_{1i}=x_i,x_{2i}=y_i,x_{3i}=x_i^2,x_{4i}=x_iy_i,x_{5i}=y_i^2$$

则式（8-67）可写成

$$z_i=b_0+b_1x_{1i}+b_2x_{2i}+b_3x_{3i}+b_4x_{4i}+b_5x_{5i}+\varepsilon_i \tag{8-69}$$

式（8-69）的误差方程为

$$v_i=\hat{b}_0+\hat{b}_1x_{1i}+\hat{b}_2x_{2i}+\hat{b}_3x_{3i}+\hat{b}_4x_{4i}+\hat{b}_5x_{5i}-z_i \tag{8-70}$$

在实际计算中，由于坐标(x_i,y_i)的数值较大，而观测值较小，为计算方便，先将数据中心化。在式（8-69）中，令

$$\overline{x}_k=\frac{1}{n}\sum_{i=1}^{n}x_{ki}\ \ (k=1,2,\cdots,5),\ \ \overline{z}=\frac{1}{n}\sum_{i=1}^{n}z_i$$

代入式（8-70）可得

$$\hat{b}_0=\overline{z}-\overline{x}_1\hat{b}_1-\cdots-\overline{x}_5\hat{b}_5=\overline{z}-\overline{\boldsymbol{x}}^{\mathrm{T}}\hat{\boldsymbol{B}} \tag{8-71}$$

将式（8-71）代入式（8-70）得

$$\boldsymbol{V}=\boldsymbol{X}_s\hat{\boldsymbol{B}}-\boldsymbol{Z}_s \tag{8-72}$$

式中，

$$\boldsymbol{X}_s=\begin{bmatrix} x_{11}-\overline{x}_1 & x_{21}-\overline{x}_2 & \cdots & x_{51}-\overline{x}_5 \\ x_{12}-\overline{x}_1 & x_{22}-\overline{x}_2 & \cdots & x_{52}-\overline{x}_5 \\ \vdots & \vdots & & \vdots \\ x_{1n}-\overline{x}_1 & x_{n2}-\overline{x}_2 & \cdots & x_{5n}-\overline{x}_5 \end{bmatrix};\ \boldsymbol{Z}_s=\begin{bmatrix} z_1-\overline{z} \\ z_2-\overline{z} \\ \vdots \\ z_n-\overline{z} \end{bmatrix}。$$

最小二乘解为

$$\hat{\boldsymbol{B}}=(\boldsymbol{X}_s^{\mathrm{T}}\boldsymbol{X}_s)^{-1}\boldsymbol{X}_s\boldsymbol{Z}_s \tag{8-73}$$

例 8-10　某地区拟建立 GPS 水准面，在 22 个测站上进行了 GPS 观测和水准测量，测站点的坐标(x,y)及各点上的大地高和正常高的差值δh（高程异常）列于表 8-10 中。

表 8-10　GPS 水准拟合观测数据

测站	x/m	y/m	δh/m	测站	x/m	y/m	δh/m
1	897.405	222.838	5.7646	12	823.798	256.113	2.3886
2	898.414	245.022	9.8540	13	815.731	272.246	4.8825
3	884.297	247.038	8.2680	14	805.648	269.221	3.3137
4	888.330	260.146	10.9398	15	821.781	293.421	9.6056
5	841.948	309.554	13.6778	16	805.648	303.504	9.9806
6	833.881	286.363	9.5327	17	789.515	289.388	5.9838
7	855.056	278.296	10.2739	18	794.556	279.304	4.3933
8	866.147	279.304	11.1040	19	917.572	193.597	2.0133
9	865.139	253.088	6.7682	20	930.680	216.789	9.6908
10	847.997	253.086	4.5386	21	917.572	233.930	10.4781
11	839.931	258.130	4.6112	22	874.214	235.947	4.6353

根据观测数据，进行二阶多项式拟合，按式（8-70）～式（8-73）算得拟合方程为

$$\delta h = -407.0863 + 0.3346x + 1.4959y + 0.00003x^2 - 0.00101xy - 0.00084y^2$$

$$\hat{\sigma}_0^2 = 0.179(\mathrm{m}^2)$$

8.6.7 回归模型的统计性质

1. $\boldsymbol{Y},\hat{\boldsymbol{b}},\hat{\boldsymbol{Y}},\boldsymbol{V}$ 均为正态变量

在线性回归模型中，假定 $\boldsymbol{Y}$ 为具有数学期望 $E(\boldsymbol{Y})$、方差 $D(\boldsymbol{Y})$ 的正态变量，即 $\boldsymbol{Y} \sim N(E(\boldsymbol{Y}),D(\boldsymbol{Y}))$。根据正态变量的线性函数仍为正态变量的统计理论，可知 $\hat{\boldsymbol{b}},\hat{\boldsymbol{Y}},\boldsymbol{V}$ 都是 $\boldsymbol{Y}$ 的线性函数，故 $\hat{\boldsymbol{b}},\hat{\boldsymbol{Y}},\boldsymbol{V}$ 都是正态变量，即有

$$\begin{cases} \hat{\boldsymbol{b}} \sim N(\boldsymbol{b},D(\hat{\boldsymbol{b}})) \\ \hat{\boldsymbol{Y}} \sim N(E(\hat{\boldsymbol{Y}}),D(\hat{\boldsymbol{Y}})) \\ \boldsymbol{V} \sim N(E(\boldsymbol{V}),D(\boldsymbol{V})) \end{cases} \tag{8-74}$$

由于

$$\boldsymbol{V} = \boldsymbol{X}\hat{\boldsymbol{b}} - \boldsymbol{Y}$$

则有

$$E(\boldsymbol{V}) = E(\boldsymbol{X}\hat{\boldsymbol{b}}) - E(\boldsymbol{Y}) = \boldsymbol{X}\boldsymbol{b} - \boldsymbol{X}\boldsymbol{b} = \boldsymbol{0}$$

2. $\hat{\boldsymbol{b}}$ 是 $\boldsymbol{b}$ 的无偏估计

将式（8-28）两边求数学期望，得

$$E(\boldsymbol{Y}) = E(\boldsymbol{X}\boldsymbol{b}) + E(\boldsymbol{\varepsilon}) = \boldsymbol{X}\boldsymbol{b} \tag{8-75}$$

故有

$$E(\hat{\boldsymbol{b}}) = E[(\boldsymbol{X}^{\mathrm{T}}\boldsymbol{X})^{-1}\boldsymbol{X}^{\mathrm{T}}\boldsymbol{Y}] = (\boldsymbol{X}^{\mathrm{T}}\boldsymbol{X})^{-1}\boldsymbol{X}^{\mathrm{T}}E(\boldsymbol{Y}) = (\boldsymbol{X}^{\mathrm{T}}\boldsymbol{X})^{-1}\boldsymbol{X}^{\mathrm{T}}\boldsymbol{X}\boldsymbol{b} = \boldsymbol{b} \tag{8-76}$$

3. $\hat{\boldsymbol{b}}$ 是 $\boldsymbol{b}$ 的最优线性无偏估计

设线性回归模型的最优线性无偏估计 $\boldsymbol{b}$ 的任一线性函数为

$$\boldsymbol{G}^{\mathrm{T}}\hat{\boldsymbol{b}} = \boldsymbol{F}^{\mathrm{T}}\boldsymbol{Y} \tag{8-77}$$

如果 $\hat{\boldsymbol{b}}$ 是 $\boldsymbol{b}$ 的无偏估计，则必有

$$\boldsymbol{E}(\boldsymbol{G}^{\mathrm{T}}\hat{\boldsymbol{b}}) = \boldsymbol{F}^{\mathrm{T}}E(\boldsymbol{Y}) = \boldsymbol{F}^{\mathrm{T}}\boldsymbol{X}\boldsymbol{b} = \boldsymbol{G}^{\mathrm{T}}\boldsymbol{b}$$

即等式

$$\boldsymbol{F}^{\mathrm{T}}\boldsymbol{X} = \boldsymbol{G}^{\mathrm{T}} \tag{8-78}$$

成立

线性函数 $\boldsymbol{G}^{\mathrm{T}}\hat{\boldsymbol{b}}$ 的方差为

$$D(\boldsymbol{G}^{\mathrm{T}}\hat{\boldsymbol{b}}) = \boldsymbol{F}^{\mathrm{T}}D(\boldsymbol{Y})\boldsymbol{F} = \sigma^2\boldsymbol{F}^{\mathrm{T}}\boldsymbol{F} \tag{8-79}$$

如果 $\hat{\boldsymbol{b}}$ 是无偏的且方差最小，在必须满足式（8-77）的前提下，$\boldsymbol{G}^{\mathrm{T}}\hat{\boldsymbol{b}}$ 的方差最小，

应满足如下条件极值表达式：

$$\varphi = \boldsymbol{F}^{\mathrm{T}}\boldsymbol{F} - 2\boldsymbol{K}^{\mathrm{T}}(\boldsymbol{F}^{\mathrm{T}}\boldsymbol{X} - \boldsymbol{G}^{\mathrm{T}}) = \min \tag{8-80}$$

式中，变量为 $\boldsymbol{F}$，故有

$$\frac{\partial\varphi}{\partial\boldsymbol{F}} = 2\boldsymbol{F}^{\mathrm{T}} - 2\boldsymbol{K}^{\mathrm{T}}\boldsymbol{X}^{\mathrm{T}} = \boldsymbol{0} \Rightarrow \boldsymbol{F} = \boldsymbol{X}\boldsymbol{K} \tag{8-81}$$

将式（8-81）代入式（8-78）得

$$\boldsymbol{K}^{\mathrm{T}}\boldsymbol{X}^{\mathrm{T}}\boldsymbol{X} = \boldsymbol{G}^{\mathrm{T}} \Rightarrow \boldsymbol{K} = (\boldsymbol{X}^{\mathrm{T}}\boldsymbol{X})^{-1}\boldsymbol{G} \tag{8-82}$$

将式（8-82）代入式（8-81）可得

$$\boldsymbol{F}^{\mathrm{T}} = \boldsymbol{G}^{\mathrm{T}}(\boldsymbol{X}^{\mathrm{T}}\boldsymbol{X})^{-1}\boldsymbol{X}^{\mathrm{T}} \tag{8-83}$$

将式（8-83）代入式（8-78）可得

$$\boldsymbol{G}^{\mathrm{T}}\hat{\boldsymbol{b}} = \boldsymbol{G}^{\mathrm{T}}(\boldsymbol{X}^{\mathrm{T}}\boldsymbol{X})^{-1}\boldsymbol{X}^{\mathrm{T}}\boldsymbol{Y} \tag{8-84}$$

由式（8-84）可得

$$\hat{\boldsymbol{b}} = (\boldsymbol{X}^{\mathrm{T}}\boldsymbol{X})^{-1}\boldsymbol{X}^{\mathrm{T}}\boldsymbol{Y}$$

则 $\hat{\boldsymbol{b}}$ 是 $\boldsymbol{b}$ 的最优线性无偏估计。

4. $\hat{\sigma}_0^2$ 是 σ_0^2 的无偏估计

回归模型中残差平方和除以观测值母体方差 σ_0^2 为具有自由度 $f = n - m - 1$ 的 χ^2 分布变量，即

$$\frac{\boldsymbol{V}^{\mathrm{T}}\boldsymbol{V}}{\hat{\sigma}_0^2} \sim \chi^2(f) \tag{8-85}$$

由 χ^2 变量的性质可知，χ^2 变量的数学期望等于该变量的自由度，故有

$$E\left(\frac{\boldsymbol{V}^{\mathrm{T}}\boldsymbol{V}}{\sigma_0^2}\right) = f = n - m - 1$$

即

$$E(\hat{\sigma}_0^2) = E\left(\frac{\boldsymbol{V}^{\mathrm{T}}\boldsymbol{V}}{n - m - 1}\right) = \sigma_0^2 \tag{8-86}$$

所以，$\hat{\sigma}_0^2$ 是 σ_0^2 的无偏估计。

第 9 章　误差椭圆理论

教学目标

本章主要介绍有关误差椭圆的一些概念及其应用。通过本章的学习，应达到以下目标。

1）掌握点位误差的计算及其极值的确定。

2）了解误差曲线的应用。

3）掌握误差椭圆的概念及其应用。

4）掌握相对误差椭圆的概念及其应用。

5）掌握误差椭圆和相对误差椭圆的绘制方法。

6）能熟练计算误差椭圆和相对误差椭圆的三要素。

7）能熟练计算直线上任意一点的误差，并能绘制误差带。

教学要求

知识要点	能力要求	相关知识
点位中误差	1）掌握点位真误差的概念； 2）了解点位方差的特性； 3）了解点位方差的局限性	1）点位中误差的定义； 2）点位方差与坐标系统无关性的证明； 3）点位方差的局限性
点位误差	1）掌握点位误差的计算； 2）掌握任意方向上位差极值的计算； 3）掌握位差极值的计算； 4）掌握以位差极值表示任意方向的位差计算	1）点位位差的计算； 2）任意方向上点位位差的计算； 3）位差极值的计算； 4）位差极值表示任意方向的位差计算； 5）实例计算
误差曲线	1）了解误差曲线的概念； 2）了解误差曲线的用途	1）误差曲线的概念； 2）误差曲线的用途
误差椭圆	1）掌握误差椭圆的概念和用途； 2）掌握绘制误差椭圆的方法； 3）能熟练计算误差椭圆的三要素	1）误差椭圆三要素的计算； 2）误差椭圆的绘制； 3）误差椭圆的用途
相对误差椭圆	1）掌握相对误差椭圆的概念和用途； 2）能熟练计算相对误差椭圆的三要素； 3）掌握绘制相对误差椭圆的方法	1）相对误差椭圆三要素的计算； 2）相对误差椭圆的绘制； 3）相对误差椭圆的用途
直线元位置误差	1）掌握直线元上任意一点的误差； 2）掌握直线元的误差带	1）直线上任意一点的误差； 2）误差带； 3）误差带的绘制

引例

在控制网的设计中，需要估算控制网中点的精度，根据估算的精度来决定设计方案的可行性，因此能估算控制网中每个点或每条边的精度是非常重要的。本章主要对此问题进行研究。

点位误差在各个方向的影响是不同的，有时在工程建设中要确定其最大影响值的方向，以便采取相应的措施控制其影响，这也是本章所要解决的问题。

对于点位误差大小的表达，用图表示是最直观的，本章将对此进行探讨。

9.1　点 位 方 差

在测量中，点 P 的平面位置常用平面直角坐标 (x_P, y_P) 来确定。为了确定待定点的平面直角坐标，通常由已知点与待定点构成平面控制网，并对构成控制网的元素（角度、边长等）进行一系列观测，进而通过已知点的平面直角坐标和观测值，用一定的数学方法（平差方法）求出待定点的平面直角坐标。由于观测条件的存在，观测值总是带有观测误差，因而根据观测值通过平差计算所获得的待定点的平面直角坐标并不是真正的坐标值，而是待定点的真坐标值 $(\tilde{x}_P, \tilde{y}_P)$ 的估值 $(\hat{x}_P, \hat{y}_P)$。坐标估值 $(\hat{x}_P, \hat{y}_P)$ 带有随机性，设它们的中误差为 $\hat{\sigma}_{\hat{x}_P}, \hat{\sigma}_{\hat{y}_P}$，又称这些中误差为待定点在 x 轴和 y 轴方向上的位差。

在前面几章讲述的几种平差方法中，对坐标估值的精度估算已有论述，在此基础上，本节对测量中常用的评定控制点点位精度的方法进一步讨论。

9.1.1　点位方差的定义

在图 9.1 中，A 为已知点，其坐标为 (x_A, y_A)，假设它的坐标没有误差（或误差忽略不计），P 为待定点，其真位置的坐标为 $(\tilde{x}_P, \tilde{y}_P)$。由 (x_A, y_A) 和观测值求得的 $(\hat{x}_P, \hat{y}_P)$ 所确定的 P 点平面位置并不是 P 点的真位置，而是最或然位置，记为 P'，在 P 和 P' 对应的两对坐标之间存在坐标真误差 Δ_x 和 Δ_y。

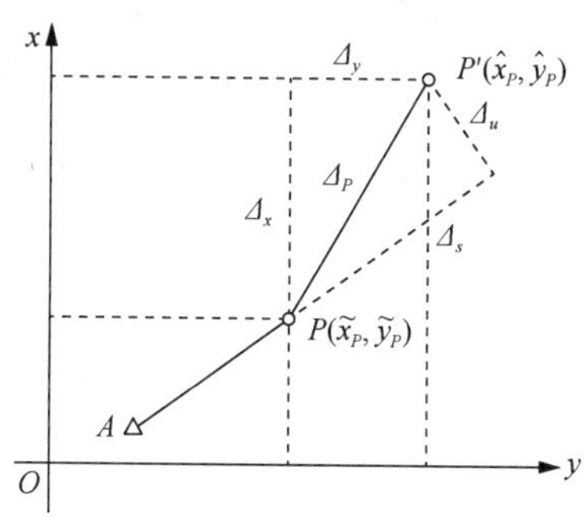

图 9.1　点位真误差与其在特定方向上分量之间的关系

由图 9.1 知

$$\begin{cases} \Delta_x = \tilde{x}_P - \hat{x}_P \\ \Delta_y = \tilde{y}_P - \hat{y}_P \end{cases} \tag{9-1}$$

由于 Δ_x 和 Δ_y 的存在而产生的距离 Δ_P 称为 P 点的点位真误差，简称真位差。由图 9.1 知

$$\Delta_P^2 = \Delta_x^2 + \Delta_y^2 \tag{9-2}$$

对式（9-2）两边求数学期望，得

$$E(\Delta_P^2) = E(\Delta_x^2) + E(\Delta_y^2) = \sigma_x^2 + \sigma_y^2$$

式中，$E(\Delta_P^2)$ 是 P 点真误差平方的理论平均值，并定义为 P 点的点位方差，记为 σ_P^2，于是有

$$\sigma_P^2 = \sigma_x^2 + \sigma_y^2 \tag{9-3}$$

9.1.2 点位方差与坐标系统的无关性

如果将图 9.1 中的坐标系围绕原点 O 旋转某一角度 α，得 $x'Oy'$ 坐标系（图 9.2），则 A,P,P' 各点的坐标分别为 (x_A', y_A')、$(\tilde{x}_P', \tilde{y}_P')$ 和 $(\hat{x}_P', \hat{y}_P')$。

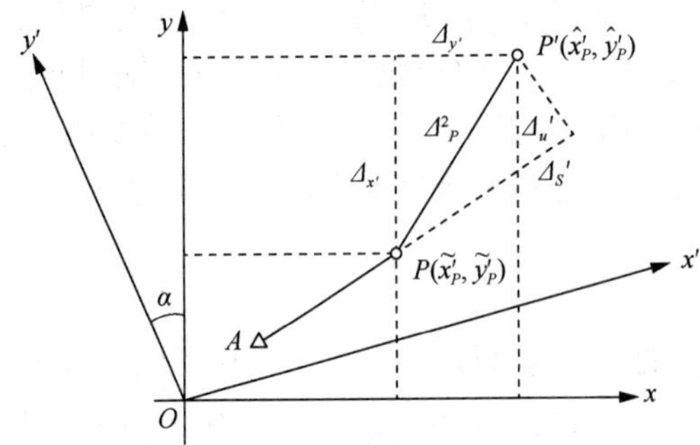

图 9.2 点位方差的大小与坐标的选择无关

同理，在 P 和 P' 对应的两对坐标之间存在着误差 $\Delta_{x'}$ 和 $\Delta_{y'}$，从图 9.2 中可以看出 $\Delta_P^2 = \Delta_{x'}^2 + \Delta_{y'}^2$，这说明，虽然在 $x'Oy'$ 坐标系中对应的真误差 $\Delta_{x'}$ 和 $\Delta_{y'}$ 与 xOy 坐标系中的真误差 Δ_x 和 Δ_y 不同，但 P 点真位差 Δ_P 的大小没有发生变化，即 $\Delta_P^2 = \Delta_x^2 + \Delta_y^2 = \Delta_{x'}^2 + \Delta_{y'}^2$，仿式（9-3）可以得出

$$\sigma_P^2 = \sigma_{x'}^2 + \sigma_{y'}^2 \tag{9-4}$$

如果再将 P 点的真位差 Δ_P 投影于 AP 方向和垂直于 AP 的方向上，则得 Δ_s 和 Δ_u（图 9.1），此时有 $\Delta_P^2 = \Delta_s^2 + \Delta_u^2$。

同理可得

$$\sigma_P^2 = \sigma_s^2 + \sigma_u^2 \tag{9-5}$$

式中，σ_s^2 称纵向误差；σ_u^2 称横向误差。σ_s^2 和 σ_u^2 是 P 点在 AP 边的纵向和横向上的位差。

通过纵、横向误差来求点位误差，也是测量工作中一种常用的方法。

从上面的分析可以看出，点位方差 σ_P^2 总是等于两个相互垂直的方向上的坐标方差之和，即点位方差 σ_P^2 的大小与坐标系的选择无关。

点位方差 σ_P^2 是衡量待定点精度的常用指标之一，在应用时，只要求出 P 点在两个相互垂直方向上的方差，就可由式（9-3）或式（9-5）计算点位方差。

9.1.3　点位方差表示点位位差的局限性

点位方差 σ_P^2 可以用来评定待定点的点位精度，但是它只表示点位的平均精度，却不能代表该点在某一任意方向上的位差大小。而 σ_x 和 σ_y 或 σ_s 和 σ_u 等，也只能代表待定点在 x 轴和 y 轴方向上及在 AP 边的纵向、横向上的位差。但在有些情况下，往往需要研究点位在某些特殊方向上的位差大小，如在线路工程中和各种地下工程中，贯通工程是经常性的重要工作之一，如图 9.3 所示。此种工程中就需要控制在贯通点上的纵向和横向（在贯通工程中称为重要方向）误差的大小，特别是横向误差。此外，有时还要了解点位在哪一个方向上的位差最大，在哪一个方向上的位差最小。

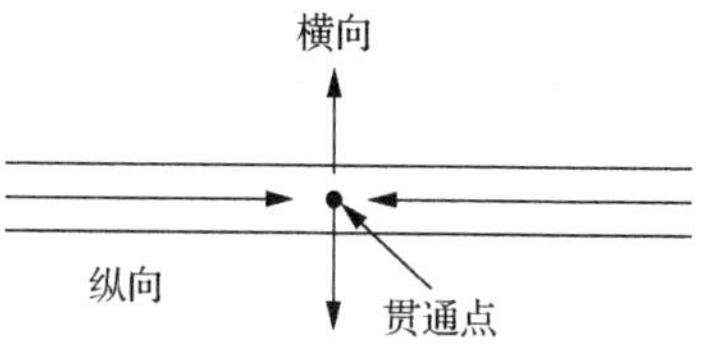

图 9.3　贯通工程示意

为了便于求待定点的点位在任意方向上位差的大小，需要建立相应的数学模型（公式）。直观形象地表达任意方向上位差的大小和分布情况，一般是通过绘制待定点的点位误差椭圆图形来实现的，通过误差椭圆图形也可以图解待定点在任意方向上的位差。

9.2　点 位 误 差

为了书写方便，本章以 x,y 代替前几章的 $\hat{x},\hat{y}$ 。

9.2.1　点位误差的计算

1．利用纵、横坐标协因数计算点位误差

待定点的纵、横坐标的方差按下式计算：

$$\begin{cases}\sigma_x^2=\sigma_0^2\dfrac{1}{P_x}=\sigma_0^2Q_{xx}\\ \sigma_y^2=\sigma_0^2\dfrac{1}{P_y}=\sigma_0^2Q_{yy}\end{cases}\tag{9-6}$$

根据式（9-3）可求得点位方差

$$\sigma_P^2=\sigma_0^2(Q_{xx}+Q_{yy})=\sigma_0^2\left(\frac{1}{P_x}+\frac{1}{P_y}\right)$$

进而可求得点位中误差

$$\sigma_P = \sigma_0 \sqrt{Q_{xx} + Q_{yy}} = \sigma_0 \sqrt{\frac{1}{P_x} + \frac{1}{P_y}} \tag{9-7}$$

从式（9-7）可以看出，若想求得点位中误差σ_P，要解决两个问题，一是方差因子σ_0^2（或中误差σ_0）；二是P点的坐标未知数x和y的协因数Q_{xx}和Q_{yy}。下面针对这两个问题的解决方法进行简要说明。

2. Q_{xx},Q_{yy}的计算问题

Q_{xx},Q_{yy}的计算问题按间接平差和条件平差两种平差方法介绍。

（1）间接平差法计算

当控制网中有 k 个待定点，并以这 k 个待定点的坐标作为未知数（未知数个数$t=2k$），即$\hat{\boldsymbol{X}}=[x_1 \quad y_1 \quad x_2 \quad y_2 \quad \cdots \quad x_k \quad y_k]^{\mathrm{T}}$，按间接平差法进行平差时，法方程系数矩阵的逆矩阵就是未知数的协因数矩阵$\boldsymbol{Q}_{\hat{X}\hat{X}}$，即

$$\boldsymbol{Q}_{\hat{X}\hat{X}} = \boldsymbol{N}_{BB}^{-1} = (\boldsymbol{B}^{\mathrm{T}}\boldsymbol{P}\boldsymbol{B})^{-1} = \begin{bmatrix} Q_{x_1x_1} & Q_{x_1y_1} & Q_{x_1x_2} & Q_{x_1y_2} \cdots Q_{x_1x_k} & Q_{x_ky_k} \\ Q_{y_1x_1} & Q_{y_1y_1} & Q_{y_1x_2} & Q_{y_1y_2} \cdots Q_{y_1x_k} & Q_{y_ky_k} \\ Q_{x_2x_1} & Q_{x_2y_1} & Q_{x_2x_2} & Q_{x_2y_2} \cdots Q_{x_2x_k} & Q_{x_2y_k} \\ Q_{y_2x_1} & Q_{y_2y_1} & Q_{y_2x_2} & Q_{y_2y_2} \cdots Q_{y_2x_k} & Q_{y_2y_k} \\ \vdots & \vdots & \vdots & \vdots \quad\quad \vdots & \vdots \\ Q_{x_{k1}x_1} & Q_{x_ky_1} & Q_{x_kx_2} & Q_{x_ky_2} \cdots Q_{x_kx_k} & Q_{x_ky_k} \\ Q_{y_kx_1} & Q_{y_ky_1} & Q_{y_kx_2} & Q_{y_ky_2} \cdots Q_{y_kx_k} & Q_{y_ky_k} \end{bmatrix} \tag{9-8}$$

式中，主对角线元素$Q_{x_ix_i},Q_{y_iy_i}$就是待定点坐标x_i和y_i的协因数（或称权倒数），而相关权倒数则在相应权倒数连线的两侧。

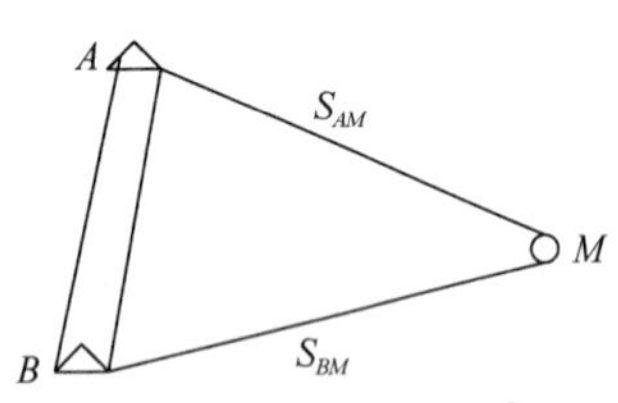

图 9.4　测边三角网示意

例 9-1　如图 9.4 所示的测边三角网，A,B 两点已知，观测了两条边长S_{AM},S_{BM}。现由A,B两点的已知坐标值及M点的近似值算得两条观测边的坐标增量近似值为

$$\begin{cases}\Delta X_{AM}^0 = -86.60\text{m} \\ \Delta Y_{AM}^0 = 50.00\text{m}\end{cases}, \quad \begin{cases}\Delta X_{BM}^0 = -100.00\text{m} \\ \Delta Y_{BM}^0 = 173.21\text{m}\end{cases}$$

已知单位权中误差$\sigma_0 = 1\text{cm}$，试计算M点的点位中误差。

解：1）列误差方程及确定观测值的权。设M点的坐标平差值为参数，参数的近似值为X_M^0,Y_M^0，其改正数为$\hat{x}_M,\hat{y}_M$。由于A,B是已知点，则由式（7-35）得边长的误差方程式为

$$v_1 = v_{S_{AM}} = \frac{\Delta X_{AM}^0}{S_{AM}^0}\hat{x}_M + \frac{\Delta Y_{AM}^0}{S_{AM}^0}\hat{y}_M - l_1$$

$$v_2 = v_{S_{BM}} = \frac{\Delta X_{BM}^0}{S_{BM}^0}\hat{x}_M + \frac{\Delta Y_{BM}^0}{S_{BM}^0}\hat{y}_M - l_2$$

将坐标近似值带入误差方程可得

$$v_1 = v_{S_{AM}} = -0.8660\hat{x}_M + 0.5000\hat{y}_M - l_1$$

$$v_2 = v_{S_{BM}} = -0.5000\hat{x}_M + 0.8660\hat{y}_M - l_2$$

本例列误差方程时应注意：虽然未给出边长具体的观测值，但它们只影响了误差方程常数项$[l_1 \quad l_2]^{\mathrm{T}}$的计算，而精度评定只需用到误差方程的系数矩阵 $\boldsymbol{B}$ 和观测值权矩阵 $\boldsymbol{P}$。所以当平差问题只求精度时不必花费精力去解算常数项的值。

利用坐标增量近似值算得边长近似值为

$$S_{AM}^0 = \sqrt{(\Delta X_{AM}^0) + (\Delta Y_{AM}^0)} = 100(\mathrm{m}),\quad S_{BM}^0 = \sqrt{(\Delta X_{BM}^0) + (\Delta Y_{BM}^0)} = 200(\mathrm{m})$$

因该例未给出观测边的长度，而边长近似值和边长观测值相差不会很大，所以观测值的权可定为

$$p_{AM} = p_1 = \frac{C}{S_{AM}} = \frac{100}{100} = 1,\ p_{BM} = p_2 = \frac{C}{S_{BM}} = \frac{100}{200} = 0.5$$

式中，C 为单位权观测路线长，设 $C = 100\mathrm{m}$ 。观测值权矩阵为

$$\boldsymbol{P} = \begin{bmatrix} p_1 & \\ & p_2 \end{bmatrix} = \begin{bmatrix} 1 & \\ & 0.5 \end{bmatrix}$$

2）组成法方程。法方程系数矩阵及其逆矩阵分别为

$$\boldsymbol{N}_{BB} = \boldsymbol{B}^{\mathrm{T}}\boldsymbol{P}\boldsymbol{B} = \begin{bmatrix} 0.8750 & -0.6495 \\ -0.6495 & 0.6250 \end{bmatrix}, \boldsymbol{Q}_{\hat{x}\hat{x}} = \boldsymbol{N}_{BB}^{-1} = \begin{bmatrix} 5.0007 & 5.1969 \\ 5.1969 & 7.0009 \end{bmatrix}$$

所以 M 点的点位中误差

$$\sigma_M = \sigma_0\sqrt{Q_{\hat{x}_M\hat{x}_M} + Q_{\hat{y}_M\hat{y}_M}} = 1 \times \sqrt{5.0007 + 7.0009} \approx 3.46(\mathrm{cm})$$

本例中，观测值个数 $n = 2$ ，必要观测数 $t = 2$ ，多余观测数 $r = n - t = 0$ ，所以本例没有多余观测值，但这并不影响利用间接平差进行精度评定。可以得出结论：①没有多余观测是不能进行平差的，但没有多余观测可以对参数进行精度评定；②无论有没有多余观测，都可以利用间接平差的方法对参数进行精度评定。

（2）条件平差法计算

当平面控制网按条件平差时，首先求出观测值的平差值 $\hat{\boldsymbol{L}}$，由平差值 $\hat{\boldsymbol{L}}$ 和已知点的坐标计算待定点最或然坐标。因此，待定点最或然坐标是观测值的平差值的函数。故欲求待定点最或然坐标的协因数（权倒数），需按照条件平差法中求平差值函数的权倒数的方法进行计算。

设待定点 P 的最或然坐标为(x_P, y_P)，其权函数式为

$$\begin{cases} \mathrm{d}x_P = \boldsymbol{f}_x^{\mathrm{T}}\mathrm{d}\hat{L} \\ \mathrm{d}y_P = \boldsymbol{f}_y^{\mathrm{T}}\mathrm{d}\hat{L} \end{cases} \tag{9-9}$$

按照协因数传播律得

$$\begin{cases} Q_{xx} = \boldsymbol{f}_x^{\mathrm{T}}\boldsymbol{Q}_{\hat{L}\hat{L}}\boldsymbol{f}_x \\ Q_{yy} = \boldsymbol{f}_y^{\mathrm{T}}\boldsymbol{Q}_{\hat{L}\hat{L}}\boldsymbol{f}_y \\ Q_{xy} = \boldsymbol{f}_x^{\mathrm{T}}\boldsymbol{Q}_{\hat{L}\hat{L}}\boldsymbol{f}_y \end{cases}$$

顾及观测值的平差值 $\hat{\boldsymbol{L}}$ 的协因数矩阵 $\boldsymbol{Q}_{\hat{L}\hat{L}}=\boldsymbol{P}^{-1}-\boldsymbol{P}^{-1}\boldsymbol{A}^{\mathrm{T}}\boldsymbol{N}_{aa}^{-1}\boldsymbol{A}\boldsymbol{P}^{-1}$，则

$$\begin{cases}Q_{xx}=\boldsymbol{f}_x^{\mathrm{T}}\boldsymbol{Q}_{\hat{L}\hat{L}}\boldsymbol{f}_x=\boldsymbol{f}_x^{\mathrm{T}}\boldsymbol{P}^{-1}\boldsymbol{f}_x-\boldsymbol{f}_x^{\mathrm{T}}\boldsymbol{P}^{-1}\boldsymbol{A}^{\mathrm{T}}\boldsymbol{N}_{aa}^{-1}\boldsymbol{A}\boldsymbol{P}^{-1}\boldsymbol{f}_x\\Q_{yy}=\boldsymbol{f}_y^{\mathrm{T}}\boldsymbol{Q}_{\hat{L}\hat{L}}\boldsymbol{f}_y=\boldsymbol{f}_y^{\mathrm{T}}\boldsymbol{P}^{-1}\boldsymbol{f}_y-\boldsymbol{f}_y^{\mathrm{T}}\boldsymbol{P}^{-1}\boldsymbol{A}^{\mathrm{T}}\boldsymbol{N}_{aa}^{-1}\boldsymbol{A}\boldsymbol{P}^{-1}\boldsymbol{f}_y\\Q_{xy}=\boldsymbol{f}_x^{\mathrm{T}}\boldsymbol{Q}_{\hat{L}\hat{L}}\boldsymbol{f}_y=\boldsymbol{f}_x^{\mathrm{T}}\boldsymbol{P}^{-1}\boldsymbol{f}_y-\boldsymbol{f}_x^{\mathrm{T}}\boldsymbol{P}^{-1}\boldsymbol{A}^{\mathrm{T}}\boldsymbol{N}_{aa}^{-1}\boldsymbol{A}\boldsymbol{P}^{-1}\boldsymbol{f}_y\end{cases}\tag{9-10}$$

3. σ_0 的确定

σ_0 的确定分两种情况，一是在平差计算时，用式 $\sqrt{\boldsymbol{V}^{\mathrm{T}}\boldsymbol{P}\boldsymbol{V}/r}$ 计算，但是由于子样的容量（即观测值的个数及观测次数）有限，不论用何种方法平差，用式 $\sqrt{\boldsymbol{V}^{\mathrm{T}}\boldsymbol{P}\boldsymbol{V}/r}$ 求得的数值只是单位权中误差 σ_0 的估值；二是在控制网设计阶段，σ_0 的确定只能采用先验值，就是使用经验值或按相应测量规范规定的相应等级的误差值（如四等平面控制网，测角中误差为 $2.5''$，此时可取 $\sigma_0=2.5''$）。

4. 点位误差实用计算公式

以上两种情况得到的都是 σ_0 的估值，习惯上用 $\hat{\sigma}_0(m_0)$ 表示，所以实用上只能得到待定点纵、横坐标的方差估值及相应的点位方差的估值，即

$$\begin{cases}\hat{\sigma}_x^2=\hat{\sigma}_0^2Q_{xx}\\\hat{\sigma}_y^2=\hat{\sigma}_0^2Q_{yy}\end{cases}\tag{9-11}$$

和

$$\hat{\sigma}_P^2=\hat{\sigma}_0^2(Q_{xx}+Q_{yy})\tag{9-12}$$

9.2.2 任意方向的位差

如图 9.5 所示，在 P 点有任意一方向与 x 轴的夹角为 φ，P 点的点位真误差 PP' 在方向 φ 上的投影 $\varDelta_\varphi=PP'''$，在 x 轴和 y 轴上的投影为 $\varDelta_x$ 和 $\varDelta_y$。则 $\varDelta_\varphi$ 与 $\varDelta_x$ 和 $\varDelta_y$ 的关系为

$$\varDelta_\varphi=PP''+P''P'''=\varDelta_x\cos\varphi+\varDelta_y\sin\varphi$$

根据协因数传播律得

$$Q_{\varphi\varphi}=Q_{xx}\cos^2\varphi+Q_{yy}\sin^2\varphi+Q_{xy}\sin2\varphi\tag{9-13}$$

$Q_{\varphi\varphi}$ 即为求方向 φ 上的位差时的协因数（权倒数）。

因此，方向 φ 的位差

$$\sigma_\varphi^2=\sigma_0^2Q_{\varphi\varphi}=\sigma_0^2(Q_{xx}\cos^2\varphi+Q_{yy}\sin^2\varphi+Q_{xy}\sin2\varphi)\tag{9-14}$$

式（9-14）即为计算 P 点在给定方向 φ 上的位差的公式。

其实用公式为

$$\hat{\sigma}_\varphi^2=\hat{\sigma}_0^2(Q_{xx}\cos^2\varphi+Q_{yy}\sin^2\varphi+Q_{xy}\sin2\varphi)\tag{9-15}$$

同理，对于任意坐标系 $x'Oy'$，P 点在给定方向 φ' 上的位差计算实用公式为

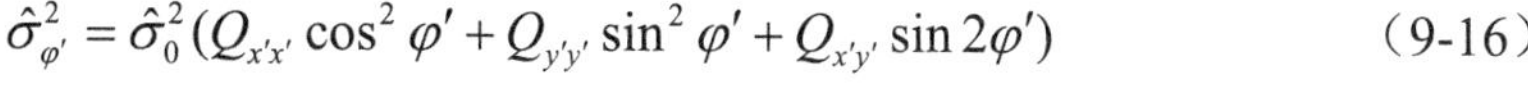

$$\hat{\sigma}_{\varphi'}^2 = \hat{\sigma}_0^2 (Q_{x'x'} \cos^2 \varphi' + Q_{y'y'} \sin^2 \varphi' + Q_{x'y'} \sin 2\varphi') \tag{9-16}$$

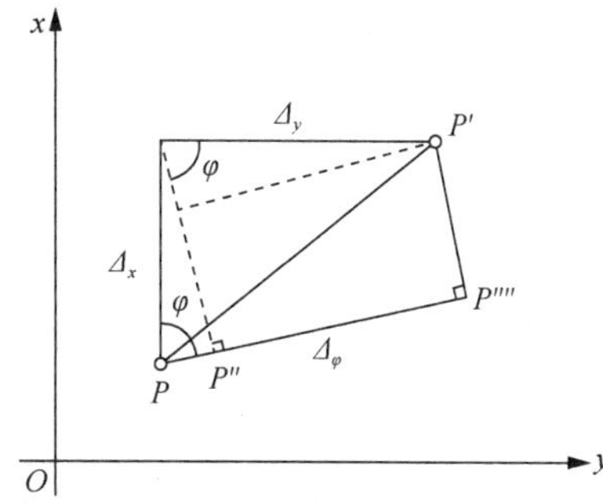

图 9.5 任意方向的真位差与纵、横方向的真位差之间的关系

对于特殊方向 AP 方向和垂直于 AP 的方向组成的坐标系（图 9.2），P 点在给定方向 φ'' 上的位差计算实用公式应为

$$\hat{\sigma}_{\varphi''}^2 = \hat{\sigma}_0^2 (Q_{ss} \cos^2 \varphi'' + Q_{uu} \sin^2 \varphi'' + Q_{su} \sin 2\varphi'') \tag{9-17}$$

由式（9-14）～式（9-17）可以看出，当平差完成后，单位权方差 $\hat{\sigma}_0$ 及 P 点上的 Q_{xx}, Q_{yy}, Q_{xy} 均为常量，因此，$\hat{\sigma}_\varphi^2$ 的大小取决于方向 φ。

9.2.3 位差的极值

1. 位差的极大值和极小值的概念

式（9-15）～式（9-17）是求某一方向上的位差的不同表达方式，在本质上并没有什么区别，只要给出一个 φ，带入相应的公式，就可以算出对应的位差 $\hat{\sigma}_\varphi^2$，因为 φ 在 $0°$ ～$360°$ 范围内有无穷多个，所以位差 $\hat{\sigma}_\varphi^2$ 也有无穷多个，其中，应存在一个极大值和一个极小值。

又因为位差 $\hat{\sigma}_\varphi^2 = \hat{\sigma}_0^2 Q_{\varphi\varphi}$，当平差问题确定之后 $\hat{\sigma}_0^2$ 就是定值，所以求位差极值的问题等价于求 $Q_{\varphi\varphi}$ 的极值问题。

2. 求 $Q_{\varphi\varphi}$ 的极值

1）极值方向值 φ_0 的确定。要求 $Q_{\varphi\varphi}$ 的极值，只需要将式（9-13）对 φ 求一阶导数，并令其等于零，即可求出使 $Q_{\varphi\varphi}$ 取得极值的方向值 φ_0，即

$$\frac{\mathrm{d}}{\mathrm{d}\varphi}(Q_{xx} \cos^2 \varphi + Q_{yy} \sin^2 \varphi + Q_{xy} \sin 2\varphi)\bigg|_{\varphi=\varphi_0} = 0$$

可得

$$-2Q_{xx} \cos\varphi_0 \sin\varphi_0 + 2Q_{yy} \cos\varphi_0 \sin\varphi_0 + 2Q_{xy} \cos 2\varphi_0 = 0$$

即

$$-(Q_{xx} - Q_{yy}) \sin 2\varphi_0 + 2Q_{xy} \cos 2\varphi_0 = 0$$

由此可得

$$\tan 2\varphi_0 = \frac{2Q_{xy}}{(Q_{xx} - Q_{yy})} \tag{9-18}$$

又因为

$$\tan 2\varphi_0 = \tan(2\varphi_0 + 180^\circ)$$

所以式（9-18）有两个根，一个是$2\varphi_0$，另一个是$2\varphi_0 + 180^\circ$，即可使$Q_{\varphi\varphi}$取得极值的方向值为φ_0和$\varphi_0 + 90^\circ$，其中一个为极大值方向，另一个为极小值方向。

2）极大值方向φ_E和极小值方向φ_F的确定。φ_0和$\varphi_0 + 90^\circ$是使$Q_{\varphi\varphi}$取得极值的两个方向值，但是还要确定哪一个是极大方向值φ_E，哪一个是极小方向值φ_F。

将三角公式

$$\cos^2 \varphi_0 = \frac{1 + \cos 2\varphi_0}{2}, \sin^2 \varphi_0 = \frac{1 - \cos 2\varphi_0}{2}$$

$$\sin^2 2\varphi_0 = \frac{1}{1 + \cot^2 2\varphi_0}, \cos^2 2\varphi_0 = \frac{1}{1 + \tan^2 2\varphi_0}$$

代入式（9-13），并由式（9-18），得

$$\begin{aligned} Q_{\varphi\varphi} &= \left(Q_{xx} \frac{1 + \cos 2\varphi_0}{2} + Q_{yy} \frac{1 - \cos 2\varphi_0}{2} + Q_{xy} \sin 2\varphi_0 \right) \\ &= \frac{1}{2}[(Q_{xx} + Q_{yy}) + (Q_{xx} - Q_{yy})\cos 2\varphi_0 + 2Q_{xy} \sin 2\varphi_0] \end{aligned} \tag{9-19}$$

由式（9-18）可得

$$Q_{xx} - Q_{yy} = \frac{2Q_{xy}}{\tan 2\varphi_0} \tag{9-20}$$

将式（9-20）代入式（9-19）可得

$$Q_{\varphi\varphi} = \frac{1}{2}\left[(Q_{xx} + Q_{yy}) + 2Q_{xy}\sqrt{1 + \cot^2 2\varphi_0} \sin 2\varphi_0 \right] \tag{9-21}$$

在式（9-21）中，根据协因数的特点，第一项$(Q_{xx} + Q_{yy})$恒大于零，第二项中的值可能大于零，也可能小于零；当第二项中的值大于零时，$Q_{\varphi\varphi}$取得极大值，当第二项中的值小于零时，$Q_{\varphi\varphi}$取得极小值。

确定极大值方向φ_E和极小值方向φ_F的方法如下。

当$Q_{xy} > 0$时，φ_E在第一、第三象限，φ_F在第二、第四象限。

当$Q_{xy} < 0$时，φ_E在第二、第四象限，φ_F在第一、第三象限。

从以上分析结果可以看出，能使$Q_{\varphi\varphi}$取得极大值的两个方向相差 180°，能使$Q_{\varphi\varphi}$取得极小值的两个方向也相差 180°，而且极大值方向和极小值方向总是正交。

3）极大值E和极小值F的计算。

一般方法：当φ_E和φ_F求出后，分别代入式（9-15），则可求出位差$\hat{\sigma}_\varphi^2$的极大值E和

极小值 F。

也可以导出计算 E 和 F 的简便公式。

由三角公式知

$$\sin 2\varphi_0 = \pm\frac{1}{\sqrt{1+\cot^2 2\varphi_0}}$$

由式（9-18）知

$$\cot^2 2\varphi_0 = \frac{(Q_{xx}-Q_{yy})^2}{4Q_{xy}^2}, 1+\cot^2 2\varphi_0 = \frac{(Q_{xx}-Q_{yy})^2+4Q_{xy}^2}{4Q_{xy}^2}$$

得

$$\sin 2\varphi_0 = \pm\frac{2Q_{xy}}{\sqrt{(Q_{xx}-Q_{yy})^2+4Q_{xy}^2}} \tag{9-22}$$

结合$1+\cot^2 2\varphi_0 = \dfrac{1}{\sin^2 2\varphi_0}$，并将式（9-22）代入式（9-19），进行整理可得

$$Q_{\varphi\varphi} = \frac{1}{2}\left[(Q_{xx}+Q_{yy})\pm\sqrt{(Q_{xx}-Q_{yy})^2+4Q_{xy}^2}\right]$$

令

$$K = \sqrt{(Q_{xx}-Q_{yy})^2+4Q_{xy}^2} \tag{9-23}$$

得极大值 E 和极小值 F 的计算式如下：

$$E = \hat{\sigma}_0\sqrt{Q_{EE}} = \hat{\sigma}_0\sqrt{\frac{1}{2}(Q_{xx}+Q_{yy}+K)} \tag{9-24}$$

$$F = \hat{\sigma}_0\sqrt{Q_{FF}} = \hat{\sigma}_0\sqrt{\frac{1}{2}(Q_{xx}+Q_{yy}-K)} \tag{9-25}$$

例 9-2　已知某平面控制网中待定点坐标平差参数 $\hat{x},\hat{y}$ 的协因数为

$$Q_{\hat{X}\hat{X}} = \begin{bmatrix} 1.236 & -0.314 \\ -0.314 & 1.192 \end{bmatrix}$$

并求得 $\hat{\sigma}_0 = 1$，试求 E,F 和 φ_E,φ_F。

解：1）极值方向的计算与确定如下：

$$\tan 2\varphi_0 = \frac{2Q_{xy}}{(Q_{xx}-Q_{yy})} = \frac{2\times(-0.314)}{0.044} \approx -14.27273$$

则有

$$2\varphi_0 = 94^\circ 00'' \text{或} 274^\circ 00''$$

$$\varphi_0 = 47^\circ 00'' \text{或} 137^\circ 00''$$

因为$Q_{xy}<0$，所以极大值 E 在第二、四象限，极小值 F 在第一、三象限，所以有

$$\varphi_E = 137^\circ 00'' \text{或} 317^\circ 00''$$

$$\varphi_F = 47^\circ 00'' \text{或} 227^\circ 00''$$

2）极大值 E、极小值 F 的计算。根据式（9-24）和式（9-25）进行计算得

$$Q_{xx}-Q_{yy}=1.236-1.192=0.044$$

$$Q_{xx}+Q_{yy}=1.236+1.192=2.428$$

$$K=\sqrt{(Q_{xx}-Q_{yy})^2+4Q_{xy}^2}\approx 0.6295$$

$$E^2=\frac{1}{2}\hat{\sigma}_0^2(Q_{xx}+Q_{yy}+K)=1.528$$

$$F^2=\frac{1}{2}\hat{\sigma}_0^2(Q_{xx}+Q_{yy}-K)\approx 0.899$$

所以有

$$E=1.24$$

$$F=0.95$$

9.2.4 以位差的极值表示任意方向的位差

在以上的讨论中，求任意方向上的位差［式（9-15）中的 φ］，实质上是 xOy 坐标系中的方位角，它是以坐标轴 x 为起始方向的。在前面曾阐述，对于任意直角坐标系 $x'O'y'$，都有形如

$$\sigma_{\varphi'}^2=\hat{\sigma}_0^2(Q_{x'x'}\cos^2\varphi+Q_{y'y'}\sin^2\varphi'+Q_{x'y'}\sin 2\varphi') \tag{9-26}$$

的计算任意方向上位差的表达式。

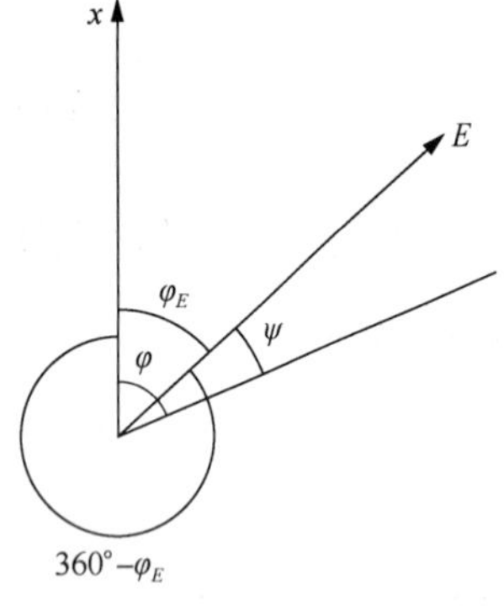

图 9.6 φ_E,ψ 和方位角 φ 之间的关系

设 ψ 为任意方向与极大值方向的夹角，以 E 方向为起始方向，顺时针量至任意方向的水平角（图 9.6）。仿照任意方向 φ 上位差的推导过程，有

$$\Delta_\psi=\Delta_E\cos\psi+\Delta_F\sin\psi \tag{9-27}$$

式中，

$$\begin{cases}\Delta_E=\Delta_x\cos\varphi_E+\Delta_y\sin\varphi_E\\ \Delta_F=\Delta_x\cos\varphi_F+\Delta_y\sin\varphi_F\end{cases} \tag{9-28}$$

顾及 $\cos\varphi_F=\cos(90°+\varphi_E)=-\sin\varphi_E,\sin\varphi_F=\sin(90°+\varphi_E)=\cos\varphi_E$，则有

$$\begin{cases}\Delta_E=\Delta_x\cos\varphi_E+\Delta_y\sin\varphi_E\\ \Delta_F=-\Delta_x\sin\varphi_E+\Delta_y\cos\varphi_E\end{cases} \tag{9-29}$$

根据误差传播律，在此坐标系中的任意方向上位差的协因数（权倒数）的表达式为

$$Q_{\psi\psi}=Q_{EE}\cos^2\psi+Q_{FF}\sin^2\psi+Q_{EF}\sin 2\psi \tag{9-30}$$

其中，

$$\begin{cases}Q_{EE}=Q_{xx}\cos^2\varphi_E+Q_{yy}\sin^2\varphi_E+Q_{xy}\sin 2\varphi_E\\ Q_{FF}=Q_{xx}\sin^2\varphi_E+Q_{yy}\cos^2\varphi_E-Q_{xy}\sin 2\varphi_E\\ Q_{EF}=-\dfrac{1}{2}(Q_{xx}-Q_{yy})\sin 2\varphi_E+Q_{xy}\cos 2\varphi_E\end{cases} \tag{9-31}$$

由式（9-18），得

$$\tan 2\varphi_E = \frac{\sin 2\varphi_E}{\cos 2\varphi_E} = \frac{2Q_{xy}}{(Q_{xx} - Q_{yy})}$$

即

$$2Q_{xy}\cos 2\varphi_E = (Q_{xx} - Q_{yy})\sin 2\varphi_E$$

对照式（9-31），有

$$Q_{EF} = -\frac{1}{2}(Q_{xx} - Q_{yy})\sin 2\varphi_E + Q_{xy}\cos 2\varphi_E = 0$$

可得

$$Q_{\psi\psi} = Q_{EE}\cos^2\psi + Q_{FF}\sin^2\psi \tag{9-32}$$

以 E,F 表示的任意方向 ψ 上的位差计算式为

$$\hat{\sigma}_\psi^2 = \hat{\sigma}_0^2 Q_{\psi\psi} = \hat{\sigma}_0^2(Q_{EE}\cos^2\psi + Q_{FF}\sin^2\psi) = E^2\cos^2\psi + F^2\sin^2\psi \tag{9-33}$$

例 9-3　数据同例 9-2，试求坐标方位角 $\alpha = 150°$ 方向上的位差。

解：

解法一：用式（9-15）计算。将 $\varphi = \alpha = 150°$ 代入式（9-15），得

$$\hat{\sigma}_\varphi^2 = \hat{\sigma}_0^2(Q_{xx}\cos^2\varphi + Q_{yy}\sin^2\varphi + Q_{xy}\sin 2\varphi) \approx 1.496$$

所以

$$\hat{\sigma}_\varphi \approx 1.22$$

解法二：用式（9-33）计算。因为

$$\psi = \alpha - \varphi_E = 150° - 137° = 13°$$

所以

$$\hat{\sigma}_\psi^2 = E^2\cos^2\psi + F^2\sin^2\psi = 1.528\cos^2 13° + 0.899\sin^2 13° \approx 1.496$$

$$\hat{\sigma}_\varphi = \hat{\sigma}_\psi \approx 1.22$$

9.3　误 差 曲 线

9.3.1　误差曲线的概念

以方向 ψ 和长度 σ_ψ 为极坐标的点的轨迹为一闭合曲线，其形状如图 9.7 所示。显然，在任意方向 ψ 上的向径 $\overline{OP}$ 就是该方向上的位差 σ_ψ，图形关于两个极轴（E 轴和 F 轴）对称。由于该曲线形象地反映了控制点在各个不同方向上的位差，因此它被称为点位误差曲线（或点位精度曲线）。

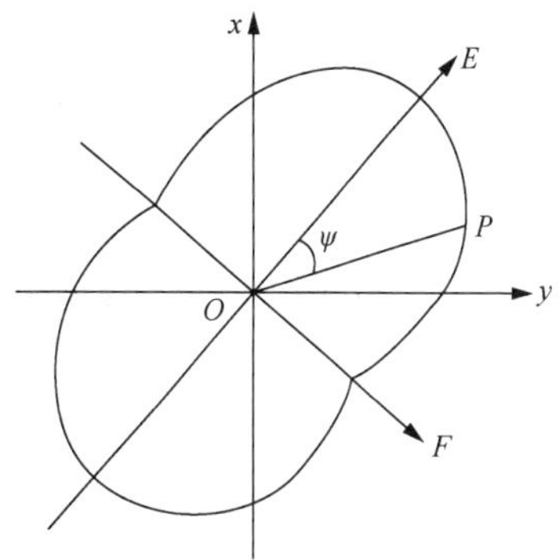

图 9.7　以方向 ψ 和长度 σ_ψ 为极坐标的点的轨迹

9.3.2　误差曲线的用途

在测量工程中，点位误差曲线图的应用很广泛，

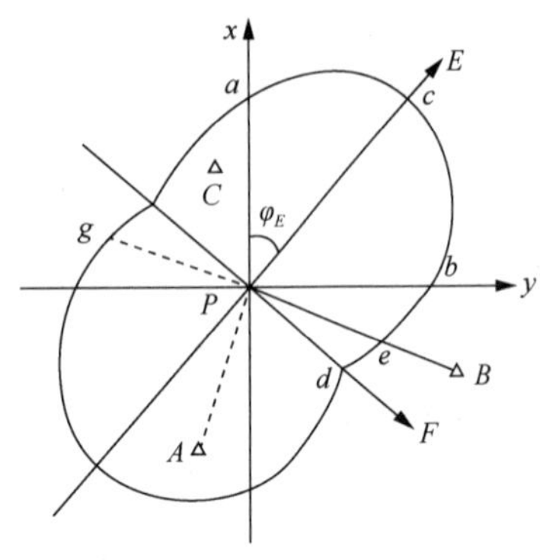

图 9.8 在 P 点的点位误差曲线图上量取特定方向的位差

在它上面可以图解出控制点在各个方向上的位差，从而进行精度评定。

如图 9.8 所示，A,B,C 为已知点，P 为待定点，根据平差后的数据绘出 P 点的点位误差曲线图，利用此图可以图解和计算以下一些中误差，以达到精度评定的目的。

1. 坐标轴方向上的中误差

在图 9.8 上可量出沿 x 轴、y 轴的中误差 $\hat{\sigma}_{x_P},\hat{\sigma}_{y_P}$，即

$$\hat{\sigma}_{x_P}=\overline{Pa},\ \hat{\sigma}_{y_P}=\overline{Pb}$$

2. 极大值 E 和极小值 F

在图 9.8 上可量出沿 E 轴、F 轴的极大值 E 和极小值 F，即

$$E=\overline{Pc},\quad F=\overline{Pd}$$

3. 平差后的边长中误差

在图 9.8 上沿 $\overline{PB}$ 方向可量出 $\overline{PB}$ 边的中误差 $\hat{\sigma}_{\overline{PB}}$，即 $\hat{\sigma}_{\overline{PB}}=\overline{Pe}$。同理可量出 $\overline{PA}$、$\overline{PC}$ 边的中误差 $\hat{\sigma}_{\overline{PA}}$、$\hat{\sigma}_{\overline{PC}}$。

4. 平差后的方位角的中误差

要求平差后方位角 α_{PA} 的中误差 $\hat{\sigma}_{\alpha_{PA}}$，可先从图 9.8 中量出垂直于 $\overline{PA}$ 方向上的位差 $\overline{Pg}$，这就是 $\overline{PA}$ 边的横向误差 $\hat{\sigma}_u$。

因为

$$\hat{\sigma}_u\approx\frac{\hat{\sigma}_{\alpha_{PA}}}{\rho''}S_{PA}$$

由下式可求得 $\hat{\sigma}_{\alpha_{PA}}$：

$$\hat{\sigma}_{\alpha_{PA}}\approx\frac{\hat{\sigma}_u}{S_{PA}}\rho''=\frac{\overline{Pg}}{S_{PA}}\rho''$$

式中，S_{PA} 为 $\overline{PA}$ 边的实际距离。

9.4 误 差 椭 圆

9.4.1 误差椭圆的概念

点位误差曲线虽然有许多用途，但它不是一种典型曲线，作图不太方便，因此，降

低了它的实用价值。但其总体形状与以 E,F 为长短半轴的椭圆很相似，如图 9.9 所示。而且可以证明，通过一定的变通方法，用此椭圆可以代替点位误差曲线进行各类误差的量取，故将此椭圆称点位误差椭圆（习惯上称为误差椭圆），φ_E,E,F 称为点位误差椭圆的参数。实际应用中常以点位误差椭圆代替点位误差曲线。

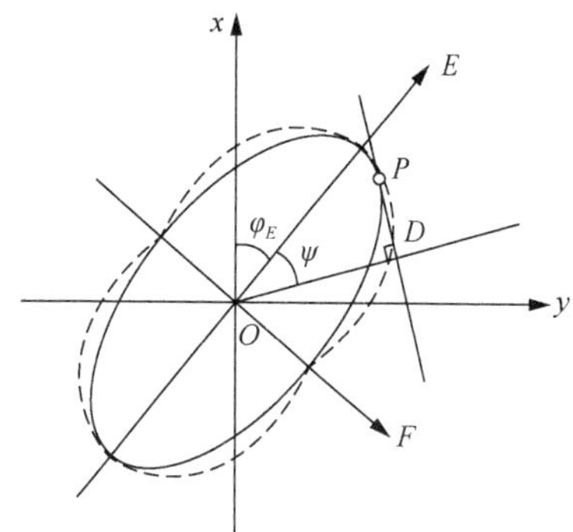

图 9.9 误差曲线与误差椭圆之间的差异

9.4.2 误差椭圆代替误差曲线的原理

在点位误差椭圆上可以图解出任意方向 ψ 的位差 $\hat{\sigma}_\psi$。其方法是：如图 9.9 所示，自椭圆作 ψ 方向的正交切线 $\overline{PD}$，P 为切点，D 为垂足点，则 $\hat{\sigma}_\psi\ (=\overline{OD})$。下面证明此结论。

在图 9.10 中，粗虚线表示误差曲线，大圆弧 EE' 的半径是 e，小圆弧 FF' 的半径是 f，图中，作一以 OE 为起始方向的角度为 τ 的向径，交大圆弧于 P' 点，交小圆弧于 P'' 点，过 P' 点作 y 轴的平行线交 x 轴于 A 点。过 P'' 点作 x 轴的平行线交 y 轴于 B 点，两平行线的交点为 P，则 P 点正好是误差椭圆上的一点。这是因为

$$\begin{cases} x_P = \overline{PB} = \overline{AO} = \overline{OP'}\cos\tau = e\cos\tau \\ y_P = \overline{AP} = \overline{OB} = \overline{OP''}\sin\tau = f\sin\tau \end{cases} \tag{9-34}$$

因为椭圆方程为

$$\frac{x^2}{e^2}+\frac{y^2}{f^2}=\frac{e^2\cos^2\tau}{e^2}+\frac{f^2\sin^2\tau}{f^2}=1$$

可见这个椭圆的长半轴为 e，短半轴为 f。P 点是此椭圆上的一点。式（9-34）就是以 e,f 为长短半轴的椭圆的参数方程。下面证明图 9.10 上 $\hat{\sigma}_\varphi$ 或 $\hat{\sigma}_\psi\ (=\overline{OD})$。

如图 9.11 所示，$P_1(x_1,y_1)$ 为椭圆上的切点，D 为垂足点，其他符号的意义如图中所示。由图 9.11 知

$$\overline{OD}=\overline{OC}+\overline{CD}=x_1\cos\psi+y_1\sin\psi$$

因为

$$x_1=e\cos\tau_1,\quad y_1=f\sin\tau_1$$

则有

$$\overline{OD}=e\cos\tau_1\cos\psi+f\sin\tau_1\sin\psi$$

两边平方，得

$$\begin{aligned}\overline{OD^2}&=e^2\cos^2\tau_1\cos^2\psi+f^2\sin^2\tau_1\sin^2\psi+2ef\cos\tau_1\cos\psi\sin\tau_1\sin\psi\\&=e^2(1-\sin^2\tau_1)\cos^2\psi+f^2(1-\cos^2\tau_1)\sin^2\psi+2ef\cos\tau_1\cos\psi\sin\tau_1\sin\psi\\&=e^2\cos^2\psi+f^2\sin^2\psi-(e\sin\tau_1\cos\psi-f\cos\tau_1\sin\psi)^2\end{aligned} \tag{9-35}$$

因为$\overline{P_1D}$的斜率为

$$\left(\frac{\mathrm{d}y}{\mathrm{d}x}\right)_1 = -\cot\psi = -\frac{\cos\psi}{\sin\psi}$$

又因为

$$\left(\frac{\mathrm{d}y}{\mathrm{d}x}\right)_1 = \left(\frac{\mathrm{d}y_1}{\mathrm{d}\tau_1}\right)\left(\frac{\mathrm{d}\tau_1}{\mathrm{d}x_1}\right) = -\frac{f\cos\tau_1}{e\sin\tau_1}$$

则有

$$e\sin\tau_1\cos\psi = f\cos\tau_1\sin\psi$$

将上式代入式（9-35），得

$$\overline{OD}^2 = e^2\cos^2\psi + f^2\sin^2\psi \tag{9-36}$$

所以

$$\overline{OD}^2 = \hat{\sigma}_\psi^2$$

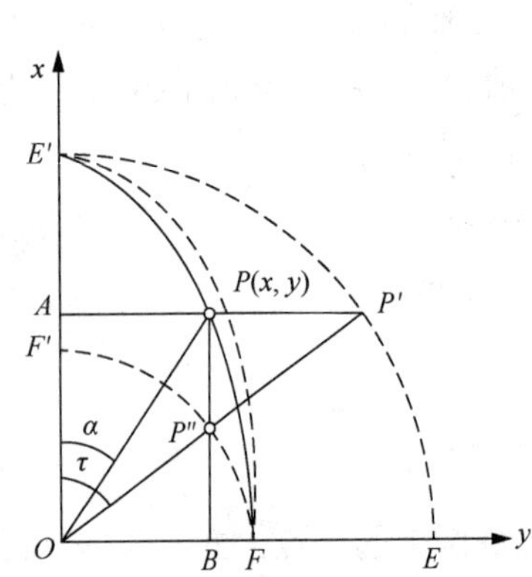

图 9.10　根据误差椭圆绘制误差曲线

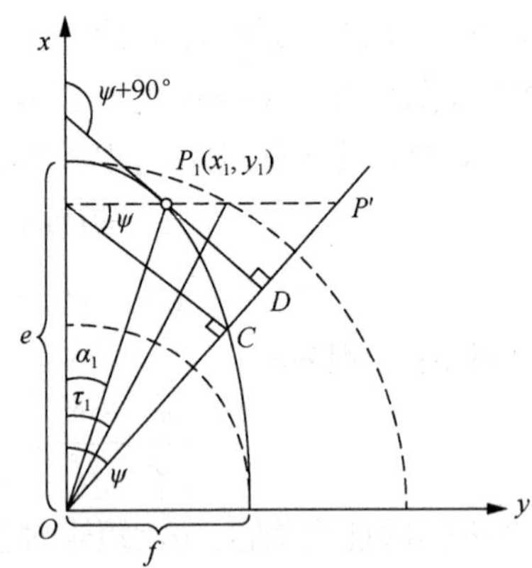

图 9.11　根据误差椭圆量取任意方向的真位差

以上证明过程说明利用误差椭圆求某点在任意方向ψ上的位差$\hat{\sigma}_\psi$时，只要在垂直于该方向上作椭圆的切线，则垂足与原点的连线长度就是ψ方向上的位差$\hat{\sigma}_\psi$。

9.4.3　误差椭圆的绘制

为绘制某一点（以第i点为例）的误差椭圆，必须计算各点误差椭圆元素φ_{E_i}, E_i, F_i，要计算这 3 个量，必须知道各点的$Q_{x_ix_i}, Q_{y_iy_i}, Q_{x_iy_i}$及$\hat{\sigma}_0$。以待定点坐标为未知数参数，采用间接平差法，坐标未知数参数的协因数矩阵为式（9-8）。

在上面的协因数矩阵中取出$Q_{x_ix_i}, Q_{y_iy_i}, Q_{x_iy_i}$，$\hat{\sigma}_0$取平差计算的结果，然后根据 9.2 节中的相应公式计算第i点点位误差椭圆的元素。

若平差时采用条件平差法，则应列出第i点的坐标(x_i, y_i) $(i=1,2,\cdots,t)$的权函数式，并按 6.2 节中的相应公式求出相应的协因数，其他的计算和间接平差法相同。

有了误差椭圆的元素，就可以以一定的比例尺绘制误差椭圆图形，从而可以在其上图解有关的位差。

如果$Q_{xx}=Q_{yy}$，$Q_{xy}=0$，则说明极值方向不定，此时椭圆变成圆，常称此圆为误差圆，其在各个方向上的投影都等于半径，也是一条误差曲线。

在前面的讨论中，都是以一个待定点为例来说明如何确定该点位误差椭圆或点位误差曲线的问题。

如果控制网中有多个待定点，一般是将网中所有待定点的误差椭圆绘制在同一幅图中，如图 9.12 所示。该图的绘制步骤如下。

1）根据网中所有已知点的坐标值和待定点的坐标平差值，按一定的比例绘制成图。

2）根据待定点坐标平差值的协因数矩阵，分别计算出每一个待定点误差椭圆的三要素：φ_{E_i},E_i,F_i。

3）选择一个恰当的比例尺，在各待定点位置上依次绘出各自的误差椭圆。

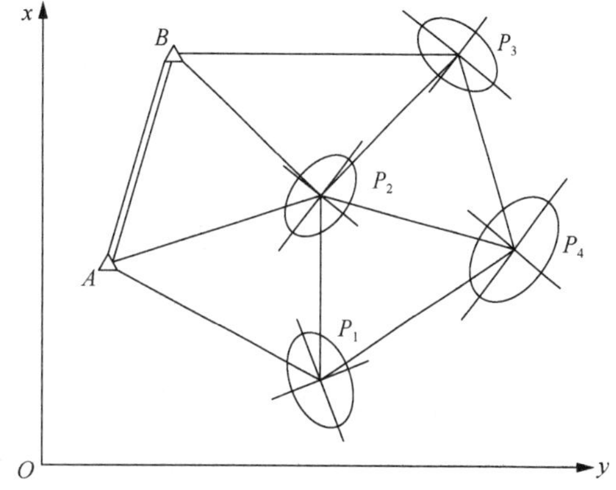

图 9.12 控制网中控制点的误差椭圆

在“误差椭圆图”上，可以直观地看出在某个基准下各待定点点位精度的情况。在图 9.12 上不仅能图解出待定点各方向的位差，还可判断出待定点之间精度的高低。若甲待定点的误差椭圆比乙待定点的误差椭圆大，说明在该基准下甲点的点位精度要低于乙点。一般而言，离已知点较近的点，如图 9.12 中的P_1,P_2,P_3点，精度较高，误差椭圆较小；离已知点较远的点，如P_4点，精度较低，误差椭圆就较大。利用点位误差椭圆还可以确定已知点与任意待定点之间的边长中误差或方位角中误差。点位误差椭圆反映的是待定点相对于已知点的点位精度情况，但用点位误差椭圆不能确定待定点与待定点之间的边长中误差或方位角中误差，这是因为这些待定点之间的坐标是相关的。有关待定点与待定点的相对位置关系将在 9.5 节介绍。

误差椭圆的理论和实践不仅常被用于精度要求较高的各种工程测量中，近年来有人也将其应用在图像检测和模式识别的实践中，并取得了令人满意的效果。

9.5 相对误差椭圆及其应用

9.5.1 利用点位误差椭圆评定精度存在的问题

在工程应用中，有时并不需要研究待定点相对起始点的精度，往往关心的是任意两个待定点之间相对位置的精度。在平面控制网中，两个待定点之间相对位置的精度可以用两个待定点之间的边长相对中误差及方位角中误差或相对点位误差来衡量。

在 9.3 节中曾举例说明如何利用点位误差曲线从图上量出已知点与待定点之间的边长中误差，以及与该边相垂直的横向误差，从而求出方位角误差。在 9.4 节中又论证了用点位误差椭圆可以代替误差曲线。但是它们都只能确定待定点与任意已知点之间的边长中误差或方位角中误差，不能确定待定点与待定点之间的边长中误差或方位角中误差，这是因为这些待定点的坐标是相关的。

9.5.2 相对点位误差椭圆

设两个待定点为 P_i 和 P_k，这两点的相对位置可通过其坐标差来表示，即

$$\begin{cases}\Delta x_{ik}=x_k-x_i\\ \Delta y_{ik}=y_k-y_i\end{cases}\tag{9-37}$$

由式（9-37）可得

$$\begin{bmatrix}\Delta x_{ik}\\ \Delta y_{ik}\end{bmatrix}=\begin{bmatrix}-1 & 0 & 1 & 0\\ 0 & -1 & 0 & 1\end{bmatrix}\begin{bmatrix}x_i\\ y_i\\ x_k\\ y_k\end{bmatrix}\tag{9-38}$$

从平差得到的参数协因数矩阵［式（9-8）］中取出与 i,k 两点有关的协因数矩阵，即

$$\begin{bmatrix}Q_{x_ix_i} & Q_{x_iy_i} & Q_{x_ix_k} & Q_{x_iy_k}\\ Q_{y_ix_i} & Q_{y_iy_i} & Q_{y_ix_k} & Q_{y_iy_k}\\ Q_{x_{ki}x_i} & Q_{x_ky_i} & Q_{x_kx_k} & Q_{x_ky_k}\\ Q_{y_{ki}x_i} & Q_{y_ky_i} & Q_{y_kx_k} & Q_{y_ky_k}\end{bmatrix}\tag{9-39}$$

对式（9-38），由协因数传播律及式（9-39），可得

$$\begin{cases}Q_{\Delta x\Delta x}=Q_{x_kx_k}+Q_{x_ix_i}-2Q_{x_kx_i}\\ Q_{\Delta y\Delta y}=Q_{y_ky_k}+Q_{y_iy_i}-2Q_{y_ky_i}\\ Q_{\Delta x\Delta y}=Q_{x_ky_k}-Q_{x_ky_i}-Q_{x_iy_k}+Q_{x_iy_i}\end{cases}\tag{9-40}$$

如果 P_i 和 P_k 两点中有一个点（如 P_i 点）为不带误差的已知点，则从式（9-40）可以得出

$$\begin{cases}Q_{\Delta x\Delta x}=Q_{x_kx_k}\\ Q_{\Delta y\Delta y}=Q_{y_ky_k}\\ Q_{\Delta x\Delta y}=Q_{x_ky_k}\end{cases}$$

因此，两点之间坐标差的协因数就等于待定点坐标的协因数。而在前几节中，所有的讨论都是以此为基础的。由此可见，这样作出的点位误差曲线都是待定点相对于已知点而言的。

利用这些协因数，可得到计算 P_i 和 P_k 点之间的相对误差椭圆的 3 个参数公式为

$$\begin{cases} E^2 = \dfrac{\hat{\sigma}_0^2}{2}\left[Q_{\Delta x\Delta x} + Q_{\Delta x\Delta y} + \sqrt{(Q_{\Delta x\Delta x} - Q_{\Delta y\Delta y})^2 + 4Q_{\Delta x\Delta y}^2}\right] \\ F^2 = \dfrac{\hat{\sigma}_0^2}{2}\left[Q_{\Delta x\Delta x} + Q_{\Delta x\Delta y} - \sqrt{(Q_{\Delta x\Delta x} - Q_{\Delta y\Delta y})^2 + 4Q_{\Delta x\Delta y}^2}\right] \\ \tan 2\varphi_E = \dfrac{2Q_{\Delta x\Delta y}}{Q_{\Delta x\Delta x} - Q_{\Delta y\Delta y}} \end{cases} \tag{9-41}$$

例 9-4　在某三角网中插入 P_1 和 P_2 两个待定点。设用间接平差法平差该网，待定点坐标近似值的改正数为 $\hat{x}_1, \hat{y}_1, \hat{x}_2, \hat{y}_2$。其法方程为

$$\begin{cases} 906.91\hat{x}_1 + 107.07\hat{y}_1 - 426.42\hat{x}_2 - 172.12\hat{y}_2 - 94.23 = 0 \\ 107.07\hat{x}_1 + 486.22\hat{y}_1 - 177.64\hat{x}_2 - 142.65\hat{y}_2 + 41.40 = 0 \\ -426.42\hat{x}_1 - 177.64\hat{y}_1 + 716.39\hat{x}_2 + 60.25\hat{y}_2 + 52.78 = 0 \\ -172.17\hat{x}_1 - 142.65\hat{y}_1 + 60.25\hat{x}_2 + 444.60\hat{y}_2 + 1.06 = 0 \end{cases}$$

试求 P_1 和 P_2 点的点位误差椭圆及 P_1 和 P_2 点之间的相对误差椭圆。

解：经平差计算，得单位权中误差 $\hat{\sigma}_0 = 0.8$。令 $\boldsymbol{N}_{BB}$ 表示法方程式系数，则未知参数的协因数为

$$\boldsymbol{Q}_{\hat{X}\hat{X}} = \boldsymbol{N}_{BB}^{-1} = \begin{bmatrix} 0.0016 & 0.0002 & 0.0010 & 0.0005 \\ 0.0002 & 0.0024 & 0.0006 & 0.0008 \\ 0.0010 & 0.0006 & 0.0021 & 0.0003 \\ 0.0005 & 0.0008 & 0.0003 & 0.0027 \end{bmatrix}$$

1） P_1 点的误差椭圆参数的计算。按照下式计算 P_1 点的误差椭圆参数：

$$E_{P_1}^2 = \frac{\hat{\sigma}_0^2}{2}\left[Q_{x_1x_1} + Q_{y_1y_1} + \sqrt{(Q_{x_1x_1} - Q_{y_1y_1})^2 + 4Q_{x_1y_1}^2}\right] \approx 0.00157$$

$$F_{P_1}^2 = \frac{\hat{\sigma}_0^2}{2}\left[Q_{x_1x_1} + Q_{y_1y_1} - \sqrt{(Q_{x_1x_1} - Q_{y_1y_1})^2 + 4Q_{x_1y_1}^2}\right] \approx 0.00099$$

则有

$$E_{P_1} \approx 0.040, \qquad F_{P_1} \approx 0.032$$

$$\tan 2\varphi_{E_1} = \frac{2Q_{x_1y_1}}{Q_{x_1x_1} - Q_{y_1y_1}} \Rightarrow \varphi_{E_1} = 76^\circ 45'$$

2） P_2 点的误差椭圆参数的计算。按照下式计算 P_2 点的误差椭圆参数：

$$E_{P_2}^2 = \frac{\hat{\sigma}_0^2}{2}\left[Q_{x_2x_2} + Q_{y_2y_2} + \sqrt{(Q_{x_2x_2} - Q_{y_2y_2})^2 + 4Q_{x_2y_2}^2}\right] \approx 0.00176$$

$$F_{P_2}^2 = \frac{\hat{\sigma}_0^2}{2}\left[Q_{x_2x_2} + Q_{y_2y_2} - \sqrt{(Q_{x_2x_2} - Q_{y_2y_2})^2 + 4Q_{x_2y_2}^2}\right] \approx 0.00130$$

则有

$$E_{P_2} \approx 0.042, \qquad F_{P_2} \approx 0.036$$

$$\tan 2\varphi_{E_2} = \frac{2Q_{x_2y_2}}{Q_{x_2x_2} - Q_{y_2y_2}} \Rightarrow \varphi_{E_2} = 67^\circ 30'$$

3）P_1 点和 P_2 点之间相对误差椭圆参数的计算。将相关数据代入式（9-40），可求得

$$\begin{cases} Q_{\Delta x\Delta x} = Q_{x_2x_2} + Q_{x_1x_1} - 2Q_{x_2x_1} = 0.0017 \\ Q_{\Delta y\Delta y} = Q_{y_2y_2} + Q_{y_1y_1} - 2Q_{y_2y_1} = 0.0035 \\ Q_{\Delta x\Delta y} = Q_{x_2y_2} - Q_{x_2y_1} - Q_{x_1y_2} + Q_{x_1y_1} = -0.0006 \end{cases} \tag{9-42}$$

将式（9-42）代入式（9-41），可得

$$E^2_{P_1P_2} \approx 0.0024, \qquad F^2_{P_1P_2} \approx 0.00096, \qquad \varphi_{E_{P_1P_2}} = 106^\circ 50'$$

可得相对误差椭圆的三要素为

$$E_{P_1P_2} \approx 0.049, \qquad F_{P_1P_2} \approx 0.031, \qquad \varphi_{E_{P_1P_2}} = 106^\circ 50'$$

4）误差椭圆的绘制。根据以上算得的 P_1, P_2 两点的点位误差椭圆元素及相对误差椭圆元素，即可绘出 P_1, P_2 两点的点位误差椭圆及 P_1 和 P_2 点间的相对误差椭圆。相对误差椭圆一般绘制在 P_1, P_2 两点连线的中间部分，如图 9.13 所示。

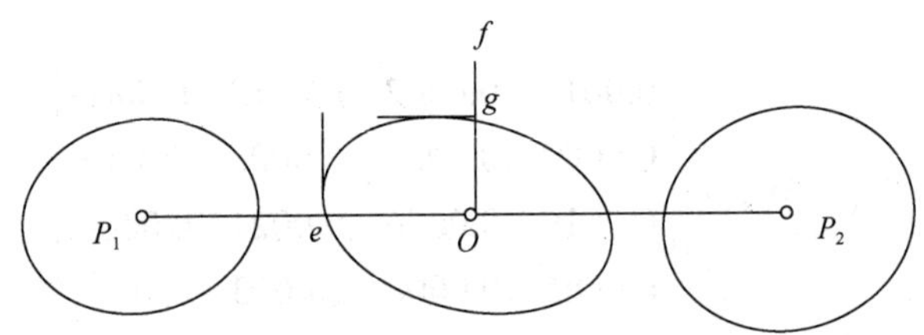

图 9.13　点位误差椭圆与相对误差椭圆的绘制

有了 P_1, P_2 两点的相对误差椭圆，就可以用图解法量取所需要的任意方向上的位差大小。例如，要确定 P_1, P_2 两点间的边长 $S_{P_1P_2}$ 的中误差，则可作 $\overline{P_1P_2}$ 的垂线，并使垂线与相对误差椭圆相切，则垂足 e 至中心 O 的长度 $\overline{Oe}$ 即为 $\hat{\sigma}_{S_{12}}$ 。同样，也可以量出与 P_1P_2 连线相垂直方向 Of 的垂足 g ，则 Og 就是 P_1P_2 边的横向位差，进而可以求出 P_1P_2 边的方位角误差。

在测量工作中，特别是在精度要求较高的工程测量中，往往利用点位误差椭圆对布网方案进行精度分析。因为在确定点位误差椭圆的三要素 φ_E, E, F 时，除了单位权中误差 σ_0 外，只需要知道各个协因数 Q_{ij} 的大小。而协因数矩阵 $\boldsymbol{Q}_{\hat{X}\hat{X}}$ 是相应平差问题的法方程系数的逆矩阵，即 $\boldsymbol{Q}_{\hat{X}\hat{X}} = (\boldsymbol{B}^{\mathrm{T}}\boldsymbol{PB})^{-1}$ 。一方面，当在适当的比例尺的地形图上设计了控制网的点位以后，可以从图上量取各边边长和方位角的概略值，根据这些数值可以算出误差方程的系数，而观测值的权则可事先加以确定，因此，可以求出该网的协因数矩阵 $\boldsymbol{Q}_{\hat{X}\hat{X}}$ ；另一方面，根据设计中所拟定的观测仪器来确定单位权中误差 σ_0 的大小，这样就可以估算出 φ_E, E, F 的数值。如果估算的结果符合工程建设对控制网所提出的精度要求，则可认为该设计方案是可采用的，否则，可改变设计方案，重新估算，以达到预期

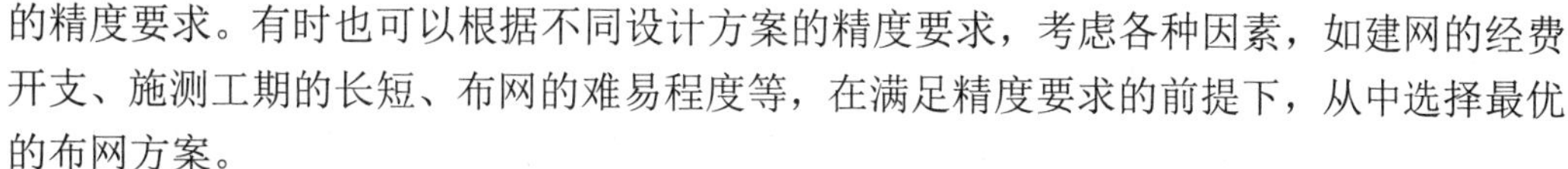

的精度要求。有时也可以根据不同设计方案的精度要求，考虑各种因素，如建网的经费开支、施测工期的长短、布网的难易程度等，在满足精度要求的前提下，从中选择最优的布网方案。

9.6　直线元位置误差

在实际测量中，直线的位置往往由它的两个端点确定，如果端点有位置误差，那么直线的位置和方向也会有误差。在地理数据处理中，直线作为一个地理信息元素，其位置误差的描述有很重要的意义。本节将从直线元上任意一点的点位误差出发，把误差椭圆的思想扩展到直线元的误差带。

9.6.1　直线元上任意一点的误差

在图 9.14 中，设已知直线两端点数字化坐标为 $A(x_1,y_1),B(x_2,y_2)$，其协方差矩阵为

$$\boldsymbol{D}=\begin{bmatrix}\sigma^2_{x_1} & \sigma_{x_1y_1} & \sigma_{x_1x_2} & \sigma_{x_1y_2}\\ \sigma_{x_1y_1} & \sigma^2_{y_1} & \sigma_{y_1x_2} & \sigma_{y_1y_2}\\ \sigma_{x_1x_2} & \sigma_{y_1y_2} & \sigma^2_{x_2} & \sigma_{x_2y_2}\\ \sigma_{x_1x_2} & \sigma_{y_1y_2} & \sigma_{x_2y_2} & \sigma^2_{y_2}\end{bmatrix}$$

试求在直线 AB 上 $AP=S_1$ 的 P 点坐标 (x,y) 及其协方差矩阵。

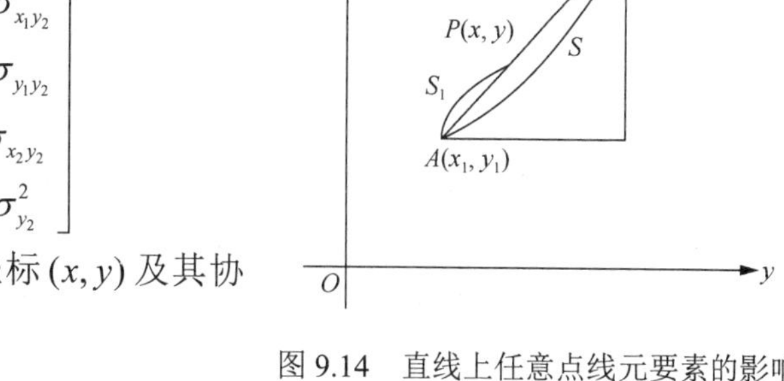

图 9.14　直线上任意点线元要素的影响

由图 9.14 可知

$$\begin{cases}x=x_1+\Delta x_{AP}=x_1+\dfrac{S_1}{S}(x_2-x_1)=(1-r)x_1+rx_2\\ y=y_1+\Delta y_{AP}=y_1+\dfrac{S_1}{S}(y_2-y_1)=(1-r)y_1+ry_2\end{cases}$$

式中，比例数 $r=\dfrac{S_1}{S}$ 视为无误差。则 P 点坐标的方差为

$$\begin{cases}\sigma^2_x=(1-r)^2\sigma^2_{x_1}+r^2\sigma^2_{x_2}+2(1-r)r\sigma_{x_1x_2}\\ \sigma^2_y=(1-r)^2\sigma^2_{y_1}+r^2\sigma^2_{y_2}+2(1-r)r\sigma_{y_1y_2}\\ \sigma_{xy}=(1-r)^2\sigma_{x_1y_1}+(1-r)r\sigma_{x_1y_2}+(1-r)r\sigma_{x_2y_1}+r^2\sigma_{x_2y_2}\end{cases}\tag{9-43}$$

以上就是计算直线 AB 上任意点的坐标及其方差、协方差的一般公式。

按式（9-43）求出平面点 $P(x,y)$ 的方差 (σ^2_x,σ^2_y) 和协方差 σ_{xy} 后，可以求得该点在任意方向的方差，并得到该点的中误差曲线和误差椭圆。

9.6.2 直线元的误差带

如果直线的两端点存在误差，那么该直线的位置就存在误差，直线元的位置误差取决于两端点的点位误差。此时，从式（9-43）也可以看到，直线上任意一点的位置误差都与两个端点的位置误差有关。下面给出几种直线元误差带的描述。

1. 直线元误差带

直线元存在误差使得直线元的位置具有不确定性，为了描述这个不确定性，先不考虑两个端点，只考虑直线元中点的位置误差。如图 9.15 所示的点i的误差椭圆，点i在直线元法方向上的误差范围只能是$(-\varepsilon_{\mathrm{m}},\varepsilon_{\mathrm{m}})$，其中$\varepsilon_{\mathrm{m}}$是椭圆上离直线的最远点，如图 9.16 所示。

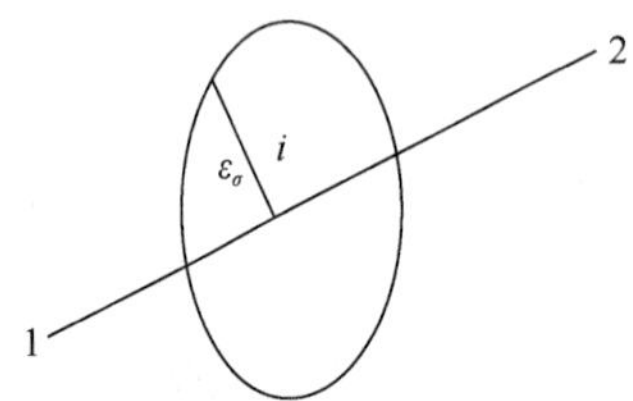

图 9.15 直线上任意一点的误差椭圆

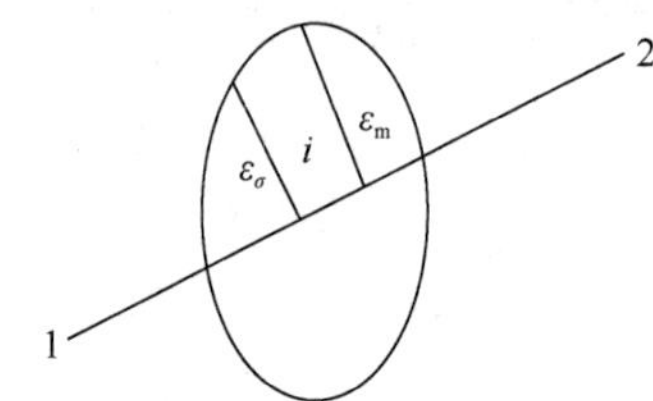

图 9.16 误差椭圆上到直线元的最大距离

显然，不同的点i有不同的$\varepsilon_{\mathrm{m}i}$，从而可以得到$\varepsilon_{\mathrm{m}}$的变化曲线。在端点处，以$\varepsilon_{\mathrm{m1}}$和$\varepsilon_{\mathrm{m2}}$为半径作两个圆，如图 9.17 所示。这样以最大中误差所作的误差带称为ε_{m}-误差带，$\varepsilon_{\mathrm{m}i}$称为直线元上点$i$处的误差半径。从本质上讲，$\varepsilon_{\mathrm{m}}$误差带的构成原理实为误差模型带边界包络线的确定方法。

由于ε_{m}误差带需要计算标准误差椭圆到直线元的最大距离，计算复杂，并且使用标准误差椭圆本身也仅是点位误差的一种形式。为了简单，使用图 9.15 中直线法方向上的中误差ε_σ来进行类似定义，这样定义的直线元误差带称为ε_σ-误差带，如图 9.18 所示。同样，点i处的中误差$\varepsilon_{\sigma i}$称为点直线元上点i处的误差半径。

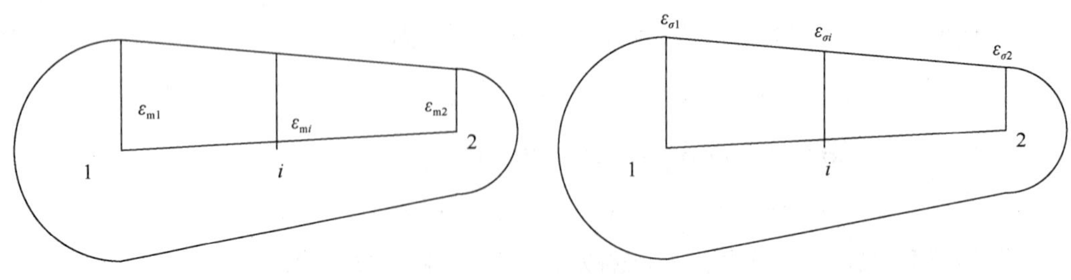

图 9.17 直线元ε_{m}-误差带

图 9.18 直线元ε_σ-误差带

为了更简单地表述直线元误差带，可以假设每一个点的点位误差在直线元的法方向上都是ε，这样就可以把直线元误差带看作两条平行的直线，而在端点处是以ε为半径的两个半圆，如图 9.19 所示。这也是直线不确定性的一种描述，称为直线元 ε-误差带，其中直线元中任意一点的误差半径为 ε。

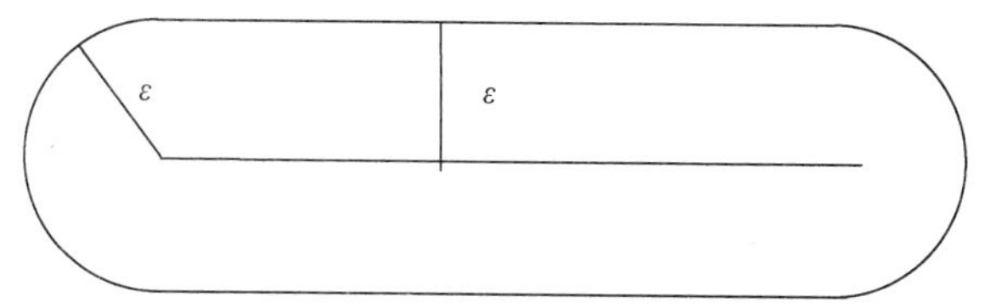

图 9.19 直线元 ε-误差带

需要说明的是，对这些直线元不确定性的描述，仅是一种近似描述，各有自己的特点。由于 ε_σ-误差带和 ε_m-误差带一般是根据直线元的端点或特征点的不确定性指标（方差）导出的，而直线上任意一点的中误差和最大中误差不会是一个常数，因此，在图形上就不会出现图 9.19 所示的两条平行直线，它们通常是两条曲线。这些端点或特征点的方差是在地形图中某种基准下通过对数字化数据的平差计算求得的，因此，直线和曲线的 ε_σ-误差带或 ε_m-误差带也是相应基准下的结果。

更一般地，利用端点坐标的方差-协方差矩阵导出线元上任意点处的标准误差椭圆参数，再根据直线元任意点的坐标，结合该点对应的标准误差椭圆参数，画出标准误差椭圆族，从而构成直线元的位置不确定性误差模型带，如图 9.20（a）所示。图 9.20（b）所示为对应误差带模型的边界包络线图形，可得到直线不确定性的误差带，称为直线元的 g-误差带。

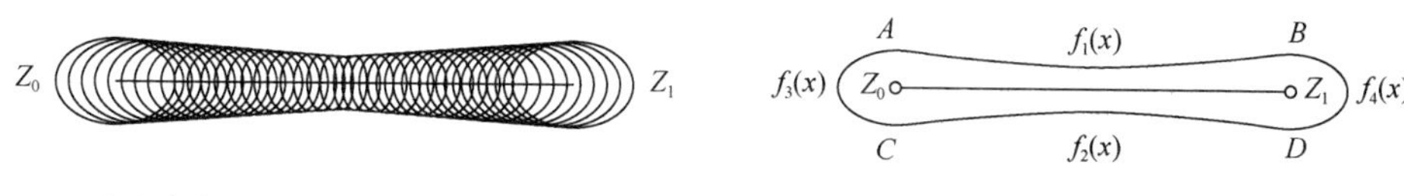

（a）直线元的位置不确定性误差模型带

（b）对应误差带模型的边界包络线

图 9.20 g-误差带及其边界包络线

2. 直线元误差带的计算

（1）ε-误差带和 ε_σ-误差带的误差半径

设线元上有一点在垂直于线段的方向（x' 方向）上的中误差为 $\sigma_{x'}$，现以它作为 ε-误差带的半径，可以建立一个反映线段上各点误差分布状况的 ε_σ-误差带。为便于求 $\sigma_{x'}$ 的值，先将原坐标系 xOy 进行旋转，使旋转后的坐标系 $x'Oy'$ 的 y' 轴与线段方向一致（图 9.14），旋转角度 $\theta = \arctan\dfrac{x_2 - x_1}{y_2 - y_1}$，则 P_i 在 $x'Oy'$ 坐标系中的坐标为

$$\begin{bmatrix} x_i' \\ y_i' \end{bmatrix} = \begin{bmatrix} \cos\theta & -\sin\theta \\ \sin\theta & \cos\theta \end{bmatrix} \begin{bmatrix} x_i \\ y_i \end{bmatrix} \tag{9-44}$$

由此，(x_i', y_i') 的方差和协方差分别为

$$\begin{cases}\sigma_{x_i'}^2=\cos^2\theta\sigma_{x_i}^2-\sin 2\theta\sigma_{x_iy_i}+\sin^2\theta\sigma_{y_i}^2\\ \sigma_{y_i'}^2=\sin^2\theta\sigma_{x_i}^2+\sin 2\theta\sigma_{x_iy_i}+\cos^2\theta\sigma_{y_i}^2\\ \sigma_{x_i'y_i}=\sin\theta\cos\theta\sigma_{x_i}^2+\cos 2\theta\sigma_{x_iy_i}-\sin\theta\cos\theta\sigma_{y_i}^2\end{cases}\tag{9-45}$$

垂直于线段方向的中误差$\sigma_{x_i'}$即为直线元上点i处的ε_σ-误差带的半径。

（2）考虑S_{12}误差的直线元误差带半径

若考虑S_{12}的误差，而不考虑S_{1i}的误差，此时，$x_2=x_1+\Delta x_{12}$，$y_2=y_1+\Delta y_{12}$，$S_{12}=\sqrt{\Delta x_{12}^2+\Delta y_{12}^2}$，则由$P_1$点可得$i$的$y$坐标为

$$y_i^1=y_1+\frac{S_{1i}}{S_{12}}\Delta y_{12}\tag{9-46}$$

对式（9-46）求微分可得

$$\mathrm{d}y_i^1=\mathrm{d}y_1+\frac{S_{1i}}{S_{12}}\mathrm{d}\Delta y_{12}-\frac{S_{1i}}{S_{12}}\left(\frac{\Delta y_{12}^2}{S_{12}^2}\mathrm{d}\Delta y_{12}+\frac{\Delta x_{12}\Delta y_{12}}{S_{12}^2}\mathrm{d}\Delta x_{12}\right)\tag{9-47}$$

当以直线P_1P_2为y轴时，$\Delta x_{12}=0,\Delta y_{12}=S_{12}$，可得

$$\begin{cases}\mathrm{d}y_i^1=\mathrm{d}y_1\\ \mathrm{d}x_i^1=(1-r_1)\mathrm{d}x_1+r_1\mathrm{d}x_2\end{cases}\tag{9-48}$$

同理，可从P_2点得i的y坐标为

$$\begin{cases}\mathrm{d}y_i^2=\mathrm{d}y_2\\ \mathrm{d}x_i^2=r_2\mathrm{d}x_1+(1-r_1)\mathrm{d}x_2\end{cases}\tag{9-49}$$

对式（9-48）和式（9-49）取加权平均值，令权为

$$\begin{cases}\alpha_1=\dfrac{S_{2i}}{S_{12}}=r_2\\ \alpha_2=\dfrac{S_{1i}}{S_{12}}=r_1\end{cases}\tag{9-50}$$

显然，$\alpha_1+\alpha_2=r_1+r_2=1$，可得加权平均值为

$$\begin{cases}\mathrm{d}x_i=\alpha_1\mathrm{d}x_i^1+\alpha_2\mathrm{d}x_i^2=(1-r_1)\mathrm{d}x_1+r_1\mathrm{d}x_2\\ \mathrm{d}y_i=\alpha_1\mathrm{d}y_i^1+\alpha_2\mathrm{d}y_i^2=(1-r_1)\mathrm{d}y_1+r_1\mathrm{d}y_2\end{cases}\tag{9-51}$$

（3）同时考虑S_{1i}和S_{12}均有误差的直线元误差带半径

同时考虑S_{1i}和S_{12}均有误差，仍以P_1P_2为y轴，由类似上述方法，可得

$$\begin{cases}\mathrm{d}y_i^1=\mathrm{d}y_1+\mathrm{d}S_{1i}\\ \mathrm{d}y_i^2=\mathrm{d}y_2+\mathrm{d}S_{2i}\end{cases}\tag{9-52}$$

而

$$\mathrm{d}x_i^1=(1-r_1)\mathrm{d}x_1+r_1\mathrm{d}x_2\tag{9-53}$$

$$\mathrm{d}x_i^2=r_2\mathrm{d}x_1+(1-r_2)\mathrm{d}x_2\tag{9-54}$$

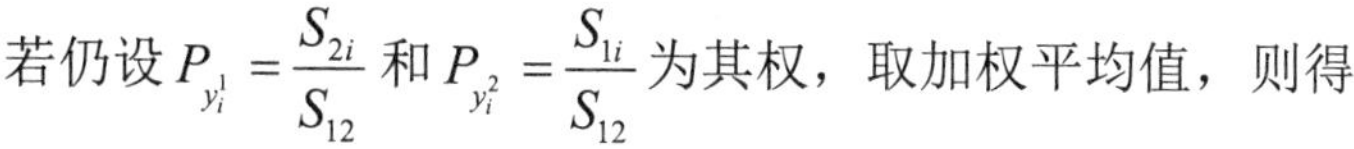

若仍设 $P_{y_i^1}=\dfrac{S_{2i}}{S_{12}}$ 和 $P_{y_i^2}=\dfrac{S_{1i}}{S_{12}}$ 为其权，取加权平均值，则得

$$\mathrm{d}y_i=\frac{S_{2i}}{S_{12}}(\mathrm{d}y_1+\mathrm{d}S_{1i})+\frac{S_{1i}}{S_{12}}(\mathrm{d}y_2+\mathrm{d}S_{2i}) \tag{9-55}$$

从而有

$$\begin{cases}\mathrm{d}x_i=(1-r_1)\mathrm{d}x_1+r_1\mathrm{d}x_2\\ \mathrm{d}y_i=(1-r_1)\mathrm{d}y_1+r_1\mathrm{d}y_2+(1-r_1)\mathrm{d}S_{1i}+r_1\mathrm{d}S_{2i}\end{cases} \tag{9-56}$$

令

$$\begin{cases}\begin{bmatrix}A_x\\A_y\end{bmatrix}=\begin{bmatrix}1-r_1 & 0 & r_1 & 0 & 0 & 0\\ 0 & 1-r_1 & 0 & r_1 & 1-r_1 & r_1\end{bmatrix}\\ \mathrm{d}\eta=\begin{bmatrix}\mathrm{d}x_1 & \mathrm{d}y_1 & \mathrm{d}x_2 & \mathrm{d}y_2 & \mathrm{d}S_{1i} & \mathrm{d}S_{2i}\end{bmatrix}^{\mathrm{T}}\end{cases} \tag{9-57}$$

则式（9-56）可写成

$$\begin{bmatrix}\mathrm{d}x_i\\ \mathrm{d}y_i\end{bmatrix}=\begin{bmatrix}A_x\\A_y\end{bmatrix}\mathrm{d}\eta \tag{9-58}$$

应用协方差传播律，可求得直线上任一点 $P_i(x_i,y_i)$ 的方差和协方差分别为

$$\begin{cases}\hat{\sigma}_{x_i}^2=(1-r)^2\sigma_{x_1}^2+r^2\sigma_{x^2}^2+2r(1-r)\sigma_{x_1x_2}\\ \hat{\sigma}_{y_i}^2=(1-r)^2\sigma_{y_1}^2+r^2\sigma_{y_2}^2+2r(1-r)\sigma_{y_1y_2}+r^2\sigma_{S_1}^2+2r(1-r)\sigma_{S_1S_2}+r^2\sigma_{S_2}^2\\ \hat{\sigma}_{x_iy_i}=(1-r)^2\sigma_{x_1y_1}+r^2\sigma_{x_2y_2}+r(1-r)(\sigma_{x_1y_2}+\sigma_{x_2y_1})\end{cases} \tag{9-59}$$

在按式（9-59）得到点 $P_i(x_i,y_i)$ 的方差 $\hat{\sigma}_{x_i}^2,\hat{\sigma}_{y_i}^2$ 和协方差 $\hat{\sigma}_{x_iy_i}$ 后，也可以求得该点在任意方向上的方差和在 x' 方向的方差 $\hat{\sigma}_{x_i'}^2$，进而得到 ε_σ-误差带。

（4）最大方向的 ε_{m}-误差带半径

考虑到点在与线段相垂直的方向（x' 方向）上的中误差不一定是误差曲线（或误差椭圆）上至线段的最大距离，如图 9.21 所示，中误差曲线上至线段距离最大的点为 G_1，取点 G_1 至线段的距离 G_1G_2 为误差带宽值（记为 ε_{m}）更为合理。

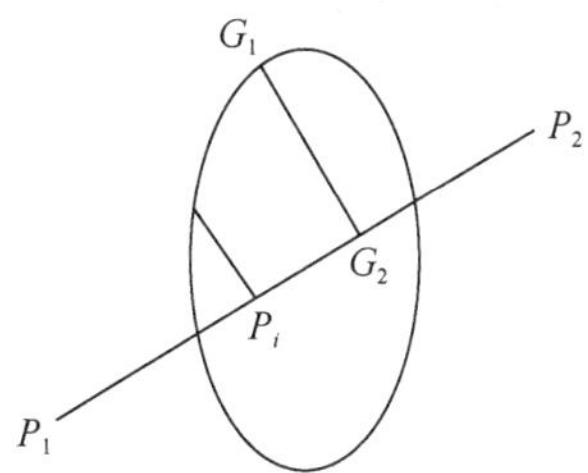

图 9.21　直线元上任一点的误差

在 xOy 中，P_i 在方位角为 φ 的任意方向上的方差为

$$\sigma_\varphi^2=\cos^2\varphi\cdot\sigma_x^2+\sin^2\varphi\cdot\sigma_y^2+\sin 2\varphi\cdot\sigma_{xy} \tag{9-60}$$

欲找到误差曲线上的一点，使它到直线的垂直距离最大，即使$\sigma_\varphi \cos\varphi$达到最大值，则应满足

$$\frac{\mathrm{d}(\sigma_\varphi^2 \cos^2\varphi)}{\mathrm{d}\varphi}=\frac{\mathrm{d}(\cos^4\varphi\cdot\sigma_x^2+\sin^2\varphi\cos^2\varphi\cdot\sigma_y^2+\sin 2\varphi\cos^2\varphi\cdot\sigma_{xy})}{\mathrm{d}\varphi}=0$$

整理可得

$$-2\cos^2\varphi\cdot\sin 2\varphi\cdot\sigma_x^2+\sin 2\varphi\cos 2\varphi\cdot\sigma_y^2-\sin^2 2\varphi\cdot\sigma_{xy}+2\cos^2\varphi\cos 2\varphi\cdot\sigma_{xy}=0$$

化简可得

$$\tan^3\varphi+\tan^2\varphi\cdot\frac{3\sigma_{xy}}{\sigma_y^2}+\tan\varphi\cdot\frac{2\sigma_x^2-\sigma_y^2}{\sigma_y^2}-\frac{\sigma_{xy}}{\sigma_y^2}=0 \tag{9-61}$$

利用一元三次方程的求根公式，求得

$$\tan\varphi=\sqrt[3]{-\frac{q}{2}+\sqrt{\left(\frac{q}{2}\right)^2+\left(\frac{p}{3}\right)^3}}+\sqrt[3]{-\frac{q}{2}-\sqrt{\left(\frac{q}{2}\right)^2+\left(\frac{p}{3}\right)^3}}+\frac{\sigma_{xy}}{\sigma_y^2} \tag{9-62}$$

式中，$p=\frac{2\sigma_x^2-\sigma_y^2}{\sigma_y^2}-\frac{3\sigma_{xy}^2}{\sigma_y^4}$；$q=-\frac{\sigma_{xy}}{\sigma_y^2}-\frac{\sigma_{xy}(2\sigma_x^2-\sigma_y^2)}{\sigma_y^4}+\frac{2\sigma_{xy}^3}{\sigma_y^6}$。

或采用牛顿迭代法，即

$$X_{n+1}=X_n-\frac{f(X_n)}{f'(X_n)}=X_n-\frac{X_n^3+X_n^2\frac{3\sigma_{xy}}{\sigma_y^2}+X_n\frac{2\sigma_x^2-\sigma_y^2}{\sigma_y^2}-\frac{\sigma_{xy}}{\sigma_y^2}}{3X_n^2+\frac{6\sigma_{xy}}{\sigma_y^2}X_n+\frac{2\sigma_x^2-\sigma_y^2}{\sigma_y^2}}$$

求出椭圆上此点的φ值，然后求出相应于此点的ε_m值，即

$$\varepsilon_\mathrm{m}=\sigma_\varphi\cdot\cos\varphi \tag{9-63}$$

上述过程可利用计算机编程来实现，从而建立线元不确定性区域分布图。从误差带的可视化可以看出，线元两端点的误差最大，精度最差；中间点的误差最小，精度最高。误差带具有向一边倾斜的趋势，说明当以误差椭圆为点的不确定性模型建立线元ε_m-误差带时，它有一定的方向性。在两端精度不等的情况下，通过此模型画出的误差椭圆形状随着两端点误差的变化而变化。

第 10 章　平差系统的假设检验

教学目标

本章是对平差结果进行统计假设检验。通过本章的学习，应达到以下目标。

1）掌握残差平方和的分布。

2）了解统计假设检验的基本原理。

3）掌握统计假设检验的 4 种基本方法。

4）掌握统计假设检验在测量中的应用。

教学要求

知识要点	能力要求	相关知识
统计假设检验概述	了解统计假设的基本概念	1）统计假设的分类； 2）统计量的选择； 3）两类错误； 4）拒绝域和接受域； 5）检验功效； 6）统计假设检验的步骤
残差平方和的分布	掌握残差平方和的分布	残差平方和的分布
统计假设检验的基本方法	掌握统计假设检验的 4 种方法	1）u 检验法； 2）t 检验法； 3）χ^2 检验法； 4）F 检验法
统计假设检验在测量中的应用	掌握统计假设检验在测量中的应用	1）平差参数的统计检验； 2）平差模型正确性的统计检验

引例

在实际的测量工作中，如果用不同仪器、在不同的条件下对同一目标进行观测，得到两组不同的观测数据，如何判断这两组数据是否一致？这就需要用到本章讲述的统计假设检验。

10.1　统计假设检验概述

假设检验是数理统计的主要方法之一，它可以用在测量中许多方面的分析上，如系统误差的检验、测量精度的比较、理论值是否与观测值相符合的检验等问题。

统计假设检验所要解决的问题，就是根据子样的信息，通过检验来判断母体分布是否具有指定的特征。例如，正态母体的数学期望 μ 是否等于已知的数值 μ_0；正态母体的方差 σ^2 是否等于某已知的数值 σ_0^2；两个正态母体的数学期望或方差是否相等，即检验 $\mu_1=\mu_2$， $\sigma_1^2=\sigma_2^2$。又如，检验一组误差是否服从正态分布，也可由给定的一组误差计算正态分布的特征值（子样特征值）来检验与母体的特征值是否相符，等等。

习惯上要对检验的目标做一个假设，称为原假设，记为 H_0；H_0 遭到拒绝，实质上接受了另一个假设，称为备选假设，记为 H_1。统计假设检验也简称假设检验。

10.1.1 统计假设的分类

统计假设分为参数假设和非参数假设。

1）参数假设。假设母体的分布函数是已知的，对分布函数中的参数做出假设。例如，设已知随机变量 X 服从分布 $X\sim N(\mu,1.15^2)$，即 X 的分布及方差都是已知的，但数学期望 μ 未知，现根据具体情况判断，提出假设 $\mu=100$。

2）非参数假设。母体服从的分布未知，对母体的分布函数做出假设。

本书所涉及的统计假设主要是参数假设。

10.1.2 统计假设检验的思想

假设提出之后，就要通过检验判断它是否成立，以决定是接受假设还是拒绝假设，这个过程就是假设检验的过程。这种检验过程与数学上的定理证明是不同的，定理证明不带随机性，而假设是否被接受会受到随机抽样随机性的影响。

假设检验的判断依据是小概率推断原理。小概率推断原理就是概率很小的事件在一次试验中实际上是不可能出现的。如果小概率事件在一次试验中出现了，就有理由拒绝它。

因此，统计假设检验的思想是：给定一个临界概率 α，如果在假设 H_0 成立的条件下，出现观测到的事件的概率小于 α，就做出拒绝假设 H_0 的决定；否则，做出接受假设 H_0 的决定。

通常取临界概率 $\alpha=0.01$，$\alpha=0.05$，$\alpha=0.10$ 等。习惯上，将临界概率 α 称为显著水平，或简称水平。

10.1.3 检验统计量的选择

假设检验的关键问题是构造一个适当的统计量，要求构造的统计量满足如下条件。

1）适合于所做的假设。

2）统计量内不能有未知数，其由抽取的子样值及假设值构成，即统计量要能计算出具体数值。

3）要知道该统计量的概率分布，从而确定其经常出现的区间（该区域称为接受域），使统计量落入该区间内的概率接近于 1，这样可以进行分位值的计算或从有关表中查取分位值。

10.1.4 接受域和拒绝域

设已知统计量u服从正态分布$u \sim N(0,1)$，则统计量u出现在区间$(-u_{\alpha/2},+u_{\alpha/2})$内的概率应该为$1-\alpha$，即有

$$P(-u_{\alpha/2} < u < u_{\alpha/2}) = 1-\alpha \tag{10-1}$$

设显著水平$\alpha = 0.05$，则$1-\alpha = 0.95 = 95\%$，式（10-1）的概率意义就是统计量u应该以 95%的概率落入区间$(-u_{\alpha/2},+u_{\alpha/2})$内。所以，当根据子样和原假设$H_0$算出来的统计量$u$落入该区域之中，就可以认为原假设$H_0$是可以接受的，于是区域$(-u_{\alpha/2},+u_{\alpha/2})$称为接受域；而若经计算的统计量$u$落入了该区域之外，就表示概率很小的事件居然发生了，根据上面介绍的小概率推断原理，可以认为原假设H_0是错误的，应拒绝接受H_0，所以把区域$(-\infty,-u_{\alpha/2})$和$(u_{\alpha/2},+\infty)$称为拒绝域。接受域与拒绝域的临界值$-u_{\alpha/2}$和$u_{\alpha/2}$称为分位值，分位值应根据统计量服从的分布、显著水平α等在分布表中查取。

如图 10.1（a）所示，式（10-1）所示的情况是将拒绝域放在分布密度曲线的两侧（也称为双尾）上，每一侧上的拒绝概率为$\alpha/2$，查取分位值时也用$\alpha/2$的概率进行，这种检验法称为双尾检验法。根据提出假设H_0的不同，拒绝域也会放到分布曲线的某一侧上，如图 10.1（b）所示，称为单尾拒绝域，这种检验法称为单尾检验法。

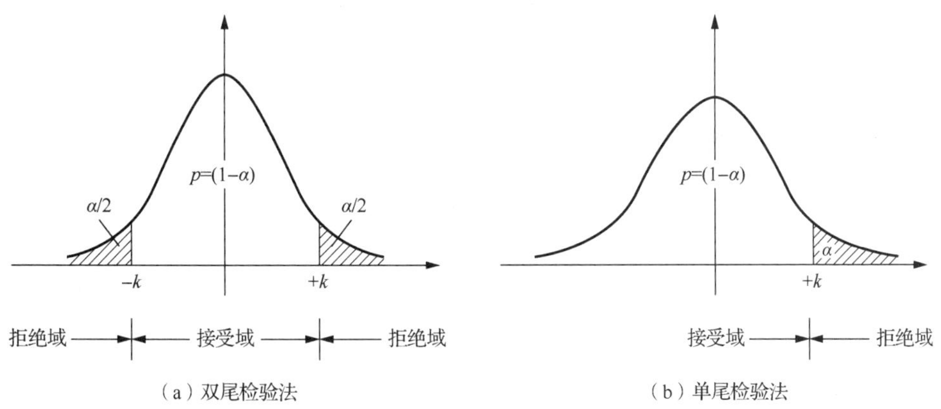

图 10.1 双尾和单尾检验的概率分布密度曲线

从图 10.1 可看出，接受域和拒绝域的大小与给定的显著水平α值的大小有关。α越大则拒绝域越大，H_0被拒绝的机会越多；α越小则接受域越大，H_0被接受的机会越多。α的大小应根据问题的性质选定，当不应轻易拒绝原假设H_0时，应选择较小的α值。

10.1.5 两类错误

由上述假设检验的思想可知，假设检验是以小概率事件在一次试验中实际上是不可能发生的这一前提为依据的。但是，虽然小概率事件出现的概率很小，但并不是说这种事件就完全不可能发生。事实上，如果重复抽取容量为n的许多组子样，由于抽样的随机性，子样均值$\bar{x}$不可能完全相同，因而由此算得的统计量的数值也具有随机性。若检

验的显著水平定为$\alpha = 0.05$，那么，即使原假设H_0是正确的（真的），其中仍有约 5%的数值将会落入拒绝域中。由此可见，进行任何假设检验总是有做出不正确判断的可能性，换言之，不可能绝对不犯错误，只不过犯错误的可能性很小而已。

1. 第一类错误

当H_0为真（正确）时而遭到拒绝的错误称为犯第一类错误，也称为弃真的错误，如图 10.2 所示。犯第一类错误的概率就是α。

2. 第二类错误

同样地，当H_0为不真（不正确）时，也有可能接受H_0，这种错误称为犯第二类错误，或称为纳伪的错误，如图 10.2 所示。犯第二类错误的概率为β。

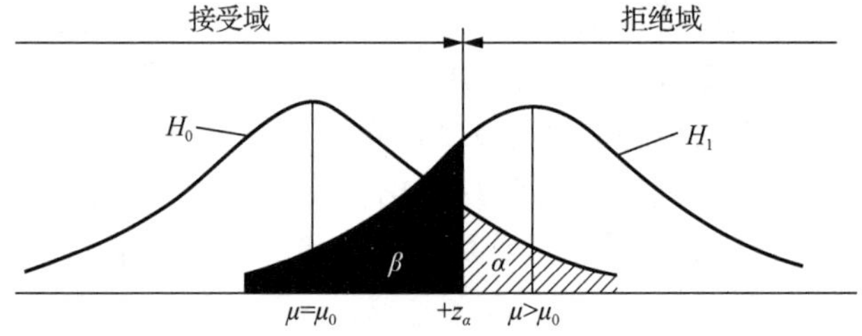

图 10.2　α与β间的关系

显然，当子样容量n确定后，犯这两类错误的概率不可能同时减小。当α增大时，β减小；当α减小时，β增大。检验时，一般控制α的值，对β的值一般不做明确规定。

10.1.6　检验功效

当H_1为真时，拒绝H_0，判断正确，其概率为$1-\beta$。这种做出正确判断的概率称为检验功效。

假设检验的 4 种可能性列于表 10-1。

表 10-1　假设检验的 4 种可能性

现象	判断	结果	概率
H_0为真	接受	正确	$1-\alpha$
	拒绝	第一类错误（弃真）	α
H_0为不真（H_1为真）	接受	第二类错误（纳伪）	β
	拒绝	正确	$1-\beta$（检验功效）

10.1.7　进行统计假设检验的步骤

概括起来说，进行统计假设检验的步骤如下。

1）根据实际需要提出原假设H_0和备选假设H_1。

2）选取适当的显著水平 α 。

3）确定检验用的统计量，其分布应是已知的。

4）根据选取的显著水平 α ，查找相关分布表得分位值，若被检验的数值落入拒绝域，则拒绝 H_0 （接受 H_1 ）；否则，接受 H_0 （拒绝 H_1 ）。

10.2 残差平方和的分布

在测量平差中残差是一种重要的统计量，研究有关残差、方差的统计估计和假设检验方法都涉及残差带权平方和的概率分布。

残差带权平方和除以单位权方差服从 χ^2 分布，即

$$\boldsymbol{V}^{\mathrm{T}}\boldsymbol{PV}/\sigma_0^2 \sim \chi^2_{(r)} \tag{10-2}$$

式中，r 为平差中的多余观测数。由于 $\boldsymbol{V}^{\mathrm{T}}\boldsymbol{PV},\sigma_0^2,r$ 对于一个平差系统而言是不变量，因此与具体采用的平差方法无关。下面以间接平差为例予以证明。

间接平差中，残差为

$$\boldsymbol{V} = \boldsymbol{B}\hat{\boldsymbol{X}} - \boldsymbol{l} = (\boldsymbol{BN}^{-1}\boldsymbol{B}^{\mathrm{T}} - \boldsymbol{Q})\boldsymbol{Pl} = -\boldsymbol{Q}_{VV}\boldsymbol{Pl} \tag{10-3}$$

式中顾及了 $\boldsymbol{Q}_{VV} = \boldsymbol{Q} - \boldsymbol{BN}^{-1}\boldsymbol{B}^{\mathrm{T}}$，$\boldsymbol{N} = \boldsymbol{B}^{\mathrm{T}}\boldsymbol{PB}$ ，故有

$$\varOmega = \boldsymbol{V}^{\mathrm{T}}\boldsymbol{PV} = \boldsymbol{l}^{\mathrm{T}}\boldsymbol{PQ}_{VV}\boldsymbol{PQ}_{VV}\boldsymbol{Pl} \tag{10-4}$$

因为

$$\boldsymbol{PQ}_{VV}\boldsymbol{PQ}_{VV} = \boldsymbol{P}(\boldsymbol{Q} - \boldsymbol{BN}^{-1}\boldsymbol{B}^{\mathrm{T}})\boldsymbol{P}(\boldsymbol{Q} - \boldsymbol{BN}^{-1}\boldsymbol{B}^{\mathrm{T}}) = \boldsymbol{PQ}_{VV}$$

即 $\boldsymbol{PQ}_{VV}$ （或 $\boldsymbol{Q}_{VV}\boldsymbol{P}$ ）为幂等矩阵，故式（10-4）可简化为

$$\varOmega = \boldsymbol{V}^{\mathrm{T}}\boldsymbol{PV} = \boldsymbol{l}^{\mathrm{T}}\boldsymbol{PQ}_{VV}\boldsymbol{Pl} \tag{10-5}$$

做 $\boldsymbol{l}$ 的二次型函数为

$$\varOmega/\sigma_0^2 = \boldsymbol{l}^{\mathrm{T}}\frac{\boldsymbol{PQ}_{VV}\boldsymbol{P}}{\sigma_0^2}\boldsymbol{l} \tag{10-6}$$

式中，已知 $\boldsymbol{l} \sim N(E(\boldsymbol{l}),D(\boldsymbol{L})),D(\boldsymbol{L}) = D(\boldsymbol{\Delta}) = \sigma_0^2\boldsymbol{P}^{-1}$ ，二次型母矩阵 $\boldsymbol{PQ}_{VV}\boldsymbol{P}/\sigma_0^2$ 对称，其与 $D(\boldsymbol{\Delta})$ 的乘积

$$\boldsymbol{PQ}_{VV}\boldsymbol{P}/\sigma_0^2 \cdot \sigma_0^2\boldsymbol{P}^{-1} = \boldsymbol{PQ}_{VV}$$

为幂等矩阵，满足二次型分布定理，故有

$$\varOmega/\sigma_0^2 \sim \chi'^2_{(R(\boldsymbol{M}),\lambda)} \tag{10-7}$$

式中，$R(\boldsymbol{M})$ 为式（10-6）中二次型母矩阵 $\boldsymbol{M}$ 的秩，在这里 $\boldsymbol{M} = \boldsymbol{PQ}_{VV}\boldsymbol{P}/\sigma_0^2$，其秩为

$$r(\boldsymbol{PQ}_{VV}\boldsymbol{P}/\sigma_0^2) = r(\boldsymbol{PQ}_{VV}\boldsymbol{P}) = r(\boldsymbol{PQ}_{VV}) \tag{10-8}$$

因为 $\boldsymbol{PQ}_{VV}$ 为幂等矩阵，其秩等于其迹，故有

$$r(\boldsymbol{PQ}_{VV}\boldsymbol{P}/\sigma_0^2) = \mathrm{tr}(\boldsymbol{PQ}_{VV}) = (\mathrm{tr}(\boldsymbol{I} - \boldsymbol{BN}^{-1}\boldsymbol{B}^{\mathrm{T}}\boldsymbol{P}) = \mathrm{tr}(\boldsymbol{I}) - \mathrm{tr}(\boldsymbol{NN}^{-1}) = n - t = r$$

计算非中心参数如下：

$$\lambda = E^{\mathrm{T}}(\boldsymbol{l})\frac{\boldsymbol{P}\boldsymbol{Q}_{VV}\boldsymbol{P}}{\sigma_0^2}E(\boldsymbol{l}) = (\boldsymbol{B}\tilde{\boldsymbol{X}})^{\mathrm{T}}\boldsymbol{P}\boldsymbol{Q}_{VV}\boldsymbol{P}\boldsymbol{B}\tilde{\boldsymbol{X}}/\sigma_0^2$$
$$= \tilde{\boldsymbol{X}}^{\mathrm{T}}\boldsymbol{B}^{\mathrm{T}}\boldsymbol{P}(\boldsymbol{Q}-\boldsymbol{B}\boldsymbol{N}^{-1}\boldsymbol{B}^{\mathrm{T}})\boldsymbol{P}\boldsymbol{B}\tilde{\boldsymbol{X}}/\sigma_0^2 = \tilde{\boldsymbol{X}}^{\mathrm{T}}(\boldsymbol{N}-\boldsymbol{N}\boldsymbol{N}^{-1}\boldsymbol{N})\tilde{\boldsymbol{X}}/\sigma_0^2 = 0$$

由此可知，Ω/σ_0^2 为自由度 r 的 χ^2 变量，即

$$\Omega/\sigma_0^2 = \boldsymbol{V}^{\mathrm{T}}\boldsymbol{P}\boldsymbol{V}/\sigma_0^2 \sim \chi^2_{(r)} \tag{10-9}$$

特别地，当 $\boldsymbol{P}=\boldsymbol{I}$ 时，有

$$\Omega/\sigma_0^2 = \boldsymbol{V}^{\mathrm{T}}\boldsymbol{V}/\sigma_0^2 \sim \chi^2_{(r)} \tag{10-10}$$

10.3 统计假设检验的基本方法

正态分布是母体中最常见的分布，所抽取的子样也服从正态分布，由此类子样构成的统计量是进行假设检验时最常用的统计量，以下的几种参数假设检验方法均是此类统计量。

1. u 检验法

设母体服从正态分布 $N(\mu,\sigma^2)$，母体方差 σ^2 为已知。从母体中随机抽取容量为 n 的子样，可求得子样均值 $\bar{x}$，利用子样均值 $\bar{x}$ 对母体均值 μ 进行假设检验可用统计量 $u=\dfrac{\bar{x}-\mu}{\sigma/\sqrt{n}}$，其分布为标准正态分布，即

$$u=\frac{\bar{x}-\mu}{\sigma/\sqrt{n}} \tag{10-11}$$

将这种服从标准正态分布的统计量称为 u 变量，利用 u 统计量所进行的检验方法称为 u 检验法。

例 10-1 已知基线长 $L_0=5080.219\text{m}$，认为无误差。为了鉴定全站仪，用该仪器对该基线施测 34 个测回，得平均值 $\bar{x}=5080.253\text{m}$。已知 $\sigma_0=0.08\text{m}$，则该仪器测量的长度是否有显著的系统误差（取 $\alpha=0.05$）？

解：1）H_0：$\mu=L_0=5080.219\text{m}$。

2）当 H_0 成立时，计算统计量值为

$$u=\frac{\bar{x}-L_0}{\sigma/\sqrt{n}}=\frac{5080.253-5080.219}{0.08/\sqrt{34}}\approx 2.48$$

3）查得 $u_{\alpha/2}=u_{0.025}=1.96$。

因为 $u=2.48>u_{\alpha/2}=1.96$，故拒绝 H_0，即认为在 $\alpha=0.05$ 的显著水平下，该仪器测量的长度存在系统误差。

u 检验法不仅可以检验单个正态母体参数，还可以在两个正态母体方差 σ_1^2,σ_2^2 已知的条件下，对两个母体均值是否存在显著性差异进行检验。

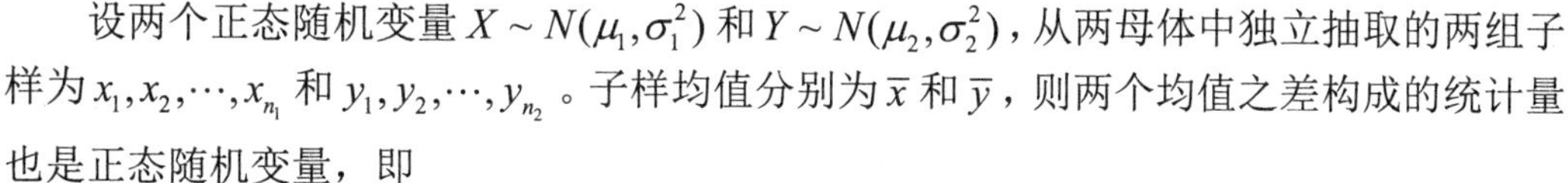

设两个正态随机变量 $X \sim N(\mu_1,\sigma_1^2)$ 和 $Y \sim N(\mu_2,\sigma_2^2)$，从两母体中独立抽取的两组子样为 $x_1,x_2,\cdots,x_{n_1}$ 和 $y_1,y_2,\cdots,y_{n_2}$ 。子样均值分别为 $\bar{x}$ 和 $\bar{y}$，则两个均值之差构成的统计量也是正态随机变量，即

$$(\bar{x}-\bar{y}) \sim N\left(\mu_1-\mu_2,\frac{\sigma_1^2}{n_1}+\frac{\sigma_2^2}{n_2}\right)$$

标准化得

$$\frac{(\bar{x}-\bar{y})-(\mu_1-\mu_2)}{\sqrt{\dfrac{\sigma_1^2}{n_1}+\dfrac{\sigma_2^2}{n_2}}} \sim N(0,1)$$

如果两母体方差相等，设为 $\sigma_1^2=\sigma_2^2$，则上式变为

$$\frac{(\bar{x}-\bar{y})-(\mu_1-\mu_2)}{\sigma\sqrt{\dfrac{1}{n_1}+\dfrac{1}{n_2}}} \sim N(0,1)$$

例 10-2　根据两个测量技术员用某种全站仪观测水平角的长期观测资料统计，观测服从正态分布，一个测回中误差均为 $\sigma_0=0.62''$。现两人对同一角度进行观测，甲观测了 14 个测回，得平均值 $\bar{x}=34^\circ 20'3.50''$，乙观测了 10 个测回，得平均值 $\bar{y}=34^\circ 20'3.24''$，则二人观测结果的差异是否显著（取 $\alpha=0.05$ ）？

解：1）假设 H_0：$\mu_1=\mu_2$； H_1：$\mu_1 \neq \mu_2$。

2）当 H_0 成立时，计算统计量值为

$$u=\frac{(\bar{x}-\bar{y})-(\mu_1-\mu_2)}{\sqrt{\dfrac{\sigma_1^2}{n_1}+\dfrac{\sigma_2^2}{n_2}}}=\frac{(\bar{x}-\bar{y})}{\sqrt{\dfrac{\sigma_0^2}{n_1}+\dfrac{\sigma_0^2}{n_2}}}=\frac{34^\circ 20'3.50''-34^\circ\ 20'3.24''}{0.62\sqrt{\dfrac{1}{14}+\dfrac{1}{10}}}\approx 1.01$$

3）查表得 $u_{\alpha/2}=u_{0.025}=1.96$。

因为 $u=1.01<u_{\alpha/2}=1.96$，故接受 H_0，即认为在 $\alpha=0.05$ 的显著水平下，二人观测的结果无显著差异。

在实际测量工作中，真正的 σ 经常是未知的，一般是利用实测结果计算的估值代替。数理统计中已说明，这种代替，当子样容量 $n>200$ 时，可认为是严密的；一般当 $n>30$ 时，用 $\hat{\sigma}$ 代替 σ 进行 u 检验认为是近似可用的。当母体方差未知，检验问题又是小子样时，u 检验法便不能再应用，须用以下的 t 检验法对母体均值 μ 进行检验。

2. *t* 检验法

设母体服从正态分布 $N(\mu,\sigma^2)$，母体方差 σ^2 未知。从母体中随机抽取容量为 n 的子样，可求得子样均值 $\bar{x}$ 和子样中误差 $\hat{\sigma}(m)$，利用子样均值 $\bar{x}$ 和子样中误差 $\hat{\sigma}(m)$ 对母体均值 μ 进行假设检验，则可利用统计量 $t=\dfrac{\bar{x}-\mu}{\hat{\sigma}/\sqrt{n}}$，但统计量 t 已不服从正态分布，而是

服从自由度为$n-1$的t分布，即

$$t=\frac{\overline{x}-\mu}{\hat{\sigma}/\sqrt{n}}\sim t(n-1) \tag{10-12}$$

用统计量t检验正态母体数学期望的方法，称为t检验法。

例 10-3 为了测定全站仪视距常数是否正确，设置一条基线，其长为100m，与视距精度相比可视为无误差，用该仪器进行视距测量，量得长度为100.3，99.5，99.7，100.2，100.4，100.0，99.8，99.4，99.9，99.7，100.3，100.2 试检验该仪器视距常数是否正确。

解：

$$n=12$$

$$\overline{x}=\frac{1}{n}\sum_{i=1}^{12}x_i=\frac{1}{12}(100.3+99.5+99.7+100.2+100.4+100.0$$
$$+99.8+99.4+99.9+99.7+100.3+100.2)=99.95$$

$$\hat{\sigma}=\sqrt{\frac{\sum_{i=1}^{n}(x_i-\overline{x})^2}{n-1}}\approx 0.37$$

$$t=\frac{\overline{x}-\mu}{\hat{\sigma}/\sqrt{n}}=\frac{99.95-100}{0.37/\sqrt{12}}\approx -0.46$$

假设H_0：$\mu=100$；H_1：$\mu\neq 100$。

选定$\alpha=0.05$，自由度$n-1=11,\alpha=0.05$，查t分布表得$t_{\alpha/2}=2.2$，现$|t|<t_{\alpha/2}$，故接受H_0，可认为在100m左右范围内，视距常数正确。

同样，t检验法不仅可以检验单个正态母体参数，还可以对两个母体均值是否存在显著性差异进行检验。

设两个正态随机变量$X\sim N(\mu_1,\sigma_1)$和$Y\sim N(\mu_2,\sigma_2)$，σ_1^2,σ_2^2未知，但已知$\sigma_1^2=\sigma_2^2$，设$\sigma_1^2=\sigma_2^2=\sigma^2$。

从两母体中独立抽取的两组子样为$x_1,x_2,\cdots,x_{n_1}$和$y_1,y_2,\cdots,y_{n_2}$。子样均值分别为$\overline{x}$和$\overline{y}$，子样方差分别为σ_1^2,σ_2^2，则两个均值之差构成服从t分布的统计量，即

$$t=\frac{\dfrac{(\overline{x}-\overline{y})-(\mu_1-\mu_2)}{\sqrt{\dfrac{1}{n_1}+\dfrac{1}{n_2}}}}{\sqrt{\dfrac{(n_1-1)\hat{\sigma}_1^2+(n_2-1)\hat{\sigma}_2^2}{n_1+n_2-2}}}\sim t(n_1+n_2-2) \tag{10-13}$$

例 10-4 为了了解白天和夜晚对观测角度的影响，用同一台全站仪在白天观测了9个测回，夜晚观测了8个测回，其结果如下。

白天观测成果：$\overline{x}=46^\circ 28'30.2''$，$\hat{\sigma}_1^2=0.49('')^2$；夜晚观测成果：$\overline{y}=46^\circ 28'28.7''$，$\hat{\sigma}_2^2=0.53('')^2$。则日夜观测结果有无显著的差异（取$\alpha=0.05$）？

解：1）假设H_0：$\mu_1=\mu_2$；H_1：$\mu_1\neq\mu_2$。

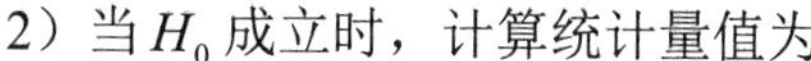

2）当 H_0 成立时，计算统计量值为

$$t=\frac{\dfrac{(\bar{x}-\bar{y})-(\mu_1-\mu_2)}{\sqrt{\dfrac{1}{n_1}+\dfrac{1}{n_2}}}}{\sqrt{\dfrac{(n_1-1)\hat{\sigma}_1^2+(n_2-1)\hat{\sigma}_2^2}{n_1+n_2-2}}}=\frac{\dfrac{(46°28'30.2''-46°28'28.7'')}{\sqrt{\dfrac{1}{9}+\dfrac{1}{8}}}}{\sqrt{\dfrac{(9-1)\times 0.49+(8-1)\times 0.53}{9+8-2}}}\approx 4.3283$$

3）查表得 $t_{\alpha/2}=t_{0.025}=2.1315$。

因为 $t=4.3283>t_{\alpha/2}=2.1315$，故拒绝 H_0，即认为在 $\alpha=0.05$ 的显著水平下，日夜观测结果有显著的差异。

顺便指出，当 t 的自由度 $n-1>30$ 时，t 检验法与 u 检验法的检验结果实际相同。t 检验法也可用来检验两个正态母体的数学期望是否相等。

3. χ^2 检验法

设母体服从正态分布 $N(\mu,\sigma^2)$，母体方差 σ^2 未知。从母体中随机抽取容量为 n 的子样，可求得子样方差 $\hat{\sigma}^2(m^2)$，利用子样方差 $\hat{\sigma}^2(m^2)$ 对母体方差 σ^2 进行假设检验，可利用统计量 $\chi^2=\dfrac{(n-1)\hat{\sigma}^2}{\sigma^2}$，此统计量服从自由度为 $n-1$ 的 χ^2 分布，即

$$\chi^2=\frac{[vv]}{\sigma^2}=\frac{(n-1)\hat{\sigma}^2}{\sigma^2}\sim\chi^2(n-1) \tag{10-14}$$

这种用统计量 χ^2 对母体方差进行假设检验的方法称为 χ^2 检验法。

例 10-5　用某种类型的全站仪观测水平角，由长期观测资料统计该类仪器一个测回的测角中误差 $\sigma_0=1.80''$。今用试制的同类仪器对某一角观测了 10 个测回，求得一个测回的测角中误差 $\hat{\sigma}_0=1.70''$，则新旧两种仪器的测角精度是否相同（取 $\alpha=0.05$）？

解：1）假设 H_0：$\sigma^2=\sigma_0^2=1.80^2$；$H_1$：$\sigma^2\neq\sigma_0^2\neq 1.80^2$。

2）当 H_0 成立时，计算统计量值为

$$\chi^2=\frac{(n-1)\hat{\sigma}^2}{\sigma_0^2}=\frac{9\times 1.70^2}{1.80^2}=8.028$$

3）查表得 $\chi^2_{0.975}(9)=2.700$，$\chi^2_{0.025}=19.023$。

因为 χ^2 落在(2.700,19.023)区间，故接受 H_0，即认为在 $\alpha=0.05$ 的显著水平下，新旧两种仪器的测角精度相同。

4. F 检验法

设有两个正态母体 $N(\mu_1,\sigma_1^2)$ 和 $N(\mu_2,\sigma_2^2)$，母体方差 σ_1^2 和 σ_2^2 未知。从两个母体中随机抽取容量为 n_1 和 n_2 的两组子样，求得两组子样的子样方差 $\hat{\sigma}_1^2$ 和 $\hat{\sigma}_2^2$，则有

$$\begin{cases} \dfrac{(n_1-1)\hat{\sigma}_1^2}{\sigma_1^2} \sim \chi^2(n_1-1) \\ \dfrac{(n_2-1)\hat{\sigma}_2^2}{\sigma_2^2} \sim \chi^2(n_2-1) \end{cases} \tag{10-15}$$

利用子样方差 $\hat{\sigma}_1^2$ 和 $\hat{\sigma}_2^2$ 的上述信息对母体方差 σ_1^2 和 σ_2^2 是否相等进行假设检验，则有

$$F = \frac{\dfrac{(n_1-1)\hat{\sigma}_1^2}{\sigma_1^2}/(n_1-1)}{\dfrac{(n_2-1)\hat{\sigma}_2^2}{\sigma_2^2}/(n_2-1)} = \frac{\sigma_2^2\hat{\sigma}_1^2}{\sigma_1^2\hat{\sigma}_2^2} \tag{10-16}$$

此统计量服从 F 分布，即

$$F = \frac{\sigma_2^2}{\sigma_1^2}\frac{\hat{\sigma}_1^2}{\hat{\sigma}_2^2} \sim F(n_1-1, n_2-1) \tag{10-17}$$

例 10-6 用两台经纬仪对同一角度进行观测，用第一台观测了 9 个测回，得一测回测角中误差估值 $\hat{\sigma}_1 = 1.5''$，用第二台也观测了 9 个测回，得一测回测角中误差估值 $\hat{\sigma}_2 = 2.4''$，则两台仪器的测角精度差异是否显著（取 $\alpha = 0.05$）？

解：1）假设 H_0：$\sigma_1 = \sigma_2$； H_1：$\sigma_1 \neq \sigma_2$。

2）当 H_0 成立时，计算统计量值为

$$F = \frac{\hat{\sigma}_1^2\sigma_2^2}{\hat{\sigma}_2^2\sigma_1^2} = \frac{2.4^2}{1.5^2} \approx 2.56$$

3）查表得 $F_{\alpha/2}(n_1-1, n_2-1) = F_{\alpha/2}(8,8) = 4.43$。

因为 $F = 2.56 < F_{\alpha/2} = 4.43$，故接受 H_0，即认为在 $\alpha = 0.05$ 的显著水平下，两台仪器的测角精度无显著差异。

例 10-7 给出两台全站仪测定某一距离的测回数和计算的测距方差如下。全站仪甲：$n_1 = 8$，$\hat{\sigma}_1^2 = 0.10\text{cm}^2$；全站仪乙：$n_2 = 12$，$\hat{\sigma}_2^2 = 0.07\text{cm}^2$。试在显著水平 $\alpha = 0.05$ 下，检验两台仪器测距精度是否有显著差别。

解：假设 H_0：$\sigma_1^2 = \sigma_2^2$； H_1：$\sigma_1^2 \neq \sigma_2^2$。

以分子自由度为 7，分母自由度为 11，查得 $F_{0.025} = 3.76$，计算统计量为

$$F = \frac{\hat{\sigma}_1^2}{\hat{\sigma}_2^2} = \frac{0.10}{0.07} = 1.43$$

因为 $F < F_{\alpha/2}$，所以接受 H_0。

如果假设全站仪乙测距精度比甲低，则此时的 $\hat{\sigma}_1^2 = 0.07\text{cm}^2$，$\hat{\sigma}_2^2 = 0.10\text{cm}^2$，原假设和备选假设为

$$H_0\text{：}\sigma_1^2 = \sigma_2^2\text{；}\ H_1\text{：}\sigma_1^2 > \sigma_2^2$$

统计量为

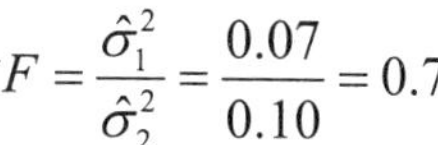

$$F=\frac{\hat{\sigma}_1^2}{\hat{\sigma}_2^2}=\frac{0.07}{0.10}=0.7$$

在 F 分布表查得 $F_{0.05}(11,7)=3.60, F<F_{\alpha}, H_0$ 成立，故测距仪乙的测距精度不比甲低。因在 F 分布表中的值均大于 1，若发现 F 值小于 1，则 H_0 必成立。

10.4　统计假设检验在测量中的应用

10.4.1　平差参数的统计检验

在有些平差问题中，需要了解所求的某个平差参数是否与一个已知的值相符；用不同的仪器和方案得到的两组观测数据，其平差后的同名参数结果是否一致，或者不同时间观测的同名参数有无变化；等等。对于这类问题就要对平差参数的某种假设进行统计检验。

1. 一个平差参数 $\hat{x}_i$ 是否与已知值 w_i 相等的检验

原假设和备选假设为

$$H_0: E(\hat{x}_i)=w_i ;\quad H_1: E(\hat{x}_i)\neq w_i$$

当 σ_0^2 已知时，采用 u 双尾检验法，使用如下统计量：

$$u=\frac{\hat{x}_i-w_i}{\sigma_{\hat{x}_i}}=\frac{\hat{x}_i-w_i}{\sigma_0\sqrt{Q_{\hat{x}_i\hat{x}_i}}}\sim N(0,1) \tag{10-18}$$

给定置信水平 α，查表或计算可得 $u_{\alpha/2}$。如果 $|u|<u_{\alpha/2}$，则接受 H_0，拒绝 H_1；否则，接受 H_1，拒绝 H_0。

当 σ_0^2 未知时，用 t 双尾检验法，使用如下统计量：

$$t=\frac{\hat{x}_i-w_i}{\hat{\sigma}_{\hat{x}_i}}=\frac{\hat{x}_i-w_i}{\hat{\sigma}_0\sqrt{Q_{\hat{x}_i\hat{x}_i}}}\sim t(n-t) \tag{10-19}$$

式中，$n-t$ 是自由度，即多余观测个数。给定置信水平 α，查表或计算可得 $t_{\alpha/2}(n-t)$。如果 $|t|<t_{\alpha/2}(n-t)$，则接受 H_0，拒绝 H_1；否则，接受 H_1，拒绝 H_0。

例 10-8　在某一水准网中，平差参数 $\hat{x}_1$ 和 $\hat{x}_2$ 为待定点 P_1 和 P_2 的高程，并求得

$$\hat{X}_1=X_1^0+\hat{x}_1=6.375(\text{m}),\quad \hat{X}_2=X_2^0+\hat{x}_1=7.028(\text{m})$$

$$\hat{\sigma}_0=2.2\text{mm},\quad \boldsymbol{Q}_{\hat{x}\hat{x}}=\begin{bmatrix}0.53 & 0.16\\ 0.16 & 0.78\end{bmatrix},\quad n-t=4$$

网中 P_2 点原来是已知点，其高程 $H_2=7.045\text{m}$，但对其高程的正确性存在疑问，故平差时将其作为待定点，通过平差检验其高程的正确性。

解：假设 H_0：$E(\hat{X}_2)=7.045$; H_1：$E(\hat{X}_2)\neq 7.045$。

根据式（10-19）计算统计量为

$$t=\frac{(7.028-7.045)\times 1000}{2.2\sqrt{0.78}}\approx -9.0$$

以 $\alpha=0.05$，自由度为 4，查表可得 $t_{0.0025}(4)=2.78$，$|t|>t_{0.0025}(4)$，故拒绝 H_0，即接受 H_1，判断 P_2 点原高程不正确，不能作为起始数据。

2. 两个独立平差系统的同名参数差异性的检验

设对控制网进行了不同时刻的两期观测，分别平差，获得同名点坐标 $\hat{x}$ 的两期成果为

第 I 期：$\hat{X}_{\rm I}=X_{\rm I}^0+\hat{x}_{\rm I},Q_{\hat{x}_{\rm I}\hat{x}_{\rm I}},\hat{\sigma}_{0{\rm I}}=\dfrac{(\boldsymbol{V}^{\rm T}\boldsymbol{PV})_{\rm I}}{f_{\rm I}}$；

第 II 期：$\hat{X}_{\rm II}=X_{\rm II}^0+\hat{x}_{\rm II},Q_{\hat{x}_{\rm II}\hat{x}_{\rm II}},\hat{\sigma}_{0{\rm II}}=\dfrac{(\boldsymbol{V}^{\rm T}\boldsymbol{PV})_{\rm II}}{f_{\rm II}}$。

试检验这个同名点坐标两期平差所得的平差值之间是否存在差异。

假设 H_0：$E(\hat{X}_{\rm I})=E(\hat{X}_{\rm II})$；$H_1$：$E(\hat{X}_{\rm I})\neq E(\hat{X}_{\rm II})$。

采用 t 检验法，使用如下统计量：

$$t=\frac{\hat{X}_{\rm I}-\hat{X}_{\rm II}}{\sqrt{\hat{\sigma}_{\hat{X}_{\rm I}}^2+\hat{\sigma}_{\hat{X}_{\rm II}}^2}}=\frac{\hat{X}_{\rm I}-\hat{X}_{\rm II}}{\sqrt{\hat{\sigma}_{0{\rm I}}^2 Q_{\hat{X}_{\rm I}\hat{X}_{\rm I}}+\hat{\sigma}_{0{\rm II}}^2 Q_{\hat{X}_{\rm II}\hat{X}_{\rm II}}}}\sim t(f_1+f_2) \tag{10-20}$$

给定置信水平 α，查表或计算可得 $t_{\alpha/2}(f_1+f_2)$。如果 $|t|<t_{\alpha/2}(f_1+f_2)$，则接受 H_0，拒绝 H_1；否则，接受 H_1，拒绝 H_0。

例 10-9 同例 10-8，设该例是在 2011 年所测的成果，又在 2013 年对该水准网进行了复测，平差结果为

$$\hat{X}_1=6.360\text{m},\quad \hat{X}_2=7.026\text{m}$$

$$\hat{\sigma}_0=2.0\text{mm},\quad Q_{\hat{x}\hat{x}}=\begin{bmatrix}0.53 & 0.16\\ 0.16 & 0.78\end{bmatrix},\quad n-t=4$$

试检验 2013 年与 2011 年的两期所得同名点参数的差异性。

解：1）假设 H_0：$E(\hat{X}_{i{\rm I}})=E(\hat{X}_{i{\rm II}})$；$H_1$：$E(\hat{X}_{i{\rm I}})\neq E(\hat{X}_{i{\rm II}})$。

2）按式（10-20）计算统计量为

P_1 点：

$$t=\frac{(6.375-6.360)\times 1000}{\sqrt{2.2^2\times 0.53+2^2\times 0.53}}=\frac{15}{2.16}\approx 6.94$$

P_2 点：

$$t=\frac{(7.028-7.026)\times 1000}{\sqrt{2.2^2\times 0.78+2^2\times 0.78}}=\frac{2}{2.63}\approx 0.76$$

以 $\alpha=0.05$ 和自由度 $f=4+4=8$，查表可得 $t_{0.025}(8)=2.31$，可知 P_1 点的 $|t|=6.94>t_{0.025}(8)=2.31$，故拒绝 H_0，而 P_2 点的 $|t|=0.76<t_{0.025}(8)=2.31$，故接受 H_0。

以 $\alpha=0.05$ 判断 P_1 点在 2011～2013 年间其高程有变化，而 P_2 点在 2011～2013 年间其高程没有变化。

10.4.2　平差模型正确性的统计检验

测量平差的数学模型包含随机模型和函数模型，平差是在给定的函数模型和随机模型下求参数的最小二乘估计值。如果给定的数学模型不完善，就不能保证平差结果的最优性质。因此，对每个平差问题必须进行模型正确性的统计检验。

平差模型正确性检验是一种对平差模型的总体检验方法，以平差后计算的单位权方差估值（也称后验方差）$\hat{\sigma}^2$ 为统计量，以定权时采用单位权方差 σ_0^2 为先验值，两者应该统计一致。即应在一定显著水平 α 下，满足 $E(\hat{\sigma}_0^2)=\sigma_0^2$ 的原假设，如果原假设不满足，说明所求的 $\hat{\sigma}^2$ 并非 σ_0^2 的无偏估计，这是由平差模型不正确导致的，平差结果值得怀疑，平差模型可能有缺陷。

平差模型正确性检验假设为 H_0：$E(\hat{\sigma}_0^2)=\sigma_0^2$；$H_1$：$E(\hat{\sigma}_0^2)\neq\sigma_0^2$。
采用 χ^2 检验法，使用如下统计量：

$$\chi^2=\frac{(n-t)\hat{\sigma}_0^2}{\sigma_0^2}=\frac{\boldsymbol{V}^{\mathrm{T}}\boldsymbol{PV}}{\sigma_0^2}=r\frac{\hat{\sigma}_0^2}{\sigma_0^2}\sim\chi^2(r) \tag{10-21}$$

给定显著水平 α，查表可得 $\chi^2_{1-\alpha/2}(r)$ 和 $\chi^2_{\alpha/2}(r)$，得区间 $\left(\chi^2_{1-\alpha/2}(r),\quad \chi^2_{\alpha/2}(r)\right)$。如果计算的 χ^2 在此区间内，则接受 H_0，认为平差模型正确；否则拒绝 H_0，接受 H_1，认为平差模型不正确。只有在通过检验后才能使用平差成果，因此，平差模型的检验是平差中的一个重要组成部分，不应省略，但在实际工作中，往往被忽略，这是不严谨和不科学的。

例 10-10　某一矿区三等平面控制网多余观测数为 9，平差求得的测角中误差为 $\hat{\beta}=2.0''$，试检验平差模型的正确性($\alpha=0.05$)。

解：《工程测量规范》（GB 50026—2007）规定三等网的测角中误差为 $\sigma_0=1.8''$，因此，假设

$$H_0:\ E(\hat{\sigma}_\beta^2)=1.8^2;\quad H_1:\ E(\hat{\sigma}_\beta^2)\neq1.8^2$$

按式（10-21）计算统计量为

$$\chi^2=\frac{9\times4}{1.8^2}\approx11.11$$

以 $f=9$，$\alpha=0.05$ 查表可得 $\chi^2_{0.975}(9)=2.70,\chi^2_{0.025}(9)=19.0$，因此，$\chi^2_{0.975}(9)<\chi^2<\chi^2_{0.025}(9)$，故接受 H_0，说明平差模型正确。

例 10-11　某一水准网，平差前定权时，以 1km 观测高差为单位权观测，取 $P_i=1/S_i$。平差后，算得 $\hat{\sigma}_0^2=\dfrac{\boldsymbol{V}^{\mathrm{T}}\boldsymbol{PV}}{n-t}=4.94$。试在 $\alpha=0.05$ 下进行平差模型正确性检验。

解：因为定权时以 1km 观测高差为单位权观测，实际上就是取 1km 观测高差的中误差作为先验单位权中误差 σ_0，虽然本例中未说明 σ_0 是何值，但按什么等级进行水准

测量是已知的，因此σ_0就取 GB 50026—2007 规定的值。例如，若是二等水准测量，则$\sigma_0 = 1.0\text{mm}$；若是三等水准测量，则$\sigma_0 = 3.0\text{mm}$。

若是二等水准测量，则原假设和备选假设为

$$H_0：E(\hat{\sigma}_0^2) = 1.0；\quad H_1：E(\hat{\sigma}_0^2) \neq 1.0$$

计算统计量为

$$\chi^2 = \frac{\boldsymbol{V}^{\mathrm{T}}\boldsymbol{P}\boldsymbol{V}}{\sigma_0^2} = \frac{19.76}{1} = 19.76$$

以自由度$f = 4, \alpha = 0.05$查表可得$\chi_{0.975}^2(4) = 0.484, \chi_{0.025}^2(9) = 11.1$，可见$\chi^2$不在$(\chi_{0.975}^2(9), \chi_{0.025}^2(9))$内，应拒绝$H_0$，即本例对二等水准测量而言，平差模型不正确。

若是三等水准测量，原假设和备选假设为

$$H_0：E(\hat{\sigma}_0^2) = 9.0；\quad H_1：E(\hat{\sigma}_0^2) \neq 9.0$$

计算统计量为

$$\chi^2 = \frac{\boldsymbol{V}^{\mathrm{T}}\boldsymbol{P}\boldsymbol{V}}{\sigma_0^2} = \frac{19.76}{9} \approx 2.19$$

以自由度$f = 4, \alpha = 0.05$查表可得$\chi_{0.975}^2(4) = 0.484, \chi_{0.025}^2(9) = 11.1$，可见$\chi^2$在$(\chi_{0.975}^2(9), \chi_{0.025}^2(9))$内，应接受$H_0$，即本例对三等水准测量而言，平差模型正确。

从本例可知，如果平差后测量精度达不到预期的精度，可以降级使用。

第 11 章　现代平差理论

教学目标

本章简单介绍现代发展的平差理论和方法。通过本章的学习，应达到以下目标。

1）掌握序贯平差的基本原理。

2）掌握秩亏自由网平差的原理及其应用。

3）掌握附加系统参数平差的基本原理。

教学要求

知识要点	能力要求	相关知识
序贯平差	1）掌握序贯平差的基本原理； 2）掌握序贯平差的应用	1）序贯平差的基本原理； 2）序贯平差的计算； 3）序贯平差的精度评定； 4）实例分析
秩亏自由网平差	1）掌握秩亏自由网平差的基本原理； 2）掌握秩亏自由网的平差计算； 3）理解 $\boldsymbol{S}$ 的含义和作用	1）秩亏自由网的基本原理； 2）$\boldsymbol{S}$ 的构建原理； 3）实例分析
附加系统参数的平差	1）掌握附加系统参数平差的基本原理； 2）掌握附加系统参数的显著性检验	1）附加系统参数平差的基本原理； 2）附加系统参数的显著性检验方法； 3）实例分析

引例

随着现代数学理论、计算机和通信技术在测绘领域的广泛应用，以甚长基线干涉测量技术（very long baseline interferometry，VLBI）、卫星激光测距（satellite laser ranging，SLR）、激光测月（lunar laser ranging，LLR）、合成孔径雷达干涉测量技术（interferometric synthetic aperture radar，INSAR）、GPS、RS 等为代表的现代空间测量新技术不断发展和完善，测量数据处理的对象也由地球表面发展到空间。空间数据的高精度、高动态、多源性和误差来源的多样性，用前几章所讲述的 4 种经典平差（条件平差、间接平差、附有参数的条件平差及附有限制条件的间接平差）已经不能满足要求。例如，4 种经典平差要求系数矩阵为阵列满秩，而实际上出现了系数矩阵不是列满秩的情况；4 种经典平差中的参数要求是非随机参数，而目前出现了部分参数是随机变量的情况；4 种经典平差处理的是偶然误差，而目前要求既能处理偶然误差，又要处理系统误差和粗差。

针对上述问题，用前面介绍的平差理论不能很好地解决，本章对上述部分问题做出探讨。

11.1 序贯平差

序贯平差也称为逐次相关间接平差，它是将观测值分成两组或多组，按组的顺序分别做相关间接平差，不必考虑前一阶段的观测值，但利用前期平差结果，从而使其达到与两期网或多期网一起做整体平差相同的结果。分组后可以使每组的法方程阶数降低，减轻计算强度。该方法现在常用于控制网的改扩建或分期布网的平差计算，即观测值可以是不同期的，平差工作可以分期进行。序贯平差的递推公式有明显的规律性，特别适合计算机编程计算，所以用途广泛。

本节介绍的序贯平差，其参数不随时间变化，有时又称为静态卡尔曼滤波。下面以观测值分两组为例说明平差原理，在此基础上，再总结递推公式。

11.1.1 平差原理

设有 k 期参数不变的误差方程式及对应的观测值的权矩阵（观测值间互独立），即

$$\begin{cases} \boldsymbol{V}_1 = \boldsymbol{B}_1\hat{\boldsymbol{x}} - \boldsymbol{l}_1, \quad \boldsymbol{P}_1 = \boldsymbol{Q}_1^{-1} = \sigma^2\boldsymbol{D}_1^{-1} \\ \boldsymbol{V}_2 = \boldsymbol{B}_2\hat{\boldsymbol{x}} - \boldsymbol{l}_2, \quad \boldsymbol{P}_2 = \boldsymbol{Q}_2^{-1} = \sigma^2\boldsymbol{D}_2^{-1} \\ \qquad\qquad \vdots \\ \boldsymbol{V}_k = \boldsymbol{B}_k\hat{\boldsymbol{x}} - \boldsymbol{l}_k, \quad \boldsymbol{P}_k = \boldsymbol{Q}_k^{-1} = \sigma^2\boldsymbol{D}_k^{-1} \end{cases} \tag{11-1}$$

式（11-1）第一个误差方程用间接平差法（第一期平差）解得

$$\hat{\boldsymbol{x}}_{\mathrm{I}} = (\boldsymbol{B}_1^{\mathrm{T}}\boldsymbol{P}_1\boldsymbol{B}_1)^{-1}\boldsymbol{B}_1^{\mathrm{T}}\boldsymbol{P}_1\boldsymbol{l}_1 = \boldsymbol{Q}_{\hat{x}_{\mathrm{I}}}\boldsymbol{B}_1^{\mathrm{T}}\boldsymbol{P}_1\boldsymbol{l}_1 \tag{11-2}$$

式中，$\boldsymbol{Q}_{\hat{x}_{\mathrm{I}}} = (\boldsymbol{B}_1^{\mathrm{T}}\boldsymbol{P}_1\boldsymbol{B}_1)^{-1} = \boldsymbol{P}_{\hat{x}_{\mathrm{I}}}^{-1}$。

由式（11-1）的第一、第二个误差方程联合求解（称为二期平差），得

$$\begin{cases} \hat{\boldsymbol{x}}_{\mathrm{II}} = (\boldsymbol{B}_1^{\mathrm{T}}\boldsymbol{P}_1\boldsymbol{B}_1 + \boldsymbol{B}_2^{\mathrm{T}}\boldsymbol{P}_2\boldsymbol{B}_2)^{-1}(\boldsymbol{B}_1^{\mathrm{T}}\boldsymbol{P}_1\boldsymbol{l}_1 + \boldsymbol{B}_2^{\mathrm{T}}\boldsymbol{P}_2\boldsymbol{l}_2) = \boldsymbol{Q}_{\hat{x}_{\mathrm{II}}}(\boldsymbol{B}_1^{\mathrm{T}}\boldsymbol{P}_1\boldsymbol{l}_1 + \boldsymbol{B}_2^{\mathrm{T}}\boldsymbol{P}_2\boldsymbol{l}_2) \\ \quad = \boldsymbol{Q}_{\hat{x}_{\mathrm{II}}}(\boldsymbol{P}_{\hat{x}_{\mathrm{I}}}\hat{\boldsymbol{x}}_{\mathrm{I}} + \boldsymbol{B}_2^{\mathrm{T}}\boldsymbol{P}_2\boldsymbol{l}_2) \\ \boldsymbol{Q}_{\hat{x}_{\mathrm{II}}} = (\boldsymbol{B}_1^{\mathrm{T}}\boldsymbol{P}_1\boldsymbol{B}_1 + \boldsymbol{B}_2^{\mathrm{T}}\boldsymbol{P}_2\boldsymbol{B}_2)^{-1} = (\boldsymbol{P}_{\hat{x}_{\mathrm{I}}} + \boldsymbol{B}_2^{\mathrm{T}}\boldsymbol{P}_2\boldsymbol{B}_2)^{-1} \\ \boldsymbol{B}_1^{\mathrm{T}}\boldsymbol{P}\boldsymbol{l}_1 = \boldsymbol{P}_{\hat{x}_{\mathrm{I}}}\hat{\boldsymbol{x}}_{\mathrm{I}} \end{cases} \tag{11-3}$$

由式（11-3）的第二式，有

$$\boldsymbol{P}_{\hat{x}_{\mathrm{I}}} = \boldsymbol{Q}_{\hat{x}_{\mathrm{I}}}^{-1} = \boldsymbol{Q}_{\hat{x}_{\mathrm{II}}}^{-1} - \boldsymbol{B}_2^{\mathrm{T}}\boldsymbol{P}_2\boldsymbol{B}_2 \tag{11-4}$$

代入式（11-3）的第一式，可得

$$\hat{\boldsymbol{x}}_{\mathrm{II}} = \boldsymbol{Q}_{\hat{x}_{\mathrm{II}}}(\boldsymbol{P}_{\hat{x}_{\mathrm{I}}}\hat{\boldsymbol{x}}_{\mathrm{I}} + \boldsymbol{B}_2^{\mathrm{T}}\boldsymbol{P}_2\boldsymbol{l}_2) = \hat{\boldsymbol{x}}_{\mathrm{I}} + \boldsymbol{Q}_{\hat{x}_{\mathrm{II}}}\boldsymbol{B}_2^{\mathrm{T}}\boldsymbol{P}_2(\boldsymbol{l}_2 - \boldsymbol{B}_2\hat{\boldsymbol{x}}_{\mathrm{I}}) \tag{11-5}$$

由矩阵反演公式知

$$\begin{aligned} \boldsymbol{Q}_{\hat{x}_{\mathrm{II}}} &= (\boldsymbol{P}_{\hat{x}_{\mathrm{I}}} + \boldsymbol{B}_2^{\mathrm{T}}\boldsymbol{P}_2\boldsymbol{B}_2)^{-1} = \boldsymbol{Q}_{\hat{x}_{\mathrm{I}}} - \boldsymbol{Q}_{\hat{x}_{\mathrm{I}}}\boldsymbol{B}_2^{\mathrm{T}}(\boldsymbol{P}_2^{-1} + \boldsymbol{B}_2\boldsymbol{Q}_{\hat{x}_{\mathrm{I}}}\boldsymbol{B}_2^{\mathrm{T}})^{-1}\boldsymbol{B}_2\boldsymbol{Q}_{\hat{x}_{\mathrm{I}}} \\ &= \boldsymbol{Q}_{\hat{x}_{\mathrm{I}}} - \boldsymbol{Q}_{\hat{x}_{\mathrm{I}}}\boldsymbol{B}_2^{\mathrm{T}}(\boldsymbol{Q}_2 + \boldsymbol{B}_2\boldsymbol{Q}_{\hat{x}_{\mathrm{I}}}\boldsymbol{B}_2^{\mathrm{T}})^{-1}\boldsymbol{B}_2\boldsymbol{Q}_{\hat{x}_{\mathrm{I}}} \end{aligned} \tag{11-6}$$

式中，$\boldsymbol{Q}_{\hat{x}_{\mathrm{II}}}$ 表示第二期参数 $\hat{\boldsymbol{x}}_{\mathrm{II}}$ 的协因数矩阵；$\boldsymbol{Q}_2$ 表示第二期观测值的协因数矩阵。

将式（11-4）两边左乘 $\boldsymbol{Q}_{\hat{x}_{\mathrm{II}}}$ 得

$$\boldsymbol{Q}_{\hat{x}_{\mathrm{II}}}\boldsymbol{Q}_{\hat{x}_{\mathrm{I}}}^{-1}=1-\boldsymbol{Q}_{\hat{x}_{\mathrm{II}}}\boldsymbol{B}_2^{\mathrm{T}}\boldsymbol{P}_2\boldsymbol{B}_2$$

再对两边右乘 $\boldsymbol{Q}_{\hat{x}_{\mathrm{I}}}$，得

$$\boldsymbol{Q}_{\hat{x}_{\mathrm{II}}}=\boldsymbol{Q}_{\hat{x}_{\mathrm{I}}}-\boldsymbol{Q}_{\hat{x}_{\mathrm{II}}}\boldsymbol{B}_2^{\mathrm{T}}\boldsymbol{P}_2\boldsymbol{B}_2\boldsymbol{Q}_{\hat{x}_{\mathrm{I}}} \tag{11-7}$$

比较式（11-6）和式（11-7），有

$$\boldsymbol{Q}_{\hat{x}_{\mathrm{II}}}\boldsymbol{B}_2^{\mathrm{T}}\boldsymbol{P}_2=\boldsymbol{Q}_{\hat{x}_{\mathrm{I}}}\boldsymbol{B}_2^{\mathrm{T}}(\boldsymbol{Q}_2+\boldsymbol{B}_2\boldsymbol{Q}_{\hat{x}_{\mathrm{I}}}\boldsymbol{B}_2^{\mathrm{T}})^{-1} \tag{11-8}$$

将式（11-8）代入式（11-5），得

$$\hat{\boldsymbol{x}}_{\mathrm{II}}=\hat{\boldsymbol{x}}_{\mathrm{I}}+\boldsymbol{Q}_{\hat{x}_{\mathrm{II}}}\boldsymbol{B}_2^{\mathrm{T}}\boldsymbol{P}_2(\boldsymbol{l}_2-\boldsymbol{B}_2\hat{\boldsymbol{x}}_{\mathrm{I}})=\hat{\boldsymbol{x}}_{\mathrm{I}}+\boldsymbol{Q}_{\hat{x}_{\mathrm{I}}}\boldsymbol{B}_2^{\mathrm{T}}(\boldsymbol{Q}_2+\boldsymbol{B}_2\boldsymbol{Q}_{\hat{x}_{\mathrm{I}}}\boldsymbol{B}_2^{\mathrm{T}})^{-1}(\boldsymbol{l}_2-\boldsymbol{B}_2\hat{\boldsymbol{x}}_{\mathrm{I}}) \tag{11-9}$$

于是，就得到了两期观测值整体平差后参数值的计算公式［式（11-9）］和参数协因数阵的计算公式［式（11-6）］。参照这两式，可得第 k 期整体平差的递推公式为

$$\hat{\boldsymbol{x}}_k=\hat{\boldsymbol{x}}_{k-1}+\boldsymbol{Q}_{\hat{x}_{k-1}}\boldsymbol{B}_k^{\mathrm{T}}(\boldsymbol{Q}_k+\boldsymbol{B}_k\boldsymbol{Q}_{\hat{x}_{k-1}}\boldsymbol{B}_k^{\mathrm{T}})^{-1}(\boldsymbol{l}_k-\boldsymbol{B}_k\hat{\boldsymbol{x}}_{k-1}) \tag{11-10}$$

$$\boldsymbol{Q}_{\hat{x}_k}=\boldsymbol{Q}_{\hat{x}_{k-1}}-\boldsymbol{Q}_{\hat{x}_{k-1}}\boldsymbol{B}_k^{\mathrm{T}}(\boldsymbol{Q}_k+\boldsymbol{B}_k\boldsymbol{Q}_{\hat{x}_{k-1}}\boldsymbol{B}_k^{\mathrm{T}})^{-1}\boldsymbol{B}_k\boldsymbol{Q}_{\hat{x}_{k-1}} \tag{11-11}$$

令

$$\boldsymbol{J}_k=\boldsymbol{Q}_{\hat{x}_{k-1}}\boldsymbol{B}_k^{\mathrm{T}}(\boldsymbol{Q}_k+\boldsymbol{B}_k\boldsymbol{Q}_{\hat{x}_{k-1}}\boldsymbol{B}_k^{\mathrm{T}})^{-1},\quad \bar{\boldsymbol{l}}_k=\boldsymbol{l}_k-\boldsymbol{B}_k\hat{\boldsymbol{x}}_{k-1}$$

则式（11-10）和式（11-11）变为

$$\hat{\boldsymbol{x}}_k=\hat{\boldsymbol{x}}_{k-1}+\boldsymbol{J}_k\bar{\boldsymbol{l}}_k \tag{11-12}$$

$$\boldsymbol{Q}_{\hat{x}_k}=\boldsymbol{Q}_{\hat{x}_{k-1}}-\boldsymbol{J}_k\boldsymbol{B}_k\boldsymbol{Q}_{\hat{x}_{k-1}} \tag{11-13}$$

这两个公式的特点为：只要在第 $(k-1)$ 期平差值 $\hat{\boldsymbol{x}}_{k-1},\boldsymbol{Q}_{\hat{x}_{k-1}}$ 的基础上进行调整，就可得到第 k 期的平差值 $\hat{\boldsymbol{x}}_k,\boldsymbol{Q}_{\hat{x}_k}$，达到两期整体平差的结果。特别是第 k 期一般只取一个观测值的误差方程（称为逐次递推间接平差），则式中 $(\boldsymbol{Q}_k+\boldsymbol{B}_k\boldsymbol{Q}_{\hat{x}_{k-1}}\boldsymbol{B}_k^{\mathrm{T}})$ 就是一个标量，从而避免了矩阵求逆计算。

11.1.2　平差值的计算

在式（11-3）的第一个误差方程单独平差（一期平差）后，由参数 $\hat{\boldsymbol{x}}_{\mathrm{I}}$ 算得观测值 l_1 的一期改正数 $\boldsymbol{V}_1'$，与第二个误差方程联合整体平差（二期平差）后，参数平差值变成 $\hat{\boldsymbol{x}}_{\mathrm{II}}=\hat{\boldsymbol{x}}_{\mathrm{I}}+\Delta\boldsymbol{x}$，则 L_1 的改正数也变成了 $(\boldsymbol{V}_1'+\boldsymbol{V}_1'')$ 和 $(\hat{\boldsymbol{x}}_{\mathrm{I}}+\Delta\boldsymbol{x})$，代入第一误差方程，得

$$\boldsymbol{V}_1'+\boldsymbol{V}_1''=\boldsymbol{B}_1(\hat{\boldsymbol{x}}_{\mathrm{I}}+\Delta\boldsymbol{x})-\boldsymbol{l}_1$$

经过第一次平差已使得 $\boldsymbol{V}_1'=\boldsymbol{B}_1\hat{\boldsymbol{x}}_{\mathrm{I}}-\boldsymbol{l}_1$，则有 l_1 的二期改正数为

$$\boldsymbol{V}_1''=\boldsymbol{B}_1\Delta\boldsymbol{x} \tag{11-14}$$

式中，$\Delta\boldsymbol{x}$ 为两期平差的参数增量，即

$$\Delta\boldsymbol{x}=\hat{\boldsymbol{x}}_{\mathrm{II}}-\hat{\boldsymbol{x}}_{\mathrm{I}}=\boldsymbol{J}_2\bar{\boldsymbol{l}}_2 \tag{11-15}$$

在二期整体平差后，由第二个误差方程单独产生的关于 $\boldsymbol{l}_2$ 的改正数设为 $\boldsymbol{V}_2''$，它由

参数增量 $\Delta\boldsymbol{x}$ 引起，即

$$\boldsymbol{V}_2''=\boldsymbol{B}_2\hat{\boldsymbol{x}}_{\mathrm{II}}-\boldsymbol{l}_2=\boldsymbol{B}_2(\hat{\boldsymbol{x}}_{\mathrm{I}}+\Delta\boldsymbol{x})-\boldsymbol{l}_2=\boldsymbol{B}_2\Delta\boldsymbol{x}-(\boldsymbol{l}_2-\boldsymbol{B}_2\hat{\boldsymbol{x}}_{\mathrm{I}})=(\boldsymbol{B}_2\boldsymbol{J}_2-\boldsymbol{I})\overline{\boldsymbol{l}}_2 \tag{11-16}$$

$\boldsymbol{V}_2''$ 的计算思路是将一期平差得到的 $\hat{\boldsymbol{X}}_{\mathrm{I}}=\boldsymbol{X}^0+\hat{\boldsymbol{x}}_{\mathrm{I}}$ 作为参数近似值代入二期整体平差，故将 $\hat{\boldsymbol{x}}_{\mathrm{I}}$ 放入 $\overline{\boldsymbol{l}}_2$ 中，而 $\boldsymbol{V}_2''$ 的产生仅由于 $\Delta\boldsymbol{x}$ 的存在。

最后的平差值为

$$\hat{\boldsymbol{L}}_1=\hat{\boldsymbol{L}}_1'+\boldsymbol{V}_1''=\boldsymbol{L}_1+\boldsymbol{V}_1\quad(\boldsymbol{V}_1=\boldsymbol{V}_1'+\boldsymbol{V}_2'') \tag{11-17}$$

$$\hat{\boldsymbol{L}}_2=\hat{\boldsymbol{L}}_2'+\boldsymbol{V}_2''=\boldsymbol{L}_2+\boldsymbol{V}_2''\quad(\boldsymbol{V}_2=\boldsymbol{V}_2'',\boldsymbol{V}_2'=\boldsymbol{0}) \tag{11-18}$$

$$\hat{\boldsymbol{X}}=\boldsymbol{X}^0+\hat{\boldsymbol{x}}_{\mathrm{II}}=\boldsymbol{X}^0+\hat{\boldsymbol{x}}_{\mathrm{I}}+\Delta\boldsymbol{x} \tag{11-19}$$

11.1.3 精度评定

单位权方差计算式为

$$\hat{\sigma}_0^2=\frac{\boldsymbol{V}^{\mathrm{T}}\boldsymbol{P}\boldsymbol{V}}{n-t}=\frac{\boldsymbol{V}^{\mathrm{T}}\boldsymbol{P}\boldsymbol{V}}{r} \tag{11-20}$$

当两组观测值整体平差时，有

$$\boldsymbol{V}^{\mathrm{T}}\boldsymbol{P}\boldsymbol{V}=\begin{bmatrix}\boldsymbol{V}_1^{\mathrm{T}} & \boldsymbol{V}_2^{\mathrm{T}}\end{bmatrix}^{\mathrm{T}}\begin{bmatrix}\boldsymbol{P}_1 & \boldsymbol{0}\\ \boldsymbol{0} & \boldsymbol{P}_2\end{bmatrix}\begin{bmatrix}\boldsymbol{V}_1\\ \boldsymbol{V}_2\end{bmatrix}=\boldsymbol{V}_1^{\mathrm{T}}\boldsymbol{P}_1\boldsymbol{V}_1+\boldsymbol{V}_2^{\mathrm{T}}\boldsymbol{P}_2\boldsymbol{V}_2 \tag{11-21}$$

因为

$$\boldsymbol{V}_1=\boldsymbol{B}_1\hat{\boldsymbol{x}}_{\mathrm{II}}-\boldsymbol{l}_1=\boldsymbol{B}_1(\hat{\boldsymbol{x}}_{\mathrm{I}}+\boldsymbol{J}_2\overline{\boldsymbol{l}}_2)-\boldsymbol{l}_1=\boldsymbol{V}_1'+\boldsymbol{B}_1\boldsymbol{J}_2\overline{\boldsymbol{l}}_2 \tag{11-22}$$

$$\boldsymbol{B}_1^{\mathrm{T}}\boldsymbol{P}_1\boldsymbol{V}_1'^{\mathrm{T}}=\boldsymbol{B}_1^{\mathrm{T}}\boldsymbol{P}_1(\boldsymbol{B}_1\hat{\boldsymbol{x}}_{\mathrm{I}}-\boldsymbol{l}_1)=\boldsymbol{B}_1^{\mathrm{T}}\boldsymbol{P}_1\boldsymbol{B}_1\hat{\boldsymbol{x}}_{\mathrm{I}}-\boldsymbol{B}_1^{\mathrm{T}}\boldsymbol{P}_1\boldsymbol{l}_1=0$$

则有

$$\boldsymbol{V}_1^{\mathrm{T}}\boldsymbol{P}_1\boldsymbol{V}_1=(\boldsymbol{V}_1'+\boldsymbol{B}_1\boldsymbol{J}_2\overline{\boldsymbol{l}}_2)^{\mathrm{T}}\boldsymbol{P}_1(\boldsymbol{V}_1'+\boldsymbol{B}_1\boldsymbol{J}_2\overline{\boldsymbol{l}}_2)=\boldsymbol{V}_1'^{\mathrm{T}}\boldsymbol{P}_1\boldsymbol{V}_1+\overline{\boldsymbol{l}}_2^{\mathrm{T}}\boldsymbol{J}_2^{\mathrm{T}}\boldsymbol{Q}_{\hat{x}_1}^{-1}\boldsymbol{J}_2\overline{\boldsymbol{l}}_2 \tag{11-23}$$

故

$$\boldsymbol{V}^{\mathrm{T}}\boldsymbol{P}\boldsymbol{V}=\boldsymbol{V}_1'^{\mathrm{T}}\boldsymbol{P}_1\boldsymbol{V}_1'+\overline{\boldsymbol{l}}_2^{\mathrm{T}}\boldsymbol{J}_2^{\mathrm{T}}\boldsymbol{Q}_{\hat{x}_1}^{-1}\boldsymbol{J}_2\overline{\boldsymbol{l}}_2+\boldsymbol{V}_2^{\mathrm{T}}\boldsymbol{P}_2\boldsymbol{V}_2 \tag{11-24}$$

又因为

$$\boldsymbol{V}_2=\boldsymbol{B}_2\hat{\boldsymbol{x}}_{\mathrm{II}}-\boldsymbol{l}_2=\boldsymbol{B}_2(\hat{\boldsymbol{x}}_{\mathrm{I}}+\boldsymbol{J}_2\overline{\boldsymbol{l}}_2)-\boldsymbol{l}_2=\boldsymbol{B}_2\hat{\boldsymbol{x}}_{\mathrm{I}}+\boldsymbol{B}_2\boldsymbol{J}_2\overline{\boldsymbol{l}}_2-\boldsymbol{l}_2=(\boldsymbol{B}_2\boldsymbol{J}_2-\boldsymbol{I})\overline{\boldsymbol{l}}_2 \tag{11-25}$$

将 $\boldsymbol{J}_2$ 代入式（11-25），可得

$$\begin{aligned}\boldsymbol{V}_2&=[\boldsymbol{B}_2\boldsymbol{Q}_{\hat{x}_1}\boldsymbol{B}_2^{\mathrm{T}}(\boldsymbol{Q}_2+\boldsymbol{B}_2\boldsymbol{Q}_{\hat{x}_1}\boldsymbol{B}_2^{\mathrm{T}})^{-1}-\boldsymbol{I}]\overline{\boldsymbol{l}}_2=[(\boldsymbol{Q}_2+\boldsymbol{B}_2\boldsymbol{Q}_{\hat{x}_1}\boldsymbol{B}_2^{\mathrm{T}}-\boldsymbol{Q}_2)(\boldsymbol{Q}_2+\boldsymbol{B}_2\boldsymbol{Q}_{\hat{x}_1}\boldsymbol{B}_2^{\mathrm{T}})^{-1}-\boldsymbol{I}]\overline{\boldsymbol{l}}_2\\&=-\boldsymbol{Q}_2(\boldsymbol{Q}_2+\boldsymbol{B}_2\boldsymbol{Q}_{\hat{x}_1}\boldsymbol{B}_2^{\mathrm{T}})^{-1}\overline{\boldsymbol{l}}_2\end{aligned}$$

则有

$$\boldsymbol{V}_2^{\mathrm{T}}\boldsymbol{P}_2\boldsymbol{V}_2=\overline{\boldsymbol{l}}_2^{\mathrm{T}}(\boldsymbol{Q}_2+\boldsymbol{B}_2\boldsymbol{Q}_{\hat{x}_1}\boldsymbol{B}_2^{\mathrm{T}})^{-1}\boldsymbol{Q}_2(\boldsymbol{Q}_2+\boldsymbol{B}_2\boldsymbol{Q}_{\hat{x}_1}\boldsymbol{B}_2^{\mathrm{T}})^{-1}\overline{\boldsymbol{l}}_2 \tag{11-26}$$

因为

$$\boldsymbol{J}_2^{\mathrm{T}}\boldsymbol{Q}_{\hat{x}_1}^{-1}\boldsymbol{J}_2=(\boldsymbol{Q}_2+\boldsymbol{B}_2\boldsymbol{Q}_{\hat{x}_1}\boldsymbol{B}_2^{\mathrm{T}})^{-1}\boldsymbol{B}_2\boldsymbol{Q}_{\hat{x}_1}\boldsymbol{B}_2^{\mathrm{T}}(\boldsymbol{Q}_2+\boldsymbol{B}_2\boldsymbol{Q}_{\hat{x}_1}\boldsymbol{B}_2^{\mathrm{T}})^{-1}$$

则有

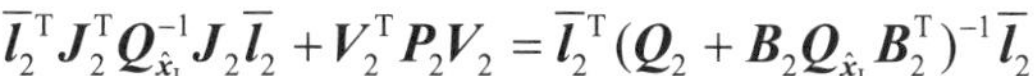

$$\overline{l}_2^{\mathrm{T}}J_2^{\mathrm{T}}Q_{\hat{x}_1}^{-1}J_2\overline{l}_2+V_2^{\mathrm{T}}P_2V_2=\overline{l}_2^{\mathrm{T}}(Q_2+B_2Q_{\hat{x}_1}B_2^{\mathrm{T}})^{-1}\overline{l}_2$$

因此式（11-24）变为

$$V^{\mathrm{T}}PV=V_1'^{\mathrm{T}}P_1V_1'+\overline{l}_2^{\mathrm{T}}(Q_2+B_2Q_{\hat{x}_1}B_2^{\mathrm{T}})^{-1}\overline{l}_2 \tag{11-27}$$

参照式（11-27）可得第 k 期整体平差的 $V^{\mathrm{T}}PV$ 的递推公式为

$$V^{\mathrm{T}}PV=V_{k-1}'^{\mathrm{T}}P_{k-1}V_{k-1}'+\overline{l}_k^{\mathrm{T}}(Q_k+B_kQ_{\hat{x}_{k-1}}B_k^{\mathrm{T}})^{-1}\overline{l}_k \tag{11-28}$$

11.1.4　实例分析

例 11-1　设有水准网如图 11.1 所示，A,B 为已知点，a,b 为未知点，已知点及观测数据列于表 11-1 中，该网第一次观测了 $h_1\sim h_3$，第二次观测了 h_4,h_5，按序贯平差法求待定点高程及单位权中误差。

表 11-1　水准网观测数据和已知数据

序号	h/m	S/km	序号	h/m	S/km
1	3.827	1	4	0.405	1
2	2.401	1	5	1.830	1
3	1.420	1			
已知值/m		$h_A=10.000$		$h_B=12.000$	

解：本例中 $n=5,t=2,r=n-t=3$。设待定点高程参数 $\hat{X}=[\hat{a}\quad \hat{b}]^{\mathrm{T}}$，以 $h_1\sim h_3$ 为第一组观测值，其余为第二组，又由近似值 $a^0=12.401\mathrm{m},b^0=13.827\mathrm{m}$ 可列出第一期误差方程式

$$\begin{cases}v_1=\delta\hat{b}\\v_2=\delta\hat{a}\\v_3=-\delta\hat{a}+\delta\hat{b}+6\end{cases}$$

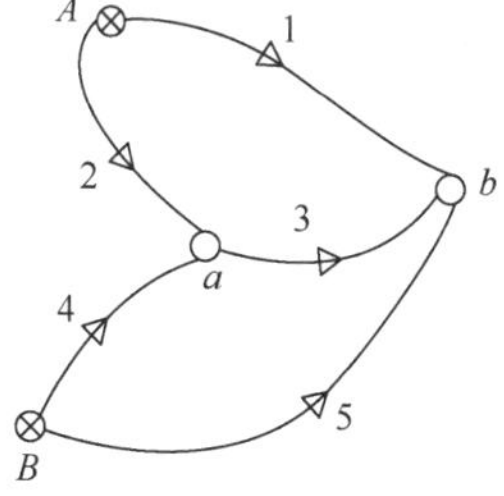

图 11.1　水准网示意

第二期误差方程式

$$\begin{cases}v_4=\delta\hat{a}-4\\v_5=\delta\hat{b}-3\end{cases}$$

1）第一次平差为

$$V_1'=\begin{bmatrix}0&1\\1&0\\-1&1\end{bmatrix}\begin{bmatrix}\delta\hat{a}_1\\\delta\hat{b}_1\end{bmatrix}-\begin{bmatrix}0\\0\\-6\end{bmatrix}(\mathrm{mm}),\quad P_1=\begin{bmatrix}1&&\\&1&\\&&1\end{bmatrix}$$

解得参数值改正数为

$$\delta\hat{a}_1=2(\mathrm{mm}),\delta\hat{b}_1=-2(\mathrm{mm})$$

参数值为

$$\hat{a}_1=a^0+\delta\hat{a}_1=12.403(\mathrm{m}),\hat{b}_1=b^0+\delta\hat{b}_1=13.825(\mathrm{m})$$

$\hat{x}_{\mathrm{I}}$ 的协因数矩阵为

$$Q_{\hat{x}_1}=\frac{1}{3}\begin{bmatrix}2 & 1\\ 1 & 2\end{bmatrix}$$

$$V_1'^{\mathrm{T}}P_1V_1'=12$$

2）第二次平差。根据第二期误差方程可知

$$B_2=\begin{bmatrix}1 & 0\\ 0 & 1\end{bmatrix},\bar{l}_2=l_2-B_2\hat{x}_{\mathrm{I}}=\begin{bmatrix}4\\ 3\end{bmatrix}-\begin{bmatrix}1 & 0\\ 0 & 1\end{bmatrix}\begin{bmatrix}2\\ -2\end{bmatrix}=\begin{bmatrix}2\\ 5\end{bmatrix}(\mathrm{mm})$$

则有

$$J_2=\frac{1}{8}\begin{bmatrix}3 & 1\\ 1 & 3\end{bmatrix}$$

由式（11-12）可得

$$\hat{x}_2=\hat{x}_{\mathrm{I}}+J\bar{l}_2=\begin{bmatrix}2\\ -2\end{bmatrix}+\frac{1}{8}\begin{bmatrix}11\\ 17\end{bmatrix}=\begin{bmatrix}3.4\\ 0.1\end{bmatrix}(\mathrm{mm})$$

参数平差值为

$$\hat{a}=a^0+3.4\mathrm{mm}=12.4044(\mathrm{m}),\ \hat{b}=b^0+0.1\mathrm{mm}=13.8271(\mathrm{m})$$

根据式（11-13）可得参数协因数矩阵，即

$$Q_{\hat{x}_2\hat{x}_2}=\frac{1}{8}\begin{bmatrix}3 & 1\\ 1 & 3\end{bmatrix}$$

根据式（11-27）可得

$$V^{\mathrm{T}}PV=12+15.625=27.625$$

则有

$$\hat{\sigma}_0=\sqrt{\frac{27.625}{n-t}}=\sqrt{\frac{27.625}{3}}\approx 3.0(\mathrm{mm})$$

11.2 秩亏自由网平差

在前面介绍的经典平差中，都是以已知的起始数据为基础的，将控制网固定在已知数据上。例如，水准网必须至少已知网中某一点的高程，平面网至少已知一点的坐标、一条边的边长和一条边的方位角。当网中没有必要的起始数据时，称其为自由网。本节介绍网中没有起始数据时的平差方法，即自由网平差。

11.2.1 引起秩亏自由网的原因

在经典间接平差中，网中具备必要的起始数据，误差方程为

$$V=B\hat{x}-l$$

式中，系数矩阵 B 为列满秩矩阵，其秩 $r(B)=t$。在最小二乘准则下得到的法方程为

$$\boldsymbol{N}_{BB}\hat{\boldsymbol{x}}-\boldsymbol{W}=\boldsymbol{0}$$

由于其系数矩阵的秩$r(\boldsymbol{N}_{BB})=r(\boldsymbol{B}^{\mathrm{T}}\boldsymbol{P}\boldsymbol{B})=r(\boldsymbol{B})=t$，$\boldsymbol{N}_{BB}$为满秩矩阵，即为非奇异矩阵，具有凯利逆$\boldsymbol{N}_{BB}^{-1}$，因此有唯一解，即

$$\hat{\boldsymbol{x}}=\boldsymbol{N}_{BB}^{-1}\boldsymbol{W}$$

当网中无起始数据时，网中所有点均为待定点，设未知参数的个数为u，误差方程为

$$\underset{n\times1}{\boldsymbol{V}}=\underset{n\times u}{\boldsymbol{B}}\,\underset{u\times1}{\hat{\boldsymbol{x}}}-\underset{n\times1}{\boldsymbol{l}}$$

式中，$u=t+d$。d为必要的起算数据个数。尽管增加了d个参数，但$\boldsymbol{B}$的秩仍为必要观测个数，即

$$r(\boldsymbol{B})=t<u$$

式中，B为不满秩矩阵，称为秩亏矩阵，其秩亏数为d。

组成法方程为

$$\underset{u\times u}{\boldsymbol{N}}\,\underset{u\times1}{\hat{\boldsymbol{x}}}-\underset{u\times1}{\boldsymbol{W}}=\boldsymbol{0}\tag{11-29}$$

式中，$\underset{u\times u}{\boldsymbol{N}}=\boldsymbol{B}^{\mathrm{T}}\boldsymbol{P}\boldsymbol{B}$；$\boldsymbol{W}=\boldsymbol{B}^{\mathrm{T}}\boldsymbol{P}\boldsymbol{L}$且$r(\boldsymbol{N})=r(\boldsymbol{B}^{\mathrm{T}}\boldsymbol{P}\boldsymbol{B})=r(\boldsymbol{B})=t<u$。$\boldsymbol{N}$也为秩亏矩阵，秩亏数为

$$d=u-t\tag{11-30}$$

由式（11-30）知，不同类型控制网的秩亏数就是经典平差时必要的起算数据的个数，即

$$d=\begin{cases}1, & \text{水准网}\\ 3, & \text{测边网、边角网、导线网}\\ 4, & \text{测角网}\end{cases}$$

在控制网秩亏的情况下，法方程有解但不唯一。也就是说仅满足最小二乘准则，仍无法求得$\hat{x}$的唯一解，这就是秩亏网平差与经典平差的根本区别。为求得唯一解，还必须增加新的约束条件，来达到求唯一解的目的。秩亏自由网平差就是在满足最小二乘$\boldsymbol{V}^{\mathrm{T}}\boldsymbol{P}\boldsymbol{V}=\min$和最小范数$\hat{\boldsymbol{x}}^{\mathrm{T}}\hat{\boldsymbol{x}}=\min$的条件下，求参数一组最佳估值的平差方法。

11.2.2　算法原理

下面推导自由网平差常用两种解法的有关计算公式。

设u个坐标参数的平差值为$\underset{u\times1}{\hat{\boldsymbol{X}}}$，观测向量为$\underset{n\times1}{\boldsymbol{L}}$，函数模型为

$$\underset{n\times1}{\hat{\boldsymbol{L}}}=\underset{n\times1}{\boldsymbol{L}}+\underset{n\times1}{\boldsymbol{V}}=\underset{n\times u}{\boldsymbol{B}}\,\underset{u\times1}{\hat{\boldsymbol{X}}}+\underset{n\times1}{\boldsymbol{d}}\tag{11-31}$$

式中，$r(\boldsymbol{B})=t<u$；$\boldsymbol{d}=u-t$。相应的误差方程为

$$\boldsymbol{V}=\boldsymbol{B}\hat{\boldsymbol{x}}-\boldsymbol{l}\tag{11-32}$$

式中，$\hat{\boldsymbol{X}}=\boldsymbol{X}^0+\hat{\boldsymbol{x}}$；$\boldsymbol{l}=\boldsymbol{L}-(\boldsymbol{B}\boldsymbol{X}^0+\boldsymbol{d})=\boldsymbol{L}-\boldsymbol{L}^0$。

秩亏自由网平差的函数模型是具有系数矩阵秩亏的间接平差模型。随机模型仍是

$$D = \sigma_0^2 Q = \sigma_0^2 P^{-1} \tag{11-33}$$

按照最小二乘原理，在 $V^{\mathrm{T}}PV = \min$ 下，由式（11-32）下可组成法方程为

$$B^{\mathrm{T}}PB\hat{x} = B^{\mathrm{T}}Pl \tag{11-34}$$

由于 $r(B^{\mathrm{T}}PB) = r(\underset{u\times u}{N}) = r(B) = t < u$，$N^{-1}$ 不存在，方程式（11-34）不具有唯一解，这是因为参数 $\hat{x}$ 必须在一定的坐标基准下才能唯一确定。坐标基准个数即为秩亏数 d。设有 d 个坐标基准条件，其形式为

$$\underset{d\times u}{S^{\mathrm{T}}}\ \underset{u\times 1}{\hat{x}} = 0 \tag{11-35}$$

也就是所选的 u 个参数之间存在的 d 个约束条件，这也是基准秩亏所致。

附加的基准条件式（11-35）应与式（11-34）线性无关，这一要求等价于满足下列关系

$$NS = 0 \tag{11-36}$$

因 $N = B^{\mathrm{T}}PB$，故亦有

$$BS = 0 \tag{11-37}$$

此外，式（11-35）中的 d 个方程也要线性无关，故必须有 $R(S) = d$。

联合解算式（11-35）和式（11-32），此即附有限制条件的间接平差问题。

由最小二乘原则，组成函数

$$\Phi = V^{\mathrm{T}}PV + 2K^{\mathrm{T}}(S^{\mathrm{T}}\hat{x}) = \min \tag{11-38}$$

将式（11-38）对 $\hat{x}$ 求偏导，可得

$$\frac{\partial \Phi}{\partial \hat{x}} = 2V^{\mathrm{T}}P\frac{\partial V}{\partial \hat{x}} + 2K^{\mathrm{T}}S^{\mathrm{T}} = 2V^{\mathrm{T}}PB + 2K^{\mathrm{T}}S^{\mathrm{T}} = 0 \tag{11-39}$$

对式（11-39）转置后得

$$B^{\mathrm{T}}PB\hat{x} + SK = B^{\mathrm{T}}Pl \tag{11-40}$$

由式（11-40）和式（11-35）组成法方程。将式（11-40）两边左乘 S^{T}，结合式（11-37），得

$$S^{\mathrm{T}}SK = 0 \tag{11-41}$$

因为矩阵 $r(S^{\mathrm{T}}S) = rg(S) = d$，所以 $S^{\mathrm{T}}S$ 为满秩矩阵，且不能为零，故

$$K = 0$$

则有

$$\Phi = V^{\mathrm{T}}PV + 2K^{\mathrm{T}}(S^{\mathrm{T}}\hat{x}) = V^{\mathrm{T}}PV$$

亦即秩亏自由网平差中的 V 和 $V^{\mathrm{T}}PV$ 是与基准条件无关的不变量。换言之，经典平差和秩亏平差得到的改正数 V 是相同的，即这两种平差方法都能够得到控制网的最佳网形；但两种平差方法得到的参数解向量 $\hat{x}$ 是不同的，因为秩亏网平差对 $\hat{x}$ 增加了一个范数最小的约束条件。

将式（11-35）左乘 S，并与式（11-40）相加，考虑 $K = 0$，得

$$(\boldsymbol{B}^{\mathrm{T}}\boldsymbol{P}\boldsymbol{B}+\boldsymbol{S}\boldsymbol{S}^{\mathrm{T}})\hat{\boldsymbol{x}}=\boldsymbol{B}^{\mathrm{T}}Pl \tag{11-42}$$

其解为

$$\hat{\boldsymbol{x}}=(\boldsymbol{B}^{\mathrm{T}}\boldsymbol{P}\boldsymbol{B}+\boldsymbol{S}\boldsymbol{S}^{\mathrm{T}})^{-1}\boldsymbol{B}^{\mathrm{T}}\boldsymbol{P}\boldsymbol{l}=(\boldsymbol{N}+\boldsymbol{S}\boldsymbol{S}^{\mathrm{T}})^{-1}\boldsymbol{B}^{\mathrm{T}}\boldsymbol{P}\boldsymbol{l} \tag{11-43}$$

$\hat{\boldsymbol{x}}$ 的协因数为

$$\boldsymbol{Q}_{\hat{x}\hat{x}}=(\boldsymbol{N}+\boldsymbol{S}\boldsymbol{S}^{\mathrm{T}})^{-1}\boldsymbol{B}^{\mathrm{T}}\boldsymbol{P}\boldsymbol{P}^{-1}\boldsymbol{P}\boldsymbol{B}(\boldsymbol{N}+\boldsymbol{S}\boldsymbol{S}^{\mathrm{T}})^{-1}=(\boldsymbol{N}+\boldsymbol{S}\boldsymbol{S}^{\mathrm{T}})^{-1}\boldsymbol{N}(\boldsymbol{N}+\boldsymbol{S}\boldsymbol{S}^{\mathrm{T}})^{-1} \tag{11-44}$$

单位权中误差为

$$\hat{\sigma}_0=\sqrt{\frac{\boldsymbol{V}^{\mathrm{T}}\boldsymbol{P}\boldsymbol{V}}{r}}=\sqrt{\frac{\boldsymbol{V}^{\mathrm{T}}\boldsymbol{P}\boldsymbol{V}}{n-t}}=\sqrt{\frac{\boldsymbol{V}^{\mathrm{T}}\boldsymbol{P}\boldsymbol{V}}{n-(u-d)}} \tag{11-45}$$

11.2.3　$\boldsymbol{S}$ 的具体形式

秩亏自由网的基准条件有多种取法。下面给出符合式（11-35）的附加矩阵 $\boldsymbol{S}$ 的具体形式。

一维水准网平差，秩亏数 $d=1$，$\boldsymbol{S}$ 的表达式可取为

$$\underset{1\times u}{\boldsymbol{S}^{\mathrm{T}}}=[1\quad 1\quad \cdots\quad 1]$$

代入式（11-35）可得其基准方程形式为

$$\hat{x}_1+\hat{x}_2+\cdots+\hat{x}_u=0 \tag{11-46}$$

即所有点的高程平差改正数之和为零。

测边网平差：秩亏数 $d=3$，$\boldsymbol{S}$ 的表达式可取为

$$\underset{3\times u}{\boldsymbol{S}^{\mathrm{T}}}=\begin{bmatrix}1 & 0 & 1 & 0 & \cdots & 1 & 0\\ 0 & 1 & 0 & 1 & \cdots & 0 & 1\\ -Y_1^0 & X_1^0 & -Y_2^0 & X_2^0 & \cdots & -Y_m^0 & X_m^0\end{bmatrix}$$

式中，m 为网中全部点数；$u=2m$。基准条件方程式（11-35）表达为

$$\begin{cases}\hat{x}_1+\hat{x}_2+\cdots+\hat{x}_m=0\\ \hat{y}_1+\hat{y}_2+\cdots+\hat{y}_m=0\\ -Y_1^0\hat{x}_1+X_1^0\hat{y}_1+\cdots-Y_m^0\hat{x}_m+X_m^0\hat{y}_m=0\end{cases} \tag{11-47}$$

式中，第一个条件方程是纵坐标基准条件，第二个方程是横坐标基准条件，第三个方程是方位角基准条件。

测角网平差：秩亏数 $d=4$，S 的表达式可取为

$$\underset{4\times u}{\boldsymbol{S}^{\mathrm{T}}}=\begin{bmatrix}1 & 0 & 1 & 0 & \cdots & 1 & 0\\ 0 & 1 & 0 & 1 & \cdots & 0 & 1\\ -Y_1^0 & X_1^0 & -Y_2^0 & X_2^0 & \cdots & -Y_m^0 & X_m^0\\ X_1^0 & Y_1^0 & X_2^0 & Y_2^0 & \cdots & X_m^0 & Y_m^0\end{bmatrix}$$

基准条件表达为

$$\begin{cases}\hat{x}_1+\hat{x}_2+\cdots+\hat{x}_m=0\\ \hat{y}_1+\hat{y}_2+\cdots+\hat{y}_m=0\\ -Y_1^0\hat{x}_1+X_1^0\hat{y}_1+\cdots-Y_m^0\hat{x}_m+X_m^0\hat{y}_m=0\\ X_1^0\hat{x}_1+Y_1^0\hat{y}_1+\cdots+X_m^0\hat{x}_m+Y_m^0\hat{y}_m=0\end{cases} \tag{11-48}$$

式中，前三个方程与测边网一样，是纵、横坐标和方位基准条件，第四个方程为边长基准条件。

采用上述确定 $\boldsymbol{S}$ 的方法组成基准条件，称为秩亏自由网平差的重心基准。

11.2.4 实例分析

例 11-2 如图 11.2 所示的水准网，A,B,C 点全为待定点，同精度独立观测高差 $h_1=12.345\text{m}$，$h_2=3.478\text{m}, h_3=-15.817\text{m}$，平差时选取 A,B,C 这 3 个待定点的高程平差值为未知参数 $\hat{X}_1,\hat{X}_2,\hat{X}_3$，并取近似值为

$$\boldsymbol{X}^0=\begin{bmatrix}X_1^0\\X_2^0\\X_3^0\end{bmatrix}=\begin{bmatrix}10\\22.345\\25.823\end{bmatrix}(\text{m})$$

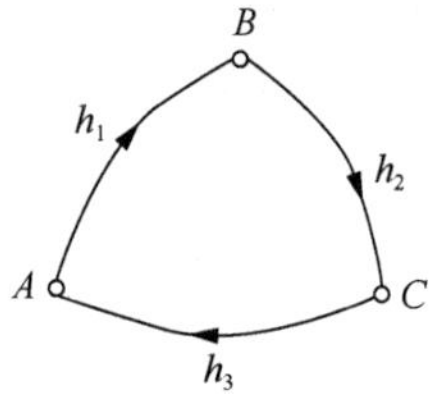

图 11.2 水准网

试用秩亏平差法求解参数的平差值及其协因数矩阵。

解：误差方程及权阵为

$$\begin{cases}v_1=\hat{x}_2-\hat{x}_1\\ v_2=\hat{x}_3-\hat{x}_2\\ v_3=\hat{x}_1-\hat{x}_3-6\end{cases},\quad \boldsymbol{P}=\begin{bmatrix}1&0&0\\0&1&0\\0&0&1\end{bmatrix}$$

而

$$\boldsymbol{N}=\boldsymbol{B}^{\mathrm{T}}\boldsymbol{P}\boldsymbol{B}=\begin{bmatrix}2&-1&-1\\-1&2&-1\\-1&-1&2\end{bmatrix},\boldsymbol{B}^{\mathrm{T}}\boldsymbol{P}\boldsymbol{l}=\begin{bmatrix}6\\0\\-6\end{bmatrix}$$

$$|\boldsymbol{N}|=0,\quad r(\boldsymbol{A})=r(\boldsymbol{N})=2$$

由式（11-46）可知，$\boldsymbol{S}^{\mathrm{T}}=[1\quad 1\quad 1]$，则有

$$\boldsymbol{S}\boldsymbol{S}^{\mathrm{T}}=\begin{bmatrix}1\\1\\1\end{bmatrix}[1\quad 1\quad 1]=\begin{bmatrix}1&1&1\\1&1&1\\1&1&1\end{bmatrix}$$

于是

$$\boldsymbol{N}+\boldsymbol{S}\boldsymbol{S}^{\mathrm{T}}=\begin{bmatrix}3&0&0\\0&3&0\\0&0&3\end{bmatrix}$$

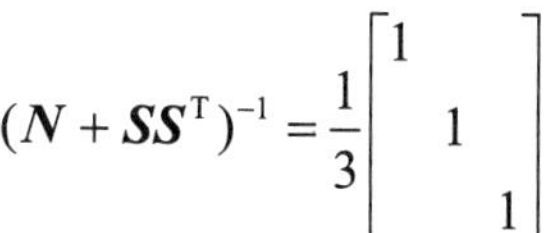

$$(\boldsymbol{N}+\boldsymbol{S}\boldsymbol{S}^{\mathrm{T}})^{-1}=\frac{1}{3}\begin{bmatrix}1 & & \\ & 1 & \\ & & 1\end{bmatrix}$$

未知参数的改正数为

$$\hat{\boldsymbol{x}}=(\boldsymbol{N}+\boldsymbol{S}\boldsymbol{S}^{\mathrm{T}})^{-1}\boldsymbol{B}^{\mathrm{T}}\boldsymbol{P}\boldsymbol{l}=\frac{1}{3}\begin{bmatrix}6\\0\\-6\end{bmatrix}=\begin{bmatrix}2\\0\\-2\end{bmatrix}(\mathrm{mm})$$

未知参数的平差值为

$$\begin{bmatrix}\hat{X}_1\\\hat{X}_2\\\hat{X}_3\end{bmatrix}=\begin{bmatrix}X_1^0\\X_2^0\\X_3^0\end{bmatrix}+\begin{bmatrix}\hat{x}_1\\\hat{x}_2\\\hat{x}_3\end{bmatrix}=\begin{bmatrix}10.002\\22.345\\25.821\end{bmatrix}(\mathrm{m})$$

未知参数的协因数矩阵为

$$\boldsymbol{Q}_{\hat{X}\hat{X}}=(\boldsymbol{N}+\boldsymbol{S}\boldsymbol{S}^{\mathrm{T}})^{-1}\boldsymbol{N}(\boldsymbol{N}+\boldsymbol{S}\boldsymbol{S}^{\mathrm{T}})^{-1}=\frac{1}{9}\begin{bmatrix}2 & -1 & -1\\-1 & 2 & -1\\-1 & -1 & 2\end{bmatrix}$$

11.3　附加系统参数的平差

经典平差中总是假设观测值中不含系统误差，但测量实践表明，尽管在观测过程中采用各种观测措施和预处理改正，但仍会含有残余的系统误差。消除或减弱这种残余系统误差可借助于平差方法，即通过在经典平差模型中附加系统参数对系统误差进行补偿，这种平差方法称为附加系统参数的平差法。

11.3.1　平差原理

经典的高斯-马尔可夫模型为

$$\begin{cases}\boldsymbol{L}+\boldsymbol{\Delta}=\boldsymbol{B}\tilde{\boldsymbol{X}}, \quad E(\boldsymbol{\Delta})=\boldsymbol{0}\\ \boldsymbol{D}_{LL}=\boldsymbol{D}_{\Delta\Delta}=\sigma_0^2\boldsymbol{Q}=\sigma_0^2\boldsymbol{P}^{-1}\end{cases} \tag{11-49}$$

当观测值中含有系统误差时，显然

$$E(\boldsymbol{\Delta})\neq\boldsymbol{0}$$

在这种情况下，需要对经典的高斯-马尔可夫模型进行扩充。设观测误差 $\boldsymbol{\Delta}_G$ 包含系统误差 $\boldsymbol{\Delta}_S$ 和偶然误差 $\boldsymbol{\Delta}$，即

$$\boldsymbol{\Delta}_G=\boldsymbol{\Delta}_S+\boldsymbol{\Delta}$$

考虑平差是线性模型，可设 $\boldsymbol{\Delta}_S=\boldsymbol{A}\tilde{\boldsymbol{S}}$，于是有

$$\begin{cases}\Delta_G = A\tilde{S} + \Delta \\ E(\Delta_S) = A\tilde{S}\end{cases} \tag{11-50}$$

将式（11-50）代入式（11-49），即得附加系统参数的平差函数模型为

$$\begin{cases}\boldsymbol{L} = \boldsymbol{B}\tilde{\boldsymbol{X}} + \boldsymbol{A}\tilde{\boldsymbol{S}} - \boldsymbol{\Delta} \\ \boldsymbol{D}_{LL} = \boldsymbol{D}_{\Delta\Delta} = \sigma_0^2\boldsymbol{Q} = \sigma_0^2\boldsymbol{P}^{-1}\end{cases} \tag{11-51}$$

由式（11-51）得误差方程为

$$\underset{n\times 1}{\boldsymbol{V}} = \underset{n\times t}{\boldsymbol{B}}\,\underset{t\times 1}{\hat{\boldsymbol{x}}} + \underset{n\times m}{\boldsymbol{A}}\,\underset{m\times 1}{\hat{\boldsymbol{S}}} - \underset{n\times 1}{\boldsymbol{l}} \tag{11-52}$$

式中，$r(\boldsymbol{B}) = t$，$\boldsymbol{B}$ 为列满秩；$\boldsymbol{A}$ 亦为列满秩，表示参数 $\hat{x}_i$ 之间或 $\hat{S}_i$ 之间均独立，再假设 $\hat{\boldsymbol{x}}$ 与 $\hat{\boldsymbol{S}}$ 也相互独立。

将式（11-52）写成

$$\boldsymbol{V} = [\boldsymbol{B} \quad \boldsymbol{A}]\begin{bmatrix}\hat{x} \\ \hat{S}\end{bmatrix} - \boldsymbol{l} \tag{11-53}$$

令

$$\bar{\boldsymbol{B}} = [\boldsymbol{B} \quad \boldsymbol{A}], \quad \bar{\boldsymbol{X}} = \begin{bmatrix}\hat{\boldsymbol{x}} \\ \hat{\boldsymbol{S}}\end{bmatrix}$$

则式（11-53）变为

$$\boldsymbol{V} = \bar{\boldsymbol{B}}\bar{\boldsymbol{X}} - \boldsymbol{l}$$

这就是间接平差的误差方程，按照最小二乘准则 $\boldsymbol{V}^{\mathrm{T}}\boldsymbol{P}\boldsymbol{V} = \min$，由上式可得其法方程为

$$\begin{bmatrix}\boldsymbol{B}^{\mathrm{T}}\boldsymbol{P}\boldsymbol{B} & \boldsymbol{B}^{\mathrm{T}}\boldsymbol{P}\boldsymbol{A} \\ \boldsymbol{A}^{\mathrm{T}}\boldsymbol{P}\boldsymbol{B} & \boldsymbol{A}^{\mathrm{T}}\boldsymbol{P}\boldsymbol{A}\end{bmatrix}\begin{bmatrix}\hat{\boldsymbol{x}} \\ \hat{\boldsymbol{S}}\end{bmatrix} = \begin{bmatrix}\boldsymbol{B}^{\mathrm{T}}\boldsymbol{P}\boldsymbol{l} \\ \boldsymbol{A}^{\mathrm{T}}\boldsymbol{P}\boldsymbol{l}\end{bmatrix} \tag{11-54}$$

令

$$\boldsymbol{N}_{11} = \boldsymbol{B}^{\mathrm{T}}\boldsymbol{P}\boldsymbol{B}, \quad \boldsymbol{N}_{12} = \boldsymbol{B}^{\mathrm{T}}\boldsymbol{P}\boldsymbol{A} = \boldsymbol{N}_{21}^{\mathrm{T}}, \quad \boldsymbol{N}_{22} = \boldsymbol{A}^{\mathrm{T}}\boldsymbol{P}\boldsymbol{A}$$

上式可简写为

$$\begin{bmatrix}\boldsymbol{N}_{11} & \boldsymbol{N}_{12} \\ \boldsymbol{N}_{21} & \boldsymbol{N}_{22}\end{bmatrix}\begin{bmatrix}\hat{\boldsymbol{x}} \\ \hat{\boldsymbol{S}}\end{bmatrix} = \begin{bmatrix}\boldsymbol{B}^{\mathrm{T}}\boldsymbol{P}\boldsymbol{l} \\ \boldsymbol{A}^{\mathrm{T}}\boldsymbol{P}\boldsymbol{l}\end{bmatrix} \tag{11-55}$$

由分块矩阵求逆公式得

$$\begin{bmatrix}\hat{\boldsymbol{x}} \\ \hat{\boldsymbol{S}}\end{bmatrix} = \begin{bmatrix}\boldsymbol{N}_{11}^{-1} + \boldsymbol{N}_{11}^{-1}\boldsymbol{N}_{12}\boldsymbol{M}^{-1}\boldsymbol{N}_{21}\boldsymbol{N}_{11}^{-1} & -\boldsymbol{N}_{11}^{-1}\boldsymbol{N}_{12}\boldsymbol{M}^{-1} \\ -\boldsymbol{M}^{-1}\boldsymbol{N}_{21}\boldsymbol{N}_{11}^{-1} & \boldsymbol{M}^{-1}\end{bmatrix}\begin{bmatrix}\boldsymbol{B}^{\mathrm{T}}\boldsymbol{P}\boldsymbol{l} \\ \boldsymbol{A}^{\mathrm{T}}\boldsymbol{P}\boldsymbol{l}\end{bmatrix} \tag{11-56}$$

式中，$\boldsymbol{M} = \boldsymbol{N}_{22} - \boldsymbol{N}_{21}\boldsymbol{N}_{11}^{-1}\boldsymbol{N}_{12}$。

如果平差模型中不含有系统误差，即 $\tilde{\boldsymbol{S}} = \boldsymbol{0}$，则有

$$\hat{\boldsymbol{x}}_1 = \boldsymbol{N}_{11}^{-1}\boldsymbol{B}^{\mathrm{T}}\boldsymbol{P}\boldsymbol{l}$$

考虑到此关系式，则式（11-56）可写成

$$\begin{aligned}\hat{\boldsymbol{x}} &= \boldsymbol{N}_{11}^{-1}\boldsymbol{B}^{\mathrm{T}}\boldsymbol{Pl} + \boldsymbol{N}_{11}^{-1}\boldsymbol{N}_{12}\boldsymbol{M}^{-1}\boldsymbol{N}_{21}\boldsymbol{N}_{11}^{-1}\boldsymbol{B}^{\mathrm{T}}\boldsymbol{Pl} - \boldsymbol{N}_{11}^{-1}\boldsymbol{N}_{12}\boldsymbol{M}^{-1}\boldsymbol{A}^{\mathrm{T}}\boldsymbol{Pl} \\ &= \hat{\boldsymbol{x}}_1 + \boldsymbol{N}_{11}^{-1}\boldsymbol{N}_{12}\boldsymbol{M}^{-1}\boldsymbol{N}_{21}\hat{\boldsymbol{x}}_1 - \boldsymbol{N}_{11}^{-1}\boldsymbol{N}_{12}\boldsymbol{M}^{-1}\boldsymbol{A}^{\mathrm{T}}\boldsymbol{Pl} \\ &= \hat{\boldsymbol{x}}_1 + \boldsymbol{N}_{11}^{-1}\boldsymbol{N}_{12}\boldsymbol{M}^{-1}(\boldsymbol{N}_{21}\hat{\boldsymbol{x}}_1 - \boldsymbol{A}^{\mathrm{T}}\boldsymbol{Pl})\end{aligned} \tag{11-57}$$

和

$$\hat{\boldsymbol{S}} = \boldsymbol{M}^{-1}(\boldsymbol{A}^{\mathrm{T}}\boldsymbol{Pl} - \boldsymbol{N}_{21}\boldsymbol{N}_{11}^{-1}\boldsymbol{B}^{\mathrm{T}}\boldsymbol{Pl}) = \boldsymbol{M}^{-1}(\boldsymbol{A}^{\mathrm{T}}\boldsymbol{Pl} - \boldsymbol{N}_{21}\hat{\boldsymbol{x}}_1) \tag{11-58}$$

由式（11-56）知，$\hat{\boldsymbol{x}}$ 和 $\hat{\boldsymbol{S}}$ 的协因数矩阵为

$$\boldsymbol{Q}_{\hat{X}\hat{X}} = \boldsymbol{N}_{11}^{-1} + \boldsymbol{N}_{11}^{-1}\boldsymbol{N}_{12}\boldsymbol{M}^{-1}\boldsymbol{N}_{21}\boldsymbol{N}_{11}^{-1} \tag{11-59}$$

$$\boldsymbol{Q}_{\hat{S}\hat{S}} = \boldsymbol{M}^{-1} \tag{11-60}$$

单位权中误差为

$$\hat{\sigma}_0 = \sqrt{\frac{\boldsymbol{V}^{\mathrm{T}}\boldsymbol{PV}}{n-(t+m)}} \tag{11-61}$$

11.3.2　系统参数的显著性检验

附加系统参数的平差，由于系统参数的引入改变了原平差模型，这样就产生了对附加的系统参数是否合适和显著的问题。有些系统参数虽然应该引入，但从统计意义上讲，不是每个参数都是显著的。为此必须对系统参数的显著性进行检验，剔除那些不显著的参数。

附加系统参数显著性的检验可采用线性假设法。

系统参数的原假设 H_0 为系统参数的线性条件 $\hat{\boldsymbol{S}} = \boldsymbol{0}$，或

$$[\boldsymbol{0} \quad \boldsymbol{I}]\begin{bmatrix}\hat{\boldsymbol{X}} \\ \hat{\boldsymbol{S}}\end{bmatrix} = \boldsymbol{0} \tag{11-62}$$

由上述模型可导出 F 分布的检验统计量为

$$F = \frac{\hat{\boldsymbol{S}}^{\mathrm{T}}\boldsymbol{Q}_{\hat{S}\hat{S}}^{-1}\hat{\boldsymbol{S}}/m}{\boldsymbol{V}^{\mathrm{T}}\boldsymbol{PV}/(n-t-m)} = \frac{\hat{\boldsymbol{S}}^{\mathrm{T}}\boldsymbol{Q}_{\hat{S}\hat{S}}^{-1}\hat{\boldsymbol{S}}/m}{\hat{\sigma}_0^2} \tag{11-63}$$

检验统计量 F 的拒绝域为

$$F > F_{1-\alpha}(m, n-t-m) \tag{11-64}$$

若检验被拒绝，表明系统参数显著，应将其引入函数模型，否则应将系统参数 $\hat{S}$ 从模型中剔除。

若检验其中一个系统参数，原假设 H_0 为 $S_i = 0$，由式（11-63）可得检验统计量

$$F_i = \frac{\hat{S}_i^2 Q_{\hat{S}_i\hat{S}_i}^{-1}}{\hat{\sigma}_0^2} = \frac{\hat{S}_i^2}{\hat{\sigma}_0^2 Q_{\hat{S}_i\hat{S}_i}} \tag{11-65}$$

式中，$Q_{\hat{S}_i}$ 为平差后系统参数向量 $\hat{\boldsymbol{S}}$ 权逆矩阵 $\boldsymbol{Q}_{\hat{S}\hat{S}}$ 的主对角线元素。

单个参数的检验也可用 t 检验法，其统计量为

$$t_{(n-t-m)}=\frac{\hat{S}_i}{\hat{\sigma}_0\sqrt{Q_{\hat{S}_i\hat{S}_i}}} \tag{11-66}$$

11.3.3 实例分析

例 11-3 在图 11.3 中，若已知点 A,B 为 $H_A=1.000\text{m},H_B=10.000\text{m}$，观测高差 $h_1=3.586\text{m},h_2=0.529\text{m},h_3=-4.110\text{m},h_4=5.422\text{m},h_5=-4.901\text{m}$，求出高程平差值及可能存在的尺度改正 $\hat{R}$。

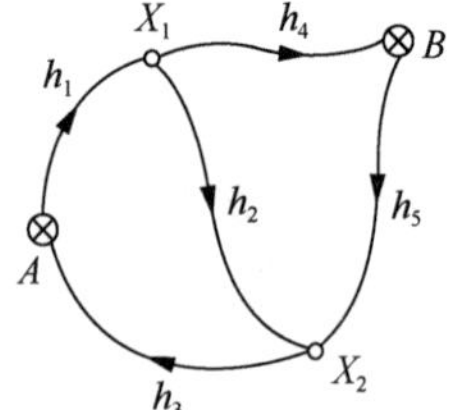

图 11.3 水准网

解：待定点 X_1,X_2 的近似高程 $X_1^0=4.586\text{m},X_2^0=5.110\text{m}$，将尺度改正 $\hat{R}$ 视为附加系统参数，可根据式（11-52）组成误差方程，即

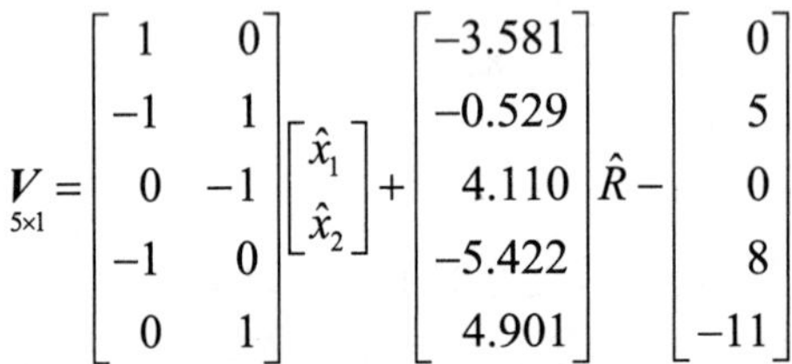

$$\underset{5\times1}{\boldsymbol{V}}=\begin{bmatrix}1&0\\-1&1\\0&-1\\-1&0\\0&1\end{bmatrix}\begin{bmatrix}\hat{x}_1\\\hat{x}_2\end{bmatrix}+\begin{bmatrix}-3.581\\-0.529\\4.110\\-5.422\\4.901\end{bmatrix}\hat{R}-\begin{bmatrix}0\\5\\0\\8\\-11\end{bmatrix}$$

常数项单位为 mm。

$$\boldsymbol{N}_{11}=\boldsymbol{B}^{\mathrm{T}}\boldsymbol{B}=\begin{bmatrix}3&-1\\-1&3\end{bmatrix},\boldsymbol{N}_{12}=\boldsymbol{B}^{\mathrm{T}}\boldsymbol{A}=\begin{bmatrix}2.365\\0.262\end{bmatrix},N_{22}\approx\boldsymbol{A}^{\mathrm{T}}\boldsymbol{A}=83.449$$

$$\boldsymbol{B}^{\mathrm{T}}\boldsymbol{l}=\begin{bmatrix}-13\\-6\end{bmatrix},\boldsymbol{A}^{\mathrm{T}}\boldsymbol{l}\approx-99.932$$

$$\hat{\boldsymbol{x}}_{LS}=\boldsymbol{N}_{11}^{-1}\boldsymbol{B}^{\mathrm{T}}\boldsymbol{l}=\begin{bmatrix}-5.625\\-3.875\end{bmatrix}(\text{mm}),\boldsymbol{Q}_{\hat{x}_{LS}}=\boldsymbol{N}_{11}^{-1}=\frac{1}{8}\begin{bmatrix}3&1\\1&3\end{bmatrix}$$

则

$$M=N_{22}-\boldsymbol{N}_{21}\boldsymbol{N}_{11}^{-1}\boldsymbol{N}_{12}\approx81.171$$

由式（11-58）可得

$$\hat{R}=\boldsymbol{M}^{-1}(\boldsymbol{A}^{\mathrm{T}}\boldsymbol{Pl}-\boldsymbol{N}_{21}\hat{\boldsymbol{x}}_{LS})\approx-1.0574$$

$$\hat{\boldsymbol{x}}=\hat{\boldsymbol{x}}_{LS}-\boldsymbol{N}_{11}^{-1}\boldsymbol{N}_{12}\hat{R}=\begin{bmatrix}-4.655\\-3.459\end{bmatrix}(\text{mm}),\hat{\boldsymbol{X}}=\begin{bmatrix}4.581\\5.107\end{bmatrix}(\text{m})$$

$$\hat{\sigma}_0=\sqrt{\frac{\boldsymbol{V}^{\mathrm{T}}\boldsymbol{V}}{5-2-1}}=3.42(\text{mm})$$

参 考 文 献

崔希璋，於宗俦，陶本藻，等，2009．广义测量平差[M]．2 版．武汉：武汉大学出版社．

费业泰，2008．误差理论与数据处理[M]．5 版．北京：机械工业出版社．

高士纯，1999．测量平差基础通用习题集[M]．武汉：武汉测绘科技大学出版社．

葛永慧，夏春林，魏峰远，等，2007．测量平差基础[M]．北京：煤炭工业出版社．

胡上序，陈德钊，2002．观测数据的分析与处理[M]．杭州：浙江大学出版社．

胡圣武，1997．非线性模型理论及其在 GIS 中的应用[D]．武汉：武汉测绘科技大学．

胡圣武，2008．地图学[M]．北京：清华大学出版社，北京交通大学出版社．

胡圣武，关胜况，2014．平差中必要观测数的研究[J]．地理空间信息，12（2）：121-123．

胡圣武，肖本林，2016．现代测量数据处理理论与应用[M]．北京：测绘出版社．

黄维彬，1992．近代平差理论及其应用[M]．北京：解放军出版社．

金日守，戴华阳，2011．误差理论与测量平差基础[M]．北京：测绘出版社．

李德仁，袁修孝，2002．误差处理与可靠性分析[M]．武汉：武汉大学出版社．

李金海，2003．误差理论与测量不确定度评定[M]．北京：中国计量出版社．

李庆海，陶本藻，1982．概率统计原理和在测量中的应用[M]．北京：测绘出版社．

刘大杰，施一民，过静珺，1996．全球定位系统（GPS）的原理与数据处理[M]．上海：同济大学出版社．

刘大杰，陶本藻，2000．实用测量数据处理方法[M]．北京：测绘出版社．

邱卫宁，陶本藻，姚宜斌，2008．测量数据处理理论与方法[M]．北京：测绘出版社．

沙定国，2006．误差分析与测量不确定度[M]．北京：中国计量出版社．

隋立芬，宋力杰，柴洪洲，2010．误差理论与测量平差基础[M]．北京：测绘出版社．

陶本藻，1992．测量数据处理统计分析[M]．北京：测绘出版社．

陶本藻，2001．自由网平差与变形分析[M]．武汉：武汉测绘科技大学出版社．

陶本藻，2007．测量数据处理的统计理论和方法[M]．北京：测绘出版社．

陶本藻，胡圣武，1997．非线性模型的平差[J]．测绘信息与工程（3）：26-29．

王穗辉，2010．误差理论与测量平差基础[M]．上海：同济大学出版社．

王新洲，陶本藻，邱卫宁，等，2006．高等测量平差[M]．北京：测绘出版社．

王中宇，刘智敏，2008．测量误差与不确定度评定[M]．北京：科学出版社．

魏克让，江聪世，2003．空间数据的误差处理[M]．北京：科学出版社．

吴石林，张玘，2010．误差分析与数据处理[M]．北京：清华大学出版社．

武汉测绘科技大学测量平差教研室，1996．测量平差基础[M]．3 版．北京：测绘出版社．

武汉大学测绘学院测量平差学科组，2017．误差理论与测量平差基础[M]．3 版．武汉：武汉大学出版社．

武汉大学测绘学院测量平差学科组，2017．误差理论与测量平差基础习题集[M]．3 版．武汉：武汉大学出版社．

游祖吉，樊功瑜，1991．测量平差教程[M]．北京：测绘出版社．

於宗俦，鲁林成，1983．测量平差基础（增订本）[M]．北京：测绘出版社．

於宗俦，于正林，1999．测量平差原理[M]．武汉：武汉测绘科技大学出版社．

张凯院，徐仲，2013．矩阵论[M]．北京：科学出版社．

张勤，张菊清，岳东杰，2011．近代测量数据处理与应用[M]．北京：测绘出版社．

赵长胜，2013．测量数据处理研究[M]．北京：测绘出版社．

朱建军，左廷英，宋迎春，2013．误差理论与测量平差基础[M]．北京：测绘出版社．